普通高等教育"十三五"规划教材

# 清洁能源概论

邓祥元 王 甫 李 宁 等 编著

化学工业出版社

·北京·

## 内容提要

《清洁能源概论》包含 14 章，主要包括绪论，太阳能，风能，水能，氢能，生物质能，核能，地热能，清洁煤技术，石油天然气的清洁生产，储能技术，智能电网，碳捕集、利用与封存技术和能效评价与节能技术。

《清洁能源概论》可作为高等院校新能源科学与工程、能源与环境系统工程、新能源材料与器件、能源与动力工程、农业建筑环境与能源工程、能源化学工程等能源动力类专业本科生的教材使用，也可以作为冶金、化工、材料、环境和生化等相关专业本科生和研究生的教材以及高等院校通识课程教材，同时也可以作为各种清洁能源教育的培训教材使用，还可供对清洁能源感兴趣的社会各界人士阅读参考。

**图书在版编目（CIP）数据**

清洁能源概论/邓祥元等编著. —北京：化学工业出版社，2020.9

普通高等教育"十三五"规划教材

ISBN 978-7-122-36977-2

Ⅰ.①清… Ⅱ.①邓… Ⅲ.①无污染能源-高等学校-教材 Ⅳ.①X382.1

中国版本图书馆 CIP 数据核字（2020）第 084406 号

---

责任编辑：满悦芝 赵玉清　　　　　　　文字编辑：杨振美 陈小滔
责任校对：宋 玮　　　　　　　　　　　装帧设计：张 辉

---

出版发行：化学工业出版社（北京市东城区青年湖南街 13 号　邮政编码 100011）
印　　刷：北京京华铭诚工贸有限公司
装　　订：三河市振勇印装有限公司
787mm×1092mm　1/16　印张 18½　字数 454 千字　2020 年 8 月北京第 1 版第 1 次印刷

---

购书咨询：010-64518888　　　　　　　售后服务：010-64518899
网　　址：http://www.cip.com.cn
凡购买本书，如有缺损质量问题，本社销售中心负责调换。

---

定　　价：59.80 元

# 《清洁能源概论》编写人员名单

邓祥元　江苏科技大学
高　坤　江苏科技大学
李　宁　西安理工大学
李克勋　南开大学
李帅虎　湘潭大学
王　甫　宁波大学
徐　婧　太原理工大学
杨广武　中国石油大学（华东）
伊文婧　国家发展和改革委员会能源研究所
赵培涛　中国矿业大学

# 前　言

　　为支持国家《能源发展战略行动计划（2014—2020年）》，培养清洁能源领域拔尖创新人才，特别是对清洁能源国际热点课题开展前沿研究的高水平领军人才以及政策研究、管理人才，国家留学基金管理委员会与《应用能源》期刊社和瑞典麦拉达伦大学合作实施"国际清洁能源拔尖创新人才培养项目"。本项目依托《应用能源》期刊，结合瑞典及麦拉达伦大学能源技术和科研优势，整合全球著名院校导师资源，开展国际交流与合作，通过"一流刊物、一流院校、一流导师、一流学员"四个一流的研究创新和人才培养平台，为实现中国能源学科跨越式发展贡献力量。本书作者中，邓祥元、李宁、李克勋、李帅虎、王甫、杨广武、伊文婧、赵培涛8位同志入选2018年国际清洁能源拔尖创新人才培养项目，徐婧同志于2019年入选该项目。

　　发展清洁能源是我国进行能源结构调整的必然选择，也是实施可持续发展国家战略的必然要求。在目前的能源消费结构中，清洁能源消费占比已从2008年的11.8％上升到2017年的20.8％，而且清洁化进程加速，产业规模不断壮大。为满足清洁能源产业快速发展对专业技术人才的需求，全国各高等院校纷纷设立了与清洁能源相关的专业，如能源与环境系统工程、新能源科学与工程、新能源材料与器件等本科专业以及风力发电工程技术、生物质能应用技术、光伏发电技术与应用、工业节能技术、农村能源与环境技术、储能材料技术、氢能技术应用等专科专业，这为大量培养专业基础扎实、技术实力雄厚、实践能力突出、真正学以致用的高素质应用型人才提供了有力支撑。然而，在全国高等院校中能为能源类相关专业的专科生、本科生和研究生介绍清洁能源知识的教材非常缺乏，大部分专业的学生都在使用与新能源相关的教材，但清洁能源和新能源是不同的概念。与新能源相比，清洁能源是指对能源清洁、高效、系统化应用的技术体系，它不是对能源的简单分类，而是指能源清洁利用的技术体系，此外，它不但强调清洁性同时也强调经济性。因此，为使大部分学生能够系统地学习清洁能源领域的相关知识体系与技术发展趋势，邓祥元同志组织可再生能源、清洁能源转化、减排技术、智能能源系统、储能技术、能源系统可持续发展等专业技术领域的专家学者编写了本书。

　　本书作者在各自的专业技术领域从事相关科学研究工作多年，具有扎实的基础知识和专业技能。根据每位作者的学科背景和学术特长，本书的编写任务安排如下：第一章和第六章由邓祥元编写，第二章由杨广武编写，第三章和第四章由李宁编写，第五章和第八章由王甫编写，第七章由李克勋编写，第九章由赵培涛编写，第十章和第十三章由高坤编写，第十一章由徐婧编写，第十二章由李帅虎编写，第十四章由伊文婧编写；最后由邓祥元负责统稿和审校。在内容编排上，本书除了介绍可再生能源的开发利用外，还系统介绍了能源的清洁高效利用和评价技术体系。此外，作者为本书精心准备了配套的教学课件，方便教师教学和学生学习，这将大大提高以本书为教材的相关课程的学习效果，使用本教材的读者可发邮件至cipedu@163.com 免费索取。

在本书编写过程中，作者参考了同行的资料与文献，谨此表示诚挚的谢意。由于作者水平有限，书中难免存在一些疏漏和不足之处，恳请广大读者给予批评指正。

编著者
**2020 年 8 月**

# 目 录

## 第一章 绪 论

## 第二章 太阳能

## 第三章 风 能

# 第四章　水　能

# 第五章　氢　能

# 第六章 生物质能

# 第七章 核 能

# 第八章 地热能

# 第九章　清洁煤技术

# 第十章　石油天然气的清洁生产

# 第十四章　能效评价与节能技术

# 第一章 绪 论

## 第一节 概 述

随着人们对环境问题和能源问题的日益重视，清洁能源已经成为一种有市场竞争力的能源形式，清洁能源的推广应用已成必然趋势。专家预测，由于天然气联合循环发电具有高效、运行灵活、投资少和建设时间短等优势，其发电占全世界发电燃料的比例，将从 2010 年的 20％增加到 2030 年的 22％。核电发展也呈现提升势头。水电及其他清洁能源发电量均有望提高。中国将是水电增加最多的国家，印度、老挝和越南都有开发水电的计划。而受油价等因素影响，燃油发电占全世界发电的比例将从 2010 年的 11％降低到 2030 年的 7％。清洁能源产业如风能、太阳能、水能的大力发展不仅可以缓解可能出现的暂时油荒及煤荒，而且有利于保护环境，促使国家大力发展绿色经济，走可再生工业化道路，实现可持续发展。

### 一、清洁能源的概念

清洁能源是指能源高效、清洁、系统化利用的技术体系，具体可从以下三个方面进行阐述：

（1）清洁能源是一种关于能源利用的技术体系，并不是对能源进行简单的人为分类。

（2）清洁能源同时强调了环保和经济两方面。

（3）清洁能源的排放标准有具体要求，必须在要求范围内排放。

此外，清洁能源有狭义和广义之分。从狭义上讲，清洁能源是指在开采、运输、使用和排放过程中不会对环境和生态造成任何污染的能源，如太阳能、风能、水能、地热能、生物质能以及海洋波浪、海流、海水温差、潮汐等能源；从广义上讲，清洁能源是指基本的开发和利用的整个过程中一般不会或很少污染环境和生态，或产生的污染程度小于利用的能源，如地热能、天然气、生物质能等。

清洁能源实质上是能源利用的技术体系，而不是能源的分类。换言之，清洁能源严格来说是指贯穿首尾的整个能源利用系统，并非指能源利用的源头。标准化的排放和自然属性是清洁能源清洁高效的两个特性，二者的关系是相辅相成、缺一不可的。

## 二、发展清洁能源的意义

发展清洁能源是我国保障能源供应安全、应对气候变化、改善环境质量的有效途径，具有重大战略意义。

① 保障能源供应安全。我国正处于工业化和城镇化快速发展的重要时期，能源需求具有刚性增长特征，然而受资源储量、生态环境、开发条件等诸多因素的制约，我国国内常规化石能源可持续供应能力远低于未来国内能源潜在需求。到 2020 年，我国清洁能源的开发利用总量可达 6.7 亿～7.4 亿 t 标准煤，可补充能源供应缺口的 60％～70％，有效保障能源供应安全。

② 实现 15％清洁能源承诺。研究表明，为实现 2020 年我国非化石能源占一次能源消费比重达到 15％左右的目标，清洁能源发电装机规模将达到 6 亿 kW，占全国发电装机容量的 1/3 以上，清洁能源发电占一次能源消费总量的 12.5％左右，转化为电力的清洁能源比重超过 80％。

③ 改善环境质量。发展清洁能源可以减少化石能源消费带来的二氧化硫、氮氧化物与烟尘等环境污染物的排放量。研究表明，清洁能源发电可每年减少二氧化硫排放 200 万 t。我国清洁能源资源主要分布在西部和北部地区，大力开发清洁能源可为中、东部地区提供清洁电力，缓解中、东部地区的环境压力。

# 第二节　清洁能源发展概况

在全世界，每年生物质能源通过技术获得的资源潜力值相当于 65 亿 t 标准煤，陆地风能资源总量约为 53 万亿 kW·h，而海上可利用风能资源总量约为 150 万亿 kW·h。在地球上，陆地上分布最广泛的清洁能源是太阳能，每年产生的能量总量约为 27 万亿 t 标准煤，是 2013 年全球消费能源总量的 2000 多倍。另外，资源量最大的是水能源，水能源开发规模大，经济效益好，每年水能源通过技术获得的资源潜力值约为 15 万亿 kW·h。当然，海洋的潮汐能、波浪能也是储量巨大的海洋能资源。

## 一、清洁能源利用现状

随着经济的发展和社会的不断进步，生态环境问题越来越受到世界各国的重视。一些发达国家和发展中国家意识到了清洁能源在未来能源供应中的重要地位，纷纷通过完善法律体系和出台相关政策、研究新的技术体系来保障清洁能源的开采和利用。在这样的背景下，清洁能源技术迅速发展，产业化水平不断提高，清洁能源在能源构成中的比例不断加大。清洁能源新增投资持续增加，2004—2007 年的年增长率超过 15％。大多数投资都流入欧洲。然而，中国、印度和巴西也吸引了越来越多的投资，这些国家吸引的投资金额由 2004 年的 18 亿美元增加到 2007 年的 260 亿美元，增加了 14 倍以上。下面以太阳能、风能、地热能、生物质能、潮汐能和煤层气等为例来说明近几年来清洁能源利用的现状。

**1. 太阳能**

并网光伏发电是目前世界上发展最快速的能源技术。典型的并网光伏发电系统结构包括：光伏阵列、DC/DC 变换器（direct current-direct current converter）、蓄电池组、直流汇流母线、DC/AC 逆变器（direct current-alternating current inverter）、控制器和检测系统等，如图 1-1 所示。

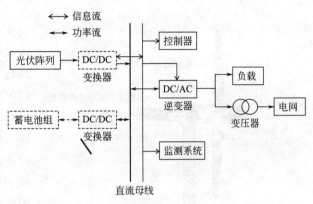

图 1-1　典型并网光伏发电系统

2017 年，全球光伏市场强劲增长，全年新增装机容量超过 98GW，同比增长 28.95%，全球累计装机容量已经超过 402.5GW，呈现出良好的发展势头。传统市场，如美国、日本新增装机容量分别达到 10.6GW 和 7GW，依然保持强劲发展势头。同时，新兴市场也在不断涌现，光伏应用在亚洲、拉丁美洲进一步扩大，如印度和巴西 2017 年新增装机容量分别约为 9.1GW 和 0.9GW。根据国际能源署的预测，到 2030 年全球光伏累计装机容量有望达到 1721GW，到 2050 年将进一步增加至 4670GW，光伏行业发展潜力巨大。

从全球区域市场情况来看，2017 年我国在新增和累计装机容量方面均处于市场第一位，新增装机容量为 53GW，占全球总新增装机容量的 54.08%；截至 2017 年末我国累计装机容量为 131GW，占全球总累计装机容量的 32.57%；美国和日本的累计装机容量紧随其后，分别为 51GW 和 49GW，占全球总累计装机容量的 12.67% 和 12.17%；德国累计装机容量位列全球第四，为 42GW，占全球总累计装机容量的 10.43%；印度累计装机容量位列全球第六，为 18.3GW，占全球总累计装机容量的 4.55%，但增速较快，预计未来几年印度有可能成为全球光伏市场的领导者之一。

**2. 风能**

风能是地球表面大量空气流动所产生的动能。风能因可再生、清洁等特点，受到各国的青睐，风能资源多集中在沿海和开阔大陆的收缩地带，主要分布在北美、亚洲、拉丁美洲等地方。据相关估算，全世界风能总量约为 1300 亿 kW，其中可利用的风能为 200 亿 kW，比地球上可开发利用的水能总量还要大 10 倍，高达每年 53 万亿 kW·h。典型风力发电系统的构造如图 1-2 所示，其原理是利用风力带动风车叶片旋转，再通过增速机提升旋转的速度来促使发电机发电。

从全球风电行业总体来看，总装机容量保持逐年增长的趋势，截至 2018 年年底，全球累计风电总装机容量达到 600GW。2018 年全球新增风电装机容量为 51.3GW，同比下降 3.6%，其中陆上风电装机总量为 46.8GW，比 2017 年下降了 3.9%，海上风力发电场装机总量为 4.5GW，增长 0.5%。根据全球风能理事会预计，到 2023 年，全球风电装机容量每年至少增加 55GW。值得一提的是，中国是目前最大的风电市场，2018 年新增装机容量为 25.9GW，占全球总装机容量的一半。同时，中国是全球首个风电装机容量超过 200GW 的国家，虽然 2017 年表现稍有逊色，但 2018 年迅速重整行装走上了风电增长之路。毫无争议，中国仍然稳居世界风电领导者的地位，累计风电装机容量高达 221GW。美国是全球风电第二大市场，其总装机容量达 96GW，2017 年新增装机容量 6.7GW，

图 1-2 典型风力发电系统的构造

2018 年新增装机容量则增长至 7.6GW。美国在各州和市一级政府的大力支持之下，美国风电发展来势汹汹，预计不久之后，美国即将成为继中国之后的第二个装机总量超 100GW 的国家。

**3. 地热能**

地热能是蕴藏在地球内部的热能，是一种清洁低碳、分布广泛、资源丰富、安全优质的可再生能源，按赋存状态通常分为地压型地热能、水热型地热能、干热岩型地热能和岩浆型地热能。地热能开发利用具有供能持续稳定、高效循环利用、可再生的特点，可减少温室气体排放，改善生态环境，在未来清洁能源发展中占有重要地位，有望成为能源结构转型的新方向。

目前，地热能利用包括发电和热利用两种方式，其中地热发电作为清洁的发电技术之一，有极大潜力成为一种快速商业化并能够并网发电的可再生能源的优先选项。另外，地热发电也可以说是可靠的（甚至强于水电）可再生能源来源，可以向电网不断输送电力，几乎完全不受气候的影响，不像其他方式存在间歇性和不确定性。截至 2015 年年底，全球地热发电累计装机容量达到 13.4GW，比 2014 年增长了 5.51%。2017 年，国家发改委、国家能源局和国土资源部下发了关于印发《地热能开发利用"十三五"规划》的通知，规划指出：到 2020 年，我国地热发电装机容量约为 530MW，主要包括中高温地热发电、中低温地热发电以及干热岩发电等重大项目。此外，地热能还可作为建筑制冷和制热的主要能源来源，地源热泵的工作原理如图 1-3 所示。

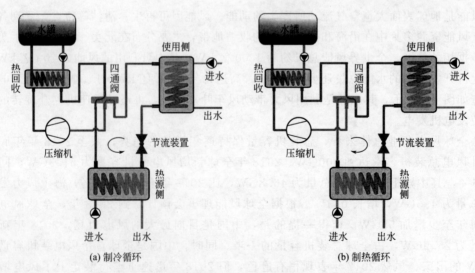

图 1-3 地源热泵用于建筑制冷和制热的工作原理

#### 4. 生物质能

生物质能是一种重要的可再生能源，直接或间接来自植物的光合作用，一般取材于农林废弃物、生活垃圾及畜禽粪便等，可通过一系列的转换技术（图 1-4）转化为固态、液态和气态燃料。由于生物质能具有环境友好、成本低廉和碳中性等特点，同时为了应对能源短缺与环境恶化的问题，各国政府高度重视生物质资源的开发和利用。近年来，全球生物质能的开发利用技术取得了飞速发展，应用成本快速下降，以生物质产业为支撑的"生物质经济"被国际学界认为是正在到来的接棒"石化经济""烃经济"的下一个经济形态。

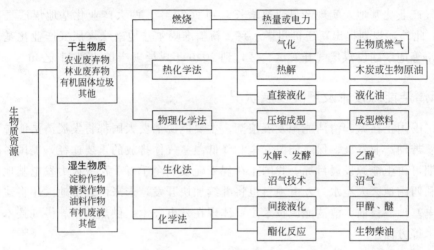

图 1-4　生物质能转换技术

据国家能源局发布的《生物质能发展"十三五"规划》，预计到 2020 年，生物质能基本实现商业化和规模化利用，生物质能年利用量约为 5800 万 t 标准煤，生物质发电总装机容量达 1500 万 kW，年发电量 900 亿 kW·h。与 2016 年已有的生物质发电装机容量 1214 万 kW 相比，有 23.56% 的增长空间。

#### 5. 潮汐能

据资料显示，全球潮汐能资源总储量巨大，若利用充分可以发电 10 亿 kW 以上。在生态危机和能源危机越来越严重的背景下，由于潮汐能本身不会因为洪水、汛期等水文因素的变化而变化，潮汐能的社会效益和经济效益的优势也越来越明显。目前，很多国家和地区已经建成或正在修建潮汐能发电站，其中，苏格兰和英格兰已发展为全世界海洋能源主要的开发基地。利用潮汐能发电的原理如图 1-5 所示。

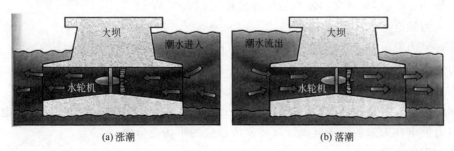

(a) 涨潮　　　　　　　　　　　　　　(b) 落潮

图 1-5　潮汐能发电原理示意图

### 6. 煤层气

煤层气是与煤伴生、共生的气体资源，是一种潜在的洁净能源；同时它又是一种温室气体，在体积相同的条件下，其温室效应是 $CO_2$ 的 24.5 倍。2010—2015 年，我国煤层气抽采量从 92 亿 $m^3$ 跃升至 180 亿 $m^3$，利用量则从 37 亿 $m^3$ 攀升至 86 亿 $m^3$，同比增长 135％。根据《煤层气（煤矿瓦斯）开发利用"十三五"规划》，"十三五"期间，新增煤层气探明地质储量 4200 亿 $m^3$，建成 2～3 个煤层气产业化基地。2020 年，煤层气（煤矿瓦斯）抽采量达到 240 亿 $m^3$，其中地面煤层气产量 100 亿 $m^3$，煤矿瓦斯抽采 140 亿 $m^3$。从区域来看，规划明确"十三五"期间主要强化两大产业化基地快速上产，建成沁水盆地和鄂尔多斯盆地东缘煤层气产业化基地，实现产量快速增长。到 2020 年，两大产业化基地煤层气产量达到 83 亿 $m^3$。此外，规划提出新建贵州毕水兴、新疆准噶尔盆地南缘煤层气产业化基地。在内蒙古、四川等地区建设煤层气开发试验区，到 2020 年煤层气产量达到 11 亿 $m^3$。

## 二、国际清洁能源技术及产业发展状况

世界范围内正在掀起清洁能源发展浪潮，主要能源消费大国都将发展清洁能源作为拉动经济增长、带动产业发展、保障能源安全和降低温室气体排放的重要途径，美国、欧盟都提出了中长期可再生能源发展目标。我国正在规划建设 8 个千万千瓦级风力发电基地，东中部地区核电和西南地区大型水力发电项目也将继续加快开发，未来西北部地区还将建设大规模太阳能发电基地。目前，清洁能源技术主要体现在发电技术、供热技术、供气技术和生物液体燃料技术等方面。

### 1. 发电技术

发电技术主要包括水力发电、风力发电、太阳能发电和生物质能发电。

（1）水力发电

水力发电是技术成熟、运行灵活的清洁低碳可再生能源，具有防洪、供水、航运、灌溉等综合利用功能，经济、社会、生态效益显著。目前，全球常规水力发电装机容量约 1000GW，年发电量约 4 万亿 kW·h，开发程度为 26％（按发电量计算），欧洲和北美洲水力发电开发程度分别达 54％和 39％，南美洲、亚洲和非洲水力发电开发程度分别为 26％、20％和 9％。发达国家水能资源开发程度总体较高，如瑞士达到 92％、法国 88％、意大利 86％、德国 74％、日本 73％、美国 67％。发展中国家水力发电开发程度普遍较低，我国水力发电开发程度为 37％，与发达国家相比仍有较大差距，还有较广阔的发展前景。今后全球水力发电开发将集中于亚洲、非洲、南美洲等资源开发程度不高、能源需求增长快的发展中国家，预测 2050 年全球水力发电装机容量将达 2050 GW。

（2）风力发电

目前，风力发电技术比较成熟，成本不断下降，是应用规模最大的清洁能源发电方式。发展风力发电已成为许多国家推进能源转型的核心内容和应对气候变化的重要途径，也是我国深入推进能源生产和消费革命、促进大气污染防治的重要手段。到 2015 年年底，全球风力发电累计装机容量达 432 GW，遍布 100 多个国家和地区。随着技术的发展和发电成本的降低，风力发电在未来的清洁能源领域将发挥较强的市场竞争力。

（3）太阳能发电

在今后一定时期内，太阳能发电技术主要是依靠光伏发电。目前，光伏发电全面进入规

模化发展阶段，中国、欧洲各国、美国、日本等传统光伏发电市场继续保持快速增长，东南亚、拉丁美洲、中东和非洲等地区光伏发电新兴市场也快速启动。太阳能热发电产业发展开始加速，一大批商业化太阳能热发电工程已建成或正在建设，太阳能热发电已具备作为可调节电源的潜在优势。在不考虑土地成本的前提下，目前我国光伏电站的发电成本已经控制在 $1$ 元/(kW·h) 以下，未来力争将光伏发电成本降至 $0.7$ 元/(kW·h) 以下，这将为以后的大规模发展奠定基础。

（4）生物质能发电

生物质能是重要的清洁能源，技术成熟，应用广泛，在应对全球气候变化、能源供需矛盾、保护生态环境等方面发挥着重要作用，是全球继石油、煤炭、天然气之后的第四大能源，成为国际能源转型的重要力量。截至 2015 年，全球生物质发电装机容量约 100 GW，其中美国 15.9 GW、巴西 11.0 GW。生物质热电联产已成为欧洲，特别是北欧国家重要的供热方式。生物质燃气和生物质固体燃料与煤混燃发电效率较高，是目前生物质发电的主要发展方向。

**2. 供热技术**

供热技术主要是太阳能热水器、生物质燃料和地热供热。现在我们所使用的太阳能热水器就是重要的清洁能源供热技术，该技术已经成熟，并且生产规模不断扩大，产业体系不断完善，在市场上的竞争力不断提升。生物质能供热技术主要包括燃用生物质木炭的壁炉和热电联产集中供热等，在奥地利、芬兰和瑞典等国家的使用规模不断扩大，技术体系也日趋完善。地热供热技术也已成熟，在市场上也得到了大范围的推广。

**3. 供气技术**

供气技术主要包括制氢技术、生物天然气技术、煤层气开发技术和天然气清洁生产技术。氢能作为一种来源广泛、清洁无碳的二次能源，有利于降低传统化石能源比重、提高清洁能源应用水平，发展氢能是应对气候变化、优化能源结构的重要手段。从国际上看，美国、欧洲各国、日本、韩国等国家和地区较早开始研发氢能，加大投入，形成了有国际竞争力的先进技术，推动氢能在交通用能、分布式发电、家用热电联供等多领域应用。发展生物天然气，规模化处理有机废弃物，能有效解决粪污、秸秆露天焚烧等引起的环境污染问题，保护城乡生态环境。此外，不断拓展生物天然气在车用燃气和天然气供应等市场领域的应用。截至 2015 年，全球生物天然气产量约为 570 亿 $m^3$，其中德国年产量超过 200 亿 $m^3$，瑞典生物天然气满足了全瑞典 30% 车用燃气需求。煤层气作为高成长、高回报的清洁新能源，是常规天然气最重要的补充和替代气源，也是国家"十三五"规划重点发展的清洁能源。在国外，煤层气的使用技术非常成熟。天然气是一种优质、高效、清洁的低碳能源，可与核能及可再生能源等其他低排放能源形成良性互补，是能源供应清洁化的最现实选择。

**4. 生物液体燃料技术**

生物液体燃料技术主要是指燃料乙醇、生物质燃料油等。乙醇技术以速生植物为原料，也必将是液体燃料的主要发展方向。美国把玉米作为主要原料来制取车用乙醇燃料，而巴西则利用低成本的生物质资源（木薯、甘蔗等）制取车用乙醇燃料。

综上所述，在 21 世纪初期，很多清洁能源利用技术不断进步，产业规模不断扩大，经济价值逐步提升，市场化较为明显，预计在 2030 年前，大多数清洁能源技术的市场竞争力还将会提升，在 2050 年左右发展会更加迅速。

# 第三节　清洁能源发展过程中存在的主要问题

　　长期以来，能源一直是经济发展中的热点和难点问题。能源问题解决得好不好，直接影响到国民经济能否实现可持续发展。随着国际能源格局的风云变幻，世界各国正面临着能源战略部署所带来的挑战，这是国民经济发展的一个瓶颈问题。所以，从战略高度全面分析能源形势，深入研究能源发展问题，对国民经济和社会发展的持续健康增长有着极其重要的意义。

　　近年来，世界各国在能源发展方面已经取得了巨大进展，能源总产量翻了一番，在煤炭生产、石油天然气的勘探开发、大水电站建设、核电发展以及可再生能源的发展方面，都取得了巨大的成就。同时，在开发利用清洁能源过程中还存在着许多问题。

　　**1. 部分清洁能源亟须寻找替代原料**

　　例如，玉米等粮食作物是乙醇的主要原料，但是目前世界粮食总量不足，粮食问题依然存在，这样的清洁能源原料就与经济的发展存在着一定程度的矛盾，于是，寻找可替代玉米的原料就显得尤为迫切。

　　**2. 部分清洁能源的技术问题需要突破**

　　例如，太阳能光伏发电需要继续开发太阳能电池等新材料，电池的光电转化效率技术就必须突破；再如，风能发电所需设备中的齿轮箱等核心部件的国产零件损坏率较高，目前很难自给，需要对该技术进行深入研发。

　　**3. 清洁能源的经济性难以解决**

　　从目前来看，清洁能源的前期开发对研发的资金投资和设备原料的投入远远高于传统能源。从发达国家的清洁能源发展经验来看，有一大部分高科技企业在清洁能源的研发和生产领域占据着重要地位，因此怎样加大投入力度，用激励政策来调动广大企业的积极性依然是当前的主要课题。

　　**4. 清洁能源发展的政策支持仍需加强**

　　清洁能源行动是一项庞大的系统工程，需要各方面政策的支持。要利用好、协调好相关政策，其中特别要注意以下政策作用的发挥和应用。一是国家相关的法律、法规和规定，如西部大开发、振兴东北老工业区以及关于节能与能效、热电联产、集中供热、清洁能源、环境保护等一系列的政策和规定。二是地方相关行业，如电力、煤炭、热力、天然气等行业的相关政策和规定，尽量做到协调一致，共同促进清洁能源的开发和利用。

　　**5. 清洁能源的法律法规有待进一步完善**

　　在当前一个阶段，现行的有关清洁能源的法律法规依然有改进空间。顺利推动清洁能源产业化，需要结合不同清洁能源的发展现状和发展特点，制定适应发展的法律法规才能对清洁能源实行倾斜性的保护。

## 复习思考题

1. 简要论述清洁能源的概念以及发展清洁能源的意义。
2. 通过调查我国清洁能源的发展概况，论述清洁能源的发展趋势和前景。

3.简述清洁能源发展过程中面临的问题、机遇和挑战。

## 参考文献

[1] 郭彤荔.我国清洁能源现状及发展路径思考 [J].中国国土资源经济，2019，32（4）：39-42.

[2] 国家发展和改革委员会，国家能源局，国土资源部.地热能开发利用"十三五"规划.2017.

[3] 国家能源局.风电发展"十三五"规划.2016.

[4] 国家能源局.煤层气（煤矿瓦斯）开发利用"十三五"规划.2016.

[5] 国家能源局.生物质能发展"十三五"规划.2016.

[6] 国家能源局.太阳能发展"十三五"规划.2016.

[7] 雷学军，罗梅健.生物质能转化技术及资源综合开发利用研究 [J].中国能源，2010，32（1）：22-28，46.

[8] 李伟，赵娜.清洁能源的发展现状及其在供暖行业中的应用 [J].城市建设理论研究，2017，13：225，231.

[9] 马隆龙，唐志华，汪丛伟，等.生物质能研究现状及未来发展策略 [J].中国科学院院刊，2019，34（4）：434-442.

[10] 苗杰民.世界清洁能源发展研究综述 [J].山西农业大学学报（社会科学版），2013，12（7）：694-699.

[11] 余涛，余婕.光伏并网发电的研究进展 [J].上海电力学院学报，2011，27（2）：110-114，143.

[12] 翟秀静，刘奎仁，韩庆.新能源技术 [M].第3版.北京：化学工业出版社，2017.

[13] 张有生，高虎，刘坚.技术进步推动中国新能源产业发展步入新阶段 [J].国际石油经济，2019，27（4）：1-8.

# 第二章 太阳能

## 第一节 概　述

### 一、太阳能的概念与特点

#### 1. 太阳能的概念

太阳能（solar energy）是指来自太阳的辐射能量，它是由太阳内部氢原子发生氢氦聚变释放出的巨大核能而产生的，包括光能和热能。太阳能不仅是地球上生命产生和存在的基础，也是人类生存和发展的基础。地球轨道上的平均太阳辐照度为 $1369W/m^2$。地球赤道周长为 40076km，从而可计算出，尽管太阳辐射到地球大气层的能量仅为其总辐射能量的 22 亿分之一，但功率已高达 173000TW，在海平面上的辐照度标准峰值强度为 $1kW/m^2$，地球表面某一点 24h 的年平均辐照度为 $0.20kW/m^2$，相当于有 102000TW 的功率。

太阳能是地球上最主要的能量来源，地球上绝大部分能源皆源自太阳能。风能、水能、生物质能、海洋温差能、波浪能和潮汐能等均来源于太阳；地球上的化石燃料（如煤、石油、天然气等）是由古代埋在地下的动植物经过漫长的地质年代演变形成的一次能源，因此从根本上说也来自太阳能；人类所需能量的绝大部分都直接或间接地来自太阳。植物通过光合作用释放 $O_2$、吸收 $CO_2$，并把太阳能转变成化学能在植物体内储存下来。所以太阳能所包括的范围非常广，狭义的太阳能则指太阳辐射能的光热、光电和光化学的直接转换。

#### 2. 太阳能的特点

（1）量大但密度低

太阳每秒照射到地球上的能量为 $1.465 \times 10^{14}J$，相当于 500 万 t 标准煤，大约 40min 照射在地球上的太阳能，便足以供全球一年能量的消耗。尽管到达地球表面的太阳辐射总量很大，但其能量密度很低。

（2）普遍但不稳定

太阳能的来源没有地域的限制，便于采集、开发和利用，并且不需要开采和运输。但太阳能的质量受到昼夜、季节、地理纬度和海拔高度等自然条件的限制以及晴、阴、云、雨等随机因素的影响，因此到达某一地面的太阳辐照度既是间断的，又是极不稳定的，这给太阳能的大规模应用增加了难度。

（3）清洁长久但应用成本高

太阳能是一种清洁能源，本身不会污染环境，且太阳的核聚变还将持续上百亿年，相对于短暂的人类历史来说，太阳能是取之不尽、用之不竭的。但目前太阳能利用装置的效率普遍较低，应用成本较高，与常规能源相比，其经济性没有明显的优势。

**3. 太阳能利用的基础理论**

（1）太阳光谱

太阳上的物质通过各种聚变产生能量，原子得到能量，发生跃迁，产生各种波频的波，从而产生太阳光谱。太阳光谱的波长范围很宽，经色散分光后按波长大小排列包括无线电波、红外线、可见光、紫外线、X 射线、γ 射线等几个波谱范围。在地面上观测的太阳辐射的波段范围大约为 $0.295\sim2.5\mu m$。波长小于 $0.295\mu m$ 和大于 $2.5\mu m$ 的太阳辐射，由于地球大气中臭氧、水汽和其他大气分子的强烈吸收，不能到达地面。

但是太阳辐射能的大小按波长的分配却是不均匀的，在全部辐射能中，波长在 $0.15\sim4\mu m$ 之间的占 99% 以上，且主要集中在红外区、可见光区和紫外区。其中，可见光区（$0.4\sim0.76\mu m$）约占太阳辐射总能量的 50%，红外区（$>0.76\mu m$）约占 43%，紫外区（$<0.4\mu m$）的太阳辐射能很少，约只占总量的 7%。

（2）太阳常数与大气质量

太阳常数：太阳光在其到达地球的平均距离处的自由空间中的辐照度，取值为 $1367W/m^2$。

大气质量（air mass，AM）：地球上的太阳辐射受到大气吸收的强烈影响，因此，实际的太阳辐射不仅与时间、地点有关，也与气象条件有关。大气对地球表面接收太阳光的影响程度被定义为大气质量，其值为 $AM=1/\cos\theta$，$\theta$ 是指太阳光入射光线与地面法线间的夹角。

AM 0：大气质量为零的状态，指的是在地球外空间接收太阳光的情况，适用于人造卫星和宇宙飞船等应用场合。

AM 1：大气质量为 1 的状态，是指太阳光直接垂直照射到地球表面的情况，其辐照度为 $925W/m^2$，相当于晴朗夏日在海平面上所承受的太阳光。这两者的区别在于大气对太阳光的衰减，主要包括臭氧层对紫外线的吸收、水蒸气对红外线的吸收以及大气中尘埃和悬浮物的散射等。

AM 1.5：当 $\theta=48.2°$ 时，大气质量为 1.5，是指典型晴天时太阳光照射到一般地面的情况，其辐照度为 $1000W/m^2$，常用于太阳能电池和组件效率测试时的标准。

## 二、太阳能的开发历史

人类利用太阳能虽然已有 3000 多年的历史，但把太阳能作为一种能源和动力加以利用，却只有不到 400 年的历史。真正将太阳能作为未来能源结构中的重要一员，则是近年的事。

按照太阳能利用发展和应用的状况，一般把太阳能科技的发展分为八个阶段。

第一阶段（1615—1900 年）：近代太阳能的利用历史可以追溯到 1615 年法国工程师所罗门·德·考克斯发明第一台太阳能驱动的抽水泵，在其后的 1615—1900 年间，人们又研制了多台太阳能动力装置和其他一些太阳能装置，这些动力装置大部分由太阳能爱好者个人研究制造，主要采用水蒸气作工质，发动机功率不大，且价格昂贵。

第二阶段（1900—1920 年）：研究的重点仍是太阳能动力装置，但采用的聚光方式多样化，且开始采用平板集热器和低沸点工质，装置逐渐扩大，最大输出功率达 73.64kW，实用目的比较明确，造价仍然很高。建造的典型装置有：1901 年，在美国加利福尼亚州建成一台太阳能抽水装置，采用截头圆锥聚光器，功率为 7.36kW；1902—1908 年，在美国建造了五套双循环太阳能发动机，采用平板集热器和低沸点工质；1913 年，在埃及开罗以南建成一台由 5 个槽式抛物镜组成的太阳能水泵，每个长 62.5m，宽 4m，总采光面积达 1250m$^2$。

第三阶段（1920—1945 年）：这期间太阳能研究工作处于低潮，参加研究工作的人数和研究项目大为减少，其原因与矿物燃料的大量开发利用和发生第二次世界大战有关，而太阳能又不能解决当时对能源的迫切需求，因此太阳能的研究工作受到冷落。

第四阶段（1945—1965 年）：二战结束后的 20 年间，许多有远见的人士已经意识到石油和天然气资源的迅速消耗将带来能源短缺问题，从而逐渐推动了太阳能研究工作的恢复和开展，并且成立太阳能学术组织，举办学术交流和展览会，再次兴起太阳能研究的热潮。在这一阶段，太阳能研究工作取得一些重大进展，比较突出的有：1954 年，美国贝尔实验室研制成实用的单晶硅太阳能电池，为光伏发电的大规模应用奠定了基础；1952 年，法国国家研究中心在比利牛斯山东部建成一座功率为 50kW 的太阳炉；1960 年，在美国佛罗里达建成世界上第一套用平板集热器供热的氨-水吸收式空调系统，制冷能力为 5 冷吨（冷吨又称冷冻吨，制冷学单位，1 冷吨表示 1t 0℃的水在 24h 内变为 0℃的冰所需要的制冷功率）；1961 年，一台带有石英窗的斯特林发动机问世。在这一阶段，加强了太阳能基础理论和基础材料的研究，取得了如太阳能选择性涂层和硅太阳能电池等技术上的重大突破。

第五阶段（1965—1973 年）：太阳能的研究在此期间停滞不前，主要原因是太阳能利用技术处于成长阶段，尚不成熟，并且投资大，效果不理想，难以与常规能源竞争，因而得不到公众、企业和政府的重视和支持。

第六阶段（1973—1980 年）：自从石油在世界能源结构中担当主角之后，石油就成了左右经济和决定一个国家生死存亡、发展和衰退的关键因素。1973 年 10 月爆发的"能源危机"（或称"石油危机"）使那些依靠大量进口廉价石油的国家，在经济上遭到沉重打击。这次"危机"在客观上使人们认识到，现有的能源结构必须彻底改变，应加速向未来能源结构过渡，从而使许多国家，尤其是工业发达国家，重新加强了对太阳能及其他可再生能源技术发展的支持，在世界范围再次兴起了开发利用太阳能热潮。1973 年，美国制定了政府级阳光发电计划，太阳能研究经费大幅度增长，并且成立太阳能开发银行，促进太阳能产品的商业化。日本在 1974 年公布了政府制定的"阳光计划"，其中太阳能的研究开发项目有：太阳房、工业太阳能系统、太阳热发电、太阳能电池生产系统、分散型和大型光伏发电系统等。20 世纪 70 年代初世界上出现的开发利用太阳能热潮，对中国也产生了巨大影响。一些有远见的科技人员，纷纷投身太阳能事业，积极向政府有关部门提建议，出书办刊，介绍国际上太阳能利用动态；在农村推广应用太阳灶，在城市研制开发太阳能热水器，空间用的太阳能电池开始在地面上应用。1975 年，在河南安阳召开"全国第一次太阳能利用工作经验交流大会"，进一步推动了中国太阳能事业的发展。这次会议之后，太阳能研究和推广工作纳入了中国政府计划，获得了专项经费和物资支持。一些大学和科研院所，纷纷设立太阳能课题组和研究室，有的地方开始筹建太阳能研究所。当时，中国也兴起了开发利用太阳能的热潮。这一时期，太阳能开发利用工作处于前所未有的大发展时期，开发利用太阳能成为政府行为，不少国家制定了近期和远期阳光计划，国际间的合作十分活跃，研究领域不断扩大，研究工作日益深入，取得一批较大成果，如真空集热管、非晶硅太阳能电池、光解水制氢、太阳能热发电等。太阳能热水器、太阳能电池等产品开始实现商业化，太阳能产业初步建立，但规模较小，经济效益尚不理想，这主要受制于技术运用及科研水平。

第七阶段（1980—1992 年）：20 世纪 70 年代兴起的开发利用太阳能热潮，进入 80 年代后不久开始落潮，逐渐进入低谷。世界上许多国家相继大幅度削减太阳能研究经费，其中美国最为突出。导致这种现象的主要原因是世界石油价格大幅度回落，而太阳能产品价格居高不下，缺乏竞争力；太阳能技术没有重大突破，提高效率和降低成本的目标没有实现，以致动摇了一些人开发利用太阳能的信心；核电发展较快，对太阳能的发展也起到了一定的抑制作用。受 80 年代国际上太阳能开发利用低落的影响，中国太阳能研究工作也受到一定程度的削弱。这一阶段，虽然太阳能开发研究经费大幅度削减，但研究工作并未中断，有的项目进展较大，而且促使人们认真地去审视以往的计划和制定的目标，调整研究工作重点，争取以较少的投入取得较大的成果。

第八阶段（1992—2019 年）：矿物能源大量燃烧，造成了全球性的环境污染和生态破坏，对人类的生存和发展构成威胁。在此背景下，1992 年联合国在巴西召开"世界环境与发展大会"，会议通过了《里约环境与发展宣言》《21 世纪议程》和《联合国气候变化框架公约》等一系列重要文件，把环境与发展纳入统一的框架，确立了可持续发展的模式。这次会议之后，世界各国加强了清洁能源技术的开发，将太阳能利用与环境保护结合在一起，使太阳能的利用工作走出低谷，逐渐得到加强。世界环境与发展大会之后，中国政府对环境与发展十分重视，提出 10 条对策和措施，明确要"因地制宜地开发和推广太阳能、风能、地热能、潮汐能、生物质能等清洁能源"，制定了《中国 21 世纪议程》，进一步明确了太阳能重点发展项目。

通过以上回顾可知，在 20 世纪的 100 年间太阳能发展道路并不平坦，一般每次高潮期后都会出现低潮期，处于低潮的时间大约有 45 年。太阳能利用的发展历程与煤、石油、核能完全不同，人们对其认识差别大、反复多、发展时间长。这一方面说明太阳能开发难度大，短时间内很难实现大规模利用；另一方面也说明太阳能利用还受矿物能源供应和战争等因素的影响，发展道路比较曲折。尽管如此，从总体来看，20 世纪取得的太阳能科技进步仍比以往任何一个世纪都快。

未来，太阳能热发电，将作为开路先锋，引领全世界综合利用太阳能，进入人类新时代。

# 第二节　太阳能的开发与应用

## 一、光热转换技术

### 1. 太阳能光热发电

太阳能光热发电的发电原理是：通过反射镜将太阳光汇聚到太阳能收集装置，利用太阳能加热收集装置内的传热介质（液体或气体），再加热水形成蒸汽带动或者直接带动发电机发电。采用太阳能光热发电技术，避免了昂贵的硅晶光电转换工艺，可以大大降低太阳能发电的成本。而且，这种形式的太阳能利用还有一个其他形式所无法比拟的优势，即太阳能所烧热的水可以储存在巨大的容器中，在太阳落山后几个小时仍然能够带动汽轮机发电。一般来说，太阳能光热发电形式有塔式、碟式（盘式）、槽式、菲涅尔式等 4 种系统（图 2-1）。

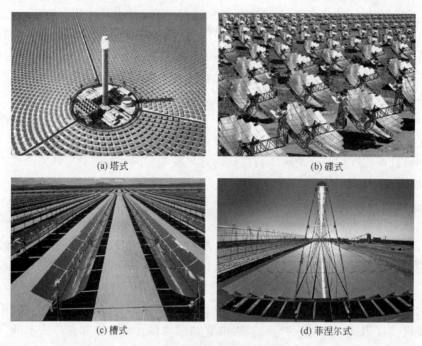

(a) 塔式　　　　　　　　　　　　　　(b) 碟式

(c) 槽式　　　　　　　　　　　　　　(d) 菲涅尔式

图 2-1　太阳能光热发电系统

（1）塔式发电系统

太阳能塔式发电系统由定日镜群、接收器、蓄热槽、主控系统和发电系统 5 个部分组成。其发电原理是在地面上安装多面定日镜，将太阳光反射并集中到场地中心的一座高塔顶部的接收器上。接收器将吸收的太阳光能转化成热能，再将热能传给工质，经过蓄热环节，再输入热动力机，膨胀做功，带动发电机进行发电。定日镜群由许多平面反射镜组成，每面定日镜都安装在刚性钢架上，采用计算机控制，自动跟踪太阳。接收器也称集热锅炉，它把收集的太阳光转变为热，并加热接收器内的工质。接收器有腔式、盘式、柱状式等结构形式。蓄热槽是利用传热性能良好的油或熔盐来吸收热能，以供锅炉使用。锅炉产生的蒸汽送往汽轮机，最后由汽轮机带动发电机发电。控制系统均采用计算机对所有设备进行监测，保证安全运行。塔式太阳能发电站的聚光比可超过 1000，热效率达 15％以上，接收器的温度可以达到 500℃。太阳能塔式发电站需要大量的定日镜布满塔的周围，因此占地面积大。

2014 年 2 月 13 日，由美国 BrightSource 能源公司、NRG 能源公司和谷歌公司共同参与的新能源项目，当时世界最大的塔式太阳热能发电站 Ivanpah 正式投入商用（图 2-2），该太阳能发电站包括三组发电机组，拥有近 35 万块太阳能面板，总占地面积约 2 万亩（1 亩＝666.67m²），其发电量可达 4 亿 kW·h，可以满足附近 14 万户美国家庭的用电需求。2016年 2 月 6 日，气候投资基金会报道，摩洛哥在撒哈拉沙漠启动了世界上最大的塔式太阳能发电站的建设。该发电站到 2018 年将能满足超过 100 万家庭的用电需要，每年可减少碳排放76 万 t。

图 2-2　坐落于美国加利福尼亚州 Ivanpah 旱湖的塔式太阳能发电站

（2）碟式发电系统

碟式太阳能热发电系统，又称"抛物面反射镜斯特林系统"，由碟式抛物面反射镜、接收器、斯特林发动机、发电机组成。抛物面反射镜接收太阳光，集中反射到抛物面的焦点上，利用焦点处的斯特林发动机将接收器内的传热工质加热到 750℃ 左右，驱动发电机进行发电。通常峰值转换效率可达 25％ 以上。碟式太阳能热发电技术具有效率高、占地少、适于模块化组合、产业链污染小等优势，具有广阔的发展前景。

碟式系统可以独立运行，作为无电边远地区的小型电源，一般功率为 10～25kW，反射镜直径约 10～15m；也可用于较大的用电户，把数台至数十台装置并联起来，组成小型太阳能热发电站。太阳能碟式发电尚处于中试和示范阶段，但商业化前景看好，它和塔式以及槽式系统，既可单纯应用太阳能运行，也可安装成为与常规燃料联合运行的混合发电系统。2010 年，全球首个碟式光热示范电站 Maricopa 在美国亚利桑那州建成（图 2-3），该项目发电容量 1.5MW。但随着光伏发电的价格快速下跌，碟式太阳能发电技术失去了与光伏发电竞争的价格优势，同时又没有储热或与其他燃料进行互补发电的特性，因此，在项目盈利性方面，难以与光伏发电相抗衡。受此影响，Maricopa 碟式光热电站示范项目最终被拍卖并停运。

图 2-3　Maricopa 碟式光热电站示范项目

（3）槽式发电系统

槽式太阳能热发电系统全称为"槽式抛物面反射镜太阳能热发电系统"，主要由槽式反射镜场、换热系统、储热装置和汽轮发电装置等 4 部分组成。其发电原理是将多个槽式抛物面聚光集热器经过串并联的排列，加热工质，产生过热蒸汽，驱动汽轮机发电机组发电。槽式聚光器的抛物面对太阳进行的是一维跟踪，聚光比为 10～100，温度可以达到 400℃。20 世纪 80 年代中期槽式太阳能热发电技术就已经发展起来，截至 2020 年依旧是应用最多的光热发电技术，占全球已运行光热电站总装机容量的 94％左右。虽然槽式发电系统技术成熟，但发电过程需要大量用水，而且聚光比小、系统工作温度低、核心部件真空管技术尚未成熟、吸收管表面选择性涂层性能不稳定、运行成本高。

20 世纪 80 年代初期，以色列和美国联合组建的 LUZ 太阳能热发电国际有限公司致力于研究开发槽式太阳能热发电系统。从 1985 年到 1991 年的 6 年间，在美国加利福尼亚州沙漠相继建成了 9 座槽式太阳能热发电站，总装机容量 353.8MW，并投入运营（图 2-4）。经过努力，电站的初次投资由 1 号电站的 4490 美元/kW 降到 8 号电站的 2650 美元/kW，发电成本从 24 美分/（kW·h）降到 8 美分/（kW·h）。

图 2-4　美国加利福尼亚州 354MW 槽式聚光热发电站

（4）菲涅尔式发电系统

其工作原理类似槽式光热发电，只是采用菲涅尔结构的聚光镜来替代抛面镜。此类系统由于聚光比只有数十，因此加热的水蒸气质量不高，使整个系统的年发电效率仅能达到 10％左右；但由于系统结构简单、直接使用导热介质产生蒸汽等特点，其建设和维护成本也相对较低。

以上几种太阳能热发电系统，均有实现商业化的可能和前景。相比较而言，槽式发电系统目前技术最为成熟，也是唯一达到商业化发展的技术，但发电过程需要大量用水，而且存在聚光比小、系统工作温度低、核心部件真空管技术尚未成熟等问题；塔式系统单位容量投资过大，且降低造价十分困难，因此投资冷落下来；碟式技术在几种光热发电技术中转化率最高，用水量少，能适应日照时间长的沙漠和戈壁地区，且结构紧凑、安装方便，非常适合分布式小规模能源系统。

**2. 太阳能光热供暖**

太阳能光热供暖是一种利用太阳能集热器收集太阳辐射能并转化为热能的供暖技术。一般由太阳能集热器、储热水箱、连接管路、辅助热源、散热部件及控制系统组成。其基本过程是：太阳能集热器获取太阳辐射能而转化的热量，通过散热系统送至室内进行供暖；过剩热量储存在储热水箱中；当太阳能集热器收集的热量小于供暖负荷时，由储存的热量来补充；储存的热量不足时，由备用的辅助热源提供。

太阳能供暖系统以太阳能集热器作为能源系统，替代或部分替代以煤、石油、天然气、电力等作为能源的锅炉，这是太阳能供暖系统与常规能源供暖系统的主要区别。此外，太阳能供暖系统结构简单，运行可靠，热流密度较低，工质的温度也较低，安全可靠，具有承压能力强、吸热面积大等特点，是太阳能与建筑一体化的最佳供暖选择之一。

### 3. 太阳能光热转换制冷

太阳能光热转换制冷是将太阳能转换成热能，再利用热能驱动制冷机制冷，主要有太阳能吸收式制冷系统、太阳能吸附式制冷系统和太阳能喷射式制冷系统。

太阳能吸收式制冷系统主要构成与普通的吸收式制冷系统基本相同，唯一的区别就是在发生器处的热源是太阳能，而不是通常的锅炉加热产生的高温蒸汽、热水或高温废气等热源。太阳能吸收式制冷系统的基本制冷过程是：采用集热器收集太阳能，用来驱动单效、双效或双级吸收式制冷机，工质对主要采用溴化锂-水，当太阳能不足时可采用燃油或燃煤锅炉进行辅助加热。

太阳能吸附式制冷系统主要由太阳能吸附集热器、冷凝器、储液器、蒸发器、阀门等组成。其制冷原理是：利用吸附床中的固体吸附剂对制冷剂的周期性吸附-解吸附过程实现制冷循环。常用的吸附式制冷工质对有活性炭-甲醇、活性炭-氨、氯化钙-氨、硅胶-水、金属氢化物-氢等。太阳能吸附式制冷具有系统结构简单、无运动部件、噪声小、无须考虑腐蚀等优点，且造价和运行费用比较低。

太阳能喷射式制冷系统的基本原理和过程是：首先利用太阳能集热器收集太阳能，为喷射式制冷机的发生器提供高温热源，加热发生器中的制冷剂蒸汽，制冷剂蒸汽经过喷射器时，由喷嘴加速，形成高速蒸汽射流，当高速蒸汽射流从喷射器内的喷嘴喷出时，会在其周围形成低压，从而引起制冷剂的蒸发而吸热，进而产生制冷效果。太阳能喷射式制冷系统不需要运动部件，因此结构简单、运行可靠。但常规的太阳能喷射式制冷系统在一般空调工况下，冷凝温度只能达到 30℃ 左右，且制冷系统的效率不到 10%。

### 4. 太阳能海水淡化

太阳能海水淡化技术是利用太阳能产生的热能，直接或间接驱动海水的相变过程，从而使海水蒸馏淡化；或是利用太阳能发电以驱动渗析过程，从而制取淡水的过程。由于太阳能系统与海水淡化技术易于结合，突破了原来仅局限于太阳能蒸馏领域的格局，实现了用能方式、结构形式的多样化，使太阳能海水淡化技术逐渐走向成熟。太阳能海水淡化方法分为以下 3 类。

（1）直接蒸馏法

直接将太阳能用于对海水的加热，蒸馏制得淡水的方法。其主要结构为太阳能蒸馏器，该蒸馏器由一个水槽组成，水槽内有一个黑色多孔的毡芯浮洞，槽顶上盖有一块透明、边缘封闭的玻璃覆盖层。太阳光穿过透明的覆盖层投射到黑色绝热的槽底，转换为热能。因此，塑料芯中的水面温度总是高于透明覆盖层底的温度，水从毡芯蒸发，蒸汽扩散到覆盖层上冷却为液体，排入不透明的蒸馏槽中。

（2）光热转换法

利用集热器将光能转变成热能，驱动海水的相变过程，即热法太阳能海水淡化方法，该方法主要有太阳能多级闪蒸法、太阳能多效蒸馏法和太阳能蒸汽压缩法等。

（3）光电转换法

用太阳能电池将光能转变成的电能驱动海水的膜过滤过程，即利用太阳能的光电转换法，该方法又可分为太阳能反渗透法和太阳能电渗析法等。

**5. 太阳能节能建筑**

太阳能建筑是指使用直接获取的太阳能作为优先使用能源，利用太阳能供暖和制冷的一类建筑。在建筑中应用太阳能供暖、制冷，可节省大量电力、煤炭等能源，而且不污染环境，在年日照时间长、空气洁净度高、阳光充足而缺乏其他能源的地区，采用太阳能供暖、制冷，更加有利。太阳能建筑应用的目标是利用太阳能满足建筑物的用能需求，包括供暖、空调、生活热水、照明、家用电器等方面的能源供给。

位于印度孟买的蛋形办公楼利用了被动式太阳能设计，能够通过减少热增益来调整建筑内部的温度。办公楼由太阳能电池板和屋顶的风力涡轮机提供能源，它甚至能够独立收集水分进行花园灌溉，是一座令人印象深刻的可持续建筑。弗莱堡太阳能城市也是一座充分结合太阳能与建筑的城市，居民建筑的屋顶由设置成完美角度的光伏板构成，也可以作为一个巨大的遮阳伞。即使日照非常强烈时，下面的居民也能享受凉爽的温度。此外，还包括由迪拜格拉夫特建筑事务所的建筑师设计的垂直村落、位于里约热内卢的太阳城大厦、高雄体育馆和芝加哥太阳能大厦等（图 2-5）。

(a) 孟买"巨蛋"办公楼　　　　　　　　(b) 弗莱堡太阳能城市

(c) 迪拜垂直村落　　　　　　　　　　(d) 里约太阳城大厦

图 2-5　太阳能建筑

## 二、光电转换技术

**1. 太阳能电池**

（1）太阳能电池的工作原理

早在 1839 年，法国科学家贝克雷尔（Becqurel）发现光照能使半导体材料的不同部位之间产生电位差，这种现象被称为"光生伏特效应"，简称"光伏效应"。如果某一类型半导体的导电性主要依靠价带中的空穴，则该类型的半导体就称为 p 型半导体。"p"表示正电的意思，取自英文 positive 的第一个字母。与之相对的，如果某一类型半导体的导电性主要依靠导带中的电子，则该类型的半导体就称为 n 型半导体。"n"表示负电的意思，取自英文 negative 的第一个字母。半导体材料很多，按化学成分可分为元素半导体和化合物半导体两大类，如 Si（硅）和 Ge（锗）是最常见的元素半导体，CdS（硫化镉）、GaAs（砷化镓）、CdTe（碲化镉）等属于化合物半导体。

将 p 型半导体与 n 型半导体制作在同一块半导体基片上，在它们的交界面形成的空间电荷区称为 p-n 结（p-n junction），它是太阳能电池光电转换的物质基础。对于半导体 p-n 结来说，太阳光照射到半导体 p-n 结上，当光子的能量等于或大于半导体的禁带宽度时，光子就会被吸收，并将价带中的电子激发到导带中，在价带中形成空穴，在 p-n 结内建电场的作用下，空穴流向 p 区，电子流向 n 区，连通外电路后就形成了电流。这就是基于半导体 p-n 结的太阳能电池的工作原理。因此，太阳能的光电转换依次主要包括：半导体材料对光子的吸收、电子-空穴对的产生、载流子的扩散漂移、电子-空穴对的分离以及载流子的传输 5 个过程。

（2）太阳能电池的结构

基于以上太阳能光电转换原理和过程，太阳能电池的结构以半导体 p-n 结为基础，并在此基础上制备合适的太阳能吸收区和载流子取出结构，其基本结构一般为金属正电极/p 型区/光吸收层/n 型区/金属负电极。完整的电池组件还包括：钢化玻璃、乙烯-醋酸乙烯共聚物（ethylene-vinyl acetate copolymer，EVA）、电池片、背板、铝合金保护层压件。其中，钢化玻璃的作用是保护电池片等发电主体，要求有高透光率（一般 91% 以上），另外需超白钢化处理；EVA 的主要作用是粘结封装钢化玻璃、发电主体及背板；电池片是实现太阳能-电能转换的部件；背板的作用是密封、绝缘、防水；铝合金保护层压件起支撑作用，也起一定的密封作用。

（3）太阳能电池的性能参数

太阳能电池的性能测试目前通用的是使用辐照度为 $100\mathrm{mW/cm^2}$ 的模拟太阳光，即 AM 1.5 太阳光标准。评价的主要指标包括：开路电压（$V_{oc}$）、短路电流（$I_{sc}$）、最大输出功率（$P_{max}$）、填充因子（fill factor，FF）、单色光光电转换效率（monochromatic incident photon-to-electron conversion efficiency，IPCE）和总光电转换效率（$\eta$）。

开路电压（$V_{oc}$）：AM 1.5 光谱条件下，两端开路时的输出电压值。

短路电流（$I_{sc}$）：AM 1.5 光谱条件下，输出端短路时，流过太阳能电池两端的电流值。

最大输出功率（$P_{max}$）：太阳能电池的工作电压和电流是随负载电阻而变化的，将不同阻值所对应的工作电压和电流值做成曲线就得到太阳能电池的伏安特性曲线。如果选择的负载电阻值能使输出电压和电流的乘积最大，即可获得最大输出功率，用符号 $P_{max}$ 表示。

填充因子（FF）：是衡量太阳能电池输出特性的重要指标，它是最大输出功率与开路电压和短路电流乘积之比。

单色光光电转换效率（IPCE）：对于光电转换器件经常用单色光光电转换效率来衡量其量子效率，IPCE 定义为单位时间内外电路中产生的电子数与单位时间内入射单色光光子数之比。

总光电转换效率（$\eta$）：太阳能电池的转换效率指在外部回路上连接最佳负载电阻时的最大能量转换效率，等于太阳能电池的最大输出功率与入射到太阳能电池表面的功率之比，即 $\eta = P_{max}/P_{in}$。$P_{in}$ 为 $100\mathrm{mW/cm^2}$。

（4）太阳能电池的种类

太阳能电池按材料主要分为：晶硅太阳能电池、非晶硅太阳能电池、化合物类太阳能电池、染料敏化太阳能电池、有机聚合物太阳能电池、钙钛矿太阳能电池等。

① 晶硅、非晶硅太阳能电池。晶硅和非晶硅太阳能电池片如图 2-6 所示。晶硅太阳能电池通过在晶体硅片上制作 p-n 结、光吸收层、电极等结构而制得。根据所用硅片的种类，又可分为单晶硅太阳能电池和多晶硅太阳能电池。单晶硅太阳能电池的硅片切割于采用直拉法制备的单晶硅棒，而多晶硅太阳能电池的硅片切割于采用铸造法制备的多晶硅硅锭，二者在外观上区别明显。在所有硅基太阳能电池中，单晶硅太阳能电池的转换效率最高，技术也最为成熟，在大规模应用和工业生产中占据主导地位。但由于单晶硅材料价格高、电池工艺复杂，导致其成本居高不下，并且大幅度降低其成本非常困难。为了节省高质量材料，寻找单晶硅电池的替代产品，发展了薄膜太阳能电池，其中多晶硅薄膜太阳能电池和非晶硅薄膜太阳能电池就是典型代表。

图 2-6　单晶硅、多晶硅以及非晶硅太阳能电池片

单晶硅太阳能电池在实验室里最高的转换效率为 24.7%，规模生产时的效率为 15% 左右。多晶硅太阳能电池的实验室最高转换效率为 18%，工业规模生产的转换效率为 12% 左右，稍低于单晶硅太阳能电池，但是材料制造简便，节约电耗，总的生产成本较低，因此得到迅速发展。随着技术的提高，目前多晶硅的转换效率也可以达到 18% 左右。

非晶硅太阳能电池是用沉积在导电玻璃或不锈钢衬底上的非晶硅薄膜制成的太阳能电池。Carlson 于 1974 年在实验室研制出最早的非晶硅太阳能电池，开始了非晶硅太阳能电池在光电子器件或 PV 组件中的应用，但是当时的非晶硅转换效率很低，还不到 1%。非晶硅与单晶硅、多晶硅太阳能电池的制作方法完全不同，工艺过程大大简化，硅材料消耗很少，电耗更低，它的主要优点是在弱光条件下也能发电。但非晶硅太阳能电池存在的主要问题是其光电转换效率较晶硅太阳电池低，且不够稳定，此外随着时间的延长，其转换效率会衰减。非晶硅尽管是一种很好的太阳能电池材料，但由于其光学带隙为 1.7eV，使得材料本身对太阳辐射光谱的长波区域不敏感，限制了非晶硅太阳能电池的转换效率。

② 化合物类太阳能电池。除了多晶硅太阳能电池、非晶硅薄膜太阳能电池之外，化合物类太阳能电池也是单晶硅太阳能电池的替代品，其中主要包括砷化镓（GaAs）等Ⅲ-Ⅴ族化合物、硫化镉（CdS）、碲化镉（CdTe）及铜铟硒（CIS）等。以上电池中，虽然硫化镉、碲化镉太阳能电池的效率较非晶硅薄膜太阳能电池高，成本较单晶硅电池低，也易于大规模生产，但由于镉有剧毒，会对环境造成严重的污染，因此并不是晶硅太阳能电池理想的替代产品。而砷化镓及铜铟硒薄膜电池由于具有较高的转换效率受到人们的普遍重视，如图 2-7 所示。

GaAs 的带隙为 1.4eV，正好为高吸收率太阳光的值，具有十分理想的光学带隙以及较

图 2-7　GaAs 太阳能电池组件与 CIS 太阳能电池组件

高的吸收效率，是理想的太阳能电池材料，转换效率可达 28%，且 GaAs 化合物材料抗辐照能力强，对热不敏感，适合制造高效单结电池。但是 GaAs 材料的价格不菲，在很大程度上限制了 GaAs 电池的普及。除 GaAs 外，其他Ⅲ-Ⅴ族化合物如 GaSb、GaInP 等电池材料也得到了开发。1998 年德国弗莱堡太阳能系统研究所制得的 GaAs 太阳能电池转换效率为24.2%，首次制备的 GaInP 电池转换效率为 14.7%。

铜铟硒材料的带隙为 1.1eV，也适于太阳光的光电转换。另外，CIS 薄膜太阳能电池不存在光致衰退问题，还具有价格低廉、性能良好和工艺简单等优点，将成为今后发展太阳能电池的一个重要方向。因此，CIS 用作高转换效率薄膜太阳能电池材料也引起了人们的关注。唯一的问题是材料的来源，由于铟和硒都是比较稀有的元素，因此，这类电池的发展又必然受到限制。CIS 薄膜电池的转换效率从 20 世纪 80 年代最初的8% 逐步提高。日本松下电气工业公司开发的掺镓的 CIS 电池，其光电转换效率为15.3%（面积 1cm$^2$）。1995 年美国可再生能源研究室研制出转换效率为 17.1% 的 CIS太阳能电池。2015 年 12 月，日本 Solar Frontier 公司研制的 CIS 太阳能电池的单元转换效率达到了 22.3%，超过了超薄太阳能电池此前的最高记录 21.7%，也超过了多晶硅太阳能电池，显示了良好的发展势头。

③ 染料敏化太阳能电池。1991 年，瑞士洛桑高等工业学院的 Gratzel 研究小组开发了染料敏化太阳能电池（dye-sensitized solar cell，DSC），它由吸附了染料光敏化剂（过渡金属钌的有机化合物）的纳米 $TiO_2$ 多孔薄膜制成，其光电转换效率可达 7.1%（图 2-8）。染料敏化太阳能电池是一种新型太阳能电池，其优点在于低廉的成本、简单的工艺以及相对稳定的性能。其光电转换效率稳定在 10% 以上，而制作成本仅为硅太阳能电池的 1/5～1/10，寿命却能达到 20 年以上。1993 年，该研究小组将光电转换效率提高到了 10%，1998 年，该研究组进一步研制出全固态 DSC，使用固体有机空穴传输代替液体电解质，单色光光电转换效率达到 33%，引起了全世界的科学家对 DSC 的关注。染料敏化太阳能电池的结构是一种"三明治"结构，主要由以下几个部分组成：导电玻璃、染料光敏化剂、$TiO_2$ 半导体纳米晶薄膜、电解质和铂电极，其中吸附了染料的半导体纳米晶薄膜称为光阳极，铂电极称为对电极或光阴极。

DSC 的工作原理是：电池中的 $TiO_2$ 禁带宽度为 3.2eV，只能吸收紫外区的太阳光，可见光不能将它激发，于是在 $TiO_2$ 膜表面覆盖一层染料

图 2-8　Gratzel 研究小组开发的 DSC

光敏化剂来吸收波长范围更宽的可见光，当太阳光照射在染料上，染料分子中的电子受激发跃迁至激发态，由于激发态不稳定，并且染料与 $TiO_2$ 薄膜接触，于是电子注入到 $TiO_2$ 导带中，此时染料分子自身变为氧化态。注入到 $TiO_2$ 导带中的电子传输到导电玻璃，通过外电路流向对电极，形成光电流。处于氧化态的染料分子在阳极被电解质溶液中的 $I^-$ 还原为基态，电解质中的 $I_3^-$ 被从阴极进入的电子还原成 $I^-$，这样就完成一个光电化学反应循环。

④ 有机聚合物太阳能电池。有机聚合物太阳能电池的工作原理可分为以下几个主要过程：光入射到有机活性层（给体和受体）后，活性层吸收太阳光产生激子；产生的激子进行传输和扩散；激子扩散到给体和受体界面后，产生电荷，即电子-空穴对；电子-空穴对在驱动力的作用下，分离成电子和空穴，电子在受体材料的最低未占分子轨道传输，空穴在给体的最高占据分子轨道传输；阳极和阴极分别收集空穴和电子，在外电路形成电流。从有机光伏电池的工作原理上，活性层起到了关键性的作用，因此，开发新的给体和受体材料有利于提高光电转换效率，并为有机电子学领域的发展提供了新动力。目前有机太阳能电池科学研究重点是开发简单高效率的材料，有助于有机光伏电池产业化。

⑤ 钙钛矿太阳能电池。在现有的光伏材料中，钙钛矿材料的宽吸收范围、高吸光系数、高载流子迁移率、长扩散距离、低电荷复合等优点使之成为潜力巨大的太阳能电池光伏转换材料，也是近几年光伏转换领域研究中的一种热点材料。从传统意义上讲，钙钛矿材料是由钙、钛、氧三种基本元素构成的 $CaTiO_3$ 晶体材料，早在 1839 年由俄国化学家发现，后来学者们将此类结构的材料命名为钙钛矿结构材料。这类材料的结构通式为 $ABX_3$，其中 A 代表＋1 价阳离子，B 代表＋2 价阳离子，而 X 代表－1 价阴离子。近来备受关注的有机-无机杂化钙钛矿材料也由此演化而来，A 代表＋1 价阳离子 $CH_3NH_3^+$（MA）、$HC(NH_2)_2^+$（$FA^+$）和 $Cs^+$，B 代表＋2 价阳离子 $Pb^{2+}$、$Sn^{2+}$、$Cu^{2+}$、$Eu^{2+}$、$Ge^{2+}$ 等，而 X 代表－1 价卤素阴离子，一般为 $Cl^-$、$Br^-$、$I^-$。

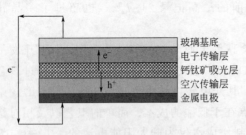

图 2-9　钙钛矿太阳能电池的基本结构

钙钛矿太阳能电池的基本结构如图 2-9 所示。按照其基本结构可以将钙钛矿太阳能电池分为介孔型及平面型两种。介孔型钙钛矿太阳能电池从染料敏化太阳能电池发展而来，与 DSC 的结构相似，钙钛矿结构纳米晶附着在介孔结构的二氧化钛骨架材料上。在这种结构中，介孔二氧化钛既是骨架材料，也能起到传输电子的作用。平面异质结结构将钙钛矿结构材料分离出来，钙钛矿受光照激发产生的激子直接分离，分别向空穴传输材料和电子传输材料传输。其基本工作原理是：钙钛矿材料受到入射光照射后，能量大于禁带宽度的光子被吸收，产生光生载流子，随后变为空穴和电子并分别注入电荷传输材料中。其中空穴是从钙钛矿材料进入到空穴传输材料中，电子是从钙钛矿材料进入到电子传输材料中。

（5）太阳能电池的应用

太阳能电池最开始的应用领域是空间站的能源供应，由于其可靠性和特有的优越性而在航天技术领域大显身手，如人造卫星、宇宙空间站上的能源都是由太阳能电池提供。目前的火星探测器"勇气"号、"机遇"号，都利用太阳能电池作为赖以工作的主要电源。我国在 2013 年 6 月发射的"神舟十号"宇宙飞船就是以太阳能电池为主要动力源（图 2-10），它的太阳能电池翼共 8 块电池板，一边 4 块，发电功率是 1.8kW，转换效率达 26％。飞行时，

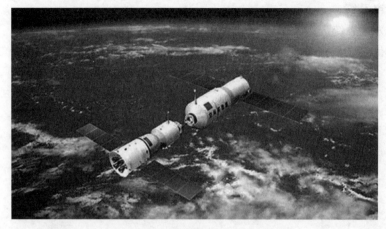

图 2-10　"神舟十号"宇宙飞船

在光照区用太阳能电池发电，既给宇宙飞船供电，又给蓄电池充电，从而可以在阴影区利用蓄电池供电。未来太空的开发，太阳能电池必将扮演重要角色。

随着半导体技术和工业的发展，电子产品的功耗大幅下降，太阳能电池在计算器、钟表、手机充电器等种类繁多的产品上得到了广泛使用（图 2-11）。此外，还出现了太阳能电扇、太阳能电池、太阳能电话等，以及适用于无电地区及移动中使用的太阳能手提灯、自动开停的太阳能庭院灯，以及其他众多的用电设备和备用电源。在电力匮乏的农牧林业地区，太阳能电池用于灌溉的太阳能水泵（图 2-12）、用于划区轮牧的电围栏电源、用于消灭害虫的黑光灯灯源等；在高山大海，太阳能电池是各种灯塔航标，各种卫星通信接收站，各种遥控遥测系统、气象观测站、公路铁路的自动信号灯的优选电源。

图 2-11　各种太阳能电池小产品

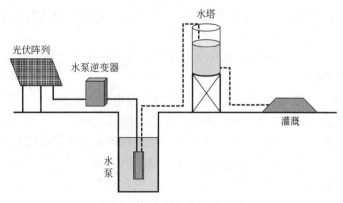

图 2-12　太阳能水泵示意图

**2. 光伏发电系统**

（1）光伏发电系统的结构组成

太阳能光伏发电系统如图 2-13 所示，主要由光伏阵列、蓄电池、光伏控制器和逆变器组成。

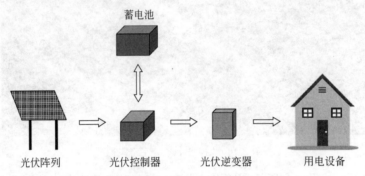

蓄电池

光伏阵列　　　光伏控制器　　　光伏逆变器　　　用电设备

图 2-13　太阳能光伏发电系统组成结构图

光伏阵列是太阳能发电系统中的核心部分，太阳能电池板将太阳的光能转化为电能后，输出直流电存入蓄电池中。太阳能电池板是太阳能发电系统中最重要的部件之一，其转换效率和使用寿命是决定太阳能电池是否具有使用价值的重要因素。一般太阳能电池组件采用 36 片或 72 片多晶硅太阳能电池进行串联以形成 12V 和 24V 的各种类型的组件。

蓄电池的作用是在有光照时将太阳能电池板所发出的电能储存起来，到需要的时候再释放出来。目前主要采用铅酸免维护蓄电池、普通铅酸蓄电池、胶体蓄电池和碱性镍镉蓄电池四种。国内广泛使用的太阳能蓄电池主要是铅酸免维护蓄电池和胶体蓄电池，这两类蓄电池因为其固有的"免"维护特性及对环境较少污染的特点，很适合用于性能可靠的太阳能电源系统，特别是无人值守的工作站。

光伏控制器是控制多路太阳能电池阵列对蓄电池充电以及蓄电池给光伏逆变器负载供电的自动控制设备，由专用处理器 CPU、电子元器件、显示器、开关功率管等组成。光伏控制器既可快速实时采集光伏系统当前的工作状态，随时获得光伏电站的工作信息，又可详细积累光伏电站的历史数据。此外，光伏控制器还具有串行通信数据传输功能，可将多个光伏系统子站进行集中管理和远距离控制。

光伏逆变器是将太阳能电池板产生的直流电转换为交流电的一种电力电子装置。光伏逆变器是光伏阵列系统中重要的系统平衡之一，可以配合一般交流供电的设备使用。

（2）光伏发电系统的分类

① 离网发电系统。主要由太阳能电池组件、控制器、蓄电池组成，若要为交流负载供电，还需要配置逆变器。

② 并网发电系统。将太阳能电池组件产生的直流电经过并网逆变器转换成符合市电电网要求的交流电后接入公共电网。并网发电系统有集中式大型并网电站和分散式小型并网电站。集中式大型并网电站一般都是国家级电站，主要特点是将所发电能直接输送到电网，由电网统一调配向用户供电，但这种电站投资大、建设周期长、占地面积大，发展难度较大。分散式小型并网发电系统，特别是光伏建筑一体化发电系统，具有投资小、建设快、占地面积小等优点。

（3）光伏发电系统的应用

随着常规发电成本的上升和人们环保意识的增强，许多国家纷纷实施推广太阳能屋顶计划。例如，美国的"百万屋顶太阳能计划"、德国的"千栋光伏屋顶计划"以及日本的"新阳光计划"等。1991年，光伏发电与建筑物集成化的概念正式提出，开辟了光伏发电应用的新领域。今天的光伏发电在建筑上的应用，不仅仅是政府推动的行为，也越来越受到市场的重视。建筑作为能源消费的大户，其能源消耗量随着社会发展和人类对居住舒适度需求的提高也不断增加。光伏建筑不需要单独占用土地，并且可以就地供电，避免了远距离电力传输所需的输配电设备以及线路损耗等。

光伏建筑一体化（building integrated photovoltaic，BIPV）是一种将太阳能发电产品集成到建筑上的技术。光伏建筑一体化不同于光伏系统附着在建筑上（building attached photovoltaic，BAPV）。光伏建筑一体化可分为两大类：一类是光伏阵列与建筑的结合；另一类是光伏阵列与建筑的集成，如光电瓦屋顶、光电幕墙和光电采光顶等。在这两种方式中，光伏阵列与建筑的结合是常用的形式，特别是与建筑屋面的结合。

世界各地已经出现了许多太阳能光伏建筑一体化建筑物，中国在借鉴国外发达国家推行太阳能光伏建筑一体化技术经验的基础上，开始发展太阳能光伏建筑一体化建筑物。例如上海世博会的光伏建筑一体化系统（图2-14），光伏建筑项目的总装机容量为4.5MW，是截至2020年我国乃至亚洲单个园区最大规模的光伏建筑一体化并网发电系统。

图2-14　上海世博会的光伏建筑一体化系统

虽然太阳能光伏建筑一体化有高效、经济、环保等诸多优点，并已在示范工程上得以运用，但光伏建筑还未进入寻常百姓家，成片使用该技术的民宅社区并未出现。这主要是由于太阳能光伏建筑一体化成本高和不稳定。尽管目前面临着行业或国家技术标准有待完善、综合成本较高等因素对产业发展的制约，但随着全社会环保意识的不断增强，对清洁能源需求的不断增大，光伏建筑一体化对于调整能源结构、促进建筑业的转型升级都有很大的益处。

## 三、其他形式的太阳能转换技术

### 1. 太阳能-氢能转换利用

氢能被视为21世纪最具发展潜力的清洁能源，氢能经济是20世纪70年代提出的一种可持续能源方案，其构想是以用之不竭的太阳能驱动，利用水制造$H_2$，$H_2$使用后又变成水，可以循环使用。传统的制氢方法包括水煤气制氢、石油裂解或甲烷水蒸气重整制氢、电解食盐水制氢、电解水制氢等。太阳能制氢是近三四十年才发展起来的新型 $H_2$ 制取技术，目前主要的太阳能制氢技术包括：太阳能热分解水制氢、太阳光电电解水制氢、太阳光催化分解水制氢、太阳能生物制氢。

（1）太阳能热分解水制氢

太阳能热分解水制氢技术是利用太阳能聚光器收集太阳能，将水加热到 2500K 以上从而分解为 $H_2$ 和 $O_2$ 的过程。该技术的主要问题有两个：一是高温下 $H_2$ 和 $O_2$ 的分离；二是高温太阳能反应器的材料问题。高温直接热解水难度大，可以通过引入热解温度较低的氧化物媒介，利用其热解脱氧-水解吸氧的间接循环，实现水（或其他原料）在较温和的条件下有效分解和转化，获得 $H_2$（或合成气），如图 2-15 所示。间接循环热解水包括两个过程：一是光转化为热能，即采用塔式或碟式聚光器聚集太阳光，利用高温集热器（也称为吸热器或接收器）吸收太阳光并转化为高温热能；二是热能转化为化学能，即高温下金属氧化物（如 ZnO）吸热分解，产生 Zn，Zn 在水解反应器中夺取水中的氧生成 ZnO（循环返回热化学反应器），释放出 $H_2$，从而实现太阳能高温热化学循环分解水制氢过程。

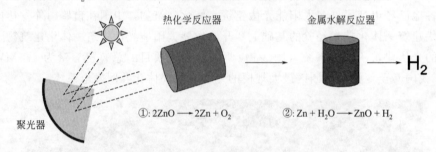

图 2-15　间接循环热解水示意图

随着聚光技术和膜科学技术的发展，太阳能热分解水制氢技术也得到了极大推动。以色列的 Kogan 教授从理论和试验上对太阳能直接热分解水制氢技术可行性进行了论证，并对如何提高高温反应器的制氢效率和开发更为稳定的多孔陶瓷膜反应器进行了研究。研究发现在水中加入催化剂后，可以使水的分解分多步进行，大大降低了加热的温度，并提高了 $H_2$ 的制取效率。

（2）太阳光电电解水制氢

太阳光电电解水制氢主要有两种类型，即光电化学制氢和光伏电解水制氢（图 2-16）。光电化学制氢是利用由光阳极和阴极共同组成的光化学电池，光阳极吸收太阳光，发生电子-空穴对的分离，电子通过外电路传输到阴极上，水中的质子从阴极接收电子从而产生 $H_2$。其光电解水的效率取决于太阳光所能激发的电子-空穴对的数量、电子-空穴对的分离效率和寿命、以及电子-空穴对的复合反应抑制等因素。光伏电解水制氢是利用太阳能电池产生的电力将水分解。产生 $H_2$ 的过程分为太阳能的光电转换和水的电化学分解两个独立的过程进行，与之对应的光伏电解水制氢系统也包括两个"能量转换单元"：太阳能电池部分和电解水制氢部分。制氢的总效率取决于太阳能电池的光电转换效率和水分解的效率。

目前，光伏制氢系统的应用已有许多成功的案例。例如，西班牙马德里能源环境与技术研究中心开发的 FIRST 项目，以铜铟锡光伏电池作为供能装置，与电解槽相串联，通过电解水产生 $H_2$，储存在储氢罐中。工作时，$H_2$ 通过燃料电池转换输出电能，可供负载正常运行近一个月。

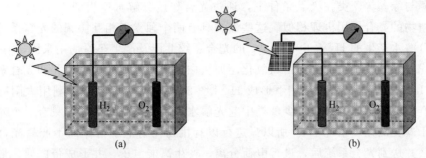

图 2-16　光电化学制氢（a）与光伏电解水制氢（b）示意图

（3）太阳光催化分解水制氢

太阳能光催化分解水制氢技术（简称光解水）（图 2-17）是通过光催化剂粉末或电极吸收太阳能产生光生载流子，继而将水分解成 $H_2$ 和 $O_2$。其基本原理为：太阳光照射到半导体催化剂上，当太阳光子的能量大于或相当于半导体的禁带宽度时，激发半导体内的电子从价带跃迁到导带，发生电子-空穴对的分离，吸附在催化剂上的水分子被氧化性很强的空穴氧化成为 $O_2$，同时产生的氢离子在电解液中迁移后被电子还原成为 $H_2$，该技术为太阳能直接转化为清洁、可存储的化学能提供了可能途径。光催化分解水的基本过程包括：半导体光催化剂吸收能量大于禁带宽度的光子，产生电子-空穴对；电子-空穴对分离，向半导体光催化剂表面移动；电子与水反应产生 $H_2$；空穴与水反应产生 $O_2$。

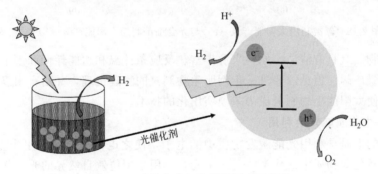

图 2-17　光催化分解水制氢原理示意图

有关光催化制氢的研究主要集中在各种光催化材料上，常用的光催化材料包括：$TiO_2$ 及过渡金属氧化物、层状金属化合物，如 $K_4Nb_6O_{17}$、$K_2La_2TiO_{10}$、$Sr_2Ta_2O_7$ 等，以及其他能利用可见光的催化材料，如 $CdS$、$Cu-ZnS$ 等。已经研究过的用于光解水的氧化还原催化体系主要有半导体体系和金属配合物体系两种，其中以半导体体系的研究最为深入。与光电化学池比较，半导体光催化分解水制氢的反应大大简化，但通过光激发在同一个半导体微粒上产生的电子-空穴对易复合。

（4）太阳能生物制氢

太阳能生物制氢是指光合细菌（或藻类）在太阳光的照射下以水做原料，通过光合作用及其特有的产氢酶系，将水分解为 $H_2$ 和 $O_2$ 的过程（图 2-18）。此制氢过程不产生 $CO_2$，其物理机制的基础是这些产氢生物中存在与制氢有关的酶。

能够产生氢的光合生物包括藻类和光合细菌。目前研究较多的产氢生物主要有蓝藻、绿藻、深红红螺菌、红假单胞菌、类球红细菌、夹膜红假单胞菌等。藻类利用太阳能的产氢机理是：蓝藻与绿藻等藻类在厌氧条件下，通过光合作用分解水产生的 $H_2$ 和 $O_2$，其作用机理与绿色植物的光合作用机理相似。这些藻类具有两个独立但相互协调的光合系统：用来接收太阳光分解水产生的 $H^+$、电子和 $O_2$ 的光合系统 II 以及产生还原剂用来固定 $CO_2$ 的光合系统 I。光合系统 II 产生的电子由铁氧化还原蛋白携带，经由光合系统 II 和光合系统 I 到达产氢酶，$H^+$ 在产氢酶的催化作用下形成 $H_2$ [图 2-18 (a)]。光合细菌利用太阳能产氢的机理与藻类有所区别：光合细菌缺少藻类中起光解水作用的光合系统 II，只有一个光合作用中心（相当于藻类的光合系统 I），所以只进行以有机物作为电子给体的不产氧光合作用。当光子被捕获并送到光合系统后，进行电荷分离，产生高能电子，并形成蛋白质。最后，在固氮酶的作用下进行 $H^+$ 还原，生成 $H_2$ [图 2-18 (b)]。由于其固有的特殊简单结构，因此具有相对较高的光能转化效率。

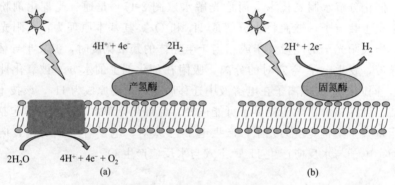

图 2-18　藻类利用太阳能产氢（a）与光合细菌利用太阳能产氢（b）示意图

太阳能生物制氢具有清洁、原料来源丰富、反应条件温和、能耗低和不消耗矿物资源等优点，发展前景广阔。但是需要进一步阐明生物制氢的物理机理，并培育出高效的制氢微生物，才有可能使太阳能生物制氢成为一项实用化的技术。

**2. 太阳能-生物质能转换利用**

光合作用的本质是利用光能激发物质中的电子，使之电荷分离，产生光生电子和空穴，并将此电势能转化为物质中的化学能。人工光合作用是指仿效自然界的光合作用，人为地利用太阳能分解水制造 $H_2$，或固定 $CO_2$ 制造有机物。自然光合作用最终结果是固定 $CO_2$ 生成碳水化合物，同时放出 $O_2$，因此对光合作用的模拟（人工光合作用），既可得到生物能源又能降低 $CO_2$ 含量。人工光合作用的研究始于 20 世纪 80 年代，世界各国对人工光合作用已进行了多年的探索研究，并取得相当大的成果，有望成为绿色生物工程研发的开端，凭借该技术能够利用太阳能生产具有高附加值的各种精密药品。人工光合作用不仅可以摆脱外界环境条件的限制，而且还可以突破自然光合作用自身的限制。

**3. 太阳能-机械能转换利用**

光是由没有静态质量但有动量的光子构成的，当光子撞击到光滑的平面上时，可以像从墙上反弹回来的乒乓球一样改变运动方向，并给撞击物体以相应的作用力，由此对物体表面产生的压力，称为光压，也称为辐射压强（辐射压）。单个光子所产生的推力极其微小，在地球到太阳的距离上，光在 $1m^2$ 帆面上产生的推力只有 $9 \times 10^{-6} N$，还不到一只蚂蚁的重力。早在 1748 年，欧拉就已经指出了光压的存在，并在 1901 年由俄国物理学家列别捷夫首次测量出来。光压可以解释彗星的尾巴为什么背着太阳。太阳帆就是利用太阳光的光压进行宇宙航行的一种航天器。由于这种推力很小，所以航天器不能从地面起飞，但在没有空气阻力存在的太空，这种小小的推力，仍然能够使得有足够帆面面积的太阳帆获得继续航行的加速度。

# 第三节 太阳能的发展前景

**1. 国际发展现状**

随着可持续发展观念在世界各国不断深入人心，全球太阳能开发利用规模迅速扩大，技术不断进步，成本显著降低，呈现出良好的发展前景，许多国家将太阳能作为重要的新兴产业。

（1）太阳能得到更加广泛应用

光伏发电全面进入规模化发展阶段，中国、欧洲各国、美国、日本等传统光伏发电市场继续保持快速增长，东南亚、拉丁美洲、中东和非洲等地区光伏发电新兴市场也快速启动。太阳能热发电产业发展开始加速，一大批商业化太阳能热发电工程已建成或正在建设，太阳能热发电已具备作为可调节电源的潜在优势。太阳能热利用继续扩大应用领域，在生活热水、供暖制冷和工农业生产中逐步普及。

（2）太阳能发电规模快速增长

截至 2015 年年底，全球太阳能发电装机容量累计达到 2.3 亿 kW，当年新增装机容量超过 5300 万 kW，占全球新增发电装机容量的 20%。2006 至 2015 年光伏发电平均年增长率超过 40%，成为全球增长速度最快的能源品种；太阳能热发电在"十三五"期间新增装机容量 400 万 kW，进入初步产业化发展阶段。

（3）太阳能市场竞争力迅速提高

随着光伏产业技术进步和规模扩大，光伏发电成本快速降低，在欧洲各国、日本、澳大利亚等多个国家和地区的商业和居民用电领域已实现平价上网。太阳能热发电进入初步产业化发展阶段后，发电成本显著降低。太阳能热利用市场竞争力进一步提高，太阳能热水器已是成本较低的热水供应方式，太阳能供暖在欧洲、美洲等地区具备了经济可行性。

（4）太阳能产业对经济带动作用显著

2015 年全球光伏市场规模达到 5000 多亿元，创造就业岗位约 300 万个，在促进全球新经济发展方面表现突出。很多国家都把光伏产业作为重点培育的战略性新兴产业和新的经济增长点，纷纷提出相关产业发展计划，在光伏技术研发和产业化方面不断加大支持力度，全球光伏产业保持强劲的增长势头。

**2. 国内发展现状及面临的挑战**

（1）中国光伏行业发展现状

"十二五"时期，国务院发布了《关于促进光伏产业健康发展的若干意见》（国发〔2013〕24 号），光伏产业政策体系逐步完善，光伏技术取得显著进步，市场规模快速扩大。太阳能热发电技术和装备实现突破，首座商业化运营的电站投入运行，产业链初步建立。太阳能热利用持续稳定发展，并向供暖、制冷及工农业供热等领域扩展。

光伏发电规模快速扩大，市场应用逐步多元化。全国光伏发电累计装机容量从 2010 年的 86 万 kW 增长到 2015 年的 4318 万 kW，2015 年新增装机容量 1513 万 kW，累计装机容量和年度新增装机容量均居全球首位。光伏发电应用逐渐形成东中西部共同发展、集中式和分布式并举格局。光伏发电与农业、养殖业、生态治理等各种产业融合发展模式不断创新，已进入多元化、规模化发展的新阶段。

光伏制造产业化水平不断提高，国际竞争力继续巩固和增强。"十二五"时期，我国光伏制造规模复合增长率超过33%，年产值达到3000亿元，创造就业岗位近170万个，光伏产业表现出强大的发展新动能。2015年多晶硅产量16.5万t，占全球市场份额的48%；光伏组件产量4600万kW，占全球市场份额的70%。我国光伏产品的国际市场不断拓展，在传统欧美市场与新兴市场均占主导地位。我国光伏制造的大部分关键设备已实现本土化并逐步推行智能制造，在世界上处于领先水平。

光伏发电技术进步迅速，成本和价格不断下降。我国企业已掌握万吨级改良西门子法多晶硅生产工艺，流化床法多晶硅开始产业化生产。先进企业多晶硅生产平均综合电耗已降至80kW·h/kg，生产成本降至10美元/kg以下，全面实现四氯化硅闭环工艺和无污染排放。单晶硅和多晶硅电池转换效率平均分别达到19.5%和18.3%，均处于全球领先水平，并以年均0.4%的速度持续提高，多晶硅材料、光伏电池及组件成本均有显著下降，光伏电站系统成本降至7元/W左右，光伏发电成本"十二五"期间总体降幅超过60%。

光伏产业政策体系基本建立，发展环境逐步优化。在《可再生能源法》基础上，国务院于2013年发布《关于促进光伏产业健康发展的若干意见》，进一步从价格、补贴、税收、并网等多个层面明确了光伏发电的政策框架，地方政府相继制定了支持光伏发电应用的政策措施。光伏产业领域中相关材料、光伏电池组件、光伏发电系统等标准不断完善，产业检测认证体系逐步建立，具备全产业链检测能力。我国已初步形成光伏产业人才培养体系，光伏领域的技术和经营管理能力显著提高。

太阳能热发电实现较大突破，初步具备产业化发展基础。"十二五"时期，我国太阳能热发电技术和装备实现较大突破。八达岭1MW太阳能热发电技术及系统示范工程于2012年建成，首座商业化运营的1万kW塔式太阳能热发电机组于2013年投运。我国在太阳能热发电的理论研究、技术开发、设备研制和工程建设运行方面积累了一定的经验，产业链初步形成，具备一定的产业化能力。

太阳能热利用规模持续扩大，应用范围不断拓展。太阳能热利用行业形成了材料、产品、工艺、装备和制造全产业链，截至2015年年底，全国太阳能集热面积保有量达到4.4亿m²，年生产能力和应用规模均占全球70%以上，多年保持全球太阳能热利用产品制造和应用规模最大国家的地位。太阳能供热、制冷及工农业等领域应用技术取得突破，应用范围由生活热水向多元化生产领域扩展。

（2）中国光伏行业发展面临的挑战

高成本仍是光伏发电发展的主要障碍。虽然光伏发电价格已大幅下降，但与燃煤发电价格相比仍然偏高，在"十三五"时期对国家补贴依赖程度依然较高，光伏发电的非技术成本有增加趋势，地面光伏电站的土地租金、税费等成本不断上升，屋顶分布式光伏的场地租金也有上涨压力，融资成本降幅有限甚至民营企业融资成本不降反升问题突出。光伏发电技术进步、降低成本和非技术成本降低必须同时发力，才能加速光伏发电成本和电价降低。

并网运行和消纳仍存较多制约。电力系统及电力市场机制不适应光伏发电发展，传统能源发电与光伏发电在争夺电力市场方面矛盾突出。太阳能资源和土地资源均具备优势的西部地区弃光限电严重，就地消纳和外送存在市场机制和电网运行管理方面的制约。中东部地区分布式光伏发电尚不能充分利用，现行市场机制下无法体现分布式发电就近利用的经济价值，限制了分布式光伏在城市中低压配电网大规模发展。

光伏产业面临国际贸易保护压力。随着全球光伏发电市场规模的迅速扩大，很多国家都将光伏产业作为新的经济增长点。一方面各国在上游原材料生产、装备制造、新型电池研发等方面加大技术研发力度，产业国际竞争更加激烈；另一方面，很多国家和地区在市场竞争不利的情况下采取贸易保护措施，对我国具有竞争优势的光伏发电产品在全球范围应用构成阻碍，也使全球合作减缓气候变化的努力弱化。

太阳能热发电产业化能力较弱。我国太阳能热发电尚未大规模应用，在设计、施工、运维等环节缺乏经验，在核心部件和装置方面自主技术能力不强，产业链有待进一步完善。同时，太阳能热发电成本相比其他可再生能源偏高，面临加快提升技术水平和降低成本的较大压力。

太阳能热利用产业升级缓慢。在"十二五"后期，太阳能热利用市场增长放缓，传统的太阳能热水应用发展进入瓶颈期，缺乏新的潜力大的市场领域。太阳能热利用产业在太阳能供暖、工业供热等多元化应用总量较小，相应产品研发、系统设计和集成方面的技术能力较弱，而且在新应用领域的相关标准、检测、认证等产业服务体系尚需完善。

## 复习思考题

1. 太阳能的能量转换方式有哪几种？
2. 什么是太阳能制冷？
3. 什么是太阳能海水淡化？
4. 太阳能光热发电的四种形式是什么？
5. 太阳能电池的工作原理是什么？
6. 太阳能电池都有哪些种类？
7. 太阳能电池发电系统由哪些部分组成？

## 参考文献

[1] Chueh W C，Falter C，Abbott M，et al. High-flux solar-driven thermochemical dissociation of $CO_2$ and $H_2O$ using nonstoichiometric ceria [J]. Science，2010，330（6012）：1797-1801.

[2] 鲍君香. 太阳能制氢技术进展 [J]. 能源与节能，2018，11：61-63.

[3] 冯端. 固体物理学大辞典 [M]. 北京：高等教育出版社，1995.

[4] 高金水. 太阳能供暖系统分析 [D]. 天津：天津大学，2005.

[5] 顾晓燕. 太阳能制冷及供暖综合系统研究 [D]. 南京：南京理工大学，2005.

[6] 韩旭. 浅析碟式太阳能发电技术 [J]. 能源与节能，2012，3：17-18.

[7] 洪坚平，谢英荷，巫东堂. 农业微生物资源的开发与利用 [M]. 北京：中国林业出版社，2000.

[8] 贾英洲. 太阳能供暖系统设计与安装 [M]. 北京：人民邮电出版社，2011.

[9] 姜延峰. 认识我们身边的太阳能 [M]. 延吉：延边大学出版社，2012.

[10] 路宾，郑瑞澄，李忠，等. 太阳能建筑应用技术研究现状及展望 [J]. 建筑科学，2013，10：20-25.

[11] 马婷婷，朱跃钊，陈海军，等. 太阳能高温热化学反应器研究进展 [J]. 化工进展，2014，33（5）：1134-1141.

[12] 毛建儒. 太阳能的优点及开发 [J]. 中共山西省委党校学报，1996，4：49-50.

[13] 杨来侠，任秀斌，刘旭.人工光合作用研究现状 [J].西安科技大学学报，2014，34 (1)：1-5.

[14] 尹国彪，李春丽，王秀娟，等.太阳能海水淡化技术的分类与方法比较 [J].化工管理，2015，10：182.

[15] 云端.国外太阳能利用状况 [J].建筑，2008，5：18.

[16] 张抒阳，张沛，刘珊珊.太阳能技术及其并网特性综述 [J].南方电网技术，2009，3 (4)：64-67.

[17] 张有地，石来涛，陈义旺.无规共聚策略设计聚合物太阳能电池的展望与思考 [J].高分子学报，2019，50 (1)：13-26.

[18] 周乃君.能源与环境 [M].长沙：中南大学出版社，2008.

[19] 庄宇，张秀丽.国外太阳能建筑发展现状 [J].黑龙江科技信息，2011，6：323，288.

[20] 国家能源局.太阳能发展"十三五"规划，2016.

# 第三章 风 能

## 第一节 概 述

### 一、风能的概念与评估

#### 1. 风能的概念

风能（wind energy）是空气流动所产生的动能，属于一种太阳能转化的形式。在太阳辐射的作用下，地球表面各部分受热不均匀，破坏了大气层中压力分布的平衡，在水平气压梯度的作用下，空气沿水平方向运动形成风。风能是因空气流动做功而提供给人类的一种可利用的能量，属于可再生能源（可再生能源还包括水能，生物质能等）。可以用风车把风的动能转化为旋转的动能推动发电机，以产生电力。风能资源决定于风能密度和年累计可利用小时数。风能密度是单位迎风面积可获得的风的功率，与风速的三次方和空气密度成正比关系。据估算，全世界每年的风能总量约达到 1300 亿 kW，中国的风能总量约达到 16 亿 kW。由于地球上风能资源的总储量非常巨大，一年之中通过技术开发的能量约达到 $5.3 \times 10^{13}$ kW·h。虽然风能作为可再生清洁能源具有储量大、分布广的优点，但它的能量密度较低，并且不稳定，受地形的影响比较大，世界的风能资源多集中在沿海和开阔大陆的收缩地带，如美国的加利福尼亚州沿岸和北欧的一些国家，中国的东南沿海、内蒙古、新疆和甘肃一带风能资源也比较丰富。

#### 2. 风能资源的评估参数

风能资源评估是一个分析待评估区域长期的风能资源气象参数的过程。通过对当地的风速、风向、气温、气压、空气密度等观测参数进行处理分析，估算出风功率密度和年累计可利用小时数等量化参数。利用风能资源评估可以确定区域的风能资源储量，更好地为风电场选址、风力发电机组选型、机组排布方案的确定和电量计算提供参考依据。

评估不同区域面积的风能资源采用的方法也有所不同。宏观风能资源评估多是从规划和普查的角度出发，其主要评估对象是国家或地区。由于气象站、测风塔等小范围的测量数据很难观测到海风、低层急流风、回流等地形复杂区域的大气运动规律，因此，对宏观区域的风能资源进行评估时，多采用中尺度数据＋数值模拟的方法进行评估；进行风电场等中、小尺度区域的风能资源评估时，对测风数据的质量和可靠性要求更高。中尺度数据很难准确描述小范围内的地貌、湍流、切变等参数，因此，微观区域的风能资源评估更多采用数理统计方法。风能资源评估的大致思路如图3-1所示。首先是对地形数据和测风塔的观测数据进行收集处理，绘制相关区域的风能资源图谱；然后通过商业软件模拟整体机组排布方案，计算机组的发电量、尾流、功率密度等参数；最后对风能资源结果进行不确定性因素分析，对可利用小时数和容量系数进行经济指标评价。

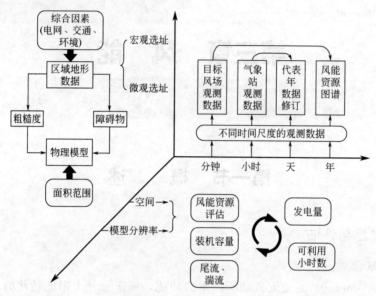

图 3-1　风能资源评估思路图

（1）风速统计概率分布

通过对风速 $v$ 的概率统计得出其分布特性，用于衡量一个地方风能资源分布情况，而风速的频率分布是体现这一特性的主要形式，一般采用 Weibull 分布曲线来拟合不同高度层风速的概率分布，其概率密度函数的表达式为：

$$f(v) = \frac{k}{c}\left(\frac{v}{c}\right)^{k-1} e^{-\left(\frac{v}{c}\right)^k}$$

式中，$k$ 和 $c$ 是 Weibull 分布中的两个参数：$k$ 为形状参数，表示分布曲线峰值情况，$k$ 值越大说明风速波动越小，越适合风力发电；$c$ 为尺度因子，反映风电场的平均风速。

同一风电场的空气密度以及自然地形环境等因素都是固定的，其对风能资源的影响较小，只有风速会随着大气运动呈现变化，因此，平均风速的计算公式如下：

$$\bar{v} = \int_0^{+\infty} v f(v) \mathrm{d}v = c\,\Gamma\left(\frac{1}{k} + 1\right)$$

式中，$\bar{v}$ 为平均风速，m/s。

（2）风向

国外通常采用 12 扇区，国内则采用 16 扇区进行风向区分。对风向扇区的研究结果表明：在不同区域的风速水平方向分布是不均衡的，而在不同风向上风速参数和频率分布也是不同的，因此有专家提出不同的风向扇区划分方法，包括依据实测数据权重比进行划分的动态扇区划分方法（图3-2）；也有学者依据大气热稳定度，提出将风向扇区划分为 2 个不同时段 6 个扇区的分组划分方法。对比传统扇区的划分方法，这些方法可以有效提高风能资源评估的精度。

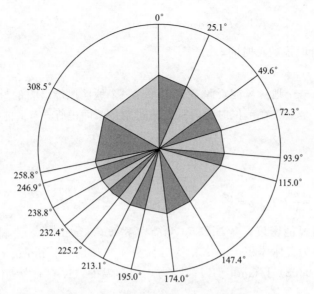

图 3-2　风向数据动态扇区划分法

（3）平均风功率密度

风功率密度是衡量一个地区风能大小和风能储量价值程度的参考量，其定义为气流垂直流过单位截面积时所具有的功率。Weibull 平均风功率密度的计算公式为：

$$\overline{\omega} = \frac{1}{2}\rho\int_0^{+\infty} v^3 f(v)\mathrm{d}v = \frac{1}{2}\rho c^3 \Gamma\left(1 + \frac{3}{k}\right)$$

式中，$\rho$ 为空气密度，$\mathrm{kg/m^3}$；$v$ 为风速，$\mathrm{m/s}$；$\overline{\omega}$ 为平均风功率密度，$\mathrm{W/m^2}$；其他参数同上。

（4）风能

空气流动所具有的能量称为风能。风能的利用就是将风流动所产生的动能转换为其他形式的能量。依据能量守恒定律，在假设气体内分子间距不改变的前提下，这种动能就可以视为纯动力，根据动力学原理，在一定的时间 $t$ 内，流过截面积为 $A$ 的风，其拥有的动能 $E$ 为：

$$E = \frac{1}{2}\rho v^3 A t$$

（5）有效风能

对于风能转换装置，可利用的风能是在切入风速到切出风速之间的风速段，这个范围的风能即"有效风能"，该风速范围内的平均风功率密度即有效风功率密度，有效风功率密度计算公式为：

$$\overline{\omega_\mathrm{e}} = \frac{1}{2}\rho \frac{\displaystyle\int_{v_1}^{v_2} v^3 f(v)\mathrm{d}v}{\mathrm{e}^{-\left(\frac{v_1}{c}\right)^k} - \mathrm{e}^{-\left(\frac{v_2}{c}\right)^k}}$$

式中，$\overline{\omega_\mathrm{e}}$ 为有效风功率密度，$\mathrm{W/m^2}$；$v_1$ 为切入风速，$\mathrm{m/s}$；$v_2$ 为切出风速，$\mathrm{m/s}$。

（6）可利用小时数

可利用小时数决定了风电场容量系数的高低，可利用小时数越高则说明风电场的投资回报率也越高。统计代表年测风序列中的有效风速的风能可利用小时数的计算式为：

$$t = N \int_{v_1}^{v_2} f(v) \mathrm{d}v = N \left[ \mathrm{e}^{-\left(\frac{v_1}{c}\right)^k} - \mathrm{e}^{-\left(\frac{v_2}{c}\right)^k} \right]$$

式中，$N$ 为统计时段的总时间，h。

（7）风能密度

风能密度是衡量一个地区风能资源多少、评价一个地区风能潜力的最方便和最有价值的考查参数。风能密度是空气在单位时间内垂直通过单位截面积所具有的能量，单位为 $\mathrm{W/m}^2$，其计算公式为：

$$w = \frac{1}{2} \rho v^3$$

其中 $PV = nRT = \frac{m}{M} RT$，$\rho = \frac{m}{V}$

式中，$w$ 为瞬时风能密度，$\mathrm{W/m}^2$；$\rho$ 为空气密度，$\mathrm{kg/m}^3$；$v$ 为瞬时风速，$\mathrm{m/s}$；$P$ 为大气压强，Pa；$V$ 为气体体积，$\mathrm{m}^3$；$n$ 为气体分子物质的量，mol；$R$ 为普适气体常数，其值为 $(8.3144 \pm 0.0003)$ $\mathrm{J/(mol \cdot K)}$；$T$ 为热力学温度，K；$m$ 为气体质量，kg；$M$ 为气体的分子量，$\mathrm{kg/mol}$。

将上面三个式子进行合并得到：

$$\rho = \frac{PM}{RT}$$

$M$ 和 $R$ 为已知常量，所以测量出压强 $P$ 和热力学温度 $T$ 即可，经过整合后有：

$$w = \frac{1}{2} \rho v^3 = \frac{1}{2} \frac{PM}{RT} v^3 = \frac{M}{2R} \frac{P v^3}{T} = k \frac{P v^3}{T}$$

式中，$k$ 为常量，由 $M$ 和 $R$ 来表示。

（8）平均空气密度

平均空气密度是指统计周期内风电场所处区域空气密度的平均值，即：

$$\rho = \frac{P}{R' \overline{T}}$$

式中，$\rho$ 为平均空气密度，$\mathrm{kg/m}^3$；$P$ 是统计周期内的风电场平均大气压强，Pa；$R'$ 是空气气体常数，取 $287 \mathrm{J/(kg \cdot K)}$；$\overline{T}$ 是统计周期内的风电场平均热力学温度，K。

（9）风机可利用率

风机可利用率是指统计周期内除去风机因定期维护或故障时数后剩余时数与总时数除去非设备自身责任停机时数后剩余时数的百分比，即：

$$\eta_{可利用率} = \left(1 - \frac{A - B}{T - B}\right) \times 100\%$$

式中，$\eta_{可利用率}$ 是统计周期内的风电场风机可利用率，%；$A$ 是统计周期内的停机小时数（不包括待机时间），h；$T$ 是统计周期内的日历小时数，h；$B$ 是统计周期内非设备自身责任的停机小时数，h，包括以下情况：①电网故障（电网参数在技术规范范围之外）；②气象条件（包括风况和环境温度）超出技术规范规定的运行范围；③不可抗力；④合理的例行维护时间 $[$不超过 $80\mathrm{h/(台 \cdot a)}]$。

## 二、风能的特点

风能具有能量密度低、稳定性低、分布不均匀、可再生、无污染、分布广泛、可分散利用、不需能源运输、可与其他能源相互转换等特点。

**1. 分布不均匀**

风能资源的分布受地形的影响较大，世界风能资源多集中在沿海和开阔大陆的收缩地带。8 级以上的风能高值区主要分布于南半球中高纬度洋面和北半球的北大西洋、北太平洋以及北冰洋的中高纬度部分洋面上，大陆上风能则一般不超过 7 级，其中以美国西部、西北欧沿海、乌拉尔山顶部和黑海地区等多风地带较大。我国风能资源丰富和较丰富的地区主要分布在两个大带里：一是三北地区丰富带；二是沿海及其岛屿地丰富带。

**2. 随机性**

速度大小和方向随时间不断变化，能量和功率随之发生改变，也可能是短时间波动，随昼夜变化，随季节变化。此外，风力发电有很强的地域性，且风的季节性也决定了风力发电在整个电网中处于"配角"地位。

**3. 风速随高度的增加而变化**

地面上风速较低是由地表植物、建筑物以及其他障碍物的摩擦所造成的。风速沿高度的相对增加量因地而异，可表示为：

$$\frac{\overline{v}}{\overline{v_0}} = \left(\frac{H}{H_0}\right)^n$$

式中，$\overline{v_0}$ 为已知高度 $H_0$ 处的平均风速，m/s；$\overline{v}$ 为推算的高度 $H$ 处的平均风速，m/s；$n$ 为稳定度参数。

# 第二节　风能的开发与应用

## 一、风力发电系统

### 1. 风力发电的基本原理

风力发电机是先将风能转换为机械能，然后将机械能转化为电能的动力机械，也可以称为风车。风力发电利用可再生的自然能源，相对普通的发电方式要环保很多。当发生紧急情况时，风力发电机可靠性不如柴油发电机，却是一种长期可利用的方法。

风力发电的原理是利用风力带动风车叶片旋转，再透过增速机将旋转的速度提升，促使发电机发电。目前，因为没有燃料问题，也不会产生辐射或空气污染，风力发电正在世界上形成一股热潮，芬兰、丹麦等国家风电在电力系统中占比很高；我国也在西部地区大力提倡风力发电。风力发电机由叶片、尾翼、转体和机头组成，叶片用来接受风力并通过机头转换为动能；尾翼使叶片始终对着风的方向从而获得最大的风能；转体能使机头灵活地转动以实现尾翼调整方向的功能；机头的转子是永磁体，定子绕组切割磁力线产生电能。风力发电机因风量不稳定，故其输出的是 13～25V 变化的交流电，须经过充电器整流，再对蓄电瓶充电，使风力发电机产生的电能转变成化学能。然后用有保护电路的逆变电源，把电瓶里的化学能转变成 220V 交流电，才能保证稳定使用。

### 2. 风力发电的基本理论

（1）风能的计算公式

风能是指风所具有的动能，如果风力发电机叶轮旋转一周所扫过的面积为 $A$，则当风速为 $v$ 的风流经叶轮时，单位时间内风传递给叶轮的风能为：

$$p = \frac{1}{2}mv^2$$

式中，$m$ 为单位时间质量流量，$m = \rho A v$，则：

$$p = \frac{1}{2}\rho A v^3$$

风力发电机实际转换的功率为

$$p_w = \frac{1}{2}C_p \eta_m \eta_e \rho A v^3$$

式中，$p_w$ 为每秒空气流过风力发电机叶轮断面面积的风能，即风能功率，W；$C_p$ 为风轮功率系数，又称风轮的风能利用系数；$\eta_m$ 为齿轮箱和传动系统的机械效率，一般为 0.80～0.95，直驱式风力发电机为 1.0；$\eta_e$ 为发电机效率，一般为 0.70～0.98；$\rho$ 为空气密度，$kg/m^3$；$A$ 为风力发电机叶轮旋转一周所扫过的面积，$m^2$；$v$ 为风速，$m/s$。

（2）贝兹（Betz）理论

第一个关于风轮的完整理论是由德国哥廷根研究所的贝兹于 1926 年建立的。贝兹假定风轮是理想的，也就是说没有轮毂，而叶片数是无穷多，并且对通过风轮的气流没有阻力，因此这是一个纯粹的能量转换器。此外还进一步假设气流在整个风轮扫掠面上是均匀的，气流速度的方向无论在风轮前后还是通过时都是沿着风轮轴线的。通过分析一个放置在移动空气中的"理想"风轮得出风轮所能产生的最大功率为：

$$p_{max} = \frac{8}{27}\rho A v^3$$

式中，$p_{max}$ 为风轮所能产生的最大功率，W。

将上式除以气流通过扫掠面 $A$ 时风所具有的动能，可推得风力机的理论最大效率为：

$$\eta_{max} = \frac{p_{max}}{\frac{1}{2}\rho A v_1^3} = \frac{\frac{8}{27}\rho A v_1^3}{\frac{1}{2}\rho A v_1^3} = \frac{16}{27} = 0.593$$

此式即为有名的贝兹理论的极限值。它说明，风力机从自然风中所能索取的能量是有限的，其功率损失部分可以解释为留在尾流中的旋转动能。

（3）温度、大气压力和空气密度

通过温度计和气压计测试出实验地点的环境温度和大气压，由公式 $\rho = \frac{P}{RT}$ 计算出空气密度。

（4）风轮直径与扫掠面积

风轮直径是风轮旋转时的外圆直径，用 $D$ 表示。风轮直径大小决定了风轮扫掠面积的大小以及叶片的长度，是影响机组容量大小和机组性价比的主要因素之一。

根据风能计算公式，风轮从自然风中获取的功率为：

$$p = \frac{1}{2} \rho S C_p v^3$$

式中，$S$ 为风轮的扫掠面积，$S = \frac{\pi D^2}{4}$，$D$ 增加，则其扫掠面积与 $D^2$ 成比例增加，其获取的风功率也相应增加。

（5）轮毂高度

风轮高度是指风轮轮毂中心离地面的高度，是风电机组设计时要考虑的一个重要参数。由于风剪切特性，离地面越高，风速越大，具有的风能也越大，因此大型风电机组的发展趋势是轮毂高度越来越高。但是轮毂高度增加，所需要的塔架高度也相应增加，当塔架高度达到一定水平时，设计、制造、运输和安装等方面都将产生新的问题，也导致风电机组成本相应增加。

（6）叶片数

组成风轮的叶片个数，用 $B$ 表示。选择风轮叶片数时要考虑风电机组的性能和载荷、风轮和传动系统的成本、风力机气动噪声及景观效果等因素。采用不同的叶片数，对风电机组的气动性能和结构设计都将产生不同的影响。风轮的风能转换效率取决于风轮的功率系数。在相同风速条件下，风轮的叶片数越少，叶片的旋转速度越高；叶片数越多，风轮的转速反而越低。因此，三叶片以下的风轮通常被认为是高速风轮，而多于三叶片的风轮为低速风轮。多叶片风轮由于功率系数很低，因而很少用于现代风电机组。

（7）风轮锥角、风轮仰角和风轮偏航角

风轮锥角：叶片相对于和旋转轴垂直的平面的倾斜度，一般为 3.5°，在风轮运行状态下减少离心力引起的叶片弯曲应力，防止叶尖和塔架碰撞。

风轮仰角：风轮的旋转轴线和水平面的夹角，大约 5°，避免叶尖和塔架的碰撞。

风轮偏航角：风轮旋转轴线和风向在水平面上的投影的夹角，起调速和限速的作用（大型风力机不用）。

风轮锥角和风轮仰角如图 3-3 所示。

（8）风力发电技术分类

现阶段风力发电技术分为恒速发电与变速发电两大类。

恒速发电：一般使用笼形异步发电机，电机在风速变化时转速保持恒定的发电方式称为恒速发电。发电时涡轮机拖动异步发电机转动，由于只工作在机械特性的线性区，转差率（又称滑差）很小。桨叶倾角是风轮桨叶弦线和风轮桨叶旋转平面之间的夹角，其变化规律是影响桨叶工作性能最主要的因素。当风速变化时，通过调整桨叶倾角来控制输出功率和转速。恒速发电具有环境适应性较强、电气系统简单等优点，但对发电设备要求较高，因风速变化时发电效率较低，就要求倾角控制响应快，调节机构易疲劳损坏。综合分析，采用恒速发电时，电机功率一般小于 5000kW。

变速发电：采用同步发电机或双馈发电机，风速变化时，转速也随之变化，通过电力电子变流器，使电机接入恒频（50Hz）、恒压电网发电。变速发电又称"弹性"风力发电，较恒速发电电气系统

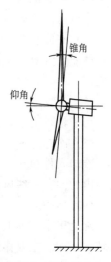

图 3-3　风轮锥角和
风轮仰角

构造较为复杂，但在不同风速下可以提高发电效率，对电机部件机械要求较低，当强风来时倾角控制器开始工作，调节机构寿命延长。综合分析，采用变速发电时，电机功率一般大于 1100kW。

## 二、风力发电机

### 1. 风力发电机的构成

风力发电机的主要组成部分有：风轮、发电机、塔架、调向机构、储能装置、逆变器等。

（1）风轮

风轮是风力发电机从风中吸收能量的部件，其作用是把空气流动的动能转变为风轮旋转的机械能。水平轴风力发电机的风轮是由 1～3 个叶片组成的。叶片的结构形式多样，材料因风力机型号和功率大小而定，如木心外蒙玻璃钢叶片、玻璃纤维增强塑料树脂叶片等。

（2）发电机

在风力发电机中，已采用的发电机有 3 种，即直流发电机、同步交流发电机和异步交流发电机。小型风力发电机多采用同步或异步交流发电机，发出的交流电通过整流装置转换成直流电。

（3）塔架

塔架用于支撑发电机和调向机构等。因风速随离地面的高度增加而增加，塔架越高，风轮单位面积捕捉的风能越多，但造价、安装费等也随之增大。

（4）调向机构

垂直轴风力机可接受任何方向吹来的风，因此不需要调向机构。对于水平轴风力机，为了获得最高的风能利用系数，应用风轮的旋转面经常对准风向，需要对风装置。常用的调向机构主要有尾舵、舵轮、电动对风装置。

（5）限速机构

当风速高于风力机的设计风速时，为了防止叶片损坏，需要对风轮转速进行控制。

（6）储能装置

储能装置对独立运行的小型风力机是十分重要的，其储能方式有热能储能、化学能储能。

（7）逆变器

用于将直流电转换为交流电，以满足交流电气设备用电的要求。

（8）冷却元件

冷却元件包含一个风扇，用于冷却发电机；此外，还包含一个油冷却元件，用于冷却齿轮箱内的油。一些风力发电机具有水冷发电机。

（9）尾舵

常见于水平轴上风向的小型风力发电机（一般在 10kW 及以下），位于回转体后方，与回转体相连。主要作用：一为调节风机转向，使风机正对风向；二是在大风风况的情况下使风力机机头偏离风向，以达到降低转速，保护风机的作用。

### 2. 风力发电机分类

（1）按照风轮的形式

按照风轮的形式可分为水平轴风力发电机和垂直轴风力发电机。

水平轴风力发电机是指风轮轴线基本与地面平行，安置在垂直于地面的塔架上的风力发电机组（图3-4），水平轴风力发电机机舱里主要设备有主传动轴、齿轮箱、发电机、刹车装置、机架、控制设备等，水平轴风力机的风轮转轴与风向平行，其风能利用系数高，技术非常成熟，是目前应用最广泛的风力发电机。

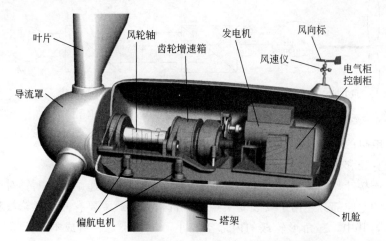

图3-4 水平轴风力发电机机舱结构与设备布置图

垂直轴风力发电机（图3-5）按形成转矩的机理又可分为阻力型和升力型。阻力型的气动力效率远小于升力型，故当今大型并网型垂直轴风力机的风轮全部为升力型。阻力型的风轮转矩是由两边物体阻力不同形成的，其典型代表是风杯，大型风力机不适用。升力型的风轮转矩由叶片的升力提供，是垂直轴风力发电机的主流，当这种风轮叶片的主导载荷是离心力时，叶片只有轴向力而没有弯矩，叶片结构最轻。

（2）按照有无齿轮箱

按照有无齿轮箱可分为双馈式风力发电机和直驱式风力发电机。

图3-5 垂直轴风力发电机

双馈式风力发电机采用变速运行，可使风力机最大限度地吸收风能，提高风力机运行效率，大容量的变速恒频风力发电系统是风力发电技术的主流方向，采用双馈异步发电机的变速恒频风力发电机组仍是目前的主流机型。其优点是：发电机的转速高，转矩小，质量轻，体积小，变流器容量小。缺点是：为了让风轮的转速和发电机的转速相匹配，必须在风轮和发电机之间用齿轮箱来连接，这就增加了机组的总成本；而齿轮箱噪声大、故障率高、需要定期维护，并且增加了机械损耗；机组中采用的双向变频器结构和控制复杂；电刷和滑环间也存在机械磨损。

直驱式风力发电机是一种由风力直接驱动的发电机，这种发电机采用多极电机与叶轮直接连接进行驱动的方式，免去齿轮箱这一传统部件。由于齿轮箱在目前MW级风力发电机中属易过载和损坏率较高的部件，因此，没有齿轮箱的直驱式风力发动机，具备低风速时高效率、低噪声、高寿命、减小机组体积、降低运行维护成本等诸多优点。直接驱动式变速恒频风力发电系统框架如图 3-6 所示，风轮与同步发电机直接连接，无须升速齿轮箱。首先将风能转化为频率、幅值均变化的三相交流电，经过整流之后变为直流电，然后通过逆变器变换为恒幅恒频的三相交流电并入电网。通过中间电力电子变流器环节，对系统有功功率和无功功率进行控制，实现最大功率点跟踪，最大效率利用风能。

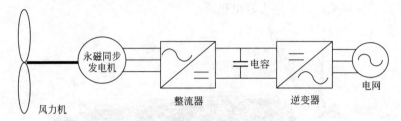

图 3-6　直接驱动式变速恒频风力发电系统框架

**3. 风力发电机的基本性能和主要参数**

（1）风轮直径和轮毂高度

轮毂用于连接叶片和主轴，承受来自叶片的载荷并将其传递到主轴上。对于变桨距风电机组，轮毂内的空腔部分还用于安装变桨距调节机构。轮毂主要有三角形轮毂和三通式轮毂两类（图 3-7），其中，三角形轮毂的内部空腔小，体积小，制造成本低，适用于定桨距机组；三通式轮毂的形状如球形，内部空腔大，可以安装变桨距调节机构，承载能力大。

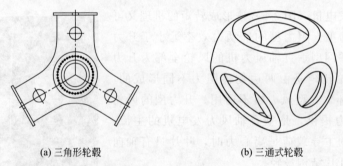

(a) 三角形轮毂　　　　　　　　　　　　(b) 三通式轮毂

图 3-7　轮毂的种类

（2）变桨机构

现代大型并网风电机组多数采用变桨距机组，其主要特征是叶片可以相对轮毂转动，实现桨距角的调节，其结构如图 3-8 所示，其作用主要有如下两点：一是在正常运行状态下，当风速超过额定风速时，通过改变叶片桨距角，改变叶片的升力与阻力比，实现功率控制；二是当风速超过切出风速时，或者风电机组在运行过程出现故障状态时，迅速将桨距角从工作角度调整到顺桨状态，实现紧急制动。

（3）风轮尺寸

风轮尺寸和风电机组功率有密切的联系，图 3-9 展示了风电机组功率和风轮直径之间的关系。

（4）叶片

叶片剖面多采用蒙皮与主梁构造形式，中间有硬质泡沫夹层作为增强材料。叶片主梁材料一般需采用单向程度较高的玻纤织物，叶片蒙皮主要由胶衣、表面毡和双向复合材料铺层构成（图 3-10）。

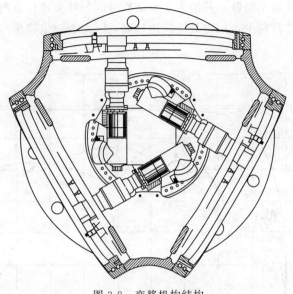

图 3-8　变桨机构结构

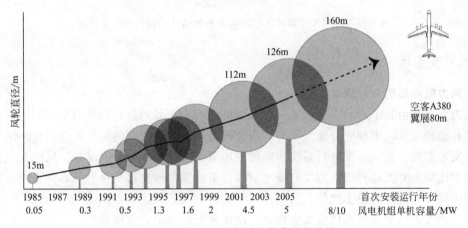

图 3-9　风电机组功率和风轮直径的关系

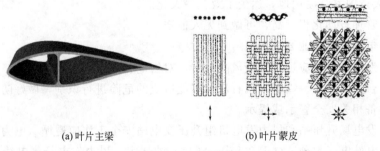

(a)叶片主梁　　　　　　　　(b)叶片蒙皮

图 3-10　叶片结构

　　采用不同的叶片数，对风电机组的气动性能和结构设计都将产生不同的影响。风轮的风能转换效率取决于风轮的功率系数。图 3-11 展示了不同叶片数的风轮的功率系数随叶尖速比的变化曲线，从图中可以得出：现代水平轴风电机组风轮的功率系数比垂直轴风轮高，其中三叶片风轮的功率系数最高，其最大功率系数约为 0.47，对应叶尖速比约为 7；双叶片和单叶片风轮的风能转换效率略低，其最大功率系数对应的叶尖速比也高于三叶片风轮，即在相同风速条件下，叶片数越少，风轮最佳转速越高，因此有时也将单叶片和双叶片风轮称为高速风轮。

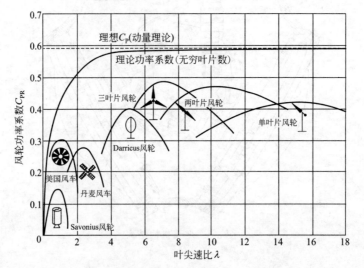

图 3-11　不同叶片数的风轮的功率系数随叶尖速比的变化曲线

## 三、风力发电场

### 1. 风力电电场的运行现状

风力发电场由几十台甚至成百上千台风电机组构成，并网运行的风力发电场可以得到大电网的补偿和支撑，更加充分地开发可利用的风力资源，稳固电网运行，是国内外风力发电的主要发展方向。在风力发电日益快速发展的环境下，其成本也不断降低，风电在经济上也具有很大优势。并网运行的风力发电场之所以在全世界范围获得快速发展，除了能源和环保方面的优势外，还具有以下优势：

（1）建设工期短。风电机组安全稳定，设计和安装简单，方便维护。

（2）实际占地面积小，对土地质量要求低。风电场内设备的建筑面积仅占风电场的3%，解决了大量国家荒废用地，达到了效益最大化。

（3）运行管理自动化程度高，可做到无人值守。

### 2. 风力发电场安全作业要求

（1）风力发电场作业应进行安全风险分析，对雷电、冰冻、大风、气温、野生动物、昆虫、龙卷风、台风、流沙、雪崩、泥石流等可能造成的危险进行识别，做好防范措施；作业时，应遵守设备相关安全警示或提示。

（2）风力发电场升压站和风力发电机组升压变电站安全工作应遵循《电力安全工作规程　发电厂和变电站电气部分》（GB 26860—2011）的规定，风力发电场集电线路安全工作应遵循《电力安全工作规程　电力线路部分》（GB 26859—2011）的规定。

（3）进入工作现场必须戴安全帽，登塔作业必须系安全带、穿防护鞋、戴防滑手套、使用防坠落保护装置，登塔人员体重及负重之和不宜超过100kg。身体不适、情绪不稳定，不应登塔作业。

（4）安全工器具和个人安全防护装置应按照 GB 26859—2011 规定的周期进行检查和测

试；坠落悬挂安全带测试应按照《安全带测试方法》（GB/T 6096—2009）的规定执行；禁止使用破损及未经检验合格的安全工器具和个人防护用品。

（5）风速超过 25m/s 及以上时，禁止人员户外作业；攀登风力发电机组时，风速不应高于该机型允许登塔风速，但风速超过 18m/s 及以上时，禁止任何人员攀爬机组。

（6）雷雨天气不应安装、检修、维护和巡检机组，发生雷雨天气后一小时内禁止靠近风力发电机组；叶片有结冰现象且有掉落危险时，禁止人员靠近，并应在风力发电场各入口处设置安全警示牌；塔架爬梯有冰雪覆盖时，应确定无高处落物风险并将覆盖的冰雪清除后方可攀爬。

（7）攀爬机组前，应将机组置于停机状态，禁止两人在同一段塔架内同时攀爬；上下攀爬机组时，通过塔架平台盖板后，应立即随手关闭；随身携带工具人员应后上塔、先下塔；到达塔架顶部平台或工作位置，应先挂好安全绳，后解防坠器；在塔架爬梯上作业，应系好安全绳和定位绳，安全绳严禁低挂高用。

（8）出舱工作必须使用安全带，系两根安全绳；在机舱顶部作业时，应站在防滑表面；安全绳应挂在安全绳定位点或牢固构件上，使用机舱顶部栏杆作为安全绳挂钩定位点时，每个栏杆最多悬挂两个。

（9）高处作业时，使用的工器具和其他物品应放入专用工具袋中，不应随手携带；工作中所需零部件、工器具必须传递，不应空中抛接；工器具使用完后应及时放回工具袋或箱中，工作结束后应清点。

（10）现场作业时，必须保持可靠通信，随时保持各作业点、监控中心之间的联络，禁止人员在机组内单独作业；车辆应停泊在机组上风向并与塔架保持 20m 及以上的安全距离；作业前应切断机组的远程控制或换到就地控制；有人员在机舱内、塔架平台或塔架爬梯上时，禁止将机组启动并网运行。

（11）机组内作业需接引工作电源时，应装设满足要求的剩余电流动作保护器，工作前应检查电缆绝缘良好，剩余电流动作保护器动作可靠。

（12）使用机组升降机从塔底运送物件到机舱时，应使吊链和起吊物件与周围带电设备保持足够的安全距离，应将机舱偏航至与带电设备最大安全距离后可起吊作业；物品起吊后，严禁人员在吊物品下方逗留。

（13）严禁在机组内吸烟和燃烧废弃物品，工作中产生的废弃物品应统一收集和处理。

# 第三节　风能的发展前景

## 1. 风力发电发展趋势

（1）机组单机容量持续增大

机组单机容量增大有利于提高风能利用效率，降低单位成本，扩大风电场的规模效应，减少风电场的占地面积。2005 年以前，750kW 以下如 600kW 是主流机型，2005—2008 年 750kW 机组开始成为主机型，其间 1.5MW 机组已经开始研制并推向市场。2008 年至今，3MW 以下机组，即 1.5MW 和 2.5MW 机组引领市场。

海上风电场的开发进一步加快了大容量风电机组的发展，单机容量为 5～6MW 的风电机组已经进入商业化运营。美国 7MW 风电机组已经研制成功，正在研制 10MW 机组；英国 10MW 机组也正在进行设计，挪威正在研制 14MW 的机组，欧盟正在考虑研制 20MW 的风电机组，全球各主要风电机组制造厂商都在为未来更大规模的海上风电场建设做前期开发。

（2）结构设计向紧凑、柔性、轻盈化发展

随着风电机组单机容量的不断增大，为了便于运输和安装，要求机组在结构设计上做到紧凑、柔性和轻盈化。充分利用高新复合材料加长风机叶片；采用直驱式系统；调向系统放在塔架底部；整个驱动系统被置于紧凑的整铸框架上，使荷载力以最佳方式从轮毂传导到塔筒上等。

（3）直驱式、全功率变流技术将迅速发展

无齿轮箱的直驱方式能有效地减少由于齿轮箱问题而造成的机组故障，可有效提高系统的运行可靠性和寿命，减少维护成本。西门子公司已经在丹麦的西部安装了两台 3.0MW 的直驱式风电机组。我国金风公司与德国 Vensys 公司合作研制的 1.5MW 直驱风电机组已有上千台在国内风电场安装；同时，我国湘电公司的 2MW 直驱风电机组也已批量进入市场；广西银河艾迈迪、航天万源等制造商也在积极开发研制直驱风电机组。伴随着直驱式风电机组的出现，全功率变流技术得到了发展和应用。全功率变流技术对低电压过渡（又称低电压穿越）有很好且简单的解决方案，为下一步风电机组在故障状态下控制技术的发展提供了有利条件。

（4）大型机组关键部件性能逐渐提高

随着机组单机容量不断增大，关键部件的性能指标都有了提高，国外已研发出 3～12kV 的风力发电专用高压发电机；高压三电平变流器的应用大大减少了功率器件的损耗，使逆变效率达到了 98% 以上；德国 Enercon 公司对桨叶及变桨距系统进行了优化，使叶片的风能利用系数达到了 0.5 以上。

（5）机组运行将引入智能控制技术

近年来，针对风电系统运行特点及控制系统的特性，各种先进的智能控制策略相继提出并应用于变桨距控制系统中，不同程度上解决了风力发电系统中的非线性、随机扰动等问题。基于改进的神经网络最佳功率跟踪控制策略，采用反向传播（back propagation，BP）算法和改进的粒子群优化算法对神经网络进行在线训练，使桨距角根据功率的变化不断进行最佳调节。风电机组的极限载荷和疲劳载荷是影响机组及部件可靠性和寿命的主要因素，风电制造商通过采用智能化控制，并与整机设计相结合，努力减少和避免机组在极限载荷和疲劳载荷状态下运行。智能控制将逐步成为风电系统控制技术的主要发展方向。

（6）低电压穿越技术得到应用

随着机组单机容量及风电场规模的不断扩大，风电机组与电网间的相互影响已日趋严重。一旦电网发生故障迫使大面积风电机组因自身保护而脱网，将严重影响电力系统的运行稳定性。随着风电机组接入电网的容量不断增加，电网要求机组在电网故障出现电压跌落的情况下不脱网运行，并在故障切除后能尽快帮助电力系统恢复稳定运行，即要求风电机组在控制方面具有一定低电压穿越能力。双馈异步风机和直驱永磁风机是目前各风电场安装的两种主流机型，二者都通过采用不同的措施来实现此功能。目前，很多国家对风电机组的低电压穿越控制技术做出了强行规定，确保风电系统及电网的安全运行。

（7）陆上风电向海上风电发展

一般认为 2.0MW 是陆上风电场发展的极限。陆上风电场受风能环境、机组占地及安装等因素的制约，而这些问题对于海上风电场相对比较容易解决。并且海上风速大且稳定，年平均利用小时数可达 3000h 以上，年发电量可比陆上高出 50%。

**2. 我国风力发电市场现状与发展方向**

（1）我国风力发电市场现状

① 投资规模呈现波动型增长趋势。2013—2015 年，我国风力发电电源建设投资规模呈逐渐上升的趋势，至 2015 年，我国风力发电电源建设规模达到 1200 亿元，同比上年增长31.10%，为近几年来风力发电投资额的最高点。2015—2018 年，得益于风力发电成本的迅速下降，我国风力发电行业投资完成额逐渐下降，至 2018 年年末，我国风力发电电源建设投资规模达 643 亿元，同比下降 5.73%。截至 2019 年 11 月，风力发电电源投资额为 892 亿元，相较 2018 年同期增长了 84.80%。

② 设备装机容量呈逐渐上升趋势。2013—2017 年，我国风力发电装机容量呈逐渐上升的趋势，年复合增长率为 20.94%。2013—2015 年，我国风力发电累计装机容量增速超过24%，至 2015 年，风力发电累计装机容量达到 13075 万 kW，同比上年增长 35.04%。2015年以后，我国风力发电装机容量增速放缓。

③ 企业数量呈增长趋势，但亏损企业增加。2014—2018 年中国风力发电行业规模以上企业数量整体呈现增长趋势，2018 年中国风力发电行业规模以上企业数量有所增长，风力发电行业有 937 家企业，其中有 153 家亏损，较 2017 年增加 16 家，其中部分企业亏损严重。

④ 销售收入波动增长，利润实现初步修复。2014—2018 年风力发电行业销售收入整体呈现增长趋势，2018 年行业实现销售收入 972 亿元，同比增长 11%。2014—2018 年风力发电行业的利润总额整体呈现下降趋势，主要是因为其中部分企业亏损较为严重。2018 年风力发电行业的利润总额为 126.69 亿元，同比增长 3.44%，打破 2016 年和 2017 年 -10% 的增长率，行业利润有所修复。

（2）我国风力发电发展方向

① 市场发展趋势。目前我国对新能源发展的支持力度越来越大，在风力发电产业发展中也给予了一定的政策倾斜和财税补贴，因此国内风力发电产业发展异常活跃，发展步伐越来越快，发展范围也越来越广阔，发展前景一片大好。据估计，2020 年我国风力发电装机容量将达到 1.8 亿 kW，风力发电将成为我国电力系统重要的组成部分。此外，鉴于小风场建设和低风速风资源开发的重要性，海上发电已经成为当前风能发电中的新生力量，并且在一定程度上决定了我国未来风力发电产业的发展速度。据国内沿海各省的规划，截止到2020 年我国海上风力发电装机容量达 3280 万 kW。

② 风力发电站的规模要因地制宜。风力发电站的功能是发电，在合理选址之后，必须根据风力情况，科学配置风力发电机组。

③ 风力发电机组大型化。风力发电机组大型化可实现降本增效，所以也会成为未来风力发电的一个发展趋势。此外，风力发电作为清洁能源很重要的一部分，其发展方向指引新能源企业的技术发展方向，能带来更广阔的可持续发展空间，未来风力发电应用值得期待。

④ 加大风力发电技术的科技创新。在风力发电技术方面，要加大科技的创新力度，重点加强风力发电设备的研究，建设更加先进的风力发电站，提升风力发电效率，推进我国风力发电事业快速发展。

⑤ 向海洋风力发电领域转移。相较于陆地，海洋中所存在的风能更加丰富，如果能够

合理利用海洋资源，构建风力发电系统，将在很大程度上解决风力发电系统集中于陆地的问题。因此，在未来风力发电领域，相关部门应当加强海洋资源重点开发，合理利用海洋风能构建发电系统，从而提高风力发电能源转化效率，为实现风力发电系统持续化发展奠定基础条件。同时，利用海洋风能构建风力发电系统，能够有效降低土地资源使用规模，扩展风力发电系统开发渠道和范围。

⑥ 加强对行业市场的监管。为促进国内风力发电行业的发展，相关部门还应加强对风力发电行业市场的监管。一方面，相关部门应建立公平开放的市场，以便为国内的投资者提供公平竞争的平台。而为实现这一目的，需要完成对风力发电体制的改革，按照市场经济规律为市场的公平竞争创造条件。同时，政府应该进行市场竞争主体的培养，并鼓励多元化的投资，从而保持投资主体的积极性。另一方面，相关部门应规范风力发电市场的秩序，加强对风力发电建设的管理。

## 复习思考题

1. 评估风能资源的参数有哪些？如何应用这些参数？
2. 简述风力发电的基本原理和理论。
3. 风力发电机是由哪些部件组成的？有哪些类型？
4. 简述我国风力发电的现状与发展方向。

## 参考文献

［1］ Bakhshizadeh M K，Hjerrild J，Kocewiak L，et al. Harmonic modelling，propagation and mitigation for large wind power plants connected via long HVAC cables：Review and outlook of current research ［C］//2016 IEEE International Energy Conference（ENERGYCON），Leuven，Belgium，2016.

［2］ Bokde N，Feijóo A，Villanueva D，et al. A review on hybrid empirical mode decomposition models for wind speed and wind power prediction ［J］. Energies，2019，12（2）：1-42.

［3］ Bradt M，Beckman E，Dilling W，et al. Wind power plant testing and commissioning ［C］//2012 IEEE PES Transmission and Distribution Conference and Exposition，Orlando，FL，USA，2012.

［4］ Chen P，Thiringer T. Analysis of energy curtailment and capacity over installation to maximize wind turbine profit considering electricity price - wind correlation ［J］. IEEE Transactions on Sustainable Energy，2017，8（4）：1406-1414.

［5］ Chen Z，Yin M，Zou Y，et al. Maximum wind energy extraction for variable speed wind turbines with slow dynamic behavior ［J］. IEEE Transactions on Power Systems，2017，32（4）：3321-3322.

［6］ Guest E，Jensen K H，Rasmussen T W. Mitigation of harmonic voltage amplification in offshore wind power plants by wind turbines with embedded active filters ［J］. IEEE Transactions on Sustainable Energy，2019，1.

［7］ Haghi H V，Lotfifard S. Spatiotemporal modeling of wind generation for optimal energy storage sizing ［J］. IEEE Transactions on Sustainable Energy，2015，6（1）：113-121.

［8］ Li P，Hu Y，Xue J，et al. Research on the wind power active power control strategies and the energy storage device optimal allocation ［C］//2012 IEEE International Conference on Power System Technology（POWERCON），Auckland，New Zealand，2012.

［9］ Lunney E，Ban M，Duic N，et al. A state-of-the-art review and feasibility analysis of high altitude wind power in Northern Ireland ［J］. Renewable and Sustainable Energy Reviews，2017，68（2）：899-911.

［10］　Ouyang J，Tang T，Yao J，et al. Active voltage control for DFIG-based wind farm integrated power system by coordinating active and reactive powers under wind speed variations ［J］. IEEE Transactions on Energy Conversion，2019，34（3）：1504-1511.

［11］　Phares D，Ruegg T，Fishel K. Energy saving project of 5500HP 13KV wound rotor induction motor （WRIM） on a kiln ID fan using a low voltage slip power recovery （SPR） drive—a case study ［C］ // 2017 IEEE-IAS/PCA Cement Industry Technical Conference，Calgary，AB，Canada，2017.

［12］　Shu Z，Jirutitijaroen P. Optimal operation strategy of energy storage system for grid-connected wind power plants ［J］. IEEE Transactions on Sustainable Energy，2014，5（1）：190-199.

［13］　Vargas S A，Esteves G R T，Maçaira P M，et al. Wind power generation：A review and a research agenda ［J］. Journal of Cleaner Production，2019，218：850-870.

［14］　靳晶新，叶林，吴丹曼，等.风能资源评估方法综述 ［J］.电力建设，2017，38（4）：1-8.

［15］　刘尚霖，王铭萱，程世业.风力发电现状与发展趋势综合探究 ［J］.中国新通信，2018，20（12）：228.

［16］　叶林，杨丹萍，赵永宁.风电场风能资源评估的测量—关联—预测方法综述 ［J］.电力系统自动化，2016，40（3）：140-151.

［17］　张景钰.风力发电系统发展现状及展望 ［J］.中国战略新兴产业，2017，36：1.

［18］　郑春芳.风力发电机组的电气控制关键技术研究与应用 ［J］.机械管理开发，2017，32（11）：101-103.

［19］　左然，施明恒，王希麟.可再生能源概论 ［M］.北京：机械工业出版社，2007.

# 第四章 水 能

## 第一节 概 述

### 一、水能资源的概念和特点

#### 1. 水能资源的概念

水能资源（hydropower resources）是水体动能、势能和压力能等能量资源的统称。它有广义、狭义之分，广义的水能资源包括河流水能、潮汐水能、波浪能、海流能等，狭义的水能资源是指河流的水能资源，是河流中自由流动的能量资源。我们通常所说的水能资源是指狭义的水能资源，即河流中流动的能量资源。

水能有机械能和热能之分。水的机械能有势能和动能两类，水的势能又分为位置势能和压力势能。水的位置势能也就是水的重力势能，是由重力作用引起的。水的压力势能主要是由水在流动方向上的水压和大气压引起的，一般认为单位体积水体的压力势能变化相对于重力势能的变化小很多。水的动能是水流动产生的能量，如雨水落在地上，由于重力作用向低处流，水的重力势能转化为水的动能和水的压力势能。由雨水补给的天然水流的机械能是由水体最初的相对于低处某水位的重力势能而产生的；由土壤和地下水源流入河流表面的水体，包含水的动能和压力势能转变的动能，补给水量的同时也带入地表河流的能量。水的热能是指水中蕴含的与温度相关的能量，常见的有地热水、地热蒸汽等包含的能量。

#### 2. 我国水能资源的特点

我国幅员辽阔，河流众多，水系庞大而复杂，径流丰沛且落差巨大，蕴含着丰富的水能资源。根据全国水力资源复查成果，我国大陆水能资源蕴藏量为 6.94 亿 kW。如果按重复使用 100 年来计算，经济可开发水能资源量约为 600 亿 t 标准煤，水能资源是我国仅次于煤炭资源的第二大能源资源。由于气候和地形地势等因素的影响，我国的水能资源在不同地区和不同流域的分布很不均匀，中西部地区的大中型河流是我国水能资源主要集中分布的地区。从水能资源量、水能资源的时空分布以及开发利用状况等方面进行分析，我国的水能资源具有五大明显特点。

（1）水能资源总量丰富，但人均占有量较低

我国水能资源总量丰富，无论是水能资源蕴藏量，还是可开发的水能资源，均居于世界

首位，但由于人口众多，人均水资源占有量较低（表4-1）。若将水能资源以电量作为计量方式，我国可开发的水电资源约占世界总量的17%，但人均占有量却低于世界平均水平，不足世界均值的75%，水能资源相对并不充足。到21世纪中叶左右我国达到中等发达国家水平时，即使水能资源蕴藏量全部开发完毕，水电装机容量也只占总装机容量的30%～40%。但是由于水电对于电网的调峰、调频和紧急事故备用具有重要作用，其实际意义远高于这一比例值。

**表 4-1 各国人均水资源占有量**

| 国家名称 | 人均水资源占有量/($10^3$m³/人) | 国家名称 | 人均水资源占有量/($10^3$m³/人) |
| --- | --- | --- | --- |
| 中国 | 2.1 | 泰国 | 6.1 |
| 马来西亚 | 21.5 | 墨西哥 | 4.4 |
| 阿根廷 | 20.4 | 日本 | 3.3 |
| 澳大利亚 | 18.4 | 法国 | 3.0 |
| 蒙古 | 13.2 | 意大利 | 2.9 |
| 印度尼西亚 | 12.5 | 英国 | 2.7 |
| 美国 | 8.0 | 德国 | 2.3 |
| 瑞士 | 7.1 | 印度 | 1.6 |

（2）水能资源空间分布不均衡

由于我国幅员辽阔，地形与降水量差异较大，导致水能资源在地域分布上的不均衡，水资源蕴藏量总体上呈现出西多东少的格局，如图4-1所示。从河流方面看，我国水能资源主要集中在长江、黄河的中上游，雅鲁藏布江的中下游，珠江、澜沧江、怒江和黑龙江上游，这七条江河可开发的大、中型水电资源总量约占全国大、中型水电资源量的90%。降水量的地区分布很不均匀，造成了全国水能资源不平衡现象，长江流域和长江以南耕地只占全国的36%，而水能资源量却占全国的80%；黄、淮、海三大流域，水资源量只占全国的8%，而耕地却占全国的40%，水能资源相差悬殊。

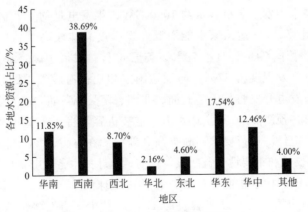

图 4-1 各地水资源分布图

（3）江、河流来水量的年内和年际变化大，水能资源时间分布不均

我国是世界上季风最显著的国家之一，降水和径流在年内分配不均，冬季干旱少雨，夏季则高温多雨。降水时间和降水量在年内高度集中在雨季，2～4个月的降水量约占全年的

60％～80％。降水量和径流量的年内、年际变化很大，并有少水年或多水年连续出现。全国大部分地区冬春少雨、夏秋多雨，东南沿海各省，雨季较长较早。降水量最集中的黄淮海平原的山前地区，汛期多以暴雨形式出现，有的年份一天内大暴雨超过了多年平均年降水量。我国北方降水量的年际变化大于南方，黄河和松花江在近70年中出现过连续11～13年的枯水期，也出现过连续7～9年的丰水期。

（4）水能资源的开发利用程度较低

我国水能资源量丰富，但受技术、经济等因素制约，开发利用程度较低。世界水能资源理论蕴藏总量为43.6万亿 kW·h/a，技术可开发量为15.8万亿 kW·h/a，经济可开发量约为9.5万亿 kW·h/a。2013年世界水电总装机容量为10.6亿 kW，水电年发电量为3.8万亿 kW·h，占世界水电技术可开发量的24.1％、经济可开发量的40.3％。

（5）海洋能源蕴藏量丰富，但仍处于开发的初级阶段

中国大陆的海岸线超过18000km，海域面积超过470万 $km^2$。广阔的海域提供了非常丰富的海洋能源，具有良好的前景。中国经济发达的沿海地区是主要的能源消耗区域，为了使能源利用最大化，应缩短输电距离，从而使该地区的负荷与发电站距离比较近，这也促使沿海地区大力发展海洋能源。

## 二、水能资源的发展概况

### 1. 水能资源的开发现状

根据统计，我国水能资源可开发装机容量约660 GW，年发电量约3万亿 kW·h，按利用100年计算，相当于1000亿 t标准煤，在常规能源资源剩余可开采总量中仅次于煤炭。经过多年发展，我国水力发电装机容量和年发电量已分别突破300GW和1万亿 kW·h，分别占全国总量的20.9％和19.4％，水力发电工程技术居世界先进水平，形成了规划、设计、施工、装备制造、运行维护等全产业链整合能力。我国水能资源总量、投产装机容量和年发电量均居世界首位，与80多个国家建立了水力发电规划、建设和投资的长期合作关系，是推动世界水力发电发展的主要力量。

目前，全球常规水力发电装机容量约1000 GW，年发电量约4万亿 kW·h，开发程度为26％（按发电量计算）。发达国家水能资源开发程度总体较高，如瑞士达到92％、法国88％、意大利86％、德国74％、日本73％、美国67％。发展中国家水力发电开发程度普遍较低。我国水力发电开发程度为37％，与发达国家相比仍有较大差距，还有较广阔的发展前景。今后全球水力发电开发将集中于亚洲、非洲、南美洲等资源开发程度不高、能源需求增长快的发展中国家，预测2050年全球水力发电装机容量将达2050 GW。

随着电网安全稳定经济运行要求不断提高和新能源在电力市场的份额快速上升，抽水蓄能电站开发建设的必要性和重要性日益凸显。目前，全球抽水蓄能电站总装机容量约140 GW，日本、美国和欧洲诸国的抽水蓄能电站装机容量占全球的80％以上。我国抽水蓄能电站装机容量23.0 GW，占全国电力总装机容量的1.5％。"十三五"将加快抽水蓄能电站建设，以适应新能源大规模开发需要，保障电力系统安全运行。

### 2. 水能资源开发中面临的问题

（1）生态环保压力不断加大

随着经济社会的发展和人们环保意识的提高，特别是生态文明建设对水电开发提出了更

高要求；随着水电开发的不断推进和开发规模的扩大，剩余水电资源的开发条件相对较差，敏感因素相对较多，面临的生态环境保护压力加大。

（2）移民安置难度持续提高

我国待开发水电主要集中在西南地区大江大河上游，经济社会发展相对滞后，移民安置难度加大。同时希望水电开发能够扶贫帮困，促进地方经济发展，由此将脱贫致富的期望越来越多地寄托在水电开发上，进一步加大了移民安置的难度。

（3）水电开发经济性逐渐下降

大江大河上游河段水电工程地处偏远地区，制约因素多，交通条件差，输电距离远，工程建设和输电成本高，加之移民安置和生态环境保护的投入不断加大，水电开发的经济性变差，市场竞争力显著下降。此外，对水力发电综合利用的要求越来越高，投资补助和分摊机制尚未建立，加重了水力发电建设的经济负担和建设成本。

（4）抽水蓄能规模亟待增加

抽水蓄能总量偏小，目前仅占全国电力总装机容量的 1.5%，而能源结构的转型升级要求抽水蓄能占比快速大幅提高；支持抽水蓄能发展的政策不到位，投资主体单一，电站运行管理体制机制尚未理顺，部分已建抽水蓄能电站的作用和效益未能充分有效发挥，需要进一步统筹发挥抽水蓄能电站作用。

# 第二节　水能的开发与应用

## 一、淡水能

### 1. 淡水资源的特点

① 时间性。淡水资源易受降雨、蒸发、汇流等不确定性因素影响。不同的研究时段，即使是同一研究区域的水资源数量也是不同的，如丰水年、枯水年、平水年不同年份的差异，或者同一年中丰水期、枯水期的差异等。

② 区域性。淡水资源的区域性特点包含两个层面的意思，一是区域的范围等级差异，如县级、地市级、国家级；二是区域的类型不同，如山区、丘陵、平原、草地等。不同区域的社会经济条件不同，淡水资源的构成、利用率、可持续发展压力都有差异。

③ 系统性。淡水资源是一个涉及多方面因素的复杂大系统，需要统筹协调考虑各方面因素。

④ 相对性。由于不同的评价者选用的评价指标体系和评价方法不同，对淡水资源的认识水平也有差异，因此得出的结果只是相对值，对不同地区淡水资源进行绝对比较评价，是十分困难的。

### 2. 淡水资源的开发与应用

（1）淡水资源的三类统计

根据世界能源大会出版的《可再生能源资源》（1978）和《能源调查》（1980），可以将淡水资源划分为 3 类进行统计：一是淡水资源理论蕴藏量，二是技术可开发淡水资源，三是经济可开发淡水资源，三者通常用装机容量或年发电量表示。

河流水能资源理论蕴藏量：首先将河流分为若干段，然后利用各分段河流年平均径流量（或平水年、枯水年径流量）与该分段河流水位落差，求出该段河流的水能，最后将各段河流水能资源量求和，得到的即为河流水能资源的理论蕴藏量。一般用 kW 作为计量单位，计算公式为：

$$N = 9.81 \times Q \times H$$

式中，$N$ 为水能蕴藏量，kW；$Q$ 为年平均径流量，$m^3/s$；$H$ 为河流落差，m。

在当前技术条件下，部分河流的水量和落差是不能被利用的，而且在水能向机械能和电能转变的过程中，水能不能够完全转变，存在一定量的损失，因此技术可开发的水能资源要小于水能理论蕴藏量。根据河流规划安排可建设的梯级水电站、初步拟定的装机容量和年发电量，可得出技术可开发的水能资源。这里一般比较的是年发电量，因为可开发装机容量是指河流可兴建水电站装机容量的总和，表示的是河流规划水电站的总体规模，并不能代表可开发水能的多少，理论蕴藏量是指河流由高到低而产生的能量，两者不具有可比性；而河流可开发水能是指河流可建水电站设计年发电量的总和，可真实反映河流的发电能力，这样水能理论蕴藏量和可开发水能就具有可比性。

(2) 我国淡水资源的开发利用情况

近年来，中国建设了一批大型水电站，逐步实现水电滚动发展，可以有效减少化石能源消耗，奠定了中国低碳经济发展的基础。水电作为一种可再生能源，将在未来低碳经济的绿色道路上发挥重要作用。全球最大的三峡水电站自 2003 年开始运营以来，已通过多条高压直流输电线路将其主要电能提供给东部和南部地区，成为当地电能的主要来源。该电站目前共有 34 台发电机组（含 2 台 50MW 电源电站机组，32 台 700MW 的水轮发电机组），总装机容量达到 22.5GW。近年来，目前正在建设和规划中的大型水电站的总装机容量将超过 9700 万 kW。金沙江、大渡河、雅砻江、乌江、红水河、澜沧江、黄河等十二个大型水电基地正在全面建设中。而且，作为水电的补充，抽水蓄能的兴起使水电有了新的发展。到 2020 年，我国抽水蓄能电站装机容量将达到近 40GW。许多高水头大容量抽水蓄能电站的建立是为了解决将高峰负荷转移到负荷低谷时期的问题。

受国家"发展清洁能源""节能减排"和"全国互联互通"政策的指导，中国水电发展处于前所未有的有利局面。水力发电量逐年上升，2010 年水电总装机容量超过 2 亿 kW，位居世界第一，占技术可开发总量的 30% 和总装机容量的 23%。七十年的建设经验表明：中国有能力独立设计和建设不同复杂地质和地理条件下的水电站，例如在长江和黄河等大河上；中国的水电规划、勘探、设计和施工技术水平也达到国际先进水平。此外，相关科学研究取得了许多重大成就，例如，龙潭高重力坝 [图 4-2(a)] 是世界上最高的碾压混凝土重力坝，代表了碾压混凝土快速施工技术达到的最高水平；世界上最高的混凝土拱坝小湾双拱坝 [图 4-2(b)] 表明，高拱坝的建造技术已达到先进水平；水布垭混凝土面板堆石坝 [图 4-2(c)] 是世界上最高的混凝土面板堆石坝；三峡工程于 2009 年竣工，标志着中国水电建设技术和运行水平居世界首位 [图 4-2(d)]。目前，我国的高水坝施工技术，混凝土快速施工技术，大型水轮发电机的设计、制造和安装技术处于世界领先地位，为我国水电开发奠定了良好的技术基础。同时，经过几十年的发展，我国水电建设和运行管理能力大大提高，并形成了完整的产业体系。

(a) 龙潭水电站　　　　　　　　　　　　(b) 小湾水电站

(c) 水布垭水电站　　　　　　　　　　　(d) 三峡水电站

图 4-2　我国水电建设的成就

## 二、海洋能

### 1. 海洋能的概念

海洋能一般是指海洋中含有的可再生的自然能量，主要包括潮汐能、海流能、温差能、波浪能、盐差能和海洋生物质能，更广义的海洋能还包括海上风能、太阳能等海洋表面蓄积的能源。

潮汐能是指海水的潮汐涨落之间形成的潜在能量。海水涨落的潮汐现象是由地球和天体运动以及它们之间的相互作用而产生的。习惯上把海面垂直方向涨落称为潮汐，而海水在水平方向的流动称为潮流。与水力发电相比，潮汐能的能量密度很低。世界范围内的潮差较大，约为 13～15m，但一般而言，平均潮差在 3m 以上，就有实际应用价值。

海流能是海洋能源出现的一种动能形式。主要是指海水在海底通道和海峡中相对稳定的区域流动产生的规律性的海水流动。当大量的海水从一个海域长距离地流到另一个区域，这时水流会产生巨大的能量。与潮汐能相比，海流能变化更为平稳和有规则。一般说来，最大流速在 2m/s 以上的航道产生的海流能就可能具有实际开发价值。

温差能指的是海洋表层海水和深层海水温差的热量。由于地球表面积很大，导致投射到海面上的大多数太阳能被海水吸收，海水表面温度因此上升，但在海洋深处 500～1000m 的温度却远低于海平面水温，不同深度的垂直温差可以产生巨大的能量。

波浪能是指海洋表面波浪所具有的动能和势能。波浪能是海洋能源中最不稳定的一种能源。波浪能基本上是通过吸收风能而形成的，当水体相对海平面发生位移时，使波浪具有势能，而水质点的运动，使波浪具有动能。

盐差能是以化学形式出现的海洋能，是海水和淡水或者海水两边含盐的浓度不同时，产生的化学电位差能。海水与淡水相混合时产生的盐度差和渗透压力差，使淡水向咸水的方向渗透。利用海水两种不同盐浓度的化学差，把它转换为海水的潜在能量，可以转换成有效的电力。

### 2. 海洋能的开发利用技术

目前，海洋能的开发利用主要包括 4 种技术，即：海洋热能转换（ocean thermal energy conversion，OTEC）技术、波浪能技术、潮汐能技术和盐差能技术。

（1）海洋热能转换（OTEC）技术

OTEC 用于发电的概念最早于 1881 年提出，人类对 OTEC 应用的研究已经进行了 100 多年。过去，OTEC 的应用被认为是不切实际的，因为该技术转换电力的效率很低，但随着技术的改进，专家学者们都认为该技术在未来将得到进一步发展。表 4-2 总结了多年来 OTEC 在世界不同地区的发展情况。

表 4-2　OTEC 在世界不同地区的发展情况

| 年份 | OTEC 技术发展情况 |
| --- | --- |
| 1993 | 美国在夏威夷完成 210kW 开放式循环系统 |
| 1994 | 日本佐贺大学建造了一个新的循环发电厂 |
| 1995 | 佐贺大学开始测试新的 4.5kW 循环装置（Kalina 循环，Uehara 循环） |
| 1997 | 佐贺大学与印度国家海洋技术研究所（NIOT）就 OTEC 研究签署合作备忘录 |
| 2003 | 佐贺大学在日本佐贺县伊万里市完成 30kW 多用途 OTEC 发电厂 |
| 2005 | OPOTEC（海洋热能转换促进基金会）在日本佐贺成立 |
| 2013 | 在日本的久米岛（Kumejima Island）建造了一座 1.25MW 的 OTEC 发电厂，为该岛的总用电量提供了 10% 的电力 |

① OTEC 技术的工作原理。OTEC 系统可分为闭环、开放式与混合循环 3 种形式。

闭环 OTEC 系统：阳光只能穿透 100m 的海水水深，无法到达深海水位。图 4-3 显示了太平洋海水温度随深度的变化情况。所有海洋下半部分的水质均匀，OTEC 技术就是利用这一特征。通常，OTEC 发电厂使用 600~1000m 的深度来发电。OTEC 系统的工作原理如图 4-4 所示，主要部件是蒸发器、冷凝器、涡轮机、发电机和热泵。这些组件通过含有工作流体的管道连接，通常是氨。用热泵将液态工作流体送至蒸发器，热泵由 25~30℃ 的热表面水加热，并蒸发至蒸汽，然后蒸汽推动涡轮机并启动发电机，从而发电。然后，用过的蒸汽离开涡轮机，通过冷凝器内 4~10℃ 的冷深海水冷凝成液体，然后再循环回到蒸发器中，从而重复该过程以保持连续的电力生产，这就是典型的闭环 OTEC 系统的工作原理。

开放式 OTEC 系统：在开放循环的 OTEC 系统中，温暖的海水被用作工作流体，并在真空室中蒸发，产生蒸汽；蒸汽通过低压涡轮机膨胀，该涡轮机连接到发电机以产生电力；离开涡轮机的蒸汽通过冷水管将深海水冷凝。如果在系统中使用表面冷凝器，则冷凝蒸汽保持与冷海水分离并提供淡化水。开放式 OTEC 系统如图 4-5 所示。

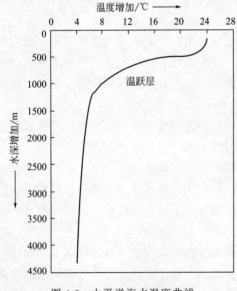

图 4-3　太平洋海水温度曲线

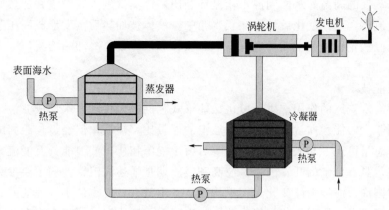

图 4-4　闭环 OTEC 系统的工作原理示意图

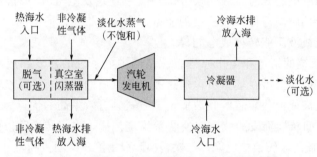

图 4-5　开放式 OTEC 系统的工作原理示意图

混合循环 OTEC 系统：混合循环 OTEC 系统结合了闭环循环系统和开放循环系统的特征。在该系统中，温暖的海水进入真空室，蒸发成蒸汽，这类似于开放循环蒸发过程。蒸汽在氨蒸发器的另一侧蒸发闭合循环回路的工作流体。然后气化的流体驱动涡轮机发电。蒸汽在热交换器内冷凝并提供淡化水。

② 含 OTEC 的海洋能源综合利用系统。海洋能源综合利用系统包括波浪能供应系统，太阳池集热系统和海洋热能转换系统，如图 4-6 所示。在波浪能供应系统中，波浪能可以转换成电能为系统中的泵提供动力。海水由泵 1 送到太阳池的温水箱集热系统，由热交换器加热太阳池的对流层底层（对流层底层的温度可以达到 90℃），然后高温海水被送入热电发电系统。在热电发电系统内，高温海水首先进入闪光室。在低压环境中，一些高温海水迅速蒸

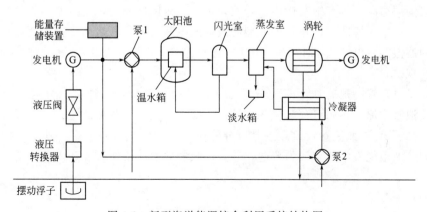

图 4-6　新型海洋能源综合利用系统结构图

发成蒸汽，未蒸发的高温海水回到温水箱循环利用。该蒸汽进入蒸发室并加热通过蒸发器盘管点的低沸点流体，蒸汽液化后储存在淡水箱中。液体被加热后蒸发形成高压蒸汽，进入汽轮机，驱动蒸汽涡轮机进而带动发电机发电。流体流入冷凝器冷却和冷凝，冷凝的流体被送入蒸发室回收。

（2）波浪能技术

波浪能由海水受风的作用产生，以机械能形式存储。风扰动海水形成波浪，因此波浪能归根结底来源于太阳能。通常太阳传送给波浪的能量比率很低，但经过长距离的传输，波浪能逐渐增加，总量可观。与太阳能和风能等可再生能源相比，波浪能具有能流密度大、持续时间长等优点，具有广阔的开发前景。波高和波周期是描述波浪特性的主要参数，可通过波浪仪测得，我国周边海域大体变化是：平均波高冬季最大，夏季最小，各地差异明显，台湾和南海区域波高最大，周期变化规律为北部较南部大，周边海域周期集中在 2～7s。

一般来说波浪能发电装置有三级转换方式（应用直线发电机时只有两级转换），第一级主要通过与波浪直接接触的浮体吸收波浪的能量，第二级将浮体的运动增速或者转换成液压能，第三级将机械能或液压能转换成电能等。

① 波浪能供电系统的结构和工作原理。波浪能供电系统的建设和成本比其他发电设备较低。动能和海洋表面波的潜在能量可以通过波能量供应的初级转换系统转换成其他形式能量。采用振荡浮子式波能俘获装置吸收波能，该方式具有效率高的优点。通过波浮子振荡获得的能量可以通过中间转换阶段的液压转换装置稳定传播，中间转换阶段的稳定能量传输到二次转换阶段，并在此阶段转换成电能，二次转换阶段由液压发动机和发电机组成（图4-7）。

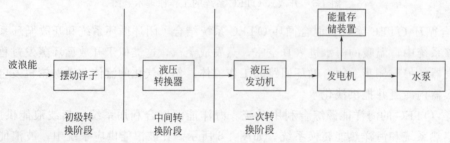

图 4-7　波浪能供电系统的结构

② 波浪能发电装置。国内外对波浪能发电装置的研究已经走过相当长的历史，尤其在20世纪石油危机后，世界各国开始重视波浪能的开发。国外由于波浪资源极其丰富，波能流密度较我国周边海域具有绝对优势，开发技术也相对国内先进，不少海洋资源极其丰富的国家如英国、日本、挪威等，建立了大型的波浪发电装置，并开始初步投入商业化使用。世界上最早的波浪能发电装置于1799年由法国吉拉德父子提出，在此以后，超过1000种专利装置大量涌现。

波浪能发电装置一般有如下三种分类方法：根据装置是否系泊可以分为漂浮式、固定式；根据波浪吸收原理不同可分为振荡水柱式、摆式、筏式、收缩波道式、点吸收式（振荡浮子式）、鸭式等；按照装置投放点差异可分为岸式、近岸式、海上式。其中，按照波浪的吸收原理划分波浪能发电装置较为普遍，装置的吸收效率、工作环境和内部构造与吸收原理紧密相关。

（3）潮汐能技术

潮汐能来源于天体运动，直接受地球与太阳、月球之间的引力影响。由于月球对地球的引力和地球自身自转产生的离心力影响，绝大部分潮汐每日产生两次，这种被称作半日潮。月球每 29.5d 绕地球一周，这称作月球周期，其间引力的变化会带来潮汐潮高潮位的不同，形成大小潮。按潮汐周期和潮汐形态系数两种方法进行分类，可分为半日潮、全日潮和混合潮。从海洋运动中提取潮汐能的技术已经相对成熟，并以商业规模运行，在提取潮汐资源的过程中，发电方式有多种，主要分为：单库单向开发、单库双向开发和双库单向开发，如图 4-8 所示。

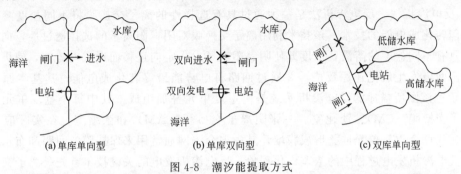

图 4-8　潮汐能提取方式

单库单向开发方式：机组只在涨潮或者落潮时发电。由于涨潮发电潮汐能的利用率较落潮发电的低，多采用落潮发电。涨潮时机组不运行，开启闸门将潮水充满水库蓄能，落潮时利用库水位和潮水位的差，机组运行发电。

单库双向开发方式：在涨潮、落潮阶段都发电，目前应用最广泛的是此种方式，最适应自然潮汐过程。

双库单向开发方式：与上述两种方式不同，采用此类发电方式的潮汐能电站具有两个相连的水库，分为高储水库和低储水库，涨潮时水流向高储水库充水，落潮时，水从低储水库流向海洋，两个水库间的水位差作为机组发电水头。

（4）盐差能技术

盐差能是指海水和淡水之间或两种含盐浓度不同的海水之间的化学电位差能，是化学能形态的海洋能。盐差能主要存在于河海交汇处，同时，淡水丰富地区的盐湖和地下盐矿也可以利用盐差能。盐差能是海洋能中能量密度最大的一种可再生能源。目前全球入海口所存在的盐差能相当于世界电力需求的 20%。如果能够将河流入海口所形成的盐差能很好地利用起来，将大大改善目前全球能源问题。开发可再生的盐差能资源对世界经济的可持续发展具有重要的意义。目前提取盐差能的技术方法主要有以下 3 种。

① 渗透压法。众所周知，低浓度液体会自然地向高浓度液体渗透，在这一过程中会产生一定的压力，而渗透压法正是利用了两种不同盐度溶液之间的盐度梯度进行发电的。在利用该法进行发电时，淡水通过半透膜向海水侧渗透，使海水侧的高度超过淡水侧，形成的水位差可以用来发电。渗透压发电装置通常可分为强力渗压发电、水压塔渗压发电和压力延滞渗压发电几种类型。下面以强力渗压发电为代表进行简单介绍，强力渗压系统基本构造如图 4-9 所示。在河水与海水之间建两座水坝，并在水坝间挖一低于海平面约

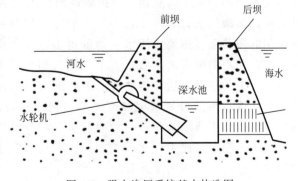

图 4-9　强力渗压系统基本构造图

200m 的水库；前坝内安装水轮发电机组，并使河水与水库相连；后坝底部则安装半透膜渗流器，并使水库与海水相通。水库的水通过半透膜不断流入海水中，水位不断下降，利用河水与水库的水位差冲击水轮机旋转并带动发电机发电。渗透压式盐差能发电系统的关键技术是半透膜技术和膜与海水介面间的流体交换技术，技术难点是制造有足够强度、性能优良、成本适宜的半透膜。

② 反电渗析法。反电渗析法是一种通过具有选择性的离子交换膜将不同盐度溶液之间的化学能转化成电能的技术。该技术利用离子交换膜对阴、阳离子的选择透过性，向浓、淡室通入具有不同盐度的溶液，浓度差使阴、阳离子发生定向迁移而形成电势差，使极室溶液在阴、阳两极发生氧化还原反应，并通过回路将电势能最终转化成电能，其基本原理如图 4-10 所示。该图所描述的反电渗析系统是由重复单元叠加组成，其中每个重复单元包括一张阳离子交换膜（CM）、淡化室、一张阴离子交换膜（AM）和浓缩室。在实际应用过程中，高达几百个重复单元堆叠形成膜堆，其中聚合隔网通常用来保持膜的间距和布水，以此来降低反电渗析发电过程中的浓差极化现象。反电渗析发电的关键技术首先是离子交换膜的价格问题，此外，运行中还受许多未知因素的影响，包括生物淤塞、水动力学、电极反应、膜性能和对整个系统的操作等。

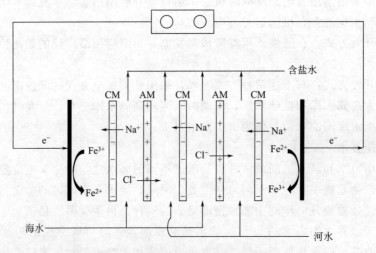

图 4-10　反电渗析法基本原理图

AM—阴离子交换膜；CM—阳离子交换膜

③ 蒸气压法。该方法利用淡水与盐水之间蒸气压差为动力，推动风扇发电。蒸气压发电装置外面为一个筒状物，由树脂玻璃、PVC 管、热交换器（铜片）、汽轮机、浓盐溶液和稀盐溶液组成，如图 4-11 所示。由于在同样的温度下淡水比海水蒸发得快，因此海水一侧的饱和蒸气压要比淡水一侧低得多，在一个空室内蒸汽会很快从淡水上方流向海水上方，并不断被海水吸收，装上汽轮机即可发电。由于水气化时吸收的热量大于蒸汽运动时产生的热量，这种热量的转移会使系统工作过程减慢最终停止，采用旋转筒状物使盐水和淡水溶液分别浸湿热交换器（铜片）表面，可以传递水气化所需吸收的潜热，这样蒸汽就会不断地从淡水一侧向盐水一侧流动以驱动汽轮机。该方法最显著的优点是不需要半透膜，因此不存在膜的腐蚀、高成本和水的预处理等问题，但是发电过程中需要消耗大量淡水，应用受到限制。

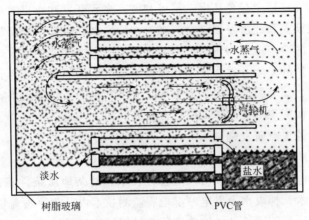

图 4-11　蒸气压法基本构造图

# 第三节　水能的发展前景

### 1. 水能资源开发利用趋势

水能资源是世界公认的可再生清洁能源,水能资源的开发利用历来受到世界各国政府和人民的重视。历届世界能源大会、世界水能大会均指出,在 21 世纪,水能资源是众多可再生能源中最为重要的资源。截至 2007 年,世界上还有 70% 以上的水能资源可供开发。相对于水能资源开发完善,水电开发技术较为成熟的发达国家,世界上许多水能资源蕴藏比较丰富、水能资源开发潜力较大的发展中国家正陆续进入水电建设的高峰时期。随着社会经济的不断发展和环境生态保护需求的日益提高,大力开发水能资源成为我国能源建设的重要组成部分,我国水电实现了在开发与生态环境保护之间和谐发展。

我国是世界上水能资源最为丰富的国家,水能资源蕴藏量(6.94 亿 kW)、技术可开发量(5.42 亿 kW)和经济可开发量(4.02 亿 kW)等指标均居世界第一位。水能资源是我国清洁能源中的优势资源,是我国能源供应的重要保障,水能资源占我国常规能源可开采储量的 35.4% 左右。水力发电具有开发技术成熟、开发成本低效率高、经济环保安全等优点,是我国开发利用水能资源的主要形式。在国家的大力支持下,我国水电事业经过多年蓬勃发展,取得了较为丰硕的成果。截至 2016 年年底,我国水电装机容量突破 3 亿 kW,占全国发电装机容量的 20.9%,占水电技术可开发量的 52% 左右。

我国水资源地域分布不均,受地理环境等条件制约,不同地区水电开发程度也不同。我国中东部地区水能资源较少,水电开发程度较高;而我国西部地区,尤其是云贵川藏地区,水能资源比较丰富,但水电开发程度较低。相对于国际社会上发达国家平均 60% 左右的开发程度,我国的水能资源开发程度还处于较低水平。截至 2015 年,我国还有近 2/3 的经济可开发水能资源有待开发利用,水能资源具有较大的开发潜力和开发空间。随着国家能源战略的不断调整和优化,我国将继续积极发展以水电为代表的可再生能源,水电开发将迎来又一个黄金时期。2020 年,我国常规水电装机容量达到 3.4 亿 kW,开发程度(按发电量计)约为 51.5%。

开发利用水能清洁能源,积极发展水电事业,我们还有很长的路要走。在新的发展阶段进行水电开发，要继续坚持"绿色环保、移民和谐、多元开发和重点布局"的发展原则，把水电开发与促进当地就业和经济发展结合起来。在切实做好生态环境保护和移民安置的前提下，以水能资源丰富的西南地区为重点，不断推进大型水电基地的建设，同时积极进行中小型电站、抽水蓄能电站的多元开发和建设，加强流域水电站优化运行和管理的研究，科学规划和安排调峰、调频、储能配套能力，切实解决弃水费水的不合理现象，不断提高水能资源的开发利用水平，从而实现水能资源的综合开发和利用。

**2. 水力发电技术的重点研发领域**

（1）工程安全风险防控技术研究

巩固大型水力发电工程安全建设与风险管控技术、复杂地质条件工程勘测与评价技术、高坝工程防震抗震技术、梯级水力发电站群地震监测技术以及深厚覆盖层坝基、大型地下洞室群、高坝泄洪消能、高陡边坡及滑坡体、鱼类过坝设施等领域的关键技术。开展水力发电工程失事成因、机理、模式及其预警和应急预案研究，提出影响评价标准。研发水力发电工程安全风险管理集成成套技术。完善工程安全风险评估体系，研究已建工程除险加固的工程和非工程措施以及综合治理技术，实现水力发电工程全生命周期安全风险在控、可控。

（2）工程建设技术水平研究

以重大工程为依托，重点开展高寒高海拔高地震烈度复杂地质条件下筑坝技术、高坝工程防震抗震技术、高寒高海拔地区特大型水力发电工程施工技术、超高坝建筑材料等技术攻关，提升水力发电勘测设计施工技术水平，服务工程建设。进一步加强水力发电行业标准化体系建设，突出强制性和关键性技术标准制订、修订，加强水力发电领域技术标准信息化。发挥标准在行业管理中的基础性作用，按水力发电工程全生命周期理念建立健全水力发电行业技术标准体系，实现"水力发电标准化＋"效应。

（3）构建生态保护与修复技术体系

系统开展水力发电工程分层取水、过鱼、栖息地建设、珍稀特有鱼类人工繁殖驯养、生态调度、高寒地区植被恢复与水土保持等关键技术攻关及其运行效果跟踪调查研究，不断提高水力发电环境保护技术可行性、有效性和经济性，为建设环境友好型水力发电工程提供技术支持；探索和完善流域水力发电开发生态环境监测监控技术、水库消落带和下游河流生态重建与修复技术。

（4）建设"互联网＋"智能水力发电站

重点发展与信息技术的融合，推动水力发电工程设计、建造和管理数字化、网络化、智能化，充分利用物联网、云计算和大数据等技术，研发和建立数字流域和数字水力发电，促进智能水力发电站、智能电网、智能能源网友好互动。围绕能源互联网开展技术创新，探索"互联网＋"智能水力发电站和智能流域，开展建设试点。加强行业信息化管理，推动信息管理平台建设，系统监测项目建设和运行信息，建立项目全过程信息化管理体系，为流域管理和行业监管提供支撑。

## 复习思考题

1. 什么是水能资源？简述我国水能资源的特点。
2. 简述海洋能的利用形式有哪些，各有什么特点。
3. 简述海洋热能转换（OTEC）技术的工作原理。

4. 什么是波浪能? 简述波浪能供电系统的结构和工作原理。

5. 论述我国如何面对水资源开发利用中的严峻挑战。

## 参考文献

[1] Caspary G. Gauging the future competitiveness of renewable energy in Colombia [J]. Energy Economics,2009,31 (3): 443-449.

[2] Chang X L, Liu X, Zhou W. Hydropower in China at present and its further development [J]. Energy,2009,35 (11): 4400-4406.

[3] Chao Y. Autonomous underwater vehicles and sensors powered by ocean thermal energy [C]//Oceans 2016: Shang hai, IEEE, 2016.

[4] de O. Falcão AF. Wave energy utilization: a review of the technologies [J]. Renewable and Sustainable Energy Reviews,2010,14 (3): 899-918.

[5] Giannotti J G, Vadus J R . Ocean Thermal Energy Conversion (OTEC): Ocean engineering technology development [J]. IEEE Oceans, 1981: 870-878.

[6] Khan N, Kalair A, Abas N, et al. Review of ocean tidal, wave and thermal energy technologies [J]. Renewable and Sustainable Energy Reviews,2017,72: 590-604.

[7] Kong Y, Wang J, Kong Z, et al. Small hydropower in China: the survey and sustainable future [J]. Renewable and Sustainable Energy Reviews,2015,48: 425-433.

[8] Li X, Chen Z, Fan X, et al. Hydropower development situation and prospects in China [J]. Renewable and Sustainable Energy Reviews,2018,82: 232-239.

[9] Li Y, Li Y, Ji P, et al. The status quo analysis and policy suggestions on promoting China's hydro-power development [J]. Renewable and Sustainable Energy Reviews,2015,51: 1071-1079.

[10] Melikoglu M. Current status and future of ocean energy sources: A global review [J]. Ocean Engineer-ing,2018,148: 563-573.

[11] Qiu S, Liu K, Wang D, et al. A comprehensive review of ocean wave energy research and develop-ment in China [J]. Renewable and Sustainable Energy Reviews,2019,113: 109-271.

[12] Sternberg R. Hydropower's future, the environment, and global electricity systems [J]. Renewable and Sustainable Energy Reviews,2010,14 (2): 713-723.

[13] Wagner B, Hauer C, Habersack H. Current hydropower developments in Europe [J]. Current Opin-ion in Environmental Sustainability,2019,37: 41-49.

[14] Wang W, Wang F, Li X, et al. Ocean energy comprehensive utilization system of water-electricity co-generation [J]. The Journal of Engineering, 2017,13: 1362-1366.

[15] Zhang W, Li Y, Wu X, et al. Review of the applied mechanical problems in ocean thermal energy conversion [J]. Renewable and Sustainable Energy Reviews,2018,93: 231-244.

[16] 程夏蕾,陈星,曹丽军,等.我国水能资源区划总体战略研究 [J].中国水利,2011,6: 102-104.

[17] 崔岩,崔伟谊.中国水能资源开发现状 [J].科技信息,2009,21: 393.

[18] 贾金生,徐耀,马静,等.关于水电回报率、与经济社会发展协调性及发展理念探讨 [J].水力发电学报,2012,31 (5): 1-5.

[19] 江海通.我国海洋可再生能源法律制度研究 [D].哈尔滨: 东北林业大学,2016.

[20] 姜富华,杜孝忠.我国小水电发展现状及存在的问题 [J].中国农村水利水电,2004,3: 82-83,86.

[21] 李治华.水能资源开发与保护的社会认知及影响因素分析: 基于神农架林区的调查 [D].武汉: 华中农业大学,2015.

[22] 钱玉杰.我国水电的地理分布及开发利用研究 [D].兰州: 兰州大学,2013.

[23]　邵自平.全国农村水能资源调查评价成果发布 [J].中国水利，2009，10：9.

[24]　王朋.梯级小水电优化运行技术研究 [D].郑州：郑州大学，2015.

[25]　王儒述.西部水电开发与可持续发展 [J].三峡论坛，2010，2：17-21，147.

[26]　吴义航.积极发展水电，助推绿色发展 [J].水电与新能源，2013，5：1-5.

[27]　伍新木，张科，邹学荣.三峡水库淡水资源开发利用的思考 [J].重庆三峡学院学报，2017，33（3）：1-6.

[28]　徐莹，何宏舟.海洋温差能发电研究现状及展望 [J].能源与环境，2016，4（30）：19-20.

[29]　徐长义.水电开发在我国能源战略中的地位浅析 [J].中国能源，2005，27（4）：26-30.

[30]　游亚戈，李伟，刘伟民，等.海洋能发电技术的发展现状与前景 [J].电力系统自动化，2010，34（14）：1-12.

[31]　张志伟.基于 AHP 和 TOPSIS 的区域水能资源可持续开发评价研究 [D].天津：天津大学，2012.

[32]　周大兵.抓住机遇，开拓进取，为促进水电建设事业更大发展而努力 [J].水力发电学报，2000，1：1-12.

# 第五章 氢 能

## 第一节 概 述

### 一、氢能的概念与特点

#### 1. 氢能的概念

化学元素氢（hydrogen，H），在元素周期表中位列第一，是所有原子中质量最小的。众所周知，氢分子与氧分子化合成水，氢通常的单质形态是氢气（$H_2$），它是无色无味、极易燃烧的双原子气体，$H_2$ 是密度最小的气体。在标准状况（0℃和一个大气压）下，1L $H_2$ 只有 0.0899g（仅相当于同体积空气质量的 2/29）。氢是宇宙中最常见的元素，氢及其同位素占到了太阳总质量的 84%，宇宙质量的 75% 都是氢。

氢能是一种有着广阔应用前景的新兴能源，是打破现有能源格局，解决能源危机的重要突破口之一。氢能是一种全天候的资源，主要来源于占地球表面 75% 的水，来源广泛，成本低廉，是一种燃烧热值高、存量丰富、对环境无污染的绿色可持续能源，被视为 21 世纪最有希望代替化石能源的清洁能源。氢能的开采和应用受到了很多发达国家的重视，许多欧美国家预计将在 21 世纪中期进入"氢能经济"时代。

#### 2. 氢能的特点

作为能源，氢有以下特点：

（1）所有元素中，氢质量最小。在标准状态下，它的密度为 0.0899g/L；在 −252.7℃ 时，可成为液体，若将压力增大到数百个大气压，液氢就可变为固体氢。

（2）所有气体中，$H_2$ 的导热性最好，比大多数气体的热导率高出 10 倍，因此在能源工业中氢是极好的传热载体。

（3）氢是自然界存在最普遍的元素，据估计氢构成了宇宙质量的 75%，除空气中含有 $H_2$ 外，主要以化合物的形态储存于水中，而水是地球上分布最广泛的物质。据推算，如把海水中的氢全部提取出来，它所产生的总热量比地球上所有化石燃料放出的热量还大 9000 倍。

（4）除核燃料外，氢的热值是所有化石燃料、化工燃料和生物燃料中最高的，为 142MJ/kg，是汽油热值的 3 倍（如表 5-1 所示）。

表 5-1  H₂ 与其他燃料属性比较

| 属性 | H₂ | 天然气 | 汽油 | 石油 | 甲醇 |
|---|---|---|---|---|---|
| 密度/(kg/m³) | 0.090(气态) 71(液态) | 0.721 | 738 | 840 | 787 |
| 热值/(MJ/kg) | 142 | 50 | 47 | 39 | 20 |
| 汽油当量/L | 3200(气态) 4.06(液态) | 961 | 1 | 1.06 | 2.1 |
| 天然气当量/m³ | 3.3 | 1 | 0.001 | 0.001 | 0.002 |

（5）氢燃烧性能好，点燃快，与空气混合时有广泛的可燃范围，而且燃点高，燃烧速度快。

（6）氢本身无毒，与其他燃料相比氢燃烧时最清洁，除生成水和少量氨气外不会产生诸如 CO、$CO_2$、烃类、含铅化合物和粉尘颗粒等对环境有害的污染物质，少量的氨气经过适当处理也不会污染环境，而且燃烧生成的水还可继续制氢，反复循环使用。

（7）氢能利用形式多，既可以通过燃烧产生热能，在热力发动机中产生机械功，又可以作为能源材料用于燃料电池，或转换成固态氢用作结构材料。

（8）氢可以以气态、液态或固态的氢化物形式出现，能适应储运及各种应用环境的不同要求。

## 二、氢能的发展概况

全球范围来看，世界主要发达国家从资源、环保等角度出发，都十分看重氢能的发展，目前氢能和燃料电池已在一些细分领域初步实现了商业化。2017 年全球燃料电池的装机容量达到约 670MW，移动式装机容量 455.7MW，固定式装机容量 213.5MW。截至 2017 年 12 月，全球燃料电池乘用车销售累计接近 6000 辆。丰田 Mirai 共计销售 5300 辆，其中美国 2900 辆，日本 2100 辆，欧洲各国 200 辆，占全球燃料电池乘用车总销量的九成以上。同时，全球共有 328 座加氢站，欧洲拥有 139 座正在运行的加氢站，亚洲拥有 118 座，北美拥有 68 座。目前氢燃料电池及氢燃料电池汽车的研发与商业化应用在日本、美国、欧洲各国迅速发展，在制氢、储氢、加氢等环节持续创新。

中国对氢能的研究和开发可以追溯到 20 世纪 60 年代，开发液氢技术发展我国的航天事业。在"十五"期间国家高技术研究发展计划（863 计划）电动汽车重大专项中，国家确定组织启动大规模的燃料电池汽车技术研发工作。在 2016 年，《国家创新驱动发展战略纲要》的印发，标志国家正式开始提出开发氢能和燃料电池等新一代的新能源技术。国家发展改革委与国家能源局在同年 4 月共同发布《能源技术革命创新行动计划（2016—2030 年）》，这一计划的发布标志着氢能产业已经纳入中国国家能源战略。2018 年 1 月 17 日，国家知识产权局发布《知识产权重点支持产业目录（2018 年本）》，确定将重点支持发展燃料电池动力系统，将给予最大力度的知识产权支持。氢能源的发展提速开始于 2018 年 2 月 11 日，在科技部、工信部等多部门指导下，由国家能源集团联合 17 家机构共同发起成立中国氢能源及燃料电池产业创新战略联盟。

我国已具备一定氢能工业基础，全国 H₂ 产能超过 2000 万 t/a，但生产原料主要依赖化石能源，消费主要作为工业原料，清洁能源制氢和氢能的能源化利用规模较小。国内由煤、天然气、石油等化石燃料生产的 $H_2$ 占了将近 70％，工业副产气体制得的 $H_2$ 约占 30％，电解水制氢占不到 1％，见图 5-1。国内外能源企业结合各自优势选择不同技术路线，纷纷布局氢能源生产与供给，煤制氢、天然气制氢、碱性电解水制氢技术和设备已具备商业化推广条件。

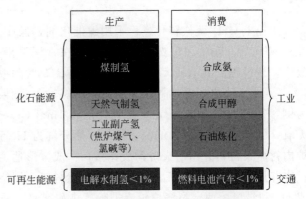

图 5-1　目前我国氢能生产与消费格局

相比之下，氢能储运和加注产业化整体滞后。压缩 $H_2$ 与液态、固态和有机液体储氢技术相比相对成熟，但离产业化仍有距离。压缩 $H_2$ 主要通过拖车和管道两种方式运输，目前，国内加氢站的外进 $H_2$ 均采用拖车进行运输。由于拖车装运的 $H_2$ 质量只占运输总质量的 1％～2％，比较适用于运输距离较近、输送量较低、$H_2$ 日用量为 t 级或以下的用户。而管道运输应用于大规模、长距离的 $H_2$ 运输，可有效降低运输成本。国外管道输送相对国内较成熟，美国、欧洲已分别建成 2400km、1500km 的输氢管道。据初步统计，截至 2017 年底，我国氢气管道总里程约 400km，主要分布在环渤海湾、长三角等地，最长的输氢管线为"巴陵-长岭"氢气管道，全长约 42km、压力为 4MPa。在终端加氢设施方面，截至 2018 年 9 月，我国在运营的加氢站有 17 座，在建的加氢站 38 座，均以 35MPa 为主，也正在规划建设 70MPa 加氢站，暂无液氢加氢站。

在氢能利用中，$H_2$ 的压缩、液化、储存及运输过程，加氢站 $H_2$ 接卸、压缩、$H_2$ 加注过程对工艺操作及设备、材料和仪器仪表都有很高的技术要求。国外进行过相关技术研究，我国的研究则比较滞后。我国已制定的加氢站设计规范及标准与国外标准规范也有不小的差距，要通过研究论证修改完善。我国氢气长距离管道运输还没有设计规范及标准，要尽快研究制定。这些问题解决不好，都会成为氢能开发利用的制约因素。

# 第二节　氢的制备与储运

## 一、氢的制取

### 1. 矿物燃料制氢

（1）天然气制氢

天然气含有多组分，其主要成分是 $CH_4$，其他成分还有水、其他烃类、$H_2S$、$N_2$ 与碳氧化物。天然气制氢的方式主要有两种：蒸汽转化制氢和热（催化）裂解制氢。

① 天然气蒸汽转化制氢。利用高温下水蒸气和 $CH_4$ 发生反应。转化生成物主要为 $H_2$、CO 和 $CO_2$。反应生成的 CO 与水蒸气反应，实现 $H_2$ 的进一步制备。$CH_4$ 蒸汽转化制氢的反应方程式如下：

$$CH_4 + H_2O \longrightarrow 3H_2 + CO$$

$$CO + H_2O \longrightarrow H_2 + CO_2$$

工业上 $CH_4$ 蒸汽转化过程采用镍催化剂，操作温度为 $750 \sim 920℃$，操作压力为 $2.17 \sim 2.86MPa$。早期的 $CH_4$ 蒸汽转化过程是在常压下操作的，但较高的压力可以改善反应过程效率。该过程需要消耗大量的能量，同时需要脱除或分离 $CO_2$。

② 热（催化）裂解制氢。传统的制氢过程都伴有大量的 $CO_2$ 排放。以 $CH_4$ 蒸汽转化为例，每转化 $1mol$ $CH_4$，要向大气排放 $1mol$ $CO_2$。热（催化）裂解制氢是将烃类原料在无氧（隔绝空气）、无火焰的条件下，热分解为 $H_2$ 和炭黑。生产装置中可设置两台裂解炉，炉内衬耐火材料并用耐火砖砌成花格，构成方形通道，生产时，先通入空气和燃料气在炉内燃烧并加热格子砖，然后停止通空气和燃料气，用格子砖蓄存的热量裂解通入的原料气，生成 $H_2$ 和炭黑，两台裂解炉轮流进行蓄热和裂解，循环操作，将炭黑与气相分离后，气体经提纯后可得纯氢，其中氢含量因原料不同而异，例如原料为天然气，其氢含量可达 $85\%$ 以上。$CH_4$ 裂解反应为：

$$CH_4 \longrightarrow 2H_2 + C$$

天然气高温热裂解制氢技术，其主要优点在于制取高纯度 $H_2$ 的同时，不向大气排放 $CO_2$，而是制得更有经济价值、易于储存且可用于未来碳资源的固体炭，减轻了环境的温室效应。除了间歇反应，还有人曾做过天然气连续裂解的尝试。天然气催化裂解可以提高裂解速度，生成的纳米碳也能催化 $CH_4$ 裂解过程。$CH_4$ 分解反应吸热 $75.3kJ/mol$，因此最少需要 $CH_4$ 燃烧放出热量（$887kJ/mol$）的 $9\%$ 来提供反应所需热量。该方法技术较简单，经济上也还合适。

(2) 重油部分氧化制氢

重油是炼油过程中的残余物。重油部分氧化包括烃类化合物与 $O_2$、水蒸气反应生成 $H_2$ 和碳氧化物，典型的部分氧化反应为：

$$C_nH_m + n/2 O_2 \longrightarrow nCO + m/2 H_2$$
$$C_nH_m + nH_2O \longrightarrow nCO + (n+m/2)H_2$$
$$CO + H_2O \longrightarrow CO_2 + H_2$$

该过程在一定的压力下进行，可以采用催化剂，也可以不采用催化剂，这取决于所选原料与过程，催化部分氧化通常是以 $CH_4$ 或石脑油为主的低碳烃为原料，而非催化部分氧化则以重油为原料，反应温度在 $1150 \sim 1315℃$。与 $CH_4$ 相比，重油的碳氢比较高，因此重油部分氧化制得的 $H_2$ 主要来自蒸汽和 $CO$，其中蒸汽贡献 $H_2$ 的 $70\%$。与天然气蒸汽转化制氢相比，重油部分氧化需要空分设备来制备纯氧。

(3) 煤气化制氢

煤气化制氢主要包括三个过程：造气反应、水煤气变换反应、氢的纯化与压缩。气化反应如下：

$$C + H_2O \longrightarrow CO + H_2$$
$$CO + H_2O \longrightarrow CO_2 + H_2$$

煤气化是一个吸热反应，反应所需热量由 $O_2$ 与碳的氧化反应提供。煤气化工艺有多种，如 Koppers-Totzek 法、Texco 法、Lurgi 法、汽铁法、流化床法。近年来还研究开发了多种煤气化的新工艺，如利用煤气化的电导膜制氢新工艺、煤气化与高温电解相结合的制氢工艺、煤的热裂解制氢工艺等。在 Koppers-Totzek 法制氢过程中，煤泥浆在常压下快速地被 $O_2$ 和蒸汽氧化，所得合成气典型组成为 $29\%$ $H_2$、$60\%$ $CO$、$10\%$ $CO_2$、$1\%$ $N_2$ 以及微量 Ar。从气化室出来的高温合成气经过废热回收后，再用水洗除去灰分，同时获得变换反应所需蒸汽。然后经过压缩、变换与气体纯化，得到压力为 2.8MPa、纯度大于 97.5％ 的 $H_2$。$H_2$ 压缩与合成气压缩一样，都需要消耗能量。而 $H_2$ 用户需要的 $H_2$ 具有一定压力，因此在一定压力下进行煤气化会更有效。

### 2. 水分解制氢

经过多年的开发，目前世界上有很多种方法将水分解为氢和氧，比如直接热解法、热化学分解法和光分解法，但真正工业化的方法只有电解法。在已成型的现代工业中，水的电解是在碱溶液中完成的，所用的碱一般是 KOH（20％～30％），也有一些电解制氢工厂采用的是与 Fe 或 Ni 共存性好的碱性溶液，此外，杜邦公司还开发了一种含有磺酸基的固体聚合物电解质（solid polymer electrolyte，SPE），在 SPE 膜两面直接安排电极，阳极产生的 $H^+$ 离子透过聚合物到达另一面的阴极而成为氢，$OH^-$ 离子直接在阳极获得电子而生成氧。

电解池是电解制氢过程的主要装置，近年来对电解制氢过程的改进都集中在此，如电极、电解质的改进研究。电解制氢装置（电解池）的主要化学参数包括电解电压和电流密度。电解池的工作温度和压力对上述两个参数有明显影响，在 1kPa、25℃ 时，水电解所需理论电压为 1.23V。但由于在电解池内存在诸如电阻、气泡、过电位及电极附近浓度减少等因素引起的损失，工业电解池的实际操作电压多在 1.65～2.2V 之间，制氢能耗（以 $H_2$ 体积计）在 4.2～4.7kW·h/m$^3$，电解效率一般只有 75％～80％。

### 3. 生物制氢

生物制氢是指所有利用生物产生 $H_2$ 的方法，包括生物质气化制氢和微生物制氢等不同的技术手段。

（1）生物质气化制氢

生物质气化制氢是将生物质原料（如薪柴、锯末、麦秸、稻草等）压制成型，在气化炉（或裂解炉）中进行气化（或裂解）反应制得含氢的混合燃料气。其中的烃类化合物再与水蒸气发生催化重整反应，生成 $H_2$ 和 $CO_2$。

生物质超临界水气化制氢是正在研究的一种制氢新技术。在超临界水中进行生物质的催化气化，生物质气化率可达 100％，气体产物中氢的体积分数可达 50％，反应不生成焦油、木炭等副产品，无二次污染，因此有很好的发展前景。

（2）微生物制氢

微生物制氢是利用某些微生物代谢过程来生产 $H_2$ 的一项生物工程技术，所用原料可以是有机废水、城市垃圾或者生物质，来源丰富，价格低廉，其生产过程清洁、节能，且不消耗矿物资源。微生物制氢想法最先是由 Lewis 于 1966 年提出的，20 世纪 70 年代能源危机引起了人们对微生物制氢的关注，并开始进行研究。有关该部分的详细内容可查阅第二章第二节。

### 4. 太阳能制氢

有关利用太阳能制氢的内容已在第二章第二节中进行论述，在此不再赘述。

### 5. 其他制氢方式

（1）热化学循环制氢

水直接分解需要 2227℃ 以上的温度，因此提出了多步热化学循环反应制氢来降低温度。目前已研究出多种热化学循环系统，主要包括：金属 Ca、Sr、Mn、Fe 的卤化物作为氧化

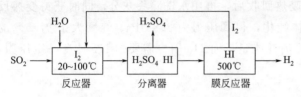

图 5-2　热化学硫碘循环水分解制氢系统示意图

还原剂分解水；双组分硫-碘氧化还原系统；蒸汽-铁系统。热化学循环属卡诺循环，这意味着高温能增加转化效率。但高温会产生结构材料损坏等问题，特别是当使用腐蚀性的氧化还原剂时，情况会更加严重。图 5-2 为热化学硫碘循环水分解制氢系统示意图。

**（2）等离子体制氢**

通过电场电弧能将水加热至 5000℃，水被分解成 H、$H_2$、O、$O_2$、OH、$HO_2$，其中 H 与 $H_2$ 的含量可达 50％。要使等离子体中氢组分含量稳定，就必须对等离子进行淬火，使氢不再与氧结合。该过程能耗很高，因而等离子体制氢的成本很高。

## 二、氢的纯化

$H_2$ 的纯化方法可分为物理法和化学法，其中化学法包括催化纯化，物理法包括低温吸附法，金属氢化物净化法，变压吸附法，此外还有钯膜扩散法，中空纤维膜扩散法等。目前，$H_2$ 纯化的工业方法有变压吸附法，膜分离法，本菲尔法和深冷分离法等。

**1. 变压吸附法**

变压吸附是根据在常温下，吸附剂对 $H_2$ 中杂质组分在两种压力下的吸附容量不同而进行气体分离的，以达到纯化 $H_2$ 的目的。变压吸附法之所以能取得长足发展，是因为它与其他方法相比有很多优点：原料范围广，包括化肥厂尾气、炼油厂石油干气、乙烯尾气等各种含 $H_2$ 源；能一次性去除 $H_2$ 中的多种杂质成分，简化了工艺流程；处理范围大，启动方便；能耗小、操作费用低；吸附剂寿命长，并且对环境无污染。

**2. 膜分离法**

气体膜分离技术是利用不同气体通过某一特定膜的透过速率不同而实现物质分离的一种化工单元操作，它主要用于各种混合气体分离，其传质推动力为膜两端的分压差，分离过程无相变，因此能耗较低，分离过程容易实现；如果气源本身就有压力，分离过程的经济性更加明显。氢提纯系统就是利用了 $H_2$ 通过膜的速度较快的特点实现了 $H_2$ 和其他有机小分子的分离。气体分离膜按材料可以分为无机膜和有机膜；而按膜形态的不同，又分为多孔膜和致密膜。其中多孔膜可分为对称膜和不对称膜。

**3. 本菲尔法**

本菲尔法是原始的热钾碱法的商业名称，是由本森（Benson）和菲尔德（Field）在 20 世纪 50 年代为美国矿物局发明的。该方法在碳酸钾溶液中加入二乙醇胺作为活化剂，加入五氧化二钒作为腐蚀防护剂。活化剂二乙醇胺的加入，使反应速率大大加快，溶液循环量相应大幅减少，投资和操作费用大大降低，同时还提高了气体的净化度。因此，在以天然气和石脑油为原料，采用水蒸气转化法制氢装置中广泛采用。截至 2005 年用于处理各种气体的装置数量超过了 700 套，其中用于合成气和制氢的装置数量要占到 50％。

**4. 深冷分离法**

深冷分离法又称低温精馏法，实质就是气体液化技术。通常采用机械方法，如用节流膨胀或绝热膨胀等方法可获得低达 −210℃ 的低温；用绝热退磁法可得 1K 以下的低温。深冷分离法具有氢回收率高的优点，但压缩、冷却的能耗大。

## 三、氢的储存

### 1. 物理储氢

物理储氢技术是指单纯地通过改变储氢条件提高 $H_2$ 密度，以实现储氢的技术。该技术为纯物理过程，无需储氢介质，成本较低，且易放氢，$H_2$ 浓度较高。主要分为高压气态储氢与低温液化储氢。

（1）高压气态储氢

高压气态储氢是指在 $H_2$ 临界温度以上，通过高压将 $H_2$ 压缩，以高密度气态形式储存。与煤气、天然气的储存类似，通常采用气罐作为容器，简便易行，主要特点是成本较低、能耗低、充放氢速度快，在常温下就可进行放氢，零下几十度低温环境下也能正常工作，而且可以通过减压阀来调节 $H_2$ 的释放。高压气态储氢是发展最成熟、最常用的储氢技术。目前，高压氢气储罐主要包括金属储罐、金属内衬纤维缠绕储罐和全复合轻质纤维缠绕储罐。

金属储罐采用性能较好的金属材料（如钢）制成，受其耐压性限制，早期钢瓶的储存压力为 $12 \sim 15 MPa$，$H_2$ 质量密度低于 $1.6\%$。近年来，通过增加储罐厚度，能一定程度地提高储氢压力，但会导致储罐容积降低，$70MPa$ 时的最大容积仅 $300L$，$H_2$ 质量密度较低。对于移动储氢系统，必将导致运输成本增加。由于储罐多采用高强度无缝钢管旋压收口而成，随着材料强度提高，对氢脆的敏感性增强，失效的风险有所增加。同时，由于金属储氢钢瓶为单层结构，无法对容器安全状态进行实时在线监测。因此，这类储罐仅适用于固定式、小储量的 $H_2$ 储存，远不能满足车载系统要求。

1940 年，美国研究人员发现部分纤维材料（如酚醛树脂）具有轻质、高强度、高模量、耐疲劳、稳定性强的特点，并将其用于制造飞机金属零件。随着氢能的发展、高压储氢技术对容器承载能力要求的增加，创造性地设计了一种金属内衬纤维缠绕储罐。利用不锈钢或铝合金制成金属内衬，用于密封氢气，利用纤维增强层作为承压层，储氢压力可达 $40\ MPa$。由于不用承压，金属内衬的厚度较薄，大大降低了储罐质量。目前，常用的纤维增强层材料为高强度玻纤、碳纤、聚对苯二甲酰对苯二胺纤维（凯芙拉纤维）等，缠绕方案主要包括层板理论与网格理论。多层结构的采用不仅可防止内部金属层受侵蚀，还可在各层间形成密闭空间，以实现对储罐安全状态的在线监控。

为了进一步降低储罐质量，人们利用具有一定刚度的塑料代替金属，制成了全复合轻质纤维缠绕储罐（图 5-3）。这类储罐的筒体一般包括 3 层：塑料内胆、纤维增强层、保护层。塑料内胆不仅能保持储罐的形态，还能兼作纤维缠绕的模具。同时，塑料内胆的冲击韧性优于金属内胆，且具有优良的气密性、耐腐蚀性，以及耐高温和高强度、高韧性等特点。由于全复合轻质纤维缠绕储罐的质量更低，约为相同储量钢瓶的 $50\%$，因此，其在车载 $H_2$ 储存系统中的竞争力较大。日本丰田公司新推出的碳

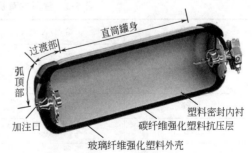

过渡部　直筒罐身
弧顶部
加注口
塑料密封内衬
碳纤维强化塑料抗压层
玻璃纤维强化塑料外壳

图 5-3　全复合轻质纤维缠绕储氢罐

纤维复合材料新型轻质耐压储氢容器就是全复合轻质纤维缠绕储罐，储存压力高达 70MPa，$H_2$ 质量密度约为 5.7%，容积为 122.4L，储氢总量为 5kg。同时，为了将储罐进一步轻质化，提出了 3 种优化的缠绕方法：强化筒部的环向缠绕、强化边缘的高角度螺旋缠绕和强化底部的低角度螺旋缠绕，能减少缠绕圈数，减少纤维用量 40%。

（2）低温液化储氢

对比高压气态储氢的低密度，液态储氢是一种质量密度和体积密度都很高的储氢方式，液态氢的质量密度可以达到气态氢的 845 倍，同时液态氢的输送效率也高于气态氢。截至 2019 年，世界上最大的低温液化储氢罐位于美国肯尼迪航天中心，容积高达 $1.12 \times 10^6$ L。然而，由于氢的液化十分困难，导致液化成本较高。液氢储存有两个主要耗能环节：液化 $H_2$ 和储存 $H_2$。液化 1kg 的 $H_2$ 需要消耗 4～10kW·h 的电能，相当于自身能量的 30%，极大增加了氢能利用的成本。与此同时，液氢储存过程对容器绝热要求高。液氢极易蒸发，如日本 Musashi 研究所研发的液氢不锈钢钢瓶，蒸发率高达每天 2.5%。为避免或减少蒸发损失，液态储氢罐必须是真空绝热的双层壁不锈钢容器，双层壁之间除保持真空外还要放置薄铝箔来防止热辐射。

液氢储罐一般分为内外 2 层，内胆盛装温度为 20K 的液氢，通过支承物置于外层壳体中心，支承物可由长长的玻璃纤维带制成，具有良好的绝热性能。夹层中间填充多层镀铝涤纶薄膜，减少热辐射。各薄膜之间放上绝热纸，增加热阻，吸附低温下的残余气体。用真空泵抽去夹层内的空气，形成高真空便可避免气体对流漏热；液体注入管同气体排放管同轴，均采用热导率很小的材料制成，盘绕在夹层内，因此通过管道的漏热大大减小。储罐内胆一般采用铝合金、不锈钢等材料制成，外壳一般采用低碳钢、不锈钢等材料，也可采用铝合金材料，减轻容器质量。

**2. 化学储氢**

化学储氢是利用储氢介质在一定条件下能与 $H_2$ 反应生成稳定化合物，再通过改变条件实现放氢的技术，主要包括有机液体储氢、液氨储氢、配位氢化物储氢、无机物储氢与甲醇储氢。

（1）有机液体储氢

有机液体储氢是利用某些不饱和的烯烃、炔烃或芳香烃等的不饱和键，在 $H_2$ 氛围下发生加氢反应来实现储氢。其原理是有机液体材料在催化剂的作用下，与氢发生加氢反应实现氢能的储存，当需要 $H_2$ 时在脱氢反应装置中进行脱氢反应。常用的有机液体储氢材料及其性能如表 5-2 所示。

表 5-2　常用的有机液体储氢材料及其性能

| 介质 | 熔点/K | 沸点/K | 储氢密度(质量密度)/% |
| --- | --- | --- | --- |
| 环己烷 | 279.65 | 353.85 | 7.19 |
| 甲基环己烷 | 146.55 | 374.15 | 6.18 |
| 咔唑 | 517.95 | 628.15 | 6.7 |
| 乙基咔唑 | 341.15 | 563.15 | 5.8 |
| 反式-十氢化萘 | 242.75 | 458.15 | 7.29 |

有机液体储氢技术具有较高的储氢密度，通过加氢、脱氢过程可实现有机液体的循环利用，成本相对较低。同时，常用材料（如环己烷和甲基环己烷等）在常温常压下即可实现储氢，安全性较高。然而，有机液体储氢也存在很多缺点，例如须配备相应的加氢、脱氢装置，成本较高；脱氢反应效率较低，且易发生副反应，$H_2$纯度不高；脱氢反应常在高温下进行，催化剂易结焦失活等。

（2）液氨储氢

液氨储氢是指将$H_2$与$N_2$反应生成的液氨作为氢能的载体进行利用。液氨在常压、400℃条件下即可得到$H_2$，常用的催化剂包括钌系、铁系、钴系与镍系，其中钌系的活性最高。2015年7月，作为氢能载体的液氨首次作为直接燃料用于燃料电池中。但有报告称，体积分数仅$1 \times 10^{-6}$未被分解的液氨混入$H_2$中，也会造成燃料电池的严重恶化。液氨可以直接燃烧发电，燃烧产物为$N_2$和水，无对环境有害气体。相关研究表明，液氨燃烧涡轮发电系统的效率（69%）与液氢系统效率（70%）近似。然而液氨的储存条件远远比液氢缓和，与丙烷类似，可直接利用丙烷的技术基础设施，大大降低了设备投入。因此，液氨储氢技术被视为最具前景的储氢技术之一。

（3）配位氢化物储氢

配位氢化物储氢利用碱金属与$H_2$反应生成离子型氢化物，在一定条件下，分解出$H_2$。最初的配位氢化物是由日本研发的硼氢化钠（$NaBH_4$）和硼氢化钾（$KBH_4$）等。但其存在脱氢过程温度较高等问题，因此，人们研发了以氢化铝钠络合物（$NaAlH_4$）为代表的新一代配合物储氢材料。其储氢质量密度可达到7.4%，同时，添加少量的$Ti^{4+}$或$Fe^{3+}$可将脱氢温度降低100℃左右。这类储氢材料的代表为$LiAlH_4$、$KAlH_4$、$Mg(AlH_4)_2$等，储氢质量密度可达10.6%左右。目前，作为一种极具前景的储氢材料，研究人员还在努力探索改善其低温放氢性能的方法。同时，也在针对这类材料的回收、循环、再利用做进一步深入研究。

（4）无机物储氢

无机物储氢材料基于碳酸氢盐与甲酸盐之间相互转化，实现储氢、放氢。反应一般以Pd或PdO作为催化剂，吸湿性强的活性炭作载体。以$KHCO_3$或$NaHCO_3$作储氢材料时，$H_2$质量密度可达2%。该方法便于大量的储存和运输，安全性好，但储氢量和可逆性都不是很理想。

（5）甲醇储氢

甲醇储氢是指将CO与$H_2$在一定条件下反应生成液体甲醇，作为氢能的载体进行利用。在一定条件下，甲醇可分解得到$H_2$，用于燃料电池，同时，甲醇还可直接用作燃料。2017年，我国北京大学的科研团队研发了一种铂-碳化钼双功能催化剂，使甲醇与水反应，不仅能释放出甲醇中的氢，还可以活化水中的氢，最终得到更多的$H_2$。同时，甲醇的储存条件为常温常压，且没有刺激性气味。

**3. 其他储氢技术**

其他储氢技术包括吸附储氢与水合物法储氢。前者是利用吸附剂与$H_2$作用，实现高密度储氢；后者是利用$H_2$生成固体水合物，提高单位体积$H_2$密度。

（1）吸附储氢

吸附储氢所利用的吸附材料主要包括金属合金、碳质材料、金属有机框架物等。

金属合金储氢是指利用吸氢金属A与对氢不吸附或吸附量较小的金属B制成合金晶体，

在一定条件下，金属 A 作用强，氢分子被吸附进入晶体，形成金属氢化物，再通过改变条件，减弱金属 A 作用，实现氢分子的释放。常用的金属合金可分为：$A_2B$ 型、$AB$ 型、$AB_5$ 型、$AB_2$ 型与 $AB_{3.0\sim3.5}$ 型等。其中金属 A 一般为镁（Mg）、锆（Zr）、钛（Ti）或ⅠA～ⅤB 族稀土元素，金属 B 一般为 Fe、Co、Ni、Cr、Cu、Al 等。金属合金储氢的特点是氢以原子状态储存于合金中，安全性较高。但这类材料的氢化物过于稳定，热交换比较困难，加/脱氢只能在较高温度下进行。各类金属合金的特点如表 5-3 所示。

**表 5-3　常用金属合金储氢材料特点**

| 类别 | 代表合金 | 优点 | 缺点 | 储氢密度（质量密度）/% |
|------|---------|------|------|----------------------|
| $A_2B$ | $Mg_2Ni$ | 储氢量高 | 条件苛刻 | 3.6 |
| AB | FeTi | 价格低 | 寿命短 | 1.86 |
| $AB_5$ | $LaNi_5$ | 压力低、反应快 | 价格高、储氢密度低 | 1.38 |
| $AB_2$ | Zr 基、Ti 基 | 无须退火除杂,适应性强 | 初期活化难、易腐蚀、成本高 | 1.45 |
| $AB_{3\sim3.5}$ | $LaNi_3$、$Nd_2Ni_7$ | 易活化、储氢量大 | 稳定性差、寿命短 | 1.47 |

随着纳米材料制备技术的快速发展，一些碳质材料，如表面活性炭、石墨纳米纤维、碳纳米管等，具有吸附小分子的特征，通过范德华力，小分子可吸附在材料的表面及骨架中，可用于吸附储氢。碳质材料由于具有较大的比表面积以及强吸附能力，$H_2$ 质量密度普遍较高。在温度 300K，压力为 0.4 个大气压条件下，碳纳米管可以吸附 $H_2$，氢的质量密度达到 5%～10%。同时，碳质材料还具有质量轻、易脱氢、抗毒性强、安全性高等特点。但目前还存在机理认识不完全、制备过程较复杂、成本较高等问题。因此，未来的研究方向主要集中在相关机理的研究，制备、检测工艺优化，高储量、低成本碳材料的探索以及生产过程的大规模工业化等方面。常用碳质材料储氢特点如表 5-4 所示。

**表 5-4　常用碳质材料储氢特点**

| 类别 | 缩写 | 温度/K | 压力/MPa | 储氢质量密度/% |
|------|------|--------|----------|----------------|
| 活性炭 | AC | 77 | 2～4 | 5.3～7.4 |
| | | 93 | 6 | 9.8 |
| 石墨纳米纤维 | GNF | 298 | 7.04 | 3.8 |
| | | 25 | 12 | 67 |
| 碳纳米纤维 | CNF | 298 | 11 | 12 |
| 碳纳米管 | CNT | 298 | 10～12 | 4.2 |
| | | 80 | 12 | 8.25 |
| | | 298 | 0.05 | 6.5 |

金属有机框架物（metal-organic frameworks，MOFs），又称为金属有机配位聚合物，是由金属离子与有机配体形成的具有超分子微孔网络结构的类沸石材料。由于 MOFs 中的金属与氢之间的吸附力强于碳与氢，还可通过改性有机成分加强金属与氢分子的相互作用，因此，MOFs 的储氢量较大。同时，其还具有产率高、结构可调、功能多变等特点。但这类材料的储氢密度受操作条件影响较大，例如在 77 K 条件下，MOFs 储氢的氢气质量密度随

压力的增加而增加，范围为 $1\%\sim7.5\%$；但在常温、高压条件下，氢气质量密度仅约为 $1.4\%$。因此，目前的研究热点在于如何提高常温、中高压条件下的氢气质量密度，主要方法包括金属掺杂和功能化骨架。

（2）水合物法储氢技术

水合物法储氢技术是指将 $H_2$ 在低温、高压的条件下，生成固体水合物进行储存。由于水合物在常温、常压下即可分解，因此，该方法脱氢速度快、能耗低，同时，其储存介质仅为水，具有成本低、安全性高等特点。

## 四、氢的运输

按照输送时 $H_2$ 所处状态的不同，$H_2$ 的运输方式可分为：气态氢气（$GH_2$）输送、液态氢气（$LH_2$）输送和固态氢气（$SH_2$）输送。前两者将 $H_2$ 加压或液化后再利用交通工具运输，是目前加氢站正在使用的方式。固态氢气输送通过金属氢化物进行输送，迄今尚未有固态氢气输送方式，但随着固氢技术的突破，这种方便的输配方式预期可得到使用。

**1. 高压 $H_2$ 运输**

$H_2$ 通常经加压至一定压力后，然后利用集装格、长管拖车和管道等工具输送。集装格由多个容积为 40L 的高压 $H_2$ 钢瓶组成，充装压力通常为 15MPa。集装格运输灵活，对于需求量较小的用户，这是非常理想的运输方式。

长管拖车由车头和拖车组成。长管拖车到达加氢站后，车头和管束拖车可分离，所以管束也可用作辅助储氢容器。目前常用的管束一般由 9 个直径约为 0.5m，长约 10m 的钢瓶组成，其设计工作压力为 20MPa，约可充装 $H_2$ 3500m³。管束内 $H_2$ 利用率与压缩机的吸入压力有关，大约为 $75\%\sim85\%$。长管拖车运输技术成熟，规范完善，因此国外较多加氢站都采用长管拖车运输 $H_2$。$H_2$ 也可通过管道输送至加氢站。美国、加拿大及欧洲多个工业地区都有氢气管道，直径大约为 $0.25\sim0.3m$，压力范围为 $1\sim3MPa$，流量在 $310\sim8900kg/h$ 之间。根据相关数据，到 2016 年，美国拥有 2608km 的输氢管道，欧洲拥有 1598km 的输氢管道，全球范围内的输氢管道总长度不超过 5000km。管道的投资成本很高，与管道的直径和长度有关，比天然气管道的成本高 $50\%\sim80\%$，其中大部分成本都用于寻找合适的路线。目前氢气管道主要用于输送化工厂的 $H_2$。

**2. 液氢运输**

液氢的密度是 $70.8kg/m^3$，体积能量密度达到 8.5MJ/L，是 15MPa 运输压力下气氢的6.5 倍。因此将 $H_2$ 深冷至 21K 液化后，再利用槽罐车或者管道运输可大大提高运输效率。槽罐车的容量大约为 65m³，每次可净运输约 4000kg $H_2$。国外加氢站采用槽车液氢运输的方式要略多于气态氢气的运输方式。液氢管道都采用真空夹套绝热，由内外两个等截面同心套管组成，两个套管之间抽成高度的真空。除了槽罐车和管道，液氢还可以利用铁路和轮船进行长距离或跨洲际输送。深冷铁路槽车长距离运输液氢是一种既能满足较大输氢量又比较快速、经济的运氢方法。这种铁路槽车常用水平放置的圆筒形杜瓦槽罐，其储存液氢的容量可达到 100m³，特殊大容量的铁路槽车甚至可以运输 $120\sim200m^3$ 的液氢。目前仅有非常少量的 $H_2$ 采用铁路运输。

气氢和液氢运输方式的比较如表 5-5 所示。

**表 5-5　H₂ 运输方式比较**

| 运输形式 | 运输量范围 | 应用情况 | 优缺点 |
|---|---|---|---|
| 集装格（气氢） | 5～10kg/格 | 广泛用于商品氢运输 | 非常成熟，运输量小 |
| 长管拖车（气氢） | 250～460kg/车 | 广泛用于商品氢运输 | 运输量小，不适宜远距离运输 |
| 管道（气氢） | 310～8900kg/h | 主要用于化工厂，未普及 | 一次性投资成本高，运输效率高 |
| 槽车（液氢） | 360～4300kg/车 | 国外应用广泛，国内仍仅用于航天液氢输送 | 液化投资大、能耗高、设备要求高 |
| 管道（液氢） | — | 国外较少，国内没有 | 运输量大，液化能耗高，投资大 |
| 铁路（液氢） | 2300～9100kg/车 | 国外非常少，国内没有 | 运输量大 |

氢虽然有很好的可运输性，但不论是气态氢还是液氢，它们在使用过程中都存在着不可忽视的特殊问题。首先，由于氢特别轻，与其他燃料相比，在运输和使用过程中单位能量所占的体积特别大，即使液态氢也是如此。其次，氢特别容易泄漏，以氢作燃料的汽车行驶试验证明，即使是真空密封的氢燃料箱，每 24h 的泄漏率就达 2％，而汽油一般一个月才泄漏1％。因此对储氢容器和输氢管道、接头、阀门等都要采取特殊的密封措施。第三，液氢的温度极低，只要有一点滴掉在皮肤上就会发生严重的冻伤，因此在运输和使用过程中应特别注意采取各种安全措施。

# 第三节　氢能的应用

## 一、直接燃烧

液氢可作为火箭、导弹、汽车、飞机等的燃料。火箭推进器利用液氢和液氧在火箭发动机燃烧室内燃烧，产生 3000～4000K 高温和几十个大气压的蒸汽，以超音速通过火箭尾部喷管喷出，产生巨大推力。美国的阿波罗宇宙飞船、西欧的阿利亚娜火箭、日本的 H1 火箭及我国的"长征"系列运载火箭，均以液氢为燃料。

氢也可以作为燃气轮机的燃料来源。燃气轮机是一种外燃机，它包括三个主要部件：压气机、燃烧室和燃气轮机。根据 Brayton 循环原理，空气进入压气机，被压缩升压后进入燃烧室，喷入燃料即进行恒压燃烧，燃烧所形成的高温燃气与燃烧室中的剩余空气混合后进入燃气轮机的喷管，膨胀加速而冲击叶轮对外做功，做功后的废气排入大气。

目前氢主要是以富氢燃气（富氢天然气或合成气）的形式应用于燃气轮机发电系统，关于纯氢作为燃料气的报道很少。以富氢天然气作为燃料气可以很好地保证火焰稳定性，同时，氢含量（体积分数）为 10％～20％时，可改善排放性能，可以降低 $NO_x$ 的排放。

氢内燃机是以 $H_2$ 为燃料，将 $H_2$ 存储的化学能通过燃烧的过程转化成机械能的新型内燃机。氢内燃机可作为燃氢汽车的动力装置。氢内燃机的基本原理与普通的汽油内燃机一样，属于气缸-活塞往复式内燃机。按点火顺序可将内燃机分为四冲程发动机和两冲程发动机。

氢作为内燃机燃料，与汽油、柴油相比，有以下优点：

（1）易燃。氢燃料具有非常宽的可燃范围，有利于实现更加安全和更经济的燃烧。

（2）低点火能量。$H_2$ 具有非常低的点火能，比一般烃类小一个数量级以上。这既有利于发动机在部分负荷下工作，又使得氢发动机可以点燃稀混合物，确保及时点火。

（3）高自燃温度。因为压缩过程温度上升与压缩比相关，自燃温度对于压缩比而言是一个非常重要的因素，$H_2$ 的自燃温度高，可使用更大的压缩比，提高内燃机效率。

（4）小熄火距离。$H_2$ 火焰的熄灭距离比汽油更短，故 $H_2$ 火焰熄灭前距离汽缸壁更近，因而与汽油相比，$H_2$ 火焰更难熄灭。

## 二、燃料电池

燃料电池（fuel cell，FC）是通过燃料与氧化剂的电化学反应，将燃料储藏的化学能转化为电能的装置。相比较燃料直接燃烧释放的热能，电能转化不受卡诺循环的限制，转化效率更高，同时应用更加方便，对环境更为友好，因此通过燃料电池能实现对能源更为有效的利用。燃料电池是氢能利用的最重要的形式，通过燃料电池这种先进的能量转化方式，氢能源能真正成为人类社会高效清洁的能源动力。

**1. 燃料电池分类**

燃料电池有很多种，可依据其工作温度、所用燃料的种类和电解质类型进行分类。按照工作温度，燃料电池可分为高温型、中温型、低温型 3 类。按燃料来源，燃料电池可分为直接式燃料电池（如直接甲醇燃料电池）、间接式燃料电池（如甲醇通过重整器产生 $H_2$，然后以 $H_2$ 为燃料的电池）。根据所用电解质类型的不同，燃料电池可分为碱性燃料电池（alkaline fuel cell，AFC）、磷酸型燃料电池（phosphoric acid fuel cell，PAFC）、熔融碳酸盐燃料电池（molten carbonate fuel cell，MCFC）、固体氧化物燃料电池（solid oxide fuel cell，SOFC）和质子交换膜燃料电池（proton exchange membrane fuel cell，PEMFC）5 种。

（1）碱性燃料电池（AFC）

AFC 是以碱性溶液为电解质，将存在于燃料和氧化剂中的化学能直接转化为电能的发电装置，是最早获得应用的燃料电池，由于其电解质必须是碱性溶液，因而得名碱性燃料电池。氢氧化钠和氢氧化钾溶液，以其成本低，易溶解，腐蚀性低，而成为首选的电解液。催化剂主要用贵金属铂、钯、金、银和过渡金属镍、钴、锰等。在 1973 年成功地应用于阿波罗登月飞船的主电源，使人们看到了燃料电池的诱人前景。碱性燃料电池具有启动快、效率高、价格低廉的优点，有一定的发展潜力。其反应式为：

$$阳极：2H_2+4OH^- \longrightarrow 4H_2O+4e^-$$

$$阴极：2H_2O+O_2+4e^- \longrightarrow 4OH^-$$

$$总反应：2H_2+O_2 \longrightarrow 2H_2O$$

这种电池常用 $35\% \sim 45\%$ 的 KOH 为电解液，渗透于多孔而惰性的基质隔膜材料中，工作温度小于 $100℃$。其优点是氧在碱液中的电化学反应速度比在酸性溶液中大，因此有较大的电流密度和输出功率，但氧化剂应为纯氧，电池中贵金属催化剂用量较大，而利用率不高。目前，此类燃料电池技术的发展已非常成熟，并已经在航天飞行器及潜艇中成功应用。

发展碱性燃料电池的核心技术是要避免 $CO_2$ 对碱性电解液成分的破坏，不论是空气中百万分之几的 $CO_2$ 成分还是烃类的重整气所含有的 $CO_2$，在使用时都要去除，这无疑增加了系统的总体造价。此外，电池发生电化学反应生成的水须及时排出，以维持水平衡。因

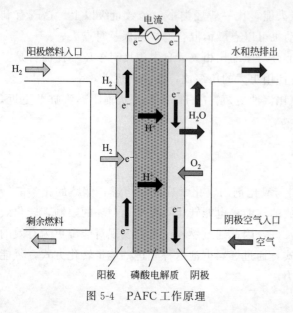

图 5-4　PAFC 工作原理

此，简化排水系统和控制系统也是碱性燃料电池发展中需要解决的核心技术。

（2）磷酸型燃料电池（PAFC）

PAFC 是以浸有浓磷酸的 SiC 微孔膜做电解质，Pt/C 做催化剂，$O_2$ 和 $H_2$ 气体扩散电极为正、负电极的中温型燃料电池，可以在 150～220℃ 工作。具有电解质稳定、磷酸可浓缩、水蒸气气压低和阳极催化剂不易被 CO 毒化等优点，是目前单机发电量最大的燃料电池。其工作原理如图 5-4 所示。

反应式：

阳极：$2H_2 \longrightarrow 4H^+ + 4e^-$

阴极：$4H^+ + O_2 + 4e^- \longrightarrow 2H_2O$

总反应：$2H_2 + O_2 \longrightarrow 2H_2O$

这种电池突出优点是贵金属催化剂用量比碱性燃料电池大大减少，还原剂的纯度要求有较大降低，CO 含量可允许达 5%。该类电池一般以烃类为燃料，正负电极用聚四氟乙烯制成多孔电极，电极上涂 Pt 作催化剂，电解质为 85% 的 $H_3PO_4$。在 100～200℃ 范围内性能稳定，导电性强。磷酸电池较其他燃料电池制作成本低，接近民用。但是其启动时间较长以及余热利用价值低等发展障碍导致其发展速度减缓。

目前，PAFC 主要用于发电厂，其中分散式发电厂容量在 10～20MW 之间，中心电站型发电厂装机容量可达 100MW 以上，即使在发电负荷较低时，依然保持高的发电效率。还可用于现场发电，就是把 PAFC 直接安装在用户附近，同时提供热和电，这被认为是 PAFC 的最佳应用方案。这种方案的优点是：可根据需要设置装机容量或调整发电负荷，却不会影响装置的发电效率，即使小容量 PAFC 装置也能达到相当于现代大型热电厂的效率；有效利用电和热，传输损失小。

（3）熔融碳酸盐燃料电池（MCFC）

熔融碳酸盐燃料电池是由多孔陶瓷阴极、多孔陶瓷电解质隔膜、多孔金属阳极、金属极板构成的燃料电池。其电解质是熔融态碳酸盐，一般为碱金属 Li、K、Na、Cs 的碳酸盐混合物，隔膜材料是 $LiAlO_2$，正极和负极分别为添加锂的氧化镍和多孔镍。其工作原理如图 5-5 所示。

反应式为：

阳极：$H_2 + CO_3^{2-} \longrightarrow H_2O + CO_2 + 2e^-$

阴极：$CO_2 + 1/2O_2 + 2e^- \longrightarrow CO_3^{2-}$

总反应：$H_2 + 1/2O_2 \longrightarrow H_2O$

由上述反应可知，MCFC 的导电离子为 $CO_3^{2-}$，$CO_2$ 在阴极为反应物，而在阳极为产物。实际上电池工作过程中 $CO_2$ 在循环，即阳极产生的 $CO_2$ 返回到阴极，以确保电池连续地工作。通常采用的方法是将阳极室排出来的尾气经燃烧消除其中的 $H_2$ 和 CO，再分离除水，然后将 $CO_2$ 返回到阴极循环使用。

MCFC 的优点在于：工作温度较高（650~700℃），反应速度快；对燃料的纯度要求相对较低，可以对燃料进行电池内重整；不需贵金属催化剂，成本较低；采用液体电解质，较易操作。不足之处在于，高温条件下液体电解质的管理较困难，长期操作过程中，腐蚀和渗漏现象严重，降低了电池的寿命。

美国 FCE 公司从 20 世纪 70 年代开始研究 MCFC，现已实现商业化，从 2001 年开始进入分布式发电电源市场，其产品为 250kW~3MW 内部重整型电站，电站模块销售价格为 3500~4000 美元/kW。日本日立公司 2000 年开发出 1MW MCFC 发电装置，三菱公司 2000 年开发出 200kW MCFC 发电装置，东芝开发出低成本的 10kW MCFC 发电装置。

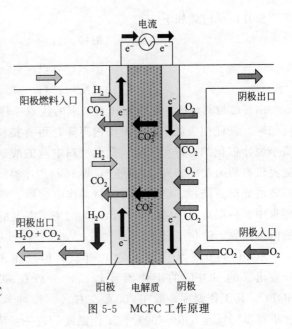

图 5-5　MCFC 工作原理

（4）固体氧化物燃料电池（SOFC）

固体氧化物燃料电池单体主要部分由电解质、阳极（或燃料极）、阴极（或空气极）和连接体（或双极板）组成，其工作原理如图 5-6 所示。在 SOFC 的阳极一侧持续通入燃料气，例如 $H_2$、$CH_4$、城市煤气等，具有催化作用的阳极表面吸附燃料气体，并通过阳极的多孔结构扩散到阳极与电解质的界面。在阴极一侧持续通入 $O_2$ 或空气，具有多孔结构的阴极表面吸附氧，由于阴极本身的催化作用，使得 $O_2$ 得到电子变为 $O^{2-}$，在化学势的作用下，$O^{2-}$ 进入起电解质作用的固体氧离子导体，由于浓度梯度引起扩散，最终到达固体电解质与阳极的界面，与燃料气体发生反应，失去的电子通过外电路回到阴极。

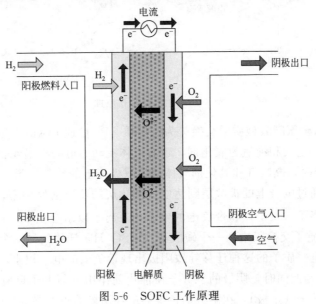

图 5-6　SOFC 工作原理

SOFC 反应式如下：

$$阳极：H_2 + O^{2-} \longrightarrow H_2O + 2e^-$$

$$阴极：1/2O_2 + 2e^- \longrightarrow O^{2-}$$

$$总反应：H_2 + 1/2O_2 \longrightarrow H_2O$$

SOFC 与其他燃料电池相比有如下的优点：较高的电流密度和功率密度；阴、阳极极化可忽略，彼此损失集中在电解质内阻降；可直接使用 $H_2$、$CH_4$、甲醇等燃料，而不必使用贵金属作催化剂；避免了中、低温燃料电池的酸碱电解质或熔盐电解质的腐蚀及封接问题；能提供高质余热，实现热电联产，燃料利用率高，能量利用率高达 80% 左右，是一种清洁高效的能源系统；广泛采用陶瓷材料作电解质、阴极和阳极，具有全固态结构；陶瓷电解质要求中、高温运行（600~1000℃），加快了电池的反应进行，还可以实现多种烃类燃料气体的内部还原，简化了设备。

SOFC 的开发始于 20 世纪 40 年代，但是在 80 年代以后其研究才得到蓬勃发展。早期开发出来的 SOFC 的工作温度较高，一般在 800~1000℃。科学家已经研发成功中温 SOFC，其工作温度一般在 750℃左右。一些科学家也正在努力开发低温 SOFC，其工作温度更可以降低至 650~700℃。工作温度的进一步降低，使得 SOFC 的实际应用成为可能。

（5）质子交换膜燃料电池（PEMFC）

PEMFC 是一种燃料电池，在原理上相当于水电解的"逆"装置。PEMFC 的结构组成如图 5-7 所示。其单电池由阳极、阴极和质子交换膜组成，其核心部件膜电极是采用一片聚合物电解质膜和位于其两侧的两片电极热压而成，中间的固体电解质膜起到了离子传递和分隔燃料和氧化剂的双重作用，而两侧的电极是燃料和氧化剂进行电化学反应的场所。

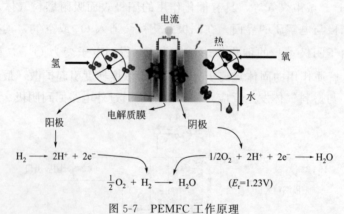

图 5-7　PEMFC 工作原理

PEMFC 通常以全氟磺酸型质子交换膜为电解质，Pt/C 或 PtRu/C 为电极催化剂，氢或净化重整气为燃料，空气和纯氧为氧化剂，带有气体流动通道的石墨或表面改性金属板为双极板。PEMFC 工作时，燃料气和氧化剂气体通过双极板上的导气通道分别到达电池的阳极和阴极，反应气体通过电极上的扩散层到达电极催化层的反应活性中心，$H_2$ 在阳极的催化剂作用下解离为氢离子（质子）和带负电的电子，氢离子以水合质子 $[H(H_2O)_n]^+$（$n$ 约为 3~5）的形式在质子交换膜中从一个磺酸基（—$SO_3H$）迁移到另一个磺酸基，最后到达阴极，实现质子导电。质子的这种迁移导致阳极出现带负电的电子积累，从而变成一个带负电的端子（负极）。与此同时，阴极的氧分子在催化剂作用下与电子反应变成氧离子，使得阴极变成带正电的端子（正极），在阳极的负电终端和阴极的正电终端之间产生了一个电压。

如果此时通过外部电路将两端相连，电子就会通过回路从阳极流向阴极，从而产生电流。同时，氢离子和氧与电子反应生成水。电极反应如下：

$$阳极：H_2 \longrightarrow 2H^+ + 2e^-$$

$$阴极：2H^+ + 1/2O_2 + 2e^- \longrightarrow H_2O$$

$$总反应：H_2 + 1/2O_2 \longrightarrow H_2O$$

PEMFC 是继 AFC、PAFC、SOFC、MCFC 之后正在迅速发展起来的温度最低、比能最高、启动最快、寿命最长、应用最广的第五代燃料电池。它是为航天和军用电源而开发的，在美国《时代周刊》的社会调查结果中被列为 21 世纪十大科技新技术之首。质子交换膜燃料电池的核心技术是电极-膜-电极三合一组件的制备技术。为了向气体扩散，电极内加入质子导体，并改善电极与膜的接触，采用热压的方法将电极、膜、电极压合在一起，形成了电极-膜-电极三合一组件，其中，质子交换膜的技术参数直接影响着三合一组件的性能，因而关系到整个电池及电池组的运行效率。PEMFC 的价格也制约着其商业化进程，因此，改进其必要组件性能，降低运行成本是发展 PEMFC 的重要方向。

表 5-6 给出了各燃料电池的比较。

**表 5-6　各燃料电池比较**

| 燃料电池类别 | PEMFC | AFC | PAFC | MCFC | SOFC |
|---|---|---|---|---|---|
| 燃料 | $H_2$ | $H_2$ | $H_2$ | $H_2$、$CO$、$CH_4$ | $H_2$、$CO$、$CH_4$ |
| 常用电解质 | 质子导电聚合物薄膜 | KOH 溶液 | 高浓度磷酸 | 碱金属碳酸盐 | 固态无孔金属氧化物 |
| 运行温度/℃ | 50～100 | 60～120 | 150～220 | 650～700 | 650～1000 |
| 发电效率/% | 35～60 | 60～70 | 35～45 | 40～50 | 45～60 |
| 功率 | ＜250kW | 10～100kW | 50kW～1MW | ＜1MW | 5kW～3MW |
| 寿命/kh | 10～100 | 3～10 | 30～40 | 10～40 | 8～40 |
| 优点 | ① 低污染；<br>② 低噪声；<br>③ 启动快 | ① 低污染；<br>② 发电效率高；<br>③ 维护需求低 | ① 低污染；<br>② 低噪声 | ① 能效高；<br>② 低噪声；<br>③ 可内部重整 | ① 能效高；<br>② 低噪声；<br>③ 可内部重整 |
| 缺点 | ① 部件价格高；<br>② 燃料要求高 | ① 原料限制严格；<br>② 寿命短 | ① 价格高；<br>② 发电效率低 | ① 启动时间长；<br>② 电解液具有腐蚀性 | ① 启动时间长；<br>② 材料要求严 |
| 应用领域 | ① 分布式供能；<br>② 汽车；<br>③ 便携应用 | ① 国防军事；<br>② 航天飞行器 | ① 热电联产；<br>② 分布式供能 | ① 联合热电厂；<br>② 分布式发电 | ① 分布式供能；<br>② 热电联产 |

**2. 燃料电池应用场合**

（1）燃料电池汽车

燃料电池汽车是将燃料电池发电机作为驱动器的电动汽车，其系统流程如图 5-8 所示。它是用高压气瓶供应氢的纯氢燃料电池系统，空气从空气供应系统提供。该系统连接了超级电容器，回收利用驱动时多余的能量。现在，可以用于燃料电池汽车的燃料有纯氢、甲醇和汽油等。如果利用纯氢，则不需要重整器，因而可以简化系统，提高燃料电池的效率。但是氢的储存量有限，因而行驶距离受到限制。现在，科学家正在研究采用吸氢合金、液态氢及压缩氢等方式储存 $H_2$，但是液态氢存在需在极低温度下保存及易从储罐金属分子间隙泄漏

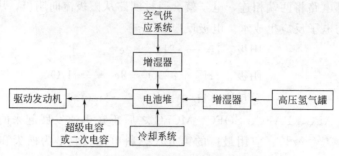

图 5-8　燃料电池发电机系统流程

等问题。对于压缩 $H_2$，钢瓶耐压增大便可以降低所需的储藏体积，截至 2019 年，国外 70MPa 的储氢钢瓶已经商业化，而国内则以 35MPa 储氢钢瓶为主。

使用纯氢的燃料电池汽车可以在短时间内启动，但使用甲醇或汽油时，需有车载重整过程的设备，且必须有一定的启动时间。车载重整的燃料电池汽车都需要一定的启动时间，因而人们正在研究把电池和超级电容器组合起来，开发出能在短时间内启动的燃料电池汽车发动机系统。

（2）燃料电池固定式发电

燃料电池的固定式发电应用包括发电站、家用热电联产系统、备用电源等。燃料电池电站具有效率高、噪声小、污染少、占地面积小等优点，可能是未来最主要的发电技术之一。燃料电池发电站以美国、韩国发展最为迅速。美国康涅狄格州建立了 14.9MW 的固定式燃料电池发电站（图 5-9）。韩国建成了多个燃料电池发电厂，其中 2018 年 8 月在首尔建成了世界最大的燃料电池发电站，配备 21 座功率为 2.8MW 的燃料电池，总功率达到 59MW，可为 13.5 万户家庭提供电力。2016 年 10 月 14 日，阿克苏诺贝尔工业化学品、MTSA Technopower（MTSA）和荷兰氢电公司（NedStack）成功交付全球首座 2MW 质子交换膜燃料电池发电站。这座 2MW PEMFC 燃料电池发电站安装在中国辽宁省营口市的营创三征（营口）精细化工有限公司厂区内，用于废氢的增值利用，可生产 2MW 的清洁电力。

图 5-9　美国康涅狄格州 14.9MW
固定式燃料电池发电站

家用燃料电池电源系统的应用概念是利用燃料处理装置从城市天然气等化石燃料中制取富含氢的重整气体，并利用重整气体发电的燃料电池发电系统。为了利用燃料电池发电时产生的热能以及燃料处理装置放热产生的热水，设计了"热电水器"的各种电器。在 PEMFC 电池堆中，重整气体中的氢与空气供应装置得到的氢经电化学反应生成直流电与热。通过热回收装置，把水加热到 60℃以上，向浴室、厨房、暖气等热水器使用装置供应热水；另外，PEMFC 电池堆产生的直流电，通过逆变器转化成交流电，与商业用电联供系统运转。家用 PEMFC 热电的联供热水取代了原有热水器，不仅解决家庭使用热水的问题，同时还因产生的电供应住宅内的电器设备而得到了充分的利用。日本三浦工业株式会社开发的家用 4.2kW 固体氧化物燃料电池热电联产系统（图 5-10）目前也广泛应用于日本的家庭中。

图 5-10　日本三浦工业株式会社开发的家用 4.2kW 固体氧化物燃料电池热电联产系统

　　燃料电池还可用作备用电源，在恶劣天气下保证通信和电力供应。通信基站燃料电池备用电源主要用于印度和中国的偏远地区。Intelligent Energy 公司为印度电信通信塔部署的燃料电池备用电源覆盖了印度 27400 座基站，总价值 12 亿英镑。美国巴拉德也为中国移动提供了 50 套 DBX2000 型的燃料电池备用电源试验系统。发电厂备用电源用于电力突然中断的情况。例如，美国巴拉德公司为巴哈马地区安装了 21 套 ElectraGen-ME 后备发电系统，在 3 天飓风期间提供电力供应。ElectraGen-ME 后备发电系统单台功率 5kW，满功率下可运行 40h，使用甲醇-水混合燃料制氢，燃料储存量为 225L。

图 5-11　便携式燃料电池

　　(3) 燃料电池便携系统

　　燃料电池作为紧急备用电源和二次电池的替代品，广泛应用于手机、个人电脑等终端电源中。燃料电池的使用避免了二次电池的回收和再利用带来的环境问题。使用甲醇的燃料电池，单位质量的能量密度是锂电池的 10 倍，只要更换燃料就能继续发电。图 5-11 为便携式燃料电池的实物图。

## 第四节　氢能的发展前景

　　在优化能源系统方面，氢能作为一种二次能源，可实现多异质能源跨地域和跨季节的优化配置，形成可持续高弹性的创新型多能互补系统；在提高能源安全方面，发展氢能源配合燃料电池技术，有助于大幅度降低交通运输业的石油与天然气等的消费总量，降低二者对外依存度；氢作为能源互联媒介，可通过可再生能源电力制取，通过$H_2$的存储或气体管网的运输，实现大规模的储能及调峰，实现电网和气网的耦合，增加电力系统灵活性。

国外已有多国政府出台氢能及燃料电池发展战略路线图，美国、日本、德国、韩国、法国等发达国家更将氢能规划上升到国家能源战略高度。至2050年，在全球范围内，氢能产业将创造3000万个工作岗位，减少排放60亿t $CO_2$，创造2.5万亿美元的市场价值，氢能汽车将占全世界车辆的20％～25％，承担全球18％的能源需求。

2018年10月11日，由国家能源集团牵头组建的中国氢能联盟发布了《中国氢能源及燃料电池产业发展研究报告》，认为未来氢能在我国终端能源体系占比至少要达到10％，与电力协同互补，共同成为我国终端能源体系的消费主体。我国氢能开发与应用已具备产业化基础，图5-12为我国氢能产业基础设施的技术发展路线图。目前需要进一步将氢能纳入能源生产和消费结构中，制定立足长远的国家氢能产业发展顶层设计、政策保障体系与实施路线图，在核心技术、装备、技术标准方面缩小与国外发达国家差距，进一步完善应用基础设施建设。

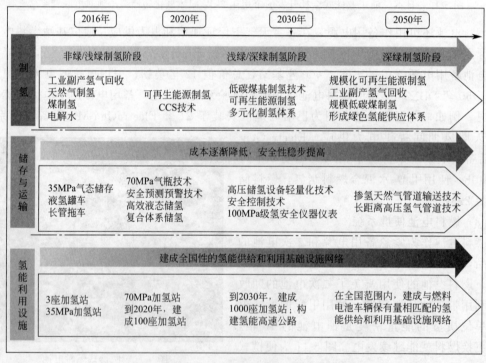

图5-12　我国氢能产业基础设施的技术发展路线图

## 复习思考题

1. 比较不同燃料之间的能量密度。
2. 制氢的方式有哪些？阐述各自的原理。
3. 比较储氢方式之间的异同。
4. 燃料电池的分类方法有哪些？它们之间有哪些区别和联系？
5. 我国目前正在大力发展氢能，请从你的角度对氢能发展提出合理化的建议。

# 参考文献

［1］　黄念之.燃料电池热电联产系统的建模分析及优化［D］.济南：山东大学，2018.

［2］　黄亚继，张旭.氢能开发和利用的研究［J］.能源与环境，2003，2：33-36.

［3］　李冬敏，陈洪章，李佐虎.生物制氢技术的研究进展［J］.生物技术通报，2003，4：1-5.

［4］　李璐伶，樊栓狮，陈秋雄，等.储氢技术研究现状及展望［J］.储能科学与技术，2018，7（4）：586-594.

［5］　刘少文，吴广义.制氢技术现状及展望［J］.贵州化工，2003，28（5）：4-8.

［6］　卢金炼.高密度储氢材料设计与储氢机制研究［D］.湘潭：湘潭大学，2016.

［7］　马建新，刘绍军，周伟，等.加氢站氢气运输方案比选［J］.同济大学学报（自然科学版），2008，36（5）：615-619.

［8］　马晓晨.燃料电池技术及产业发展展望［J］.科技中国，2017，12：63-66.

［9］　饶广龙.氢能汽车动力系统的性能研究和改进［D］.上海：上海交通大学，2013.

［10］　尚明伟，崔鹏，石爱平.氢燃料内燃机车与氢燃料电池车应用前景比较［J］.滨州学院学报，2010，26（6）：108-111.

［11］　邵志刚，衣宝廉.氢能与燃料电池发展现状及展望［J］.中国科学院院刊，2019，34（4）：469-477.

［12］　伍赛特.氢内燃机汽车的应用前景展望［J］.节能技术与应用，2019，2：68-70.

［13］　郗凌霄，姚立国.氢气的来源及应用［J］.精细与专用化学品，2017，25（10）：42-45.

［14］　徐丽，马光，盛鹏，等.储能技术综述及在氢储能中的应用展望［J］.智能电网，2016，4（2）：166-171.

［15］　中国标准化研究院，全国氢能标准化技术委员会.中国氢能产业基础设施发展蓝皮书［M］.北京：中国质检出版社，中国标准出版社，2016.

# 第六章　生物质能

## 第一节　概　　述

### 一、生物质能的概念、特点与分类

**1. 生物质能的概念**

（1）生物质（biomass）

生物质（biomass）是指利用大气、水、土地等通过光合作用而产生的各种有机体，即一切有生命的可以生长的有机物质通称为生物质。它包括植物、动物和微生物。广义概念：生物质包括所有的植物、微生物以及以植物、微生物为食物的动物及其生产的废弃物；有代表性的生物质如农作物、农作物废弃物、木材、木材废弃物和动物粪便。狭义概念：生物质主要是指农林业生产过程中除粮食、果实以外的秸秆、树木等木质纤维素（简称木质素）、农产品加工业下脚料、农林废弃物及畜牧业生产过程中的禽畜粪便和废弃物等物质。

（2）生物质能（bioenergy）

生物质能是指蕴藏在生物质中的能量，是绿色植物通过叶绿素将太阳能转化为化学能而储存在生物质内部的能量。生物质能是一种可再生的绿色环保新能源，也是人类社会中使用最早的一种能源，与化石燃料相比，具有取之不尽、用之不竭、无污染等特点，成为继煤、石油、天然气之后的第四大能源。生物质能通常包括农业废弃物、林业废弃物、水生植物、油料植物、城市和工业有机废弃物以及动物粪便等。在全球能耗中，生物质能约占 14%。截至 2019 年底，全世界约 25 亿人的生活能源的 90% 以上是生物质能，且主要利用方式为直接燃烧。作为生活用能的生物质直接燃烧热效率仅为 10%～30%，且污染排放严重。因此，开发高效、环境友好、低成本的生物质能源技术并研究相关的理论已成为全球关注的热点，也是亟待解决的国际性难题。

**2. 生物质能的特点**

生物质能最大的优点就是可再生，这也是其与传统的化石能源之间最大的区别，所以生物质能被越来越多人所认可和重视。总结起来，生物质能的特点主要有以下几点。

（1）生物质能在燃烧过程中对环境污染危害很小

生物质能在燃烧时虽然也会产生 $CO_2$，但是这些 $CO_2$ 可以被植物光合作用所吸收，这

就使得大气中 $CO_2$ 含量得到控制，进而能够将温室效应带来的危害降到最低。同时生物质能中的含硫量非常少，所以在燃烧后不会产生很多其他的危害，对环境的危害程度较低。

（2）生物质能的含量十分巨大，而且属于可再生能源

生物质能与风能、太阳能等同属于清洁能源，资源丰富。据统计，全球清洁能源资源可转换为二次能源的约 185.55 亿 t，相当于全球石油、天然气和煤等化石燃料年消费量的 2 倍，其中生物质能占 35%，居首位。此外，只要在阳光和绿色植物同时存在的情况下，发生光合作用就会产生生物质能，所以生物质能是一种可再生的资源。多种树和草不仅能够净化空气，还能够为人们生活提供源源不断的生物质能材料。

（3）生物质能具有普遍性、易取性的特点

生物质包括动植物和微生物，遍布全球。在理想状况下，自然界的光合作用的最高效率可达到 8%～15%，地球生成生物质的潜力可达到现实能源消费量的 180～200 倍。估计我国农林等有机废弃物每年产生量 29.20 亿 t，折合成标准煤 3.82 亿 t。

（4）生物质能可储存和运输

虽然可再生能源有很多种，但生物质原料本身以及其液体或气体燃料产品均可存储，并且生物质能在加工和使用的时候也比较方便。

（5）生物质挥发组分高，炭活性高，易燃

生物质由 C、H、O、N、P、S 等元素组成，其挥发组分高，C 含量高，S、N 和灰分含量低（S：0.1%～1.5%，N：0.5%～3.0%，灰分：0.1%～3.0%）。生物质在 400℃ 的温度下可以挥发的组分比较多，并且这些能源可以转化为气体燃料，方便储存。

（6）生物质能的来源具有多样性

生物质的来源是各种动植物，其能源产品丰富多样，包括热与电、生物乙醇和生物柴油、成型燃料、沼气以及生物化工产品等。

综上所述，生物质能是一种符合能源利用发展趋势的可再生清洁能源。用生物质能替代化石能源有利于应对化石能源的日益短缺，同时可减少或避免能源利用对人类生存环境造成的威胁，缓解全球气候变暖，实现能源利用的可持续发展。

**3. 生物质能的分类**

依据来源的不同，可以将适合于能源利用的生物质能分为林业资源、农业资源、生活污水和工业有机废水、城市固体废物和畜禽粪便等五大类。

（1）林业生物质资源是指森林生长和林业生产过程提供的生物质，包括薪炭林、在森林抚育和间伐作业中的零散木材、残留的树枝、树叶和木屑等；木材采运和加工过程中的枝丫、锯末、木屑、梢头、板皮和截头等；林业副产品的废弃物，如果壳和果核等。

（2）农业生物质资源是指农业作物（包括能源作物）；农业生产过程中的废弃物，如农作物收获时残留在农田内的农作物秸秆（玉米秸、高粱秸、麦秸、稻草、豆秸和棉秆等）；农业加工业的废弃物，如农业生产过程中剩余的稻壳等。能源植物泛指各种用以提供能源的植物，通常包括草本能源作物、油料作物、制取烃类化合物植物和水生植物等几类。

（3）生活污水主要由城镇居民生活、商业和服务业的各种排水组成，如冷却水、洗浴排水、盥洗排水、洗衣排水、厨房排水、粪便污水等。工业有机废水主要是酒精、酿酒、制糖、食品、制药、造纸及屠宰等行业生产过程中排出的废水等，其中都富含有机物。

（4）城市固体废物主要是由城镇居民生活垃圾，商业、服务业垃圾和少量建筑业垃圾等固体废物构成。其组成成分比较复杂，受当地居民的平均生活水平、能源消费结构、城镇建

设、自然条件、传统习惯以及季节变化等因素影响。

（5）畜禽粪便是畜禽排泄物的总称，它是其他形态生物质（主要是粮食、农作物秸秆和牧草等）的转化形式，包括畜禽排出的粪便、尿及其与垫草的混合物。

## 二、生物质的组成与结构

### 1. 化学组成

生物质是多种多样的，其组成成分也多种多样，主要成分有纤维素、半纤维素、木质素、甲壳素、淀粉、蛋白质及脂肪酸甘油三酯等。树木主要是由纤维素、半纤维素、木质素组成的，草本作物也基本由上述几种主要成分组成，但组成比例不同。而谷物含淀粉较多，油料作物含油脂较多，污泥和畜禽粪便则含有较多的蛋白质和脂质。因此，不同种类的生物质，其成分差异很大。从能源利用的角度来看，利用潜力较大的是由纤维素、半纤维素组成的全纤维素类生物质。上述组成成分，由于化学结构的不同，其反应特性也不同。因此，根据生物质的组成特性选择相应的能量转化方式十分重要。部分具有代表性的生物质组成成分见表 6-1。

表 6-1　代表性生物质组成成分表（以植物类生物质为主）　　　　单位：%

| 组成成分 | 海洋 | 水生植物 | 草本植物 | 树木 | | | 废弃物 |
|---|---|---|---|---|---|---|---|
| | 大型海带 | 水葫芦 | 百慕大草 | 白杨 | 梧桐 | 松树 | RDF |
| 纤维素 | 4.8 | 16.2 | 31.7 | 41.3 | 44.7 | 40.4 | 65.6 |
| 半纤维素 | — | 55.5 | 40.2 | 32.9 | 29.4 | 24.9 | 11.2 |
| 木质素 | — | 6.1 | — | — | — | — | — |
| 甘露糖醇 | 18.7 | — | — | — | — | — | — |
| 褐藻酸 | 14.2 | — | — | — | — | — | — |
| 葡聚糖 | 0.7 | — | — | — | — | — | — |
| 岩藻低聚糖 | 0.2 | — | — | — | — | — | — |
| 粗蛋白 | 15.9 | 12.3 | 12.3 | 2.1 | 1.7 | 0.7 | 3.5 |
| 灰分 | 45.8 | 22.4 | 5.0 | 1.0 | 0.8 | 0.5 | 16.7 |
| 合计 | 100.3 | 112.5 | 89.2 | 77.3 | 76.6 | 66.5 | 97.0 |

注：1. "RDF" 表示废弃物衍生燃料（refuse derived fuel）。

2. "—" 表示未检测到。

3. 合计数据大于 100% 的表示有测量误差。

4. 合计数据小于 100% 的表示该生物质中含有其他组成成分。

### 2. 化学结构

生物质主要由纤维素、半纤维素、木质素、甲壳素、淀粉、蛋白质及脂肪酸甘油三酯等成分组成。

（1）纤维素

纤维素是由葡萄糖组成的大分子多糖，是自然界含量最多的一种多糖，是一种丰富的可再生资源。纤维素是无色无味的白色丝状物，不溶于水、稀酸、稀碱和有机溶剂，但可以被酸水解降解、氧化降解、碱性降解、微生物降解、热降解和机械降解，其化学结构示意如图 6-1 所示。

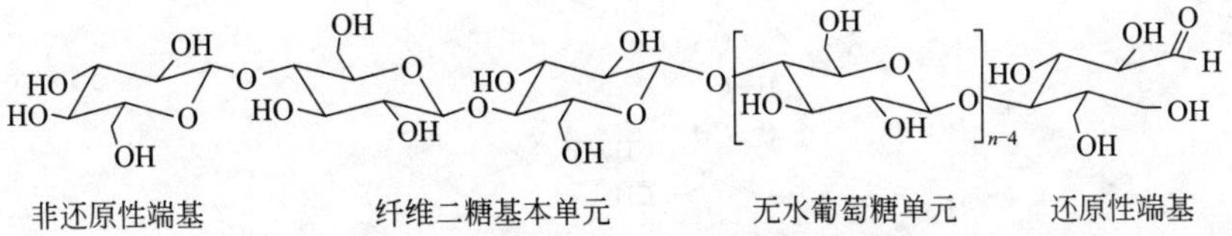

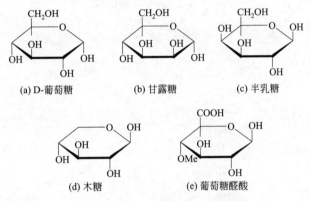

非还原性端基　　　纤维二糖基本单元　　　无水葡萄糖单元　　　还原性端基

图 6-1　纤维素化学结构示意图

（2）半纤维素

植物细胞壁中的纤维素和木质素是由聚糖混合物紧密地相互贯穿在一起的，此聚糖混合物被称为半纤维素，通常将半纤维素大致分为聚木糖类半纤维素、聚甘露糖类半纤维素和其他半纤维素三大类。半纤维素中绝大部分不溶于水，而可溶于水者也是呈胶体溶液。半纤维素的聚合度一般为 $150\sim200$。通常情况下，分离出来的半纤维素的溶解度比天然状态的半纤维素的溶解度高。构成半纤维素的糖基结构如图 6-2 所示。

（a）D-葡萄糖　　　　（b）甘露糖　　　　（c）半乳糖

（d）木糖　　　　（e）葡萄糖醛酸

图 6-2　构成半纤维素的糖基结构

（3）木质素

木质素广泛存在于较高等的维管束植物（裸子植物、被子植物）中。特别在木本植物中，木质素是木质部细胞壁的主要成分。木质素在酸中十分稳定，据此可以将木质素和其他成分分开，分离后的木质素为无定形的褐色物质，它在碱和氧化剂中的稳定性比纤维素稍差，木质素能溶于亚硫酸和硫酸。其化学结构式如图 6-3 所示。

（4）甲壳素

甲壳素是天然纤维素（动物性食物纤维），也是自然界中少见的一种带正电荷的碱性多糖，广泛存在于甲壳纲动物如虾、蟹的甲壳，以及真菌的细胞壁和植物的细胞壁中。自然界每年生物合成的甲壳素将近 100 亿 t，是一种蕴藏量仅次于植物纤维素的极其丰富的有机可再生资源。甲壳素亦是地球上除蛋白质外数量最大的含氮天然有机化合物。

（5）淀粉

淀粉是绿色植物进行光合作用的最终产物，是仅次于纤维素的具有丰富来源的可再生性资源，是植物能量储存的形式之一，也是人类食物的重要来源。淀粉是葡萄糖的高聚体，通式是 $(C_6H_{10}O_5)_n$，水解到二糖阶段为麦芽糖，化学式是 $C_{12}H_{22}O_{11}$，完全水解后得到葡萄糖，化学式是 $C_6H_{12}O_6$。淀粉有直链淀粉和支链淀粉两类。直链淀粉含几百个葡萄糖单元，支链淀粉含几千个葡萄糖单元。其化学结构式如图 6-4 所示。

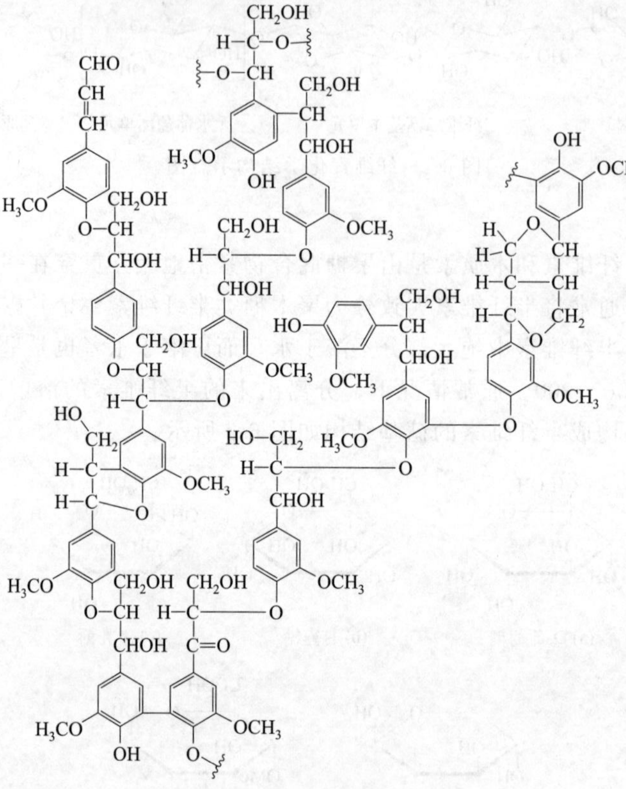

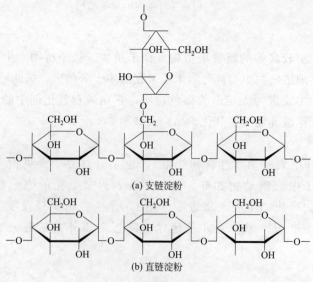

图 6-3　木质素结构示意图

(a) 支链淀粉

(b) 直链淀粉

图 6-4　淀粉结构示意图

（6）蛋白质

蛋白质是由氨基酸高度聚合而成的高分子化合物。随着所含氨基酸的种类、比例和聚合度的不同，性质也不同。蛋白质相对于前述的纤维素和淀粉等碳水化合物组成成分相比，在生物质中所占比例较低。

（7）脂肪酸甘油三酯

脂肪酸甘油三酯为无色或微黄色黏稠状液体，不溶于水。

## 三、生物质能的发展现状

随着国际社会对保障能源安全、保护生态环境、应对气候变化等问题日益重视，加快开发利用生物质能等可再生能源已成为世界各国的普遍共识和一致行动，也是全球能源转型及实现应对气候变化目标的重大战略举措。生物质能技术主要包括生物质发电、生物液体燃料、生物燃气、固体成型燃料、生物基材料及化学品等。下面针对各个具体技术的发展现状分别进行分析。

**1. 生物质发电技术**

生物质发电技术是最成熟、发展规模最大的现代生物质能利用技术。截至 2018 年年底，全球共有 3800 个生物质发电厂，装机容量约为 6000 万 kW，生物质发电技术在欧美地区发展最为完善。丹麦的农林废弃物直接燃烧发电技术，挪威、瑞典、芬兰和美国的生物质混燃发电技术均处于世界领先水平。日本的垃圾焚烧发电发展迅速，处理量占生活垃圾无害化清运量的 70% 以上。

我国的生物质发电以直燃发电为主，技术起步较晚但发展非常迅速。截至 2017 年年底，我国生物质发电并网总装机容量为 1476.2 万 kW，其中农林生物质发电累计并网装机容量 700.9 万 kW，生活垃圾焚烧发电累计并网装机容量 725.3 万 kW，沼气发电累计并网装机容量 50.0 万 kW。我国生物质发电总装机容量仅次于美国，居世界第二位。

**2. 生物液体燃料**

生物液体燃料已成为最具发展潜力的替代燃料，其中生物柴油和燃料乙醇技术已经实现了规模化发展。

2017 年全球生物柴油的产量达到 3223.2 万 t，美国、巴西、印度尼西亚、阿根廷和欧盟是生物柴油生产的主要国家和地区，其中欧盟的生物柴油产量占全球产量的 37%，美国占 8%，巴西占 2%。我国生物柴油生产技术国际领先，国家标准也已与国际接轨，但由于推广使用困难，导致目前国内生物柴油产量呈逐年下滑态势。

2017 年全球生物燃料乙醇的产量达 7981 万 t，美国和巴西是燃料乙醇生产量最大的国家，产量分别为 4410 万 t 和 2128 万 t。我国以玉米、木薯等为原料的 1 代和 1.5 代生产技术工艺成熟稳定，以秸秆等农林废弃物为原料的 2 代先进生物燃料技术已具备产业化示范条件。2017 年我国生物燃料乙醇产量约为 260 万 t，仅占全球总产量的 3%，仍然有较大的发展空间。

我国利用纤维素生产生物航空燃油技术取得突破，实现了生物质中半纤维素和纤维素共转化合成生物航空燃油，目前已在国际上率先进入示范应用阶段。利用动植物油脂为原料，采用自主研发的加氢技术、催化剂体系和工艺技术生产的生物航空燃油已成功应用于商业化载客飞行示范，这使我国成为世界少数几个拥有生物航空燃油自主研发生产技术并成功商业化的国家之一。

**3. 生物燃气技术**

生物燃气技术已经成熟，并实现产业化。欧洲是沼气技术最成熟的地区，德国、瑞典、丹麦、荷兰等发达国家的生物燃气工程装备已达到了设计标准化、产品系列化、组装模块化、生产工业化和操作规范化。德国是目前世界上农村沼气工程数量最多的国家；瑞典是沼气提纯用于车用燃气最先进的国家；丹麦是集中型沼气工程发展最有特色的国家，其中集中型联合发酵沼气工程已经非常成熟，并用于集中处理畜禽粪便、作物秸秆和工业废弃物，大部分采用热电肥联产模式。

我国生物质气化产业主要由气化发电和农村气化供气组成。农村户用沼气利用有着较长的发展历史，但生物燃气工程建设起步于 20 世纪 70 年代。我国目前在生物质气化及沼气制备领域都具有国际一流的研究团队，如中国科学院广州能源研究所、中国科学院成都生物研究所、农业农村部沼气科学研究所、农业农村部规划设计研究院和东北农业大学等，这为相关研究提供了关键技术及平台基础。

**4. 固体成型燃料技术**

欧美的固体成型燃料技术处于领跑水平，其相关标准体系较为完善，形成了从原料收集、储藏、预处理到成型燃料生产、配送和应用的整个产业链。2019 年，德国、瑞典、芬兰、丹麦、加拿大、美国等国的固体成型燃料生产总量可达到 2000 万 t 以上。

我国生物质固体成型燃料技术取得明显的进展，生产和应用已初步形成了一定的规模。但近几年，我国成型燃料产业发展呈现先增后降趋势，全国年利用规模由 2010 年的 300 万 t增长到 2014 年的 850 万 t，2015 年后开始回落，这主要是因为生物质直燃发电的环境效益受到争议，部分省份甚至限制了生物质直燃、混燃发电项目。此外，我国很多中小型成型燃料生产车间因为环境卫生不达标而被强制关停。

**5. 生物基材料及化学品**

生物基材料及化学品是未来发展的一大重点，目前，世界各国都在通过多种手段积极推动和促进生物基合成材料的发展。随着生物炼制技术和生物催化技术的不断进步，促使高能耗、高污染的有机合成逐渐被绿色可持续的生物合成所取代，由糖、淀粉、纤维素生产的生物基材料及化学品的产能增长迅猛，主要是中间体平台化合物、聚合物占据主导地位。我国生物基材料已经具备一定产业规模，部分技术接近国际先进水平。"十三五"期间，我国生物基材料行业以每年 20%～30% 的速度增长，逐步走向工业规模化实际应用和产业化阶段。

# 第二节　生物质能的开发与应用

## 一、物理转换技术

### 1. 生物质成型技术

生物质成型技术是生物质能的有效利用技术之一，是指在一定的温度与压力作用下，将各类分散的、无一定形状的农林剩余物经加工制成有一定形状、密度较大的各种燃料产品的技术。成型过程中粒子经历重新排列、机械变形、塑性流变和密度增大等阶段，燃料品质同时受到内在原料化学组成和外在成型参数的影响，作用力和粒子结合机制见图 6-5。

（1）成型过程

成型过程中，根据原料变形原因，可分为四个阶段（图 6-6）。a 为松散阶段，以克服原料间空隙为主，原料中空气在一定程度上被排除，压力与变形呈线性关系，较小的压力增加

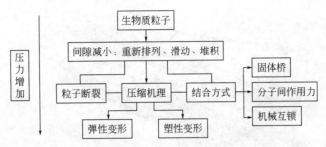

图 6-5　成型过程中作用力和粒子结合机制

可获得较大的变形增量。$b$ 为过渡阶段，压力增大，大颗粒破裂成小粒子，发生弹性变形并占主导地位，粒子内部空隙被填补，压力与变形呈指数关系。$c$ 为压紧阶段，原料主要发生塑性变形，粒子在变形中断裂或发生滑移，垂直于主应力方向，粒子充分延展，靠啮合方式紧密结合；平行于主应力方向，粒子变薄，靠贴合方式紧密结合。燃料基本成型，压力与原料塑性变形有关。$d$ 为推移阶段，原料发生塑性和弹黏性变形，以弹黏性变形为主。原料发生应力松弛和蠕变等现象，压力会显著下降。

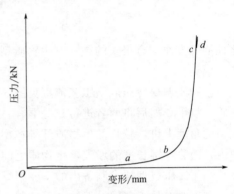

图 6-6　生物质成型过程阶段的划分

（2）粒子结合方式

有学者对生物质成型过程中粒子间的结合方式提出了两种理论：一是粒子间距离足够近，靠吸引力结合。成型过程中，由于粒子间或内部摩擦而产生的静电吸引力，能够使粒子相互结合。当粒子间距离小于 $0.1\mu m$ 时，范德华力成为粒子间结合的主要吸引力。二是粒子间靠"固体桥"结构结合。原料中的一些物质或添加剂，因化学反应、结晶或固化作用，粒子间接触时互相扩散形成交叉结合，从而形成"固体桥"结构，成为粒子间结合的主要方式。如玉米秸秆和柳枝稷中的木质素、碳水化合物、淀粉、蛋白质和脂肪等发生软化或变形，能形成"固体桥"结构。然而，生物质结构复杂，包含纤维素、半纤维素和木质素，还有抽提物和灰分等。不同组分在成型过程中的作用不同，如图 6-7 所示。不同类型生物质组分和结构不同，成型难易及效果有较大差异。此外，研究发现：在锯末成型时加入废弃包装纸纤维可形成"固体桥"结构，具有更好的机械耐久性；而加入水稻秸秆和橡胶树叶可明显改善成型颗粒的物理品质，这是因为水稻秸秆、橡胶树叶和锯末同属亲水性原料，粒子间能够有效互相缠绕，形成"固体桥"结构。

**2. 生物质型煤技术**

生物质型煤技术是将生物质与煤炭资源结合起来，从而不仅能实现煤炭（尤其是粉煤）的高效清洁利用，还可实现生物质废弃物（如农林废弃物或城市固体废物等）的资源化和能源化利用。生物质型煤技术也从根本上改变了农作物秸秆不易储存、不易运输和能量密度低等缺点，实现此类生物质从废弃物到能源的转换。现在，生物质型煤技术得到了国内外科研单位及相关企业的广泛关注。

（1）生物质型煤成型工艺

由于不同成型方式在各参数上的较大差异，导致其制备出的型煤的物理化学性质和热转

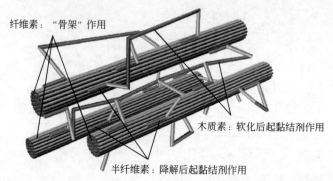

图 6-7　原料组分在成型过程中的作用

化性能等方面均有很大的差别。生物质型煤成型工艺根据成型方式不同主要分为冷压成型和热压成型。

生物质型煤冷压成型工艺流程见图 6-8。成型过程是：首先，将原煤和生物质原料分别粉碎、烘干，然后将两者进行充分混合，将混合物放入成型机，在室温高压下成型。从冷压成型的角度上讲，较长的生物质纤维在型煤的成型过程中可以形成网状骨架，在一定粒度范围内，随着纤维长度的增大，生物质之间的交联作用增强，成型压力增大，型煤强度随之提高。利用冷压成型技术制备出的工业型煤强度较高，燃烧性能好，并且冷压成型工艺较为成熟，在工业上易于实现，但缺点是所制备的型煤仍然具有较强的吸水性。

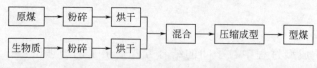

图 6-8　生物质型煤冷压成型工艺流程

热压成型是指将煤样与生物质原料分别经过粉碎筛分、调整水分含量，然后将两者充分混合均匀后，放入成型模具中加热，控制加热温度和恒温时间，同时加压成型，工艺流程如图 6-9 所示。从热压成型的角度上讲，生物质中含有较多的氧，其中的一部分氧以羟基和羧基的形式存在，这些基团和煤中的活性基团（如含氧官能团）通过原子间的共用电子对形成共价键或氢键。木质素发生塑性流变后会渗透到煤的微孔结构中，升高温度会促进共价键的形成，使生物质与煤两者之间产生啮合力，从而紧密胶合在一起，冷却后即可固化成型为致密的固体燃料。通过热压成型所制备出的型煤强度高，防水性能好，但在加热的过程中需要消耗一定的能量。

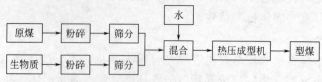

图 6-9　生物质型煤热压成型工艺流程

（2）生物质型煤黏结剂

黏结剂在型煤的成型过程中起着"桥梁"作用，将煤粒黏结，改善型煤强度。常用的型煤黏结剂主要分为无机、有机和复合黏结剂 3 类。

无机黏结剂主要以石灰、水泥和黏土为主。此类黏结剂所制备出的型煤固硫效果较好，但制备出的型煤因存在灰分高、含碳量低、易结垢等问题而没有被广泛使用。有机黏结剂的研究主要有腐殖酸、焦油、沥青等。利用有机黏结剂制备出的型煤黏结性能和耐水性能较好，但热稳定性较差，故而没有被广泛使用。复合黏结剂以有机和无机黏结剂复配为主，弥补无机黏结剂制备出的型煤灰分高、含碳量低等缺点，提高了型煤的强度，但生产工艺复杂，成本较高，添加量不易掌控。

生物质废弃物作为黏结剂主要是利用生物质本身所含有的大分子物质，如纤维素、木质素、淀粉等，在一定的温度和湿度条件下，这些物质可以被软化用作黏结剂。以生物质作黏结剂制备的型煤燃烧率高、污染小、着火点低，且在较低温度下可实现完全燃烧，从而减少了污染物，特别是氮氧化物的排放。淀粉作黏结剂主要是依靠糊化反应发生黏结，生物质在压缩成型过程中受到挤压，导致原料破碎，糊化反应速率加快。蛋白质在水解等复合反应的作用下，发挥其黏结性。此外，生物质和工农业废料来源广泛，且具有良好的黏结性和对环境污染小的特性，因而引起广泛的关注，是型煤黏结剂未来发展的方向。

（3）生物质型煤成型影响因素

生物质型煤成型过程主要由烘干、粉碎、混合、高压成型 4 步组成。生物质原料与粉煤的配比、原料粒径、成型压力、成型温度等均对生物质型煤的性能有非常重要的影响。

① 原料配比量。煤与煤之间的作用力要比其与生物质之间的大。当所含的生物质比例较低时，型煤成型率会下降。有研究表明：当原料煤为 20%～70%，石灰石 2%～8%，塑料废弃物 10%，木薯粉 2.5%～10% 和生物质原料为 10%～60% 时，通过冷压成型工艺可制得燃烧性能好、机械强度高的无烟型煤。

② 原料粒径。一般而言，粒径小的原料容易压缩，粒径大的原料较难压缩。在相同的压力下，原料粒径越小，其变形程度越大，但原料的粒径不是越小越好。研究表明，粗细搭配的粒径能达到比较好的成型效果，所制备的型煤强度较高。

③ 成型压力。无论是热压成型还是冷压成型，成型压力是型煤成型过程中的关键因素之一，只有施加足够的压力，煤才能被压缩成型。随着成型压力的增加，型煤抗压强度也随之增大。究其原因，在一定的压力范围内，生物质纤维在型煤的成型过程中可以形成网状骨架，随着成型压力的增大，物料颗粒间距减小，分子间作用力和氢键作用增强，型煤机械强度也随之提高。但成型压力也不能过大。当压力过大时，生物质中较长的纤维素结构会被破坏，生物质之间的交联作用将会减弱，所制备出的生物质型煤抗压能力和机械强度降低。另外，压力过大也会造成能量的大量消耗。

④ 成型温度。在热压成型中，成型温度在型煤的成型过程中起着十分重要的作用。生物质中含有的纤维素、半纤维素和木质素均属于高分子化合物，其中木质素是非晶体，但有软化点。当达到一定温度时，木质素就会发生软化，黏合力就会增加，达到 200～300℃ 时，软化程度将进一步增强，发生液化。此时，如果施加一定的压力使其与煤炭颗粒互相黏结，重新排列位置，则会发生机械变形和塑性流变，提高型煤的机械强度。当原料加热到一定温度时，可以增强生物质的黏结性，提高型煤的松弛密度和耐久性，同时也增强了物料的塑性和流动性。

## 二、生物化学转化技术

生物质能的生物化学转化技术主要有两种：一是厌氧消化制取沼气；二是通过酶技术制取乙醇或甲醇液体燃料。

**1. 厌氧消化制取沼气**

沼气发酵是一个（微）生物学的过程。各种有机质，包括农作物秸秆、人畜粪便以及工农业排放废水中所含的有机物等，在厌氧及其他适宜的条件下，通过微生物的作用，最终转化为沼气，完成这个复杂的过程，即为沼气发酵，又称为厌氧消化。沼气发酵主要分为液化、产酸和产 $CH_4$ 三个阶段进行。沼气发酵的基本过程示意图见图6-10。

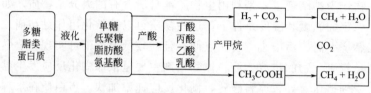

图6-10　沼气发酵的基本过程示意图

**2. 酶技术制取乙醇或甲醇**

醇是由纤维束通过各种转换而形成的优质液体燃料，其中最重要的是甲醇和乙醇。乙醇又称酒精，人们常将用作燃料的乙醇称为"绿色石油"，这是因为各种绿色植物（如玉米芯、水果、甜菜、甘蔗、甜高粱、木薯、秸秆、稻草、木片、锯屑、草类及许多含纤维素的原料）都可以用作提取乙醇的原料。生产乙醇的方法主要有：利用含糖的原料（如甘蔗）直接发酵；间接利用糖类或淀粉（如木薯）发酵；将木材等纤维素原料酸水解或酶水解。随着现代生物技术的发展，发达国家已普遍采用淀粉酶代替麸曲和液体曲。发酵法生产乙醇流程图见图6-11。

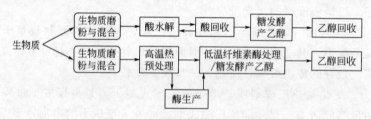

图6-11　发酵法生产乙醇流程图

**3. 生物柴油制备**

能源植物油脂、动物油脂及餐饮地沟油脂等，均可通过酯化反应得到生物柴油。生物柴油的生产方法可以分为三大类：物理法、化学法和生物法。物理法包括直接混合法与微乳液法；化学法包括裂解法、酯交换法和酯化法；生物法主要是指生物酶催化剂合成生物柴油技术。生物柴油制备方法见图6-12。

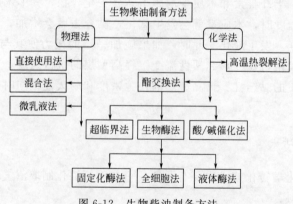

图6-12　生物柴油制备方法

### 三、热化学转化技术

生物质原料的热化学转化是利用纤维素、半纤维素和木质素的化学变化改变其物理特性而形成的新的生物质能源。纤维素是由许多吡喃型 D-葡萄糖基，在 1,4 位置上以 $\beta$-苷键联结而成的天然线性高分子材料；半纤维素是不均匀聚糖，由葡萄糖、甘露糖、木糖和阿拉伯半乳聚糖等中的两种或两种以上糖基组成；木质素的成分非常复杂，是由愈创木基、紫丁香基和对羟苯丙烷的基本结构单元组成。生物质的热化学转化有两种基本途径：一种是将生物质气化，使其转化成碳氢化合物；另一种是将其直接在高温下热解、高压下液化或者深度热解和抽提。热化学转化过程包括燃烧、气化、液化和热解。

#### 1. 燃烧

燃烧是应用最广泛的生物质能转换方式，在一些不发达地区，人们仍在利用生物质的直接燃烧来获取能量以满足日常的生活。生物质燃料的燃烧热值比化石能源的热值低很多，这是由生物质燃料的高含水率和高含氧量决定的。不同能源的主要化学元素组成情况如图 6-13 所示；燃烧热值和含水率之间呈线性递减的关系，如图 6-14 所示。

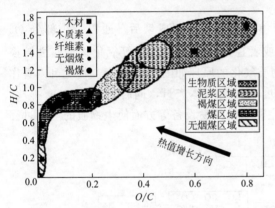

图 6-13　不同能源化学元素组成分布

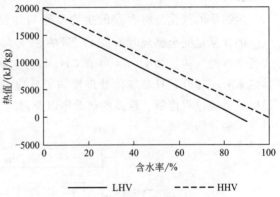

图 6-14　含水率与燃烧热值的关系

注：1. LHV 表示较低热值（lower heating value）；

2. HHV 表示较高热值（higher heating value）。

生物质的燃烧过程可以分为 3 个阶段：水蒸气蒸发与预热阶段、挥发燃烧阶段和固定碳燃烧阶段。

为了提高生物质燃料的燃烧热值，可以对原料进行相应的处理：

（1）在燃烧的水蒸气蒸发与预热阶段，加入燃料引发剂、供给 $O_2$ 或者增加通风量，从而降低燃料的着火点。

（2）在致密成型的固体燃料中加入催化剂降低生物质原料的表面活化能，如钡剂和锰剂，同时起到消烟助燃的效果。此外用于煤的催化剂如 K、Cu、$FeCl_2/FeCl_3$、$MnO_2$，稀土钙钛矿型和纳米长效节煤添加剂等均可以考虑应用于生物质能源。

（3）原料的蒸汽爆破可以使灰分含量和氧含量降低，增加燃烧热值，起到固碳的作用，同时还可以提高密度、冲击韧性和耐磨性，降低了灰分的熔化温度。

将松散的生物质原料进行压缩致密成型后再进行燃烧，可以降低贮存空间，提高燃烧效率。影响生物质致密成型燃料燃烧的因素有：

（1）原料种类：生物质固体成型燃料的原料由纤维素、半纤维素和木质素等成分组成，不同种类的原料具有不同的密度和化学组分。生物质能源和化石能源相比具有很高的氧碳含量比，这也是生物质热值低的重要原因。生物质主要化学组分的氧碳含量比由高到低为木质素＞半纤维素＞纤维素，所以木质素的含量直接影响燃烧热值。

（2）原料粒度和相对孔隙率：原料的粒度越小，比表面积和孔隙率就会越大，这样增加了对空气的吸附作用，也有利于内部热量的传递。

（3）反应温度：温度的高低影响燃料挥发分的析出速率，随着升温速率的加快，挥发分产率增大而焦炭产率减小；升温速率的大小影响燃料孔隙的形成。

（4）供风量：供风量的增加加速了氧扩散过程，使平均燃烧速度加快，有利于热值的释放，但燃尽温度有所降低。

（5）空气中水分浓度：当空气中的水分浓度高于 3.56％时，生物质燃烧的微商热重（derivative thermogravimetry，DTG）曲线出现了对称波动，差热分析（differential thermal analysis，DTA）曲线出现单侧波动，原因是水分的凝结与蒸发，这样会造成炉膛热负荷的波动。

**2. 气化**

生物质的气化是将含碳的生物质原料经简单的破碎和压制成型后，通以一小部分 $O_2$（$O_2$ 的含量是完全燃烧时所需 $O_2$ 量的 35％）或者稳定的蒸汽、$CO_2$ 等氧化物，使之转换成可燃性的气体，如 $H_2$，$CO$ 和 $CH_4$ 等。生物质气化的原理如图 6-15 所示。气化可以看作是热解的一部分，只是气化处理增加了反应温度来提高气体产量，同时较少的 $CO_2$ 排放、精确的燃烧过程控制、较高的热效率以及占地空间小的简易设备等方面使生物质的气化过程得到了很好的发展。

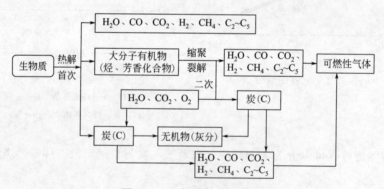

图 6-15　生物质气化原理图

气化过程中，生物质首先分解出焦油和挥发性的烃类气体，随后与少量的 $O_2$ 发生氧化反应，产生的热量使原料干燥，又为之后化学键的打破和气化过程提供动力。其中发生的化学反应如下：

（1）$C_nH_mO_p \longrightarrow CO_2 + H_2O + CH_4 + CO + H_2 + (C_2 \sim C_5)$；

（2）$C + 1/2O_2 \longrightarrow CO$；

（3）$C + O_2 \longrightarrow CO_2$；

（4）$H_2 + 1/2O_2 \longrightarrow H_2O$；

（5）$C + H_2O \longrightarrow CO + H_2$；

（6）$C + 2H_2O \longrightarrow CO_2 + 2H_2$；

(7) $C + CO_2 \longrightarrow 2CO$；

(8) $C + 2H_2 \longrightarrow CH_4$；

(9) $CO + 3H_2 \Longleftarrow CH_4 + H_2O$；

(10) $2C + 2H_2O \longrightarrow CH_4 + CO_2$。

其中，公式（2）、（3）分别为部分氧化和完全氧化的反应方程式，相应的生成物为 CO 和 $CO_2$；公式（5）、（6）为水煤气反应，生成合成气（$H_2$ 和 CO 的混合气体），这两个反应为生物质气化的主要反应；公式（9）为甲烷化反应，发生在低温和催化剂效应减少的情况下。

### 3. 液化

直接液化是在低温、高压和催化剂的条件下对原料进行热化学处理，使其在水或者其他适宜的溶液中断裂成小分子，这些小分子性能非常活泼，可以重新聚合成不同分子量的油状化合物。直接液化的产物中有些和生物质热解过程中的液相产物相同，但是生物质的直接液化所用原料不需要进行干燥处理。在液化的开始阶段，生物质经过解聚，分解成很多小单体，这些单体又会很快聚集成固体，为了避免这种现象的发生，要加入一定的溶液，依靠溶液的电解质效应来减少小单体的缩聚反应。常见的溶剂为石炭酸、碳酸丙烯酯、碳酸亚乙酯和乙二醇等，催化剂有硫酸、碱金属和无机盐。木质纤维素是富羟基的材料，液化可以生成生物高分子聚合物，用于环氧树脂胶、聚氨酯塑料以及胶合板胶黏剂的生产。

### 4. 热解

在隔绝或供给少量 $O_2$ 的条件下对生物质进行热处理，利用热能打断生物质大分子中的化学键使之转化为小分子物质的加热分解过程，通常称为热解。在生物质热解过程中，热量首先传递到生物质颗粒表面，并由表面向颗粒内部传递（图 6-16）。因此，热解过程是由外至内逐层进行的，生物质颗粒被加热的成分迅速分解成生物质炭和挥发分。

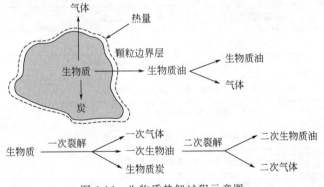

图 6-16 生物质热解过程示意图

根据生物质燃料的热解特性，可以将其分为 3 个阶段：第一个阶段为脱水阶段，原料中的水分首先蒸发气化；第二个阶段为挥发物质的分解，原料受热后随着温度的升高，不同的物质相应析出，由于 $O_2$ 供应不充分，到达着火点后不会出现明显的火焰；第三个阶段为炭化阶段，随着温度的继续升高，原料较深部位的挥发物质析出，在表面形成疏松的孔洞，最终得到生物质炭。根据处理条件的不同，生物质的热解又可分为快速热解、慢速热解、瞬间热解和催化热解。快速热解是生物质原料在升温速度为 $300℃/min$ 的流化床中进行热解，得到的主要为液态产物（生物质油）；慢速热解是以 5～7K/min 的升温速度对生物质进行热处理，获得大量生物质炭和少量液相、气相产物的热解过程；瞬间热解的处理过程在几秒钟内进行，对原料的粒度要求非常高，通常在 60～140 目 [网目简称目，表示标准筛的筛孔尺寸的大小。在泰勒标准筛中，网目是 2.54cm（1 英寸）长度中的筛孔数目]，瞬间热解的主要产物是生物质燃气；催化热解是利用沸石、$Al_2O_3$、Fe 和 Cr 等催化剂对生物质的催化作用使之降解，生成液相产物，催化热解的液相产物的氧含量和含水率较低，可以直接作为运输燃油。

生物质的热解产物为气体（生物质燃气）、液体（生物质燃油）和固体（生物质炭）。热解气体主要由 CO、$CO_2$ 和 $CH_4$，还有一些 $H_2$、乙烷、丙烷、丙烯、丁烷和丁烯等小分子组成，热解的气体需要进行处理后才能利用。采用一定的催化剂，可以将燃气中的 CO 和 $H_2$ 转变成 $CH_4$，如甲烷化技术中采用氧化镍催化剂并以活性氧化铝为载体将生物质气化，是改善燃气质量、提高燃气热值的有效方法。热解的液体（生物质燃油）有很高的碳含量和氧含量，需要利用催化加氢、热加氢或者催化裂解等作用降低氧含量，去除碱金属，才能更好地利用。其中，催化裂解反应可在没有还原性气体的常压下进行，是较为经济的方法。热解液体的化学成分见表 6-2。热解固体（生物质炭）是生物质燃料中的水分、挥发分和热解油在高温下排出后所剩的不能再进行反应的固体物质。为了得到不同的气、固、液相产物，要靠升温速度和停留时间等指标来加以控制。

**表 6-2　热解液体的化学成分**

| 产物类别 | 产物 |
| --- | --- |
| 酸类 | 甲酸、乙酸、丙酸、丁酸、苯甲酸等 |
| 酯类 | 甲酸甲酯、丙酸甲酯、丁内酯、丁酸甲酯、戊内酯等 |
| 醇类 | 甲醇、乙醇、异丁醇等 |
| 酮类 | 丙酮、2-丁酮、2-戊酮、2-环戊酮、己酮、环己酮等 |
| 醛类 | 甲醛、乙缩醛、2-乙烯醛、正戊醛、乙二醛等 |
| 酚类 | 苯酚、甲基苯等 |
| 烯烃类 | 2-甲基丙烯、二甲基环戊烯、$\alpha$-蒎烯等 |
| 芳香化合物 | 苯、甲苯、二甲苯、菲、荧蒽等 |
| 氮化合物 | 氨、甲胺、吡啶、甲基吡啶等 |
| 呋喃系 | 呋喃、2-甲基呋喃、2-呋喃酮、糠醛、糠醇等 |
| 愈创木酚 | 4-甲基愈创木酚、丙基愈创木酚等 |
| 糖类 | 左旋葡聚糖、葡萄糖、果糖、木糖、树胶醛糖等 |
| 含氧化合物 | 羟基乙醛、羟基丙酮、二甲基缩醛等 |
| 无机化合物 | Ca、Si、K、Fe、Al、Na、S、P、Mg、Ni、Cr、Zn、Li、Ti、Mn、Ln 系、Ba、V、Cl 等 |

## 四、生物质发电技术

目前，生物质发电技术主要包括直接燃烧发电、气化发电、与煤混合燃烧发电、沼气发电以及垃圾发电等技术。前 3 种主要发电技术的比较如表 6-3 所示。

表 6-3 生物质发电技术比较

| 项目 | 直接燃烧发电 | 气化发电 | 与煤混合燃烧发电 |
|---|---|---|---|
| 系统、结构 | 中等 | 复杂 | 简单 |
| 投资 | 中等 | 大 | 小 |
| 工程应用 | 较多 | 工艺示范阶段 | 燃煤小机组的改造 |
| 难点问题 | 锅炉腐蚀 | 焦油的脱除和回收 | 掺烧比例有限、易堵塞 |
| 电价补贴 | 0.25 元/(kW·h) | 无 | 无 |
| 适用性 | 适用 | 不适用 | 不适用 |
| 是否推荐 | 推荐 | 不推荐 | 不推荐 |

生物质电厂与常规燃煤电厂最大的不同之处在于其使用的燃料是生物质，主要有如下特点：资源分布范围广而分散，且带有明显的季节性；燃料种类多，性质差异大；燃料具有低灰分、低含硫量、高挥发分、高水分、低热值等特点；燃料质地松软、密度小，生物质燃料的自然堆积密度一般为 $50\sim200kg/m^3$，比燃煤的 $800kg/m^3$ 小很多；燃料灰中碱金属含量高，部分燃料可能含有一定量的氯离子。

**1. 直接燃烧发电技术**

生物质直接燃烧发电技术在原理上与传统火力发电技术十分相似。其发电原理是将生物质进行必要的预处理后送入锅炉中直接进行燃烧，将生物质储存的化学能转化为热能，释放出的热能将锅炉中的水加热成合格蒸汽；蒸汽推动汽轮机将热能转化为机械能，汽轮机带动发电机转动，将机械能转化为电能，其基本工艺流程如图 6-17 所示。在北方主要是利用麦秸、玉米秸等秸秆发电，南方则多以稻草、甘蔗渣为燃料进行发电。秸秆直接燃烧炉排放的灰渣属于草木灰钾肥，可直接供农户利用，该过程将农业生产原本的开环产业链转变为可循环的闭环产业链，是完全的变废为宝的生态经济。借鉴传统火力发电技术的成熟经验，该技术在众多的生物质利用技术中最具产业化前景，已经进入实际工程推广阶段。

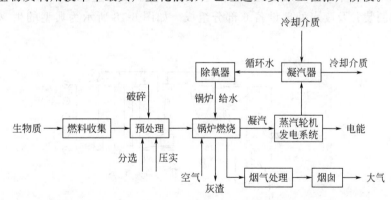

图 6-17 生物质直接燃烧发电技术基本工艺流程

（1）层燃炉燃烧技术

层燃炉燃烧技术主要以炉排炉为代表，燃料在固定或者移动的炉排上实现燃烧，空气从下方透过炉排供应上部的燃料，燃料处于相对静止的状态。燃料入炉后的燃烧时间可由炉排的移动或者振动来控制，以灰渣落入炉排下或者炉排后端的灰坑为结束时间。

国际上该技术比较成熟的是丹麦 BWE 公司，而国内的国能生物发电有限公司、中国节能投资公司、江苏国信集团公司等也正在利用此项技术大力发展生物发电。该技术机组容量较大，截至2012年在建或拟建机组，国外已达到单机容量10MW级水平，其热效率较高，受环境影响较小，可单独作为公用电源建设，适于规模化推广。

（2）流化床燃烧技术

流化床锅炉独特的流体动力特性和结构使其具备很多独特的优点，如燃料适应性广，低温燃烧，燃烧效率高，负荷调节性能好等。目前，已经广泛使用的流化床锅炉大体上可以分为鼓泡流化床（BFB）和循环流化床（CFB）。在鼓泡流化床中，所有的物料在床体内是静止的；而在循环流化床中，固体物料由床体进入旋风分离器中，然后再由旋风分离器返回到床体内。

流化床燃烧系统一般由燃料和石灰石给料系统、流化床反应器（包括风箱、反应器的床区、悬浮区、床内的热交换器）、余热锅炉、气体污染控制系统组成。反应剂是由像沙子的惰性颗粒、燃料燃烧后的灰和石灰石组成。燃烧用的空气由风箱通过布风板送入床体，将床料向上吹成流动的气流。燃料通过床体或给料装置送入反应器中，并发生反应。通过传导、对流、辐射换热方式将热量传递给床料。单相的气气反应和多相的气固间反应都在流化床反应器中进行，大多数反应发生在悬浮区。

**2. 气化发电技术**

生物质气化发电技术的基本原理是把生物质转化为可燃气，再利用可燃气推动燃气发电设备进行发电。它既能避免生物质难以燃用而且分布分散的缺点，又可以充分发挥燃气发电技术设备紧凑而且污染少的优点，所以气化发电是生物质能最有效最洁净的利用方法之一。

气化发电过程包括3个方面：一是生物质气化，把固体生物质转化为气体燃料；二是气体净化，气化出来的燃气都含有一定的杂质，包括灰分、焦炭和焦油等，需经过净化系统把杂质除去，以保证燃气发电设备的正常运行；三是燃气发电，利用燃气轮机或燃气内燃机进行发电，有的工艺为了提高发电效率，发电过程可以增加余热锅炉和蒸汽轮机。

生物质循环流化床气化发电装置主要由进料机构、燃气发生装置、燃气净化装置、燃气发电装置、控制装置及废水处理设备6部分组成。如图6-18所示为典型的生物质气化发电工艺流程。

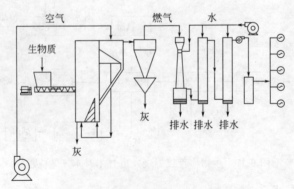

图6-18　生物质气化发电工艺流程

（1）进料机构

进料机构采用螺旋加料器，动力设备是电磁调速电机。螺旋加料器既便于连续均匀进料，又能有效地将气化炉同外部隔绝密封起来，使气化所需空气只由进风机控制进入，气化炉电磁调速电机则可任意调节生物质进料量。

（2）燃气发生装置

气化装置可采用循环流化床气化炉或其他可连续运行的气化炉，它主要由进风机、气化炉和排渣螺旋构成。生物质在气化炉中经高温热解气化生成可燃气体，气化后剩余的灰分则由排渣螺旋及时排出炉外。

（3）燃气净化装置

燃气需经净化处理后才能用于发电，燃气净化包括除尘、除灰和除焦油等过程。为了保证净化效果，该装置可采用多级除尘技术，例如惯性除尘器、旋风分离器、文丘里管除尘器、电除尘等。经过多级除尘，燃气中的固体颗粒和微细粉尘基本被清洗干净，除尘效果较为彻底。燃气中的焦油采用吸附和水洗的办法进行清除，主要设备是两个串联起来的喷淋洗气塔。

（4）燃气发电装置

可采用燃气发电机组或燃气轮机。由于国内燃气内燃机的最大功率一般为200kW，故大于200kW的发电机系统可通过多台200kW的发电机并联而组成。此外燃气轮机必须根据燃气的要求进行相应的改造。

（5）控制装置

由电控柜、热电偶、温度显示表、压力表、风量控制阀所构成。在用户需要时可增加相应的电脑监控系统。

（6）废水处理设备

采用过滤吸附、生物或化学处理、电凝聚等办法处理废水，处理后的废水可循环使用。

**3. 生物质与煤混合燃烧发电技术**

生物质与煤混合燃烧发电技术是指将生物质原料应用于燃煤电厂中，和煤一起作为燃料发电。生物质与煤有2种混合燃烧方式：一是生物质直接与煤混合燃烧，产生蒸汽，带动蒸汽轮机发电；二是将生物质在气化炉中气化产生的燃气与煤混合燃烧，产生蒸汽，带动蒸汽轮机发电。

（1）生物质直接与煤混合燃烧发电技术

生物质直接与煤混合燃烧发电技术是指将生物质和煤经粉碎等预处理后按一定比例混合，根据燃料需求量分配至燃烧器，通过燃烧器送至锅炉中进行燃烧发电的技术。混合燃烧技术可以直接利用已有的燃煤发电系统，对于小火电机组比较有利，尤其是当电煤价格比较高的时候，混合燃烧技术较有优势；但对于煤炭资源丰富的地区，混合燃烧的技术优势并不明显。已有的发电系统只需根据生物质的燃烧特性进行必要的改造即可，通过混合燃烧，可提高生物质能向电能的转化率，能保持较高的发电效率。还可以削减污染物的排放（$CO_2$、$SO_2$、$NO_x$）。混合燃烧发电工程的建设周期短，投资成本和操作成本低。

混合燃烧发电技术在实际运行中还可能出现一些问题，秸秆与煤的混合比例也需控制在合理的范围。试验和研究结果显示，秸秆与煤混合时，秸秆的热量配比（秸秆的热值约为煤的50％）应小于20％。秸秆配比过高时，会造成制粉系统堵塞，影响锅炉的正常运行；秸秆较低的发热量也会使混合燃烧锅炉的效率低于原煤粉炉的效率。秸秆等生物质中的碱金属和氯元素含量较高，这会提高锅炉壁面传热管束的灰分沉积速度，使得烟气侧的腐蚀速率加快；生物质燃料的燃烧还会改变锅炉内温度场的分布，影响锅炉原有设计的热量交换，严重时会导致锅炉不能正常运行。另外，秸秆燃烧的产物与煤燃烧生成的灰分有较大不同，有可能影响脱硫、除尘和脱硝设备的正常运行。

（2）生物质气化与煤混合燃烧发电技术

生物质气化与煤混合燃烧发电技术是指将生物质原料在气化炉中转化为可燃气，经净化处理后，再将可燃气与煤粉通过不同的燃烧器送入锅炉，可燃气与煤粉在炉膛中共燃，同时释放热量，将给水加热成高温、高压蒸汽；蒸汽再经汽轮发电机对外输出电能，如图 6-19 所示。这相当于用气化炉替代粉碎设备，即将气化过程作为生物质原料的一种预处理手段。生物质气化与煤混合燃烧发电技术同样可以利用原有的发电系统，不仅能保持发电效率较高的优点，而且由于送入锅炉的是合成气，对原锅炉燃烧影响较小。气化炉产生的秸秆灰和锅炉产生的粉煤灰可以分别利用，提高了系统的经济性。

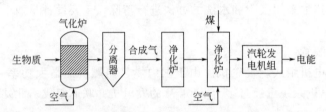

图 6-19　生物质气化与煤混合燃烧发电流程图

## 五、生物质能电池

生物质能的一种有效利用方法是将生物质发酵产物作为燃料电池的燃料（见图 6-20）。与传统热机相比，这种装置有不受卡诺循环效应的限制、能源转化效率高、噪声小、环境友好等优点。它的工作过程相当于电解水的逆反应过程，电极是燃料和氧化剂向电、水和能量转化的场所，燃料（以 $H_2$ 为主）在阳极上放出电子，电子经外电路传到阴极并与氧化剂结合，通过两极之间电解质的离子导体，使得燃料和氧化剂分别在两个电极/电解质界面上进行的化学反应构成回路，产生电流。

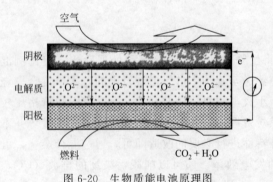

图 6-20　生物质能电池原理图

### 1. 沼气燃料电池

沼气燃料电池由三个单元组成：燃料处理单元、发电单元和电流转换单元。燃料处理单元的主要部件是沼气裂解转化器（改质器），以镍为催化剂，将 $CH_4$ 转化为 $H_2$；发电单元是把沼气燃料中的化学能直接转化为电能；电流转换单元的主要任务是把直流电转换为交流电。燃料电池产生的水蒸气、热量可供消化池加热或采暖用，排出废气的热量可用于加热消化池。

在阳极一侧，烃类燃料首先被部分氧化为 $H_2$ 和 CO，发生如下反应：

$$2CH_4 + O_2 \longrightarrow 4H_2 + 2CO$$

然后与通过电解质传送到阳极的 $O^{2-}$ 发生如下反应：

$$2H_2 + CO + 2O^{2-} \longrightarrow 2H_2O + CO + 4e^-$$

同时在阴极一侧发生如下反应：

$$O_2 + 4e^- \longrightarrow 2O^{2-}$$

电池的总反应为：

$$CH_4 + O_2 \longrightarrow 2H_2 + CO_2$$

**2. 乙醇燃料电池**

电池由醇类阳极、氧阴极和质子交换膜三部分组成。电极本身由扩散层和催化层组成。扩散层起支撑催化层、收集电流及传导反应物的作用，一般是由导电的多孔材料制成，现在使用的多为表面涂有碳粉的碳纸或碳布。催化层则是电化学反应发生的场所，是电极的核心部分。常用的阳极和阴极催化剂分别为 PtRu/C 和 Pt/C 贵金属催化剂。

阳极电极反应为：

$$C_2H_5OH + 3H_2O \longrightarrow 2CO_2 + 12H^+ + 12e^-$$

阴极电极反应为：

$$3O_2 + 12H^+ + 12e^- \longrightarrow 6H_2O$$

电池的总反应为：

$$C_2H_5OH + 3O_2 \longrightarrow 2CO_2 + 3H_2O$$

# 第三节　生物质能的发展前景

**1. 生物质能发展趋势**

（1）生物质能生产成本不断降低

预计到 2020 年，生物质混燃发电的技术成本将低于燃煤发电；生物质直燃发电的技术成本将在 2025—2030 年可与燃煤发电持平，生物质气化发电技术的成熟时间约为 2030 年，可成为未来生物质发电的重要途径。生物质热电联产供热的成本到 2020 年前即可与燃煤供热全成本相当；生物质锅炉供热则需到 2025—2030 年才能与燃煤供热全成本相当。到 2020 年，养殖场畜禽粪便制取沼气的成本与天然气接近，其他生物质原料生产的沼气以及生物质热解气成本均可低于天然气，是未来天然气的有效补充；到 2022 年，以非粮淀粉类和糖类为原料的生物乙醇成本可与同时期汽油成本相当；到 2025—2030 年，纤维素乙醇的成本与同时期汽油成本相当。

（2）生物质液体燃料和生物燃气的大产业时代即将到来

生物质液体燃料被列为我国"十三五"重点项目。2018 年年底，国家能源局向各省及 9 家央企下发了《国家能源局综合司关于请编制生物天然气发展中长期规划的通知》，生物质燃气被列入国家能源发展战略，生物质液体燃料和生物质燃气大规模替代化石能源的时代即将到来。美国计划到 2025 年生物质燃料替代中东进口原油的 75%，2030 年生物质燃料替代车用燃料的 30%；德国预计到 2020 年沼气发电总装机容量达到 950 万 kW；日本计划在 2020 年前车用燃料中乙醇掺混比例达到 50% 以上；另外印度、巴西、欧盟分别制定了"阳光计划""酒精能源计划"和"生物燃料战略"，加大生物质燃料的应用规模。预计到 2035 年，生物质燃料将替代世界约一半以上的汽油、柴油，经济环境效益显著。

（3）高值化生物基材料及化学品越来越受重视

在市场经济和产业竞争激烈的今天，高值化生物质产品开发是生物质能发展趋势之一，如高品质生物航油、军用特种燃油增能添加剂、军用超低凝点柴油、己二酸、高分子单体乙二醇、低成本生物塑料和生物质染色剂等。目前，我国生物质现代高值利用技术突破已经到了新时代，与发达国家技术同步发展，具备支撑产业发展的基础。例如，大规模利用秸秆做生物航油、性能优良的生物基材料、高附加值化学品等技术已经领先于发达国家，具有经济竞争力，仍需进一步夯实国际领先地位。当前应紧紧抓住国际、国内发展战略机遇期，系统规划"另一半农业（农业生物质与生物质能源）"的综合利用和发展策略，这将对我国社会经济的转型发展发挥重要作用。

（4）多学科交叉，多技术深度融合发展

随着现代信息技术、生物技术、计算机技术、先进制造技术、高分子材料等领域取得的重大科学突破，"互联网＋""大数据"和"人工智能"将为生物质能发展带来新的机遇，多学科深度融合将成为未来发展的必然趋势，生物质能开发利用将呈现多元化、智能化和网络化的发展态势。

（5）新型生物质大规模发展

随着生物质产业的飞速发展，传统生物质资源不足以支撑庞大的生物质资源需求，在高效循环利用传统农林生物质的基础上，必须发展新型生物质（如藻类和能源植物等）以满足产业发展需求。

**2. 我国生物质未来发展的重点领域**

（1）固体成型燃料

针对我国固体成型燃料现状，形成从秸秆原料收集、储存、运输、成型、配送到高效转化的完善产业链。通过技术研发掌握生物质成型粘接机制和络合成型机理，实现生物质成型燃料的高品质化和低能耗化。加强大型生物质锅炉低氮燃烧关键技术进步和设备制造，推进设备制造标准化、系列化和成套化。加强检测认证体系建设，强化对工程与产品的质量监督。

（2）生物液体燃料

突破农林畜牧废弃物转化为航空煤油、生物柴油和乙醇等生物质液体燃料的能源化工关键技术，加快推进生物质液体燃料清洁制备与高值化利用技术产业化，加快推进新一代木质纤维素生物航油技术研发和标准制定，打破发达国家在传统航油、费托合成油、油脂生物航油领域的技术壁垒，提升我国生物航空燃油产业的国际竞争力；创新解决新型生物质能源的培养与转换技术，掌握藻转化制取液体燃料的反应调控机制及改性提质原理；突破产油微藻核心性状的遗传多样性、进化途径与诱变育种技术，显著提高燃料的转化效率，使得微藻固碳制油成本显著降低；加快燃料乙醇推广应用，促进原料多元化供应，适度发展非粮燃料乙醇；升级改造生物柴油项目，加快推进生物柴油在交通领域的产业化应用。未来，生物质转化为液体燃料的技术将取得重大突破，一大批示范工程和产业基地将建立，生产规模将达到年产千万吨级以上。

（3）生物天然气

结合国家调整能源消费结构、减排克霾、乡村振兴的需要，推进生物天然气技术进步及商业化。突破高负荷温度厌氧消化及"三沼"利用等关键技术，实现各项技术优化及工程示范推广；建立高负荷厌氧消化稳定控制系统，加强厌氧消化过程生物强化制剂研究，突破严寒地区中温厌氧消化恒温补偿机理；开展沼气集中供气、热电联供、纯化车用及入网成套关键技术研发，突破沼气生物甲烷化原位脱碳及制备化工产品关键技术，实现沼气能源化工利用；通过移动式沼气提纯及吸附式储运关键技术研发，突破沼液水肥一体化施用、浓缩调质制水溶肥及沼液氮磷矿化回收和生产饲料/材料关键技术，实现沼液养分回收利用；突破保氮保水等生物有机肥制备关键技术，开展催腐、除臭、保水、保氮堆肥专用菌剂研究；突破模块化移动式堆肥装备研发关键技术，实现通过沼渣生产功能有机肥。开展规模化生物天然气工程和大中型沼气工程建设，落实沼气和生物天然气增值税即征即退政策，支持生物天然气和沼气工程开展碳交易项目。

（4）生物质发电

进一步完善适合我国国情的秸秆燃烧发电技术和配套设施，使秸秆燃烧发电的效率和运行时间与燃煤电厂接近；掌握生物质燃烧装置沉积结渣和腐蚀特性，改善生物质直燃项目的运行品质和可靠性。突破低结渣、低腐蚀、低污染排放的生物质直燃发电技术、混燃发电计量检测技术与高效洁净的气化发电技术，并通过技术装备创新实现大规模产业化应用。加快推进清洁环保的垃圾焚烧发电技术，积极建设垃圾填埋气发电项目，因地制宜推进沼气发电项目建设，综合利用工业有机废水和城市生活污水生产沼气并发电。提高生物质热电联产的效率，积极推动生物质分布式能源系统建设。

（5）生物基材料及化学品

针对生物基材料产品功能单一、产品性能和附加值低等问题，利用农林生物质资源，重点突破纤维素/木质素大分子动态键合、活性可控聚合、天然大分子自组装及可控光催化聚合等定向合成及功能化改性关键技术，创制具有高机械强度、光磁、抗菌、环境响应、自修复、缓释等性能的化学品，构建高性能、高附加值产品技术体系，实现生物质原料对石化原料的大规模替代；突破提取剩余物热解制备生物炭关键技术，生物炭物理活化与高效利用关键技术及生物炭制备过程能量自给系统关键技术；加快推动生物炭功能材料利用，加快推进特色有机废物（如板栗壳、椰壳、虾头、葛根等）的高值化利用。

## 复习思考题

1. 论述生物质能的概念及其特点。
2. 简要论述生物质能的转化利用技术及原理。
3. 根据生物质能的发展现状，简述我国在生物质能领域的发展重点。

## 参考文献

［1］ Berndes G，Hoogwijk M，Broek R. The contribution of biomass in the future global energy supply：A review of 17 studies［J］. Biomass and Bioenergy，2003，25（1）：1-28.

［2］ Jenkins B M，Baxter L L，Miles Jr. TR，et al. Combustion properties of biomass［J］. Fuel Processing Technology，1998，54：17-46.

［3］ Khan M I，Shin J H，Kim J D. The promising future of microalgae：current status，challenges，and optimization of a sustainable and renewable industry for biofuels，feed，and other products［J］. Microbial Cell Factories，2018，17（1）：36.

［4］ Kumar M，Oyedun A O，Kumar A. A review on the current status of various hydrothermal technologies on biomass feedstock［J］. Renewable and Sustainable Energy Reviews，2018，81（2）：1742-1770.

［5］ Li Z G，Han C，Gu T Y. Economics of biomass gasification：A review of the current status［J］. Energy Sources，Part B：Economics，Planning，and Policy，2018，13（2）：137-140.

［6］ Mao G，Huang N，Chen L，et al. Research on biomass energy and environment from the past to the future：A bibliometric analysis［J］. Science of the Total Environment，2018，635：1081-1090.

［7］ Nwabue F I，Unah U，Itumoh E J. Production and characterization of smokeless bio-coal briquettes incorporating plastic waste materials ［J］. Environmental Technology and Innovation，2017，8：233-245.

［8］ Sahota S，Shah G，Ghosh P，et al. Review of trends in biogas upgradation technologies and future perspectives ［J］. Bioresource Technology Reports，2018，1：79-88.

［9］ Zhong Q，Yang Y B，Li Q，et al. Coal tar pitch and molasses blended binder for production of formed coal briquettes from high volatile coal ［J］. Fuel Processing Technology，2017，157：12-19.

［10］ 陈冠益，马隆龙，颜蓓蓓.生物质能源技术与理论 ［M］.北京：科学出版社，2017.

［11］ 段春艳，班群，皮琳琳.新能源利用与开发 ［M］.北京：化学工业出版社，2016.

［12］ 坚一明，李显，钟梅，等.生物质型煤技术进展 ［J］.现代化工，2018，38（7）：48-52.

［13］ 雷学军，罗梅健.生物质能转化技术及资源综合开发利用研究 ［J］.中国能源，2010，32（1）：22-28，46.

［14］ 李伟振，姜洋，阴秀丽.生物质成型燃料压缩机理的国内外研究现状 ［J］.新能源进展，2017，5（4）：286-293.

［15］ 马隆龙，唐志华，汪丛伟，等.生物质能研究现状及未来发展策略 ［J］.中国科学院院刊，2019，34（4）：434-442.

［16］ 孙玮.生物质资源及其利用技术分析 ［J］.中国高新区，2018，14：213.

［17］ 田宜水，姚向君.生物质能资源清洁转化利用技术 ［M］.北京：化学工业出版社，2014.

［18］ 王浩，韩秋喜，贺悦科，等.生物质能源及发电技术研究 ［J］.环境工程，2012，30：461-464，469.

［19］ 吴创之，周肇秋，马隆龙，等.生物质发电技术分析比较 ［J］.可再生能源，2008，26（3）：34-37.

［20］ 严鑫，吴明锋.生物质发电及能源化综合利用 ［J］.山西电力，2014，189：52-55.

［21］ 袁振宏，吴创之，马隆龙.生物质能利用原理与技术 ［M］.北京：化学工业出版社，2016.

［22］ 翟秀静，刘奎仁，韩庆.新能源技术 ［M］.第3版.北京：化学工业出版社，2017.

［23］ 张金梅.生物质能标准体系研究 ［J］.中国标准化，2017，491：67-72.

［24］ 张燕，佟达，宋魁彦.生物质能的热化学转化技术 ［J］.森林工程，2012，28（2）：14-17.

# 第七章 核 能

## 第一节 概 述

### 一、核能的概念与特点

#### 1. 核能的概念

(1) 原子结构

在正式认识核能之前，我们先来了解一下物质的基本组成。物质是由分子或原子构成的，分子是由原子构成的，原子是由原子核以及围绕原子核的电子构成的，原子核是由结合在其中的一定数目的质子和中子构成的。质子带正电，电子带负电，中子不带电。

原子的结构示意如下：

$$
原子 \begin{cases} 原子核 \begin{cases} 质子（带正电＋） \\ 中子（不带电） \end{cases} \\ 电子（带负电－） \end{cases}
$$

(2) 核反应

核反应是指原子核与原子核，或者原子核与各种粒子（如质子、中子、光子或高能电子）之间的相互作用引起的各种变化。在核反应的过程中，会产生不同于入射弹核和靶核的新的原子核。只有满足质量数、电荷、能量、动量、角动量和宇称等守恒条件，核反应才能发生。核反应过程总是伴随着能量的吸收或释放，前者称为吸能反应（又称吸热反应），后者称为放能反应（又称放热反应）。

(3) 核能

又称原子能，是通过核反应从原子核释放的能量，它是原子核里的核子，即中子或质子重新分配和配合释放出来的能量。

1905 年，著名科学家爱因斯坦在其相对论中指出：质量只是物质存在的形式之一，另一种形式就是能量。质量和能量可以相互转换。他提出了质能转换公式：

$$
E = mc^2
$$

式中，$E$ 为能量；$m$ 为转换成能量的质量；$c$ 为光速。

核能就是通过原子核反应，由质量转换成的巨大能量。比如铀裂变成更轻的原子，并释放出中子时，总质量会减少，而按照质能转换公式，这部分亏损的质量，会释放出相当大的能量。

质量亏损：原子核由质子和中子组成，质子和中子统称为核子。实验数据发现，任何一个原子核的质量总小于组成它的所有核子的质量的总和。即原子核分解为核子时，质量增加；核子结合成原子核时，质量减少。原子核的核子的质量之和与原子核的质量之差，叫做核的质量亏损。核子在结合成原子核时出现的质量亏损 $\Delta m$，证明它们在互相结合过程中放出了能量 $\Delta E = \Delta m c^2$。注意，核反应过程中，质量亏损时，核子个数不亏损（即质量数守恒）；另外质量亏损并非质量消失，而是减少的质量 $\Delta m$ 以能量形式辐射（动质量），因此质量守恒定律不被破坏。

**2. 核能的特点**

（1）核能的优点

① 核能属于一次能源，即从自然界中直接取得而不改变其基本形态的能源；同时，核能属于不可再生能源，即短时间内无法再生的一次能源。

② 核能是地球上储量最丰富的能源，又是高度富集的能源。

③ 核能是清洁的能源，有利于保护环境。燃烧化石燃料排出大量的 $SO_2$、$CO_2$、$N_2O$ 等气体，不仅直接危害人体健康和农作物生长，还导致酸雨和大气层的"温室效应"，破坏生态平衡。作为核能的主要应用方式之一，目前，核电是技术上已较成熟且能大规模经济开发使用并提供稳定电力的清洁能源。

④ 核电的经济性能可与火电竞争。核电厂由于考究安全和质量，建造费高于火电厂，但燃料费低于火电厂，火电厂的燃料费约占发电成本的 $40\% \sim 60\%$，而核电厂的燃料费则只占 $20\%$ 左右。

⑤ 发展核电有利于减轻燃料运输对交通系统的负担。1 座 100 万 kW 的燃煤火电机组每天需烧煤约 1 万 t，1 年约需 300 万 t，而 1 座 100 万 kW 的核电机组每年仅需核燃料 30t。

⑥ 以核燃料代替煤和石油，有利于资源的合理利用。煤和石油都是化学工业和纺织工业的宝贵原料，能用它们创造出多种产品。它们在地球上的储藏量是很有限的，作为原料的价值要比仅作为燃料高得多。

（2）核能的缺点

① 核废料处理需严谨。使用过的核燃料，虽然所占体积不大，但因具有放射性，因此必须慎重处理。一旦处理不当，就很可能对环境中的生物产生致命的影响。核废料的放射性不能用一般的物理、化学和生物方法消除，只能靠放射性核素自身的衰变而减少。核废料放出的射线通过物质时，发生电离和激发作用，对生物体会引起辐射损伤。

② 热污染。核能发电热效率较低，因而比一般化石燃料电厂排放更多废热到环境里，所以核能电厂的热污染较严重。

③ 核能发电存在风险。核裂变必须由人通过一定装置进行控制。一旦失去控制，裂变能不仅不能用于发电，还会酿成灾害。

## 二、核能的分类及其反应原理

"核能"来源于保持在原子核中的一种非常强的作用力——核力。核力和人们熟知的电磁力以及万有引力完全不同，它是一种非常强大的短程作用力。取得核能的方式有两种：一是目前已达到实用阶段的核裂变方式，二是目前还处于研究试验阶段的核聚变方式。本章主要讨论核裂变能和核聚变能。

**1. 核裂变能**

（1）基本原理

当一个重原子核在吸收了一个能量适当的中子后形成一个复合核，这个核由于内部不稳定而分裂成两个或多个质量较小的原子核，这种现象叫做核裂变。核裂变释放出的能量叫核裂变能。只有一些质量非常大的原子核像铀（U）、钍（Th）和钚（Pu）等才能发生核裂变。

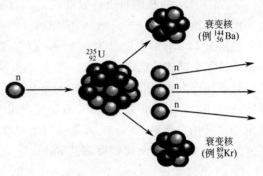

图 7-1　U-235 核裂变示意图

以 U-235 为例，其核裂变过程如图 7-1 所示，首先 U-235 原子核受到能量适中的中子撞击，产生了质量更小的原子核，如 Ba-144，Kr-89，同时还释放出了 2～3 个中子，这样就出现了质量亏损 $\Delta m = m_{结合前} - m_{结合后} = (235u + 1u) - (144u + 89u) = 3u$。$\Delta m$ 用 "u"（原子质量单位）来表示，$1u = 1.660566 \times 10^{-27}$ kg；$\Delta E$ 用 $uc^2$ 表示，$1uc^2 = 931.5$ MeV。1kg 铀中的铀核如果全部发生裂变，释放出的能量大约相当于 2500t 的标准煤完全燃烧所放出的能量。

链式反应：如图 7-2 所示，重原子核在吸收一个中子以后会分裂成两个或更多个质量较小的原子核，同时放出 2～3 个中子和很大的能量，在一定的条件下，新产生的中子又能使别的原子核接着发生核裂变，就可以使裂变反应不断地进行下去，这种过程称作链式反应。"一定的"条件有两个，第一个条件是铀要达到一定的质量，这个质量叫做"临界质量"；第二个条件是中子的能量，铀-235 原子核在慢速的"热中子"作用下比较容易发生裂变反应。链式反应如果不加以控制，大量原子核就在一瞬间发生裂变，释放出极大的能量。原子弹就是根据不加控制的裂变链式反应制成的。使原子核的裂变在可控制的条件下缓慢进行，释放的核能就可有效地利用。

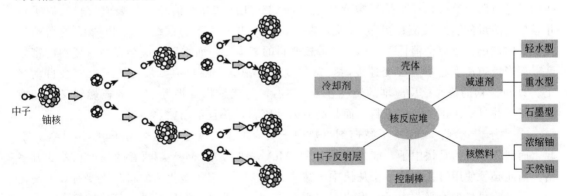

图 7-2　核裂变链式反应示意图　　　　图 7-3　核裂变反应堆基本结构

（2）核裂变反应堆原理

核反应堆是一个能维持和控制核裂变链式反应，从而实现核能-热能转换的装置。核反应堆是核电厂的心脏，核裂变链式反应在其中进行。本节以铀裂变反应堆为例，介绍核裂变反应堆的原料、反应机制、负反馈机制等基本原理。一般核反应堆包括图 7-3 中的这些结构。下面我们分别从这几个方面来了解核裂变反应堆的基本原理。

① 原料：铀裂变反应堆的原料为天然铀。天然铀是由 U-235 与 U-238 组成的，其中 U-235 仅占 0.7%，其余为 U-238。U-235 是易裂变核素，很容易发生裂变，U-238 只在被中子能量较大的高速中子（也被称为快中子）轰击时才裂变，所以链式反应所依靠的是 U-235。

② 富集度：指核燃料里易裂变核素的含量。按照铀浓度的不同，国际原子能机构将铀分为微浓缩铀（0.9%～2%）、低浓缩铀（2%～20%）和高浓缩铀（20% 以上）。在铀的天然同位素里 U-235 的丰度仅为 0.7%，而 U-238 丰度则高达 99.2%。天然铀在大多数情况下是无法发生链式反应的，所以一般需要提高 U-235 的富集度，也就是浓缩铀。一般认为核电轻水反应堆的浓缩铀中 U-235 的富集度在 3%～7%，但仅是达到 3% 的富集度，每 7t 天然铀（U-235 富集度为 0.7%）只能生产出 1t 浓缩铀核燃料（U-235 富集度为 3%），同时产生 6t "贫铀" 废料（U-235 富集度约为 0.2%），核废料产生率高达 85%，而武器级别的高浓缩铀 U-235 的富集度需要高达 85%。

③ 核燃料元件：经过提纯或浓缩的铀，还不能直接用作核燃料，必须经过化学、物理、机械加工等处理后，制成各种不同形状和品质的元件，才能供反应堆作为燃料来使用。核燃料元件种类繁多，按组分特征可分为金属型、陶瓷型和弥散型；按几何形状来分，有柱状、棒状、环状、板状、条状、球状、棱柱状元件。核燃料元件一般都是由芯体和包壳组成的，由于长期在强辐射、高温、高流速甚至高压的环境下工作，所以对芯体的综合性能、包壳材料的结构和使用寿命都有很高的要求。可见，核燃料元件制造是一种高科技含量的技术。

④ 增殖反应：反应堆在发生链式裂变反应的同时，还会发生增殖反应。U-238 受到高速中子轰击时，会吸收一个中子变成另一个 U 的同位素 U-239，然后通过两步的自然衰变，变成 Pu-239，Pu-239 是与 U-235 同样的易裂变核素。这是反应堆中发生的另一个重要过程，也可以称之为核嬗变。U-238 因此被称为增殖核素或材料。

⑤ 燃耗：消耗的重金属的质量与重金属初始质量的比值。之前提到过反应堆里实际上在同时进行两个反应，一个是易裂变核素（U-235 和 Pu-239）消耗，分裂成较轻的原子核并且放出能量的链式反应；另一个则是铀-238 受到快中子轰击最终生成 Pu-239 的增殖反应。其中，链式反应会消耗 U-235，降低核燃料的富集度，而增殖反应会提高核燃料的富集度。而当增殖速度赶不上裂变速度时，富集度会慢慢低于临界值，最终链式反应会自动终止。21 世纪初的普通核反应堆的燃耗在 5% 左右，这就意味着将近 95% 的核燃料又将变成核废料，并且这次不是贫铀废料，而是高放射性废料，并且不断放热。

⑥ 中子慢化剂：又称中子减速剂。热中子反应堆中裂变主要由热中子（<0.1eV）引起，而裂变产生的是快中子，能量在 0.1～10MeV，平均为 2MeV，两者的速度相差 2 万多倍，因此必须使用慢化剂让中子从快中子减速到热中子，用作慢化剂的材料既要有效地慢化中子，又要尽量少地吸收中子。慢化剂主要有普通水、重水、石墨、铍、氧化铍等。

⑦ 负反馈机制：采用水作为慢化剂时，将水浇到核燃料上，一旦出现问题，比如反应温度过高，水就会被蒸发，在没有慢化剂持续提供热中子的情况下，链式反应就自然终止了。

⑧ 功率控制：核反应堆的功率需要控制，而控制功率可从控制中子密度入手。控制中

子密度的方法就是选用吸收中子能力比较强的材料，需要吸收中子时将其插进核反应堆，在需要提升功率时，再将其提出。常用的有银铟镉合金、金属铪、含硼的不锈钢或者硼玻璃等；还有硼酸，可以将硼酸加入冷却水中，通过调节硼酸浓度起到调节中子密度的作用，进而控制功率。

**2. 核聚变能**

（1）基本原理

核聚变，也称热核反应，是指在高温下（几百万摄氏度以上）两个轻原子核结合成较大的核放出中子，并释放能量的反应。把一个氘核（质量数为2的氢核）和一个氚核（质量数为3的氢核）在高温、高压的环境下结合成一个氦核时，也会释放出核能，这就是所谓的氢核聚变（图7-4）。

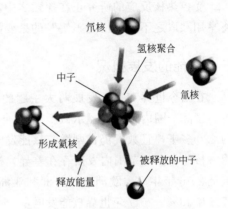

图 7-4　氘氚核聚变示意图

一定质量的氘核和氚核聚变时放出的能量要比等量的铀核裂变时放出的能量大几倍。氢弹就是利用这个原理制成的，氢弹的威力比原子弹要大得多。目前核聚变的实际应用只是利用不可控的热核反应，即制造氢弹。迄今，达到工业规模应用的核能只有核裂变能。

（2）反应条件

核聚变需要在一定条件下才能发生，即超高温和高压条件下。太阳就是靠核聚变反应来给太阳系带来光和热，其中心温度达到1500万摄氏度，另外还有巨大的压力能使核聚变正常反应。地球上难以获得巨大的压力，只能通过提高温度来弥补，这样一来温度要到上亿摄氏度才行。但是，实际和平利用核聚变能还是很难实现。因为核力是一种短程力，只有当原子核之间的距离接近约1/10000mm时，核力能才起作用，使两个原子核聚合在一起，放出巨大的能量。而所有的原子核都带正电，两个带正电的原子核互相接近时，它们之间的库仑斥力越来越大，所以实现聚变反应的条件是反应中的原子核必须具有很高的能量来克服静电斥力，使两核间的距离进入核力力程。据测算这样的能量将使氘核的温度达到5.6亿摄氏度，在这样的高温下，气体早已离化成原子核和电子的集合体——等离子气体，所以实现聚变的难度很大。在当前技术条件下，在地球上能实现的大规模释放轻核聚变能的方法，只有用原子弹触发氢弹的热核反应的设想。当前研究中的受控热核反应有两种主要方式：一种是磁约束方式，将氘核放置在强磁场中，注入能量后使其升温，由于此时的氘原子将离化为等离子体，这种带电的粒子将在磁场作用下"拐弯"，而不能脱离磁场，可将"等离子体"拘束在某一范围内；另一种约束方式是惯性约束，实际上是不附加任何的约束，仅靠自身的惯性，在极短的时间内维持相对不动，设法使某一氘和氚混合的小球堆迅速升温升压，实现热核爆炸而释放能量。

磁约束是前苏联科学家塔姆和萨哈罗夫提出的，他们期望用环形磁场这一"无形的河床"来约束"河水"。磁约束就是利用磁场将高温等离子体约束在一定的范围内，由于高温等离子体是由高速运动的荷电粒子（离子、电子）组成，如果利用设计的磁场来约束高温等离子体，使带电粒子只能沿着一个螺旋形的轨道运动，这样磁场的作用就相当于一个容器了，这就是磁约束系统的思想。受这一思想的启发，前苏联物理学家阿奇莫维奇开始了这一装置的研究，并且成功地建成了一个高温等离子体磁约束装置。阿奇莫维奇将这一形如面包圈的环形容器命名为托卡马克 Tokamak，它的名字来源于环形（toroidal）、真空室（kamera）、磁（magnit）、线圈（kotushka）。

托卡马克的中央是一个环形的真空室，外面缠绕着线圈。在通电的时候托卡马克的内部会产生巨大的螺旋形磁场，将其中的等离子体加热到很高的温度，以达到核聚变的目的。它产生的聚变能量取决于其核心发生的聚变反应的规模。

受控热核反应的研究正在探索之中，但相信再过几十年聚变能核电站一定能实现，人类将享用"取之不尽、用之不竭"的聚变能源。

## 三、核能的发展概况

在当今世界和平与发展两大主题的时代背景下，目前国际上主流核能利用仍以发电为主。国际范围内，统计显示截至 2019 年在役机组 454 台，总装机容量 400285MW，实验堆约 220 多座，且数量仍在剧增，核能发电正在造福千家万户，给越来越多的人带来温暖与光明。核能在全球范围内发展存在差异，核能发电主要集中在发达国家和一部分发展中国家。截至 2016 年年底，欧洲、北美洲和亚洲核能发电量占全球核能发电量的比例分别为 43%、37% 和 18%。2017 年世界核能发电量 2506TW·h，比 2016 年（2477TW·h）增加 29TW·h。这是自 2012 年以来全球核能发电量连续第五年保持增长趋势，较 2012 年增加 160TW·h。图 7-5 是 1970—2017 年世界核电生产能力，可以看出 2017 年全球核能发电量的变化如下：核能发电量维持原有趋势，如亚洲以及东欧和俄罗斯保持增长，西欧和中欧保持下降；美国的核能发电量处于下降边缘；南美洲和非洲的核能发电量有所下降。截至 2017 年年底，全球共有在运核电反应堆 448 座，相比 2016 年增加了 1 座。世界核协会根据国际原子能机构动力堆信息系统（PRIS）数据统计了世界核电发电量的历年变化情况，见表 7-1。从表中可以看出，全球核电发电量总体呈现上升趋势，2011 年后受日本福岛核事故影响，日本核电厂陆续停堆，到 2012 年全球核发电量达到低谷，后又逐渐增加，至 2016 年达到 2490TW·h，基本恢复到了 2011 年的水平。

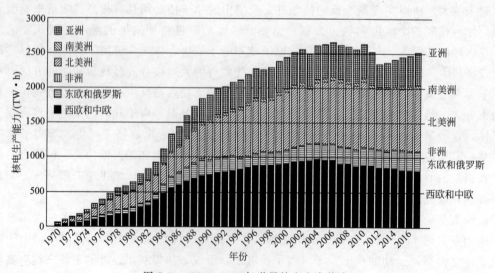

图 7-5　1970—2017 年世界核电生产能力

表 7-1　世界部分国家核电反应堆发展水平

| 国家 | 2016 年核电发电量 | | 在运机组 | | 在建机组 | | 计划建造机组 | |
|---|---|---|---|---|---|---|---|---|
| | 发电量 /(TW·h) | 占总发电量比例/% | 数量 | 净功率 /MWe | 数量 | 功率 /MWe | 数量 | 功率 /MWe |
| 阿根廷 | 7.7 | 5.6 | 3 | 1627 | 1 | 27 | 2 | 1950 |
| 巴西 | 15.9 | 2.9 | 2 | 1896 | 1 | 1405 | 0 | 0 |
| 加拿大 | 97.4 | 15.6 | 19 | 13553 | 0 | 0 | 2 | 1500 |
| 中国 | 210.5 | 3.6 | 37 | 33657 | 20 | 22006 | 40 | 46700 |
| 法国 | 384 | 72.3 | 58 | 63130 | 1 | 1750 | 0 | 0 |
| 德国 | 80.1 | 13.1 | 8 | 10728 | 0 | 0 | 0 | 0 |
| 伊朗 | 5.9 | 2.1 | 1 | 915 | 0 | 0 | 4 | 2200 |
| 日本 | 17.5 | 2.2 | 42 | 39952 | 2 | 2756 | 9 | 12947 |
| 韩国 | 154.2 | 30.3 | 24 | 22505 | 3 | 4200 | 2 | 2800 |
| 墨西哥 | 10.3 | 6.2 | 2 | 1600 | 0 | 0 | 0 | 0 |
| 荷兰 | 3.8 | 3.4 | 1 | 485 | 0 | 0 | 0 | 0 |
| 俄罗斯 | 179.7 | 17.1 | 35 | 26865 | 7 | 5904 | 26 | 28390 |
| 瑞典 | 60.6 | 40 | 8 | 8376 | 0 | 0 | 0 | 0 |
| 瑞士 | 20.3 | 34.3 | 5 | 3333 | 0 | 0 | 0 | 0 |
| 乌克兰 | 81 | 52.3 | 15 | 13107 | 0 | 0 | 2 | 1900 |
| 英国 | 65.1 | 20.4 | 15 | 8883 | 0 | 0 | 11 | 15600 |
| 美国 | 805.3 | 19.7 | 99 | 99647 | 4 | 5000 | 16 | 5600 |
| 全球 | 2490 | 10.6 | 447 | 392335 | 58 | 63070 | 162 | 167817 |

　　我国早在 1956 年制定的《国家原子能发展规划 12 年大纲》中就明确指出："用原子能发电是动力发展的新纪元，是有远大前途的""在有条件下应用原子能发电，组成综合动力系统。"经过三十多年的努力，我国核电从无到有，经历了 20 世纪 80 年代中期到 90 年代中期的起步阶段；20 世纪 90 年代中期到 2004 年的小批量发展阶段；从 2005 年开始，我国核电进入了快速发展阶段，在《核电中长期发展规划（2005—2020 年)》的指导下，我国核电发展取得了显著成绩。截至 2018 年已基本具备 30 万 kW、60 万 kW、100 万 kW 级压水堆核电站自主设计、建造、运行、管理能力，设备国产化率已达到 70% 以上，基本建立了一支核电技术队伍；建立了勘探、采冶、转化、浓缩、元件加工等较完整的核燃料加工体系，核安全法规管理体系已初步建立。

　　近年来，我国核能发展稳中有进。沿海市场总量近 5000 亿元。截至 2018 年年初，我国拥有 38 座可运行核反应堆，约占世界核电产能的 9%。中国继续主导着新建市场，2017 年，中国的 4 条输电网中有 3 条是由中国自主建造的，2018 年初，全球在建的 59 座反应堆中有 18 座是由中国承建的。2017 年，阳江、福清、田湾等地的核反应堆并网，新增装机容量 3MW。远期看来，我国核电发展潜力巨大。

# 第二节　核能的开发与应用

## 一、核能发电

### 1. 核电站工作原理

核电站又叫核电厂，是利用一座或若干座动力反应堆所产生的热能来发电或发电兼供热的动力设施。目前商业运行中的核电站都是利用核裂变反应来发电。核电站的反应堆作为核心部分产生动力。反应堆运行时通过链式裂变反应放出热量，载热剂（冷却剂）将热量带出进入蒸汽发生器，变成蒸汽，推动汽轮机，带动发电机来发电。它与火电站发电极其相似，只是以核反应堆及蒸汽发生器来代替火力发电的锅炉，以核裂变能代替矿物燃料燃烧产生的化学能。

与传统火力发电厂相比，核电站只需消耗很少的核燃料，就可以产生大量的电能，每 kW·h 电能的成本比火电站要低 20％以上。核电站还可以大大减少燃料的运输量。例如，一座 100 万 kW 的火电站每年耗煤三四百万吨，而相同功率的核电站每年仅需铀燃料三四十吨。

在核电站中，反应堆和蒸汽发生器所在的部分叫核岛，汽轮机和发电机所在的部分叫常规岛。一座反应堆及相应的设施和它带动的汽轮机、发电机叫做一个机组。

### 2. 核反应堆的基本构成

核反应堆由核燃料元件、慢化剂、反射层、控制棒、冷却剂、屏蔽层等 6 个基本部分构成。快中子堆主要是利用快中子来引起核裂变，不需要慢化剂。目前运行的反应堆大都是热中子堆，必须使用慢化剂。

（1）核燃料元件

铀-235、铀-233 和钚-239 都可以做反应堆的核燃料。由于高浓缩铀价格昂贵，大多数反应堆都采用低浓缩铀作核燃料，生产堆的核燃料一般是天然铀，只有作为特殊研究用的高通量堆和船舰用动力堆才使用高浓缩铀做燃料。

固体核燃料被制成燃料元件，按照一定的栅格排列，插在慢化剂中，组成非均匀堆芯。水堆（轻水堆和重水堆）燃料元件是燃料棒，其外壳为薄壁的锆合金管或不锈钢管，管内装有烧结的二氧化铀燃料芯块。快中子堆燃料元件也是燃料棒，但其燃料芯块是烧结的二氧化铀和二氧化钚混合物。高温气冷堆采用全陶瓷型的球形燃料元件或棱柱形燃料元件。

（2）慢化剂

核裂变产生的中子是能量很高的快中子，而热中子堆主要是用热中子引起核裂变反应，因此需要采用慢化剂将中子慢化成能量为 0.025eV 的热中子。

慢化剂必须兼具两方面的优点：既能很快地使中子的速度减慢下来，又不能吸收太多中子。慢化剂还应具有良好的热稳定性和辐照稳定性，以及良好的传热性能。慢化剂主要有水、重水、石墨、铍、氧化铍等。

（3）反射层

反射层又叫中子反射层。裂变产生的中子总会有一部分逃逸到堆芯外面。为了减少这些中子的损失，在堆芯外面围上一层材料构成反射层，把那些从堆芯逃逸出来的中子反射回去。对于热中子堆来说，凡是能够作为慢化剂的材料都可以用作反射层。

（4）控制棒

为了将链式反应的速率控制在一个预定的水平上，需用吸收中子的材料做成吸收棒，称之为控制棒，在反应堆中起补偿和调节中子反应性以及紧急停堆的作用。

控制棒是由硼和镉等易于吸收中子的材料制成的。核反应压力容器外有一套机械装置可以操纵控制棒。控制棒完全插入反应中心时，能够吸收大量中子，以阻止链式裂变反应的进行。如果把控制棒拔出一点，反应堆就开始运转，链式反应的速度达到一定的稳定值；如果想增加反应堆释放的能量，只需将控制棒再抽出一点，这样被吸收的中子减少，有更多的中子参与裂变反应。要停止链式反应，将控制棒完全插入核反应中心吸收掉大部分中子即可。

（5）冷却剂

核裂变释放的能量，会使燃料元件温度升高，必须及时地把热量带出反应堆，否则就会发生堆芯熔化的重大事故。即使反应堆处于停堆的情况下，燃料元件中的裂变产物具有的放射性也会引起元件发热（其热功率约为反应堆热功率的 $1\% \sim 3\%$），从而使燃料元件温度升高，长时间积累也可能引起事故，因此也要把这部分剩余的衰变热带出堆芯。动力堆利用核能作为动力，必须把这些热量带出来进行利用。用来带出堆内热量的物质，叫做冷却剂或载热剂。冷却剂应该具有吸收中子少，导热性好，对结构材料腐蚀性小等特性。热中子堆常用的冷却剂有气体（如 $CO_2$、He 等）或液体（如水、重水、有机液等），快中子堆常用熔融金属（如钠、钠钾合金等）作冷却剂。

（6）屏蔽层

为防护中子、γ 射线和热辐射，必须在反应堆和大多数辅助设备周围设置屏蔽层，其设计要力求造价低并节省空间。对 γ 射线屏蔽，通常选择钢、铅、普通混凝土和重混凝土。钢的强度最好，但价格较高；铅的优点是密度高，因此铅屏蔽层的厚度较小；混凝土比金属便宜，但密度较小，因而屏蔽层厚度比其他的都大。

来自反应堆的 γ 射线强度很高，被屏蔽体吸收后会发热，因此紧靠反应堆的 γ 射线屏蔽层中常设有冷却水管。核电站反应堆最外层屏蔽一般选用普通混凝土或重混凝土。

除了上述 6 种基本构成外，还包括反应堆容器及堆内构件，测量中子通量、功率、温度、压力、流量、放射性强度和其他参数的仪器以及控制保护系统。

**3. 核反应堆类型**

一般根据反应堆中用来降低中子运动速率的慢化剂类型为核电站命名。例如，用轻水（$H_2O$）做慢化剂的反应堆叫轻水堆；用重水（$D_2O$）做慢化剂的叫重水堆；用石墨慢化剂的叫石墨堆。也可以按照反应堆内水的状态将轻水堆分为沸水堆和压水堆，水呈沸腾状态的是沸水堆，对水加以高压而使其保持液态的是压水堆。此外，还可以根据反应中中子的能量大小命名，将带有低能中子的称为热堆，有高能中子的称为快堆。

从原则上讲，各种类型的反应堆都可以发电，但从工程和经济的角度来看，有的类型的反应堆更适用于核电站。世界上当前运行和在建的核电站反应堆主要有压水堆（pressurized water reactor，PWR）、沸水堆（boiling water reactor，BWR）、加压重水堆（pressurized heavy water reactor，PHWR）、高温气冷堆（high temperature gas reactor，HTGR）和快中子堆（fast breeder reactor，FBR）等 5 种堆型，但应用最广泛的是压水堆。几种通常形式的反应堆构成如表 7-2 所示。下面简要介绍这 5 种类型核反应堆的基本特征和主要特点。

表 7-2　几种通常形式的反应堆构成

| 堆型 | 压水堆 | 沸水堆 | 重水堆 | 高温气冷堆 | 钠冷快中子堆 |
|---|---|---|---|---|---|
| 燃料 | $UO_2$ | $UO_2$ | $UO_2$ | $UO_2+ThO_2$ | $PuO_2+ThO_2$ |
| 富集度 | 3.3%($^{235}$U) | 2.6%($^{235}$U) | 天然铀 | 93%($^{235}$U) | 15%[Pu/(Pu+U)] |
| 包壳材料 | 锆合金 | 锆合金 | 锆合金 | 石墨 | 不锈钢 |
| 燃料元件形式 | 棒束 | 棒束 | 棒束 | 石墨球或柱 | 棒束 |
| 慢化剂 | 水 | 水 | 重水 | 石墨 | — |
| 冷却剂 | 水 | 水 | 重水 | 氦气 | 钠 |
| 控制棒材料 | Hf 或 Ag-In-Cd 合金 | $B_4C$ | Cd+不锈钢 | $B_4C$ | $^{10}B_4C$ |
| 堆内构件材料 | 不锈钢+镍基合金 | 不锈钢+镍基合金 | 锆合金+不锈钢 | 石墨+不锈钢 | 不锈钢+镍基合金 |
| 工作压力/MPa | 15.5 | 7.0 | 11.0 | 约4 | 0.9 |
| 反应堆容器材料 | 低合金钢 | 低合金钢 | 不锈钢 | 合金钢 | 不锈钢 |

（1）压水堆

图 7-6 为压水堆的工艺流程图。压水堆是采用加压轻水（$H_2O$）作冷却剂和慢化剂，利用热中子引起链式反应的热中子反应堆，最初是美国为核潜艇设计的一种热中子反应堆堆型。这种堆型得到了很大的发展，经过一系列的重大改进，已经成为技术上最成熟的一种堆型。我国运行和在建的核电站主要是压水堆核电站，比如大亚湾核电站、岭澳核电站、秦山第一核电站、秦山第二核电站、江苏田湾核电站均属于这种堆型。

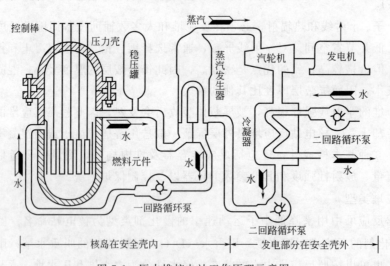

图 7-6　压水堆核电站工作原理示意图

压水堆核电站反应堆堆芯放在压力壳中，燃料一般采用富集度为 2%～4.4%的高温烧结二氧化铀（$UO_2$）陶瓷燃块，柱状燃料芯块被封装在细长的锆合金包壳管中构成燃料元件，这些燃料元件以矩形点阵排列为燃料组件，组件横断面边长约 20cm，长约 3m，几百个组件拼装成压水堆的堆芯，堆芯宏观上为圆柱形。

压水堆核电站一般有三个回路：一回路（反应堆主回路，也称冷却剂回路）、二回路（汽轮发电机回路）和三回路（循环水回路）。

一回路系统是将裂变能转化为水蒸气的热能装置。它由反应堆、一回路循环泵（即主泵）、稳压罐（即稳压器）、蒸汽发生器以及相应的管道等组成。原子核反应堆内产生的核能，使堆芯发热，温度升高，高温高压的冷却水在主循环泵驱动下流进反应堆堆芯，将堆芯中的热量带至蒸汽发生器。蒸汽发生器再把热量传递给二回路循环系统中的给水，使给水受热变成高压蒸汽，放热后的冷却水又重新流回堆芯。这样不断地循环往复，构成一个密闭的循环回路。一回路循环系统的压力由稳压罐进行调节。现代大功率压水堆核电站的一回路系统一般有 2～4 条并联的密闭环路，每条环路由一台主循环泵和一台蒸汽发生器与相应管道连接而成。为了确保安全，将整个一回路循环系统的主要设备集中安装在一座立式圆柱状球形顶盖密封建筑物（通常称为核电站安全壳）里，它是采用预应力混凝土内衬钢板制成的大型建筑结构，能承受一定压力，可以防止放射性物质穿透和向外扩散。

二回路循环系统由汽轮机、发电机、冷凝器、二回路循环泵等设备组成。二回路中蒸汽发生器的给水吸收了一回路传来的热量变成高压蒸汽，然后推动汽轮机，带动发电机发电。做功后的废气在冷凝器内冷却而凝结成水，再由给水泵送入加热器加热后重新返回蒸汽发生器，再变成高压蒸汽推动汽轮发电机做功发电，这样构成了第二个密闭循环回路。二回路系统设备均安装在汽轮发电机组厂房内，一回路和二回路通过主蒸汽管道与蒸汽发生器连接。

核电站的二回路系统和普通火电站的动力回路相似，蒸汽发生器和一回路系统相当于火电站的锅炉。由于反应堆一回路系统往往带有一定剂量的放射性，因此，从反应堆出来的冷却剂一般不宜直接送入汽轮机，否则将会使常规机组操作维修复杂，所以核电站一般比火电站要多一套动力回路。此外，核电站还设有为了维持核电站正常运行和防止事故的辅助系统厂房、电站循环水泵房、输配电厂房以及放射性废物储存和处理厂房等。

三回路使用海水或淡水，其作用是将冷凝器中的二回路蒸汽冷却变回冷凝水，余下的大部分不能利用的能量传递给冷凝器，热量通过三回路最终排放到江、河、湖、海或大气中。

此外，压水堆还设有与建筑物连为一体的安全壳，以防止放射性物质进入环境。安全壳是一个空间很大的一回路包容体，用约 1m 厚的钢筋混凝土制成，内表面覆盖一层 6mm 厚的钢衬里。一般的压水堆核电站安全壳是直径约为 40m、高约 60m 的圆筒，上面为半球形穹顶。安全壳应保证密封性，其设计压力为 0.2～0.4MPa。安全壳顶部设有喷淋系统，万一发生事故时，用喷淋水把一回路失水气化的蒸汽冷凝下来，并冲洗掉进入安全壳的放射性物质，喷淋水汇集到安全壳中。

压水堆的显著特点是结构紧凑，堆芯的功率密度大。由于水的慢化能力及载热能力好，比热容大，热导率高，在堆内不易活化，不容易腐蚀不锈钢、锆等结构材料，因而采用轻水作慢化剂和冷却剂。压水堆核电站的另一个特点是经济上基建费用低、建设周期短。压水堆核电站结构紧凑，堆芯功率密度大，即体积相同时压水堆功率最高，或者在相同功率下压水堆体积最小，加上轻水的价格便宜，导致压水堆在经济上基建费用低和建设周期短。

压水堆核电站的主要缺点有两个：一是必须采用高压的压力容器。压水堆冷却剂入口水温一般在 300℃ 左右，出口水温 330℃ 左右，堆内压力 15.5MPa。由于水达到 100℃ 就会沸腾，为了提高热效率，必须在水不沸腾的前提下提高反应堆冷却剂的出口温度，因此就必须提高压力。为了提高压力，就要有承受高压的压力容器，这就导致压力容器的制作难度和制作费用的提高。二是必须采用有一定富集度的核燃料。轻水吸收热中子的概率比重水和石墨大，所以轻水慢化的核反应堆无法以天然铀作燃料来维持链式反应。因此轻水堆要求将天然铀浓缩到富集度 3％ 左右，因而压水堆核电站的燃料费用较高。

（2）沸水堆

沸水堆与压水堆是一对"孪生姐妹"——同属于轻水堆家族，都使用轻水作慢化剂和冷却剂，低浓缩铀作燃料，燃料形态均为二氧化铀陶瓷芯块，外包锆合金包壳。沸水堆内的水在压力容器内是沸腾的，在适当高的压力下，沸腾情况稳定，反应堆处于热工稳定的状态。

沸水堆的压力容器壁厚比压水堆小，但其尺寸（直径和高度）要比同样功率的压水堆大得多。沸水堆的燃料芯块仍为烧结二氧化铀（$UO_2$），包壳材料为锆-4 合金，由 8×8 或 9×9 根燃料棒组成燃料组件，放入锆-4 合金制成的方形组件盒中。沸水堆采用十字形控制棒，为十字形不锈钢密封管，内装碳化硼（$B_4C$）粉末。十字形控制棒插在 4 个燃料组件盒之间。控制棒从压力容器底部往上插入堆芯，其驱动机构装在压力容器底部。

因为沸水堆与压水堆一样，采用相同的燃料、慢化剂和冷却剂等，决定了沸水堆也有热效率低、转化比低等缺点。但与压水堆核电站相比，沸水堆核电站还有以下几个不同的特点：

① 直接循环。核反应堆产生的蒸汽被直接引入蒸汽轮机，推动汽轮发电机发电。这是沸水堆核电站与压水堆核电站的最大区别。沸水堆核电站省去一个回路，因而不再需要昂贵的、压水堆中易出事故的蒸汽发生器和稳压器，减少大量回路设备。

② 工作压力降低。将冷却水在堆芯沸腾。直接推动蒸汽轮机的技术方案可以有效降低堆芯工作压力。为了获得与压水堆同样的蒸汽温度，沸水堆堆芯只需加压到 7MPa 左右，仅为压水堆堆芯工作压力的一半。

③ 堆芯出现空泡。与压水堆相比，沸水堆最大的特点是堆内有气泡，堆芯处于两相流动状态。由于气泡密度在堆芯内的变化，在它的发展初期，人们认为其运行稳定性可能不如压水堆。但运行经验表明，在任何工况下慢化剂空泡系数均为负值，空泡的负反馈是沸水堆的固有特性。它可以使反应堆运行更稳定，自动展平径向功率分布，具有较好的控制调节性能等。

（3）重水堆

重水堆是指用重水（$D_2O$）作慢化剂的反应堆。重水由两个氘原子和一个氧原子化合而成，氘（D）的热中子吸收截面比氢（H）的热中子小得多，所以重水堆可以用天然铀作燃料，但重水对中子的慢化作用比普通水（轻水）小，所以重水堆的堆芯体积和压力容器的容积要比轻水堆大得多。重水堆可以用任何一种核燃料，包括天然铀、各种富集度的浓缩铀、钚-239 或铀-233，以及这些核燃料的组合。

按结构分，重水堆可以分为压力管式和压力壳式。采用压力管式时，冷却剂可以与慢化剂相同也可不同。压力管式重水堆又分为立式和卧式两种。立式时，压力管是竖直的，可采用加压重水、沸腾轻水、气体或有机物冷却；卧式时，压力管水平放置，不宜用沸腾轻水冷却。压力壳式重水堆只有立式，冷却剂与慢化剂相同，可以是加压重水或沸腾重水，燃料元件竖直放置，与压水堆或沸水堆类似。在这些不同类型的重水堆中，加拿大研发的卧式压力管天然铀重水慢化和冷却的坎杜堆是发电用重水堆的成功堆型。

（4）高温气冷堆

气冷堆是用气体（$CO_2$ 或氦气）作为冷却剂的反应堆。气体的主要优点是不会发生相变。但是由于气体的密度低，导热能力差，循环时消耗的功率大，为了提高气体的密度及导热能力，也需要加压。高温气冷堆的核燃料是富集度为 90% 以上（有的高温气冷堆采用中、低富集度）的二氧化铀或碳化铀。首先将二氧化铀或碳化铀制成直径小于 1mm 的小球，其外部包裹着热解碳涂层和碳化硅涂层。将这种包覆颗粒燃料与石墨粉基体均匀混合之后，外面再包一些石墨粉，经复杂的工艺加工制成直径达 60mm 的球形燃料元件。高温气冷堆的冷却剂是氦气，球形元件重叠时，彼此间有空隙可供高温氦气流过。在氦循环风机的驱动下，氦气不断通过堆芯将裂变热带出，进行闭式循环。氦气的压力一般为 4MPa。

（5）快中子堆

快中子反应堆，简称快堆，是堆芯中核燃料裂变反应主要由平均能量为 0.1MeV 以上的快中子引起的反应堆。快中子堆一般采用二氧化铀和二氧化钚混合燃料（或采用碳化铀、碳化钚混合物），将二氧化铀与二氧化钚混合燃料加工成圆柱状芯块，装入到直径约为 6mm 的不锈钢包壳内，构成燃料元件棒。快堆堆芯与一般的热中子堆堆芯不同，它分为燃料区和增殖再生区两部分。燃料区由几百个六角形燃料组件盒组成；核燃料区的四周是由二氧化铀棒束组成的增殖再生区。由于堆内要求的中子能量较高，所以快堆中不需要慢化剂。目前快堆中的冷却剂主要有两种：液态金属钠或氦气。

根据冷却剂的种类，可将快堆分为钠冷快堆和气冷快堆。气冷快堆目前仅处于探索阶段。钠冷快堆用液态金属钠作为冷却剂，通过流经堆芯的液态钠将核反应释放的热量带出堆外。钠的中子吸收截面小、导热性好，沸点高达 886.6℃，所以在常压下钠的工作温度高。快堆使用钠作冷却剂时只需两三个大气压，冷却剂的温度即可达 500～600℃，比热容大，因而钠冷堆的热容大，在工作温度下对很多钢种腐蚀小、无毒，所以钠是一种很好的快堆冷却剂。世界上现有的、正在建造的和计划建造的快堆都是钠冷快堆。但钠的化学性质活泼，易与氧和水起化学反应。所以在使用钠时，要采取严格的防范措施，这比热堆中用水作为冷却剂的问题要复杂得多。

按结构来分，钠冷快堆有两种类型，即回路式和池式。回路式结构就是用管路把各个独立的设备连接成回路系统。优点是设备维修比较方便，缺点是系统复杂易发生事故。池式即一体化方案，池式快堆堆芯、一回路的钠循环泵和中间热交换器浸泡在一个很大的液态钠池内。通过钠泵使池内的液钠在堆芯与中间热交换器之间流动。两种结构形式比较，在池式结构中，即使循环泵出现故障，或者管道破裂和堵塞造成钠的漏失和断流，堆芯仍然泡在一个很大的钠池内。池内大量的钠所具有的足够的热容及自然对流能力，可以防止失冷事故，因而池式结构比回路式结构的安全性好。现有的钠冷快堆多采用这种池式结构，但是池式结构复杂，不便于检修，用钠多。

## 二、核能供热

### 1. 基本原理

核能供热是以核裂变产生的能量为热源的城市集中供热方式，它能有效地改善燃煤造成的环境污染问题，缓解城市能源供应和运输压力。

（1）核能供热模式

目前，核能供热可分为三种模式，分别是发电为主、供热为辅的供热模式，供热为主、发电为辅的供热模式，单一供热模式。

发电为主、供热为辅模式：这种模式存在于大型核电站，通过从汽轮机抽取部分热量，为城市供暖提供热源。其反应堆以发电为主要目的，机组装机容量较大，发电效率高；而供热作为辅助功能，有利于提高核电站的热效率，同时可以降低热网供热的成本。但考虑到安全性问题，大型核电站必须距离大城市足够远，导致输热距离较长，既增加输热管网的投资成本，又造成一定的热损失。

供热为主、发电为辅模式：该模式在供暖期主要用于供热，非供暖期则用于发电，提高了设备利用率。机组装机容量规模适中，不超过一般热网的容量。其核反应堆采用较小功率和低参数设计，提高了反应的安全性，使厂址可选在大城市附近，缩短输热距离，既降低管网造价，又可减少热损失。另外，对于这种热电联产的运行模式，虽然发电设备和核燃料消耗增加了建设和运行成本，但发电的辅助功能可带来一定收益，用于抵消部分供热的成本。

单一供热模式：该模式的核能供热厂仅在供暖期内以供热方式运行，非供暖期则停止工作。其反应堆与前两者相比，作用单一，不需考虑发电，故可以采用较小功率和更低参数的设计，安全性进一步提高，可以在大城市居民区附近建造。

（2）核供热反应堆

根据供热形式和温度的不同，核反应堆可分为高温核供热反应堆和低温核供热反应堆两大类。

高温核供热反应堆：热源温度在300℃以上，其典型代表是高温气冷反应堆。由于反应堆温度很高，耐高温的石墨代替金属被用作核燃料的包壳材料，并制成直径6cm的石墨球；惰性气体氦则代替水被用作工艺的冷却剂。氦气由上至下穿过反应堆，最终从"炉子"下部输送，达到900℃以上的高温。该高温氦气可被直接利用，也可将热量进一步转移给其他介质，如蒸汽发生器中的水，使其气化成200个大气压、500℃以上的高温高压蒸汽，供工业用户使用。

低温核供热反应堆：热源温度在200℃以下。该温度范围的用户最多，用量最大，约占热量总消耗量的一半，因此低温核供热反应堆受到广泛关注。根据构造的不同，可分为壳式堆和池式堆。壳式堆为满足压力需求，采取"压水"或"压水微沸腾"运行方式，且需要外加2层或3层保护壳来预防泄漏，保证安全；而池式堆可在常压低温的开放环境下运行，具有技术成熟、构造简单、运行稳定等优点，并且建造成本低、运行维护简便，适合靠近城市居民区。池式堆的主要工作过程是将堆芯（几百束铀棒）置于开口的深埋地下的钢筋混凝土容器内，纯净的水流经铀棒被加热，经两级热量传递后与热网连接，将热量输送到用户，如图7-7所示。

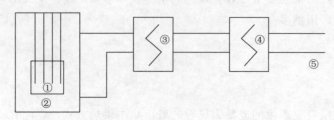

图 7-7　池式供热堆示意图

①—反应堆堆芯；②—反应堆水池；③——次换热器；④—二次换热器；⑤—供热管网

**2. 工艺参数**

（1）压强

与核电站结合的核能供热模式，采用高温高压的反应条件，存在一定安全隐患。而低温供热堆，压力仅为1~2MPa。尤其是池式反应堆，堆芯不放在密闭的加压容器内，反应在常温常压下即可进行。在出现异常情况时，不存在超压的危险；而且由于是低压相变，当水变成蒸汽时，气液两相较大的密度差导致强的负反馈，可迅速有效地抑制反应堆功率或温度的升高，进而降低功率并导致停堆。

（2）自然循环能力

反应堆冷却水的自然循环是保证反应堆安全的重要手段，一座反应堆的自然循环能力由以下关系式决定。

$$N_t = 4.43 C_p \rho \beta^{0.5} \Delta t_0^{1.5} \Delta H_0^{0.5} A \xi^{-0.5}$$

式中，$N_t$ 为反应堆自然循环功率；$C_p$ 为定压比热容；$\rho$ 为密度；$\beta$ 为线膨胀系数；$\Delta t_0$ 为堆芯冷却剂出入口温差；$\Delta H_0$ 为堆芯与热交换器高度差；$A$ 为堆芯冷却剂流通截面积；$\xi$ 为冷却剂流动阻力。

**3. 关键技术**

核能供热的关键是核反应堆的设计，既要满足供热需求，又要保证安全性，同时还要考虑实际的经济效益。因此，堆型和规模的选择需要取决于热负荷需求、热网状况、供热经济性、安全可靠性及技术现实性等因素。其中，安全性是技术需要解决的首要问题。

核供热站应遵循一定的安全原则：在核供热站正常运行和发生设计基准事故时，甚至在超设计基准事故下，应保护站区工作人员的健康、安全，使其免受放射性的过量照射，保证不让超过规定限值的放射性物质外逸以致污染环境，危害公众。为此，核供热站设计应满足下列基本安全要求：必须在任何工况下为安全停堆和维持停堆状态提供必要和可靠的手段；必须为排出堆芯余热提供必要和可靠的手段，这种手段应是非能动式的；必须提供必要的手段确保放射性物质向热网和环境的释放不超过规定的限值；必须确保不会发生堆芯熔化事故，在任何工况下，不需要站区外居民撤离的应急计划。

# 第三节　核能的发展前景

近些年来，世界各地的组织都在大力倡导减少碳排量，减缓大气暖化进程，据核能业界的学者预言，核能爆炸式发展时代即将来临，但是核能的发展道路并不是畅通无阻的，需要解决的问题还有很多。核电站及核能发电技术的不足，能投入商业运行的反应堆种类较少，此外，核能发电会出现无法回避的热污染问题，而且因为效率的低下，核电厂每发电 1 万 kW·h 会释放出比同级燃煤电厂多 40％的废热，这种废热是必须转移到环境中去的，而转移可以使用冷却塔，或者利用池塘、湖畔、河川、大海中的水体。但如果采用水进行冷却，所需要的总水量是巨大的，1000MW 机组核电站需要使用的冷却水量为 28400L/s，水温通常要升高到 100℃。由于温度升高，可能产生各种的化学和生物的影响，有的影响甚至还是未知的。还有放射污染，虽然核能发电不会造成全球暖化，但是人们不得不关心核电站产生的放射性废物污染问题，放射性流出物不仅会通过气态进入环境，也会通过水体，从而改变当地水质。同时核电厂的放射性流出物里面还包含化学污染物，究其根本原因，是由于核能发电系统的正常运行必然要添加一定的化学物质，一旦流入人们生活的环境中，带来的影响也是不可估量的。不仅如此，核电产业链包括前端（含铀矿勘查、采冶、转化、铀浓缩，燃料元件生产）、中端（含反应堆建造和运营，核电设备制造）、后端（乏燃料储存、运输、后处理、放射性废物处理和处置，核电站退役）等环节。核电站从建设到退役要历经百年时间；放射性废物处置历经时间更长，需要及早统筹规划。我国核电发展存在"重中间，轻两头"的情况，随着核电规模化发展，前端和后端能力不足的现象开始显现。核能领域有几项前沿或者颠覆性的技术，可能会对未来能源结构产生深远影响，比如海水提铀、快堆、钍铀循环、聚变能源、聚变裂变混合能源。这几项技术理论上都存在解决全人类千年以上的能源供应的潜力。每一项技术成熟度不一，又存在不同的技术路线，但是国内研究已全面铺开。在我国，新能源发展制度有待完善，同时财政和税收政策有待向核能领域进一步倾斜，新能源方面创新动力有待提高，相对其他工业来说研究核能发电的群体相对较少，发展创新的速度与社会需要尚有一定距离。就核能发展来说，二次转换的成本虽然低于其他能源，但相对来说还是较高，电力并网尚存在一定困难，资源供需矛盾，核能发展的压力空前紧张。

针对上述问题，国家应当进一步加强顶层设计和统筹协调；系统布局，建立和完善核能科技创新体系；加强基础研究，特别是核电装备材料、耐辐照核燃料和结构材料等共性问题的研究；加强包括前端和后端的核电产业链的协调配套发展。依托我国现有的核相关领域有实力的科研机构和企业，整合国内资源，组建核能国家实验室，集中力量推进我国核能产业健康、快速发展，促进我国能源向绿色、低碳转型。核能对我国经济的发展有着战略性的意义，不仅可以保证能源的安全性，还可以带动其他产业的发展，有效改善环境污染问题。从长远角度而言，核能不仅可以应用在发电中，还可以为工业、交通业提供热源，取代传统的石油资源。实际上，经过三十多年的发展，我国核电产业已经取得了一定的成就，但是与发达国家相比，还存在一些差距。《2050年世界与中国能源展望》中明确指出，截止到2050年，我国核电占一次能源比重将达到12.5%，装机容量达到240GW。目前我国的核电主要以"三代"大型压水堆为主，有效提升了核电产业的经济竞争力与运行安全性。面对目前的格局，在下一阶段，我国要注重专门性人才的培养，并在社会上加强宣传与教育，提升民众的知情权，让公众对核能产生正确的认知。

## 复习思考题

1. 请简述核电站的工作原理。
2. 核反应堆主要由哪几个部分构成？
3. 核电站的能量转化过程有哪些？
4. 你对我国未来的核能发展有什么看法？

## 参考文献

[1] 陈华，向毅文.核能供热新星：泳池式低温堆简介 [J].区域供热，2018，1：19-23.
[2] 董铎.5MW低温核供热试验堆正式投入运行 [J].科学通报，1990，35 (15)：1121-1124.
[3] 杜祥琬，叶奇蓁，徐銤，等.核能技术方向研究及发展路线图 [J].中国工程科学，2018，20 (3)：17-24.
[4] 韩霄.核电站不同反应堆型的原理及发展现状 [J].科学家，2017，18：62-64.
[5] 江绵恒，徐洪杰，戴志敏.未来先进核裂变能：TMSR核能系统 [J].中国科学院院刊，2012，27 (3)：366-374.
[6] 连培生.原子能工业 [M].北京：原子能出版社，2002.
[7] 刘建.俄罗斯核能发展战略研究 [D].北京：中共中央党校，2017.
[8] 刘自结.内陆核电发展形势分析 [J].环球市场信息导报，2016，25：99.

[9]　马栩泉.核能开发与应用［M］.北京：化学工业出版社，2005.

[10]　彭先觉，师学明.核能与聚变裂变混合能源堆［J］.物理，2010，39（6）：385-389.

[11]　史永谦.核能发电的优点及世界核电发展动向［J］.能源工程，2007，1：1-6.

[12]　汤旸.核能发电的优势与发展前景［J］.科技展望，2016，26（28）：113.

[13]　王大中，林家桂，马昌文，等.200MW 核供热站方案设计［J］.核动力工程，1993，14（4）：289-295.

[14]　王洪，郝梅.能源中的后起之秀：核能（二）［J］.中国三峡，2011，6：76-81.

[15]　吴宜灿.福岛核电站事故的影响与思考［J］.中国科学院院刊，2011，26（3）：271-277.

[16]　杨鹰.英国民用核能发展研究（1953—2016）［D］.西安：陕西师范大学，2018.

[17]　叶奇蓁.核能利用的未来发展方向［J］.当代电力文化，2018，11：41.

[18]　游战洪.首座一体化壳式低温核供热堆的诞生［J］.科学，2016，68（5）：39-44.

[19]　詹文龙，徐瑚珊.未来先进核裂变能：ADS 嬗变系统［J］.中国科学院院刊，2012，27（3）：375-381.

[20]　张海龙.中国新能源发展研究［D］.吉林：吉林大学，2014.

[21]　周全之.核能发电原理及主要堆型［J］.大众用电，2005，8：23-24.

[22]　左志远.城市核能供热发展历程及优势探讨［J］.城市建设理论研究（电子版），2018，10：152.

# 第八章  地热能

## 第一节  概  述

### 一、地热资源的来源

地球是一个巨大的椭球体，构造很像鸡蛋，主要分为地壳、地幔和地核三层。外层相当于蛋壳的一个薄层叫"地壳"，厚度 5～70km 不等；地壳下面相当于蛋白的那一部分叫"地幔"，总厚度约 2900km；地球内部相当于蛋黄的那一部分叫"地核"，位于地球的中心，厚约 3450km。地核的物质组成以铁、镍为主，又分为内核和外核。内核的顶界面距地表约 5100km，约占地核直径的 1/3。外核的顶界面距地表约 2900km。据推测，外核可能由液态铁组成，内核被认为是由刚性很高的、在极高压下结晶的固体铁镍合金组成。地核中心的压力可达到 350 万大气压，温度可达 6000～7000℃。

地幔是介于地壳和地核之间的中间层，这是地球内部体积和质量最大的一层。它的物质组成具有过渡性。靠近地壳部分，主要是硅酸盐类物质；靠近地核部分，则同地核的物质组成比较接近，主要是铁、镍金属氧化物。

一般认为地幔顶部存在一个软流层，是放射性物质集中的地方，由于放射性物质不断分裂的结果，软流层的温度很高，大致在 1000℃ 以上，有些地方可达到 2000℃ 甚至 3000℃，这样高的温度足可以使岩石熔化，形成岩浆。地球地质构造与地温分布如图 8-1 所示。

岩浆沿着地壳的裂隙涌向地壳表层，有些岩浆因为压力太高或者没有遇到有力的阻挡，直接喷出地面，大部分岩浆则遇到岩石层的阻挡，没有喷出，而是将其周边的岩石加热。如图 8-2 所示，如果这些被加热的岩石内有大量的地下水存在，这些地下水就会被加热成热水甚至水蒸气，通过凿井的方式取出地下热水或蒸汽，就是传统意义上的地热资源。

地球内部蕴藏着巨大的能量，这些能量产生的原因比较复杂，与地球的形成过程以及地球内部的放射性元素的衰变、地球内部的各种运动和各种化学反应都有关系。地热能的概念有广义的和狭义的两种，广义上可以把地球内部所拥有的全部能量都称为地热能，但地球中心部位的巨大能量是无法利用的，所以一般所说的地热能是指能够开采的地球中心的能量。就现有的技术水平而言，地热资源勘探开采的深度可达地表以下 5000m，其中 2000m 以内的地热资源的开采具有很好的经济性，如果地热资源丰富且品位较高，2000～5000m 的地

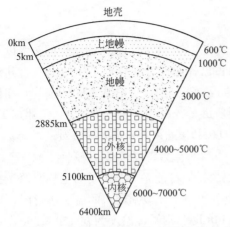

图 8-1 地球地质构造与地温分布

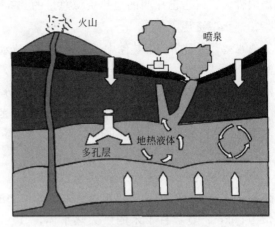

图 8-2 地热能的形成过程

热资源也具有开采价值。

## 二、地热资源的特点

### 1. 储量巨大

据估算，储存于地球内部的热量约为全球煤炭储量的 1.7 亿倍，全球可开采地热资源量为每年 $500 \times 10^9 GJ$，超过当今全球年均一次能源消耗的总量。随着科技的进步，人类将能够利用地球更深部位的地热资源，资源量更大，品位更高，完全可以解决人类未来的能源需求。

### 2. 可以高效、稳定、连续地供应

地热能利用效率高，和其他新能源相比，地热能平均能源利用效率高达 73%，是风能的 3～4 倍，太阳能的 4～5 倍，生物质能的 1.5 倍。而且，地热资源不受外界环境条件的影响，地热发电不仅可以长期稳定地运行，而且可以随意调峰，在这一点上，不仅优于太阳能和风能这类受环境变化影响的可再生能源，也优于传统的火力发电，因为火力发电调峰困难。

### 3. 开发成本低、经济性好

地热电站的建设与运行费用不仅与风电和太阳能发电相比具有优势，随着技术的不断进步，与传统火力发电相比也同样具有竞争力，一旦建立起地热电站，其发电所需一次能源的成本几乎为零，是一种完全可以依靠市场化发展和运作的能源技术。

## 三、地热资源的存在形式

地热资源按其在地下的赋存状态，可以分为水热型、地压型、干热岩型和岩浆型地热资源；其中水热型地热资源又可进一步划分为蒸汽型和热水型地热资源。

### 1. 蒸汽型资源

蒸汽型资源是指地下热储中以蒸汽为主的对流水热系统，它以产生温度较高的过热蒸汽为主，掺杂有少量其他气体，所含水分很少或没有。这种干蒸汽可以直接进入汽轮机，对汽轮机腐蚀较轻，能取得令人满意的效果。但这类构造需要独特的地质条件，因而资源少、地

区局限性大,仅占已探明的地热资源总量的 0.5%。

**2. 热水型资源**

热水型资源是指地下热储中以水为主的对流水热系统,它包括喷出地面时呈现的热水以及水汽混合的湿蒸汽。这类资源分布广、储量丰富,约占已探明的地热资源总量的 10%,其温度范围从接近室温到高达 390℃。根据其温度可分为高温(>150℃)、中温(90~150℃)和低温(90℃以下)热水型资源。热水型资源的利用范围广泛,普遍应用在地热发电、工业加工、农业灌溉、水产养殖等领域。我国中低温热水型资源直接利用始终走在世界的前列。

**3. 地压型资源**

地压型地热资源是一种目前尚未被人们充分认识的、但可能是十分重要的地热资源。它以高压水的形式储存于地表以下 2~3km 的深部沉积盆地中,并被不透水的盖层所封闭,形成长 1000km、宽数百千米的巨大热水体,其压力可达几十兆帕,温度约在 150~260℃ 之间,其储量约是已探明的地热资源总量的 20%。地压水除了具有高压、高温的特点外,还溶有大量的烃类化合物(如 $CH_4$ 等)。所以,地压型资源中的能量,实际上是由机械能(压力)、热能(温度)和化学能(天然气)3 个部分组成的。

**4. 干热岩型资源**

广义上,干热岩指地下不存在热水和蒸汽的热储岩体。干热岩型资源是比上述各种资源规模更为巨大的地热资源。干热岩是普遍埋藏于地表以下 3~10km 处,温度高达 150~650℃ 的岩体,没有水和水蒸气,是分布在全球的资源。干热岩储量十分丰富,约为已探明的地热资源总量的 30%。

**5. 岩浆型资源**

岩浆型地热资源是指蕴藏在熔融状态和半熔融状态岩浆中的巨大能量。岩浆是埋藏部位最深的一种完全熔化的热熔岩,热储温度 600~1500℃。岩浆储藏的热能比其他几种都多,约占已探明的地热资源总量的 40% 左右。但这类资源一般埋藏较深,钻探尚难达到。可开发的对象多在现代火山区,即地壳浅部存在的岩浆房或尚未完全凝固的岩浆体中。要直接利用岩浆的巨大热能难度很大,必须用遥感和地球物理等方法和理论,查明岩浆的形态、规模、埋藏深度,解决开发岩浆源的技术,制造能下到岩浆一定深度的换热器,生产抗高温(1600℃)、高压(400MPa)、耐强腐蚀的材料,还需掌握地球动力学在极高压力下岩浆的对流和传热过程等,才能有计划地提取热能。

目前能为人类开发利用的主要是地热蒸汽和地热水两大类资源,人类对这两类资源已有较多的应用;干热岩和地压两大类资源尚处于试验阶段,开发利用还较少。不过,仅仅是蒸汽型和热水型两种资源的储量也是极为可观的,仅目前可供开采的地下 3km 范围内的地热资源,就相当于 $2.9 \times 10^{12}$ t 煤炭燃烧所发出的热量。

## 四、世界地热资源及其分布

地热资源的形成与地球岩石圈板块发生、发展、演化及其相伴的地壳热状态、热历史有着密切的内在联系,特别是与更新世以来构造应力场、热动力场有着直接的联系。从全球地质构造观点来看,高于 150℃ 的高温地热资源带主要出现在地壳表层各大板块的边缘,如板块的碰撞带,板块开裂部位和现代裂谷带;低于 150℃ 的中、低温地热资源则分布于板块内部的活动断裂带、断陷谷和坳陷盆地地区。从世界范围来说,主要有以下 4 个地热带(表 8-1)。

**表 8-1　全球著名的 4 个环球地热带及其特征**

| 地热带名称 | | 位置 | 类型 | 热储温度/℃ | 典型地热田及温度/℃ |
|---|---|---|---|---|---|
| 环太平洋地热带 | 东太平洋中脊地热亚带 | 位于太平洋板块与南极洲和北美洲板块边界 | 洋中脊型 | 288~388 | 美国:盖瑟斯(288)、索尔顿湖(360) |
| | | | | | 墨西哥:塞罗普列托(388) |
| | 西太平洋岛弧地热亚带 | 位于太平洋板块与欧亚板块及印度洋板块边界 | 岛弧型 | 150~296 | 中国:台湾大屯(293) |
| | | | | | 日本:松川(250)、大岳(206) |
| | | | | | 菲律宾:蒂威(154) |
| | | | | | 印度尼西亚:卡莫将(150~200) |
| | | | | | 新西兰:怀拉开(266)、卡韦劳(285)、布罗德兹(296) |
| | 东南太平洋缝合线地热亚带 | 位于太平洋板块与南美洲板块边界 | 缝合线型 | >200 | 智利:埃尔塔蒂奥(221) |
| 地中海-喜马拉雅地热带 | | 位于欧亚板块、非洲板块与印度板块碰撞的拼合地带 | 缝合线型 | 150~200 | 中国:羊八井(230)、羊易、腾冲、热海 |
| | | | | | 意大利:拉德瑞罗(245) |
| | | | | | 土耳其:克泽尔代尔(200) |
| | | | | | 印度:普加 |
| 大西洋地热带 | | 位于美洲与欧亚、非洲板块边界 | 洋中脊型 | 200~250 | 冰岛:亨伊尔(230)、雷克雅内斯(286)、纳马菲雅尔(280) |
| 红海-亚丁湾-东非裂谷地热带 | | 位于阿拉伯板块(次级板块)与非洲板块边界 | 洋中脊型 | >200 | 埃塞俄比亚:比洛尔(>200) |
| | | | | | 肯尼亚:奥尔卡利亚(287) |

**1. 环太平洋地热带**

它是太平洋板块与美洲、欧亚、印度板块的碰撞边界,以显著的高热流、年轻的造山运动和活火山活动为特征,可分为东太平洋中脊、西太平洋岛弧、东南太平洋缝合线 3 个地热亚带,分布范围包括美国的阿拉斯加、加利福尼亚到墨西哥、智利,从新西兰、印度尼西亚、菲律宾到中国沿海和日本。世界许多著名的地热田,如美国的盖瑟斯、长谷、罗斯福,墨西哥的塞罗普列托,新西兰的怀拉开,中国台湾的马槽,日本的松川、大岳等大多在这一带。开发利用的热储温度一般在 250~300℃。

**2. 地中海-喜马拉雅缝合线型地热带**

它是欧亚板块与非洲板块和印度板块的碰撞边界,西起意大利,向东经土耳其、巴基斯坦进入我国西藏阿里地区,然后向东经雅鲁藏布江流域至怒江而后折向东南,至云南的腾冲。该地热带以年轻造山运动、现代火山作用、岩浆侵入以及高热流等为特征。热储温度一般在 150~200℃。世界第一座地热发电站意大利的拉德瑞罗地热田就位于这个地热带中,中国的西藏羊八井及云南腾冲地热田也在这个地热带中。

**3. 大西洋洋中脊型地热带**

出露于大西洋洋中脊扩张带的一个巨型环球地热带,位于美洲、欧亚、非洲等板块的边界,大部分在洋底,洋中脊出露海面的部分主要有冰岛的克拉弗拉、纳马菲雅尔和雷克雅内斯等高温地热田。地热带在陆上的主体部分,其热储温度多在 200℃以上。

#### 4. 红海-亚丁湾-东非裂谷地热带

沿洋中脊扩张带及大陆裂谷系展布，位于阿拉伯板块与非洲板块的边界，以高热流、现代火山作用以及断裂活动为特征，分布范围自亚丁湾向北至红海，向南与东非大裂谷连接，包括吉布提、埃塞俄比亚、肯尼亚等国的地热田，热储温度都在 200℃ 以上。

中低温地热资源则广泛分布于板块内部。远离板块边界的板内广大地区，构造活动性减弱或为稳定块体，热背景正常以至偏低，水热活动随之减弱，一般形成中低温地热资源。板内地热带主要包括板块内部皱褶山系及山间盆地等构成的地壳隆起区和以中新生代沉积盆地为主的沉降区内发育的中低温地热带。

### 五、地热能的发展概况

人类很早以前就开始利用地热能，但真正认识地热资源并进行较大规模的开发却始于20 世纪中叶，现在许多国家为了提高地热利用率而采用梯级开发和综合利用的方法，如热电联供、冷热电三联产、先供暖后养殖等方法。

地热能的利用可分为地热发电和直接利用两大类，对于不同温度的地热流体可利用的范围如下：200～400℃，直接发电或综合发电；150～200℃，可用于双循环发电、制冷、工业干燥、工业热加工等；100～150℃，可用于双循环发电、供暖、制冷、工业干燥、脱水加工、回收盐类、制作罐头食品等；50～100℃，可用于供暖、温室、家庭用热水、工业干燥；20～50℃，可用于沐浴、水产养殖、饲养牲畜、土壤加温、脱水加工等。

#### 1. 地热发电

据 2010 年印度尼西亚世界地热大会统计，世界上约有 32 个国家先后建立了地热发电站。2017 年年底全球地热装机容量达到 14060MW，排在前 10 位的地热发电装机容量国家是：美国（3591MW）、菲律宾（1868MW）、印度尼西亚（1809MW）、土耳其（1100MW）、新西兰（980MW）、墨西哥（951MW）、意大利（944MW）、冰岛（710MW）、肯尼亚（676MW）、日本（542MW）(如图 8-3)。同时，印度尼西亚、土耳其等国家新增地热发电装机容量也保持了较快的增长速度（如图 8-4），仅印度尼西亚 2017 年就新增发电装机容量 275MW，远远超过除土耳其之外的其他国家。表 8-2 总结了 2015 年世界各种类型地热电站的装机容量及所占比例。

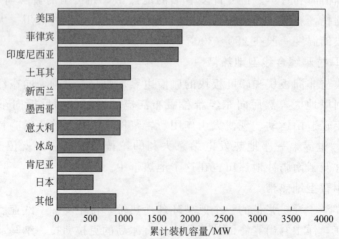

图 8-3　2017 年地热装机容量排行前十的国家及累计装机容量

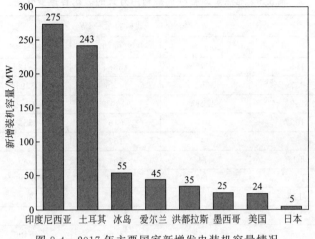

图 8-4　2017 年主要国家新增发电装机容量情况

表 8-2　2015 年世界各种类型地热电站装机容量及比例

| 类型 | 装机容量/MW | 所占比例/% |
|---|---|---|
| 干蒸汽 | 2863 | 22.6 |
| 一次闪蒸 | 5081 | 40.2 |
| 二次闪蒸 | 2544 | 20.1 |
| 双工质、联合 | 1790 | 14.2 |
| 背压式 | 182 | 1.4 |
| 其他 | 195 | 1.5 |
| 合计 | 12655 | 100 |

**2. 地热直接利用**

地热资源除发电利用外，更多的是直接用于加热、冷却和各种形式的工农业利用以及医疗、旅游等方面，在世界范围内地热资源直接利用的能量已远远超过发电量。而且，前者的增长速度比后者快得多。全球地热直接利用设备容量从 1995 年的 8.66GW 增至 2015 年的 70.33GW，约为同期地热发电设备容量（13.2GW）的 5.3 倍，平均每 5 年增长 1.69 倍。地热能直接利用方式主要有地源热泵供暖、常规地热供暖、农业利用、温泉医疗洗浴等。随着地源热泵技术的进步，地源热泵设备容量占比从 1995 年 26％增至 2010 年 69.66％，并在 2015 年占比保持在 70％，其次是洗浴游泳，占 13.2％，再次是常规地热供暖，占 10.7％，其余温室、水产、工业、融雪等所占比例较小。据估计，2020 年地热直接利用设备容量为 120GW，地源热泵设备容量将增至 84GW，是 2015 年容量的 1.68 倍，将带来 30GW 的设备容量需求，市场空间巨大。

根据世界地热大会（World Geothermal Congress，WGC）的数据以及各个国家提供的资料，表 8-3 总结了世界范围内地热资源各种直接利用方式的装机容量变化趋势及分布情况，由表可知：各种地热资源直接利用方式的装机容量均有显著的变化，尤其是在地源热泵方面，增长十分迅速。随着地源热泵受到越来越多的重视，地热资源可以在任何地方得以开发，用于采暖和制冷。

表 8-3　地热资源各种直接利用方式的装机容量变化

| 利用方式 | 装机容量/MW | | | | |
|---|---|---|---|---|---|
| | 1995 年 | 2000 年 | 2005 年 | 2010 年 | 2015 年 |
| 地源热泵 | 1854 | 5275 | 15384 | 33134 | 49898 |
| 采暖 | 2579 | 3263 | 4366 | 5391 | 7556 |
| 温室加热 | 1085 | 1246 | 1404 | 1544 | 1830 |
| 水产养殖 | 1097 | 605 | 616 | 653 | 695 |
| 农业干燥 | 67 | 74 | 157 | 125 | 161 |
| 工业用途 | 544 | 474 | 484 | 533 | 610 |
| 洗浴和游泳池 | 1085 | 3957 | 5401 | 6700 | 9140 |
| 制冷和融雪 | 115 | 114 | 371 | 368 | 360 |
| 其他 | 238 | 137 | 86 | 42 | 79 |
| 总计 | 8664 | 15145 | 28269 | 48490 | 70329 |

　　世界上利用地热采暖的国家主要有冰岛、美国、法国、土耳其、瑞士、日本、中国等。冰岛基于丰富的地热资源，首都雷克雅未克已经实现全部地热采暖，全国地热采暖率达86%。此外，美国、法国等发达国家也是地热采暖面积大国，利用地热采暖已经有相当长的一段时间。早在 2007 年，土耳其就有近 600 万 $m^2$ 的地区采用了地热供热系统，到 2010年，土耳其 30% 的供暖依靠地热资源。瑞士已经安装了 30000 个地源热泵，每年新增 1000口井，来自排水管道的废水通过再次加热，可为附近的村落进行供暖。此外，一些用于融化地面积雪的地热项目也正在开发中。日本位于环太平洋火山带上，地热资源丰富，温泉遍布全国各地，在地热直接利用（医疗和旅游）方面走在世界前列。此外，俄罗斯和意大利的热矿水资源也十分丰富，在医疗和旅游休闲领域也开发已久。

　　我国地热资源丰富，温泉广布，地热资源的直接开发利用已有上千年的历史。我国地热开发以中低温地热资源为主，资源潜力约占世界的 7.9%，约合 $2000×10^8 t$ 标准煤。我国的地热直接利用在供暖、工业、温室、水产养殖以及温泉疗养等方面均实现了跨越式发展，直接利用长期居世界首位。根据 2015 年世界地热大会数据（图 8-5），中国地热直接利用量达到 48435GW·h，是美国直接利用量的两倍多。其中，热泵利用方式占 58%，中深层地热供暖占 19%，温泉洗浴占 18%，种植养殖等占 5%。地热直接利用结构不断优化，中深层地热供暖比例超过温泉洗浴，地热开发能源化利用程度以及技术经济性得以提升。

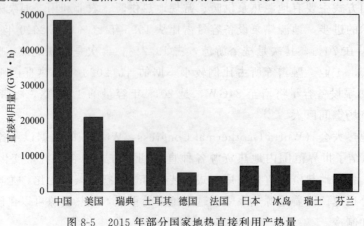

图 8-5　2015 年部分国家地热直接利用产热量

## 第二节　地热能的开发与应用

### 一、地热发电技术

地热发电是利用地下热水或蒸汽为动力源的一种新型发电技术，其基本原理和火力发电类似，都是利用蒸汽的热能推动汽轮发电机组发电。地热发电实际上就是把地下的热能转变为机械能，然后再将机械能转变为电能的能量转变过程。可用于发电的地热能资源主要是高温和中温资源。针对可利用温度不同的地热资源，地热发电可分为地热蒸汽发电、地下热水发电、全流地热发电和干热岩发电四种方式。

**1. 地热蒸汽发电**

地热蒸汽发电主要适用于高温蒸汽地热田，是把蒸汽田中的蒸汽直接引入汽轮发电机组发电，在引入发电机组前需对蒸汽进行净化，去除其中的岩屑和水滴。这种发电方式最为简单，但是高温蒸汽地热资源十分有限，且多存于较深的地层，开采难度较大，故发展受到限制。地热蒸汽发电主要有背压式汽轮机发电和凝汽式汽轮机发电两种。

（1）背压式汽轮机发电

背压式汽轮机发电系统是最为简单的地热蒸汽发电方式，如图 8-6 所示，其工作原理是：把蒸汽从蒸汽井中引出，净化分离后形成干蒸汽送入汽轮机做功，由蒸汽推动汽轮发电机组发电，蒸汽做功后可直接排空，或者继续用于农业生产。背压式汽轮机发电系统大多用于地热蒸汽中不凝性气体含量很高的场合，或者需综合利用排气于工农业生产和生活热水的场所。

（2）凝汽式汽轮机发电

为了提高地热电站的机组输出功率和发电效率，凝汽式汽轮机发电系统将做功后的蒸汽排入混合式凝汽器，冷却后再排出，如图 8-7 所示。在该系统中，蒸汽在汽轮机中能膨胀到很低的压力，所以能做出更多的功。为了保证冷凝器中具有很低的冷凝压力（接近真空状态），设有抽气器来抽气，把由地热蒸汽带来的各种不凝性气体和外界漏入系统中的空气从凝汽器中抽走。

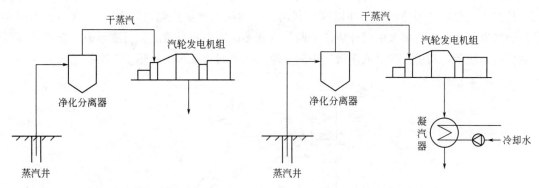

图 8-6　背压式汽轮机发电系统　　　　图 8-7　凝汽式汽轮机发电系统

**2. 地下热水发电**

地下热水发电是地热发电的主要方式，目前地下热水发电系统有两种方式：闪蒸地热发电和中间介质法地热发电。

（1）闪蒸地热发电

闪蒸地热发电基于扩容降压的原理从地热水中产生蒸汽。水的气化温度与压力有关，在降低压力时，水的气化温度会相应降低。由于热水降压蒸发的速度很快，是一种闪急蒸发过程，同时，热水蒸发产生蒸汽时体积要迅速扩大，因此这个容器叫做闪蒸器或扩容器。用这种方法来产生蒸汽的发电系统，叫做闪蒸地热发电系统或减压扩容法地热发电系统，可分为单级闪蒸发电系统和两级闪蒸发电系统。单级闪蒸发电系统（图8-8）构造简单、投资低，但热效率较低，厂用电率较高，适用于中温（90～160℃）的地热田发电。两级闪蒸发电系统（图8-9）中，第二级膨胀所产生的蒸汽压力较低，因此只能将其通入单独的低压汽轮机或引入汽轮机的中部某一级膨胀做功，采用两级闪蒸系统可使发电量提高20%左右，但系统较复杂，其成本也大大提高。

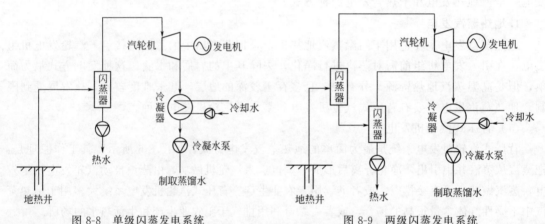

图8-8  单级闪蒸发电系统                图8-9  两级闪蒸发电系统

（2）中间介质法地热发电

中间介质法地热发电又称双循环地热发电或热交换法地热发电，即地热水和蒸汽不会直接与汽轮机接触，而是依次进入蒸发器和预热器，将地热水和蒸汽具有的热能传给另一种低沸点的工质流体（如异丁烷、异戊烷、氟利昂等），低沸点物质被加热后沸腾产生蒸汽，推动汽轮机做功。汽轮机排出的乏汽经冷凝器冷凝成液体，经工质循环泵泵回到预热器被加热，循环使用。地热水放热后从预热器排出加以综合利用，或回注入地层热储，如图8-10所示。中间介质法地热发电又可分为单级中间介质法、两级（或多级）中间介质法和闪蒸与中间介质法两级串联发电系统等，其中两级（或多级）中间介质法就是利用排水中的热量再次发电的系统。

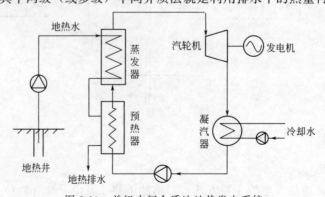

图8-10  单级中间介质法地热发电系统

### 3. 全流地热发电

全流地热发电系统（图 8-11）是把地热井口的全部流体，包括蒸汽、热水、不凝性气体及化学物质等，不经分离和闪蒸处理就直接送进全流动力机械中膨胀做功，而后排放或收集到凝汽器中，这样可以充分利用地热流体的全部能量。该系统由螺杆膨胀器、汽轮发电机组和冷凝器等部分组成。全流系统抛弃了会造成较大不可逆损失的闪蒸器，使两相流体推动叶轮做功，故效率较高，它的单位净输出功率可比单级闪蒸法和两级闪蒸法发电系统分别提高 60％和 30％左右。全流系统造价低廉，系统十分简单。这种装置的难点是研制高效率的全流膨胀机。

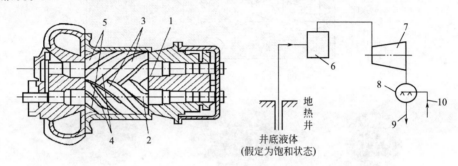

图 8-11　全流地热发电系统

1—高压气室；2、3、4—啮合螺旋转子；5—排出口；6—全流膨胀器；

7—汽轮发电机组；8—冷凝器；9—热水排放；10—冷却水

### 4. 干热岩发电

干热岩是指地下不存在热水和蒸汽的热储岩体。有些地下热源的地热资源储量虽然十分丰富，但是其上覆盖的岩石缺乏渗透性，要取出干热岩体中的热能，无法通过地下自然存在的热水和蒸汽作为媒介，需要注入大量的水进行开采。从干热岩取热的原理十分简单，首先钻一口回灌深井至地下 4～6km 深处的干热岩层，将水用压力泵通过回灌井压入高温岩体中，此处岩石层的温度大约在 200℃，用水力破碎热岩石。然后另钻一口生产井，使之与破碎岩石形成的人工热储相交。这样从回灌井压入的水经地下人工热储吸取破碎热岩石中的热量，变成热水或过热水，再从生产井流出至地面。在地面，通过热交换器和汽轮发电机将热能转化成电能。而推动汽轮机工作的热水冷却后再通过回灌井回灌到地下供循环使用。干热岩发电系统如图 8-12 所示。

## 二、地热直接利用

地热直接利用是指不需进行热、电能量转换的地热利用，即地热非电利用。地热直接利用用途非常广泛，主要有采暖、制冷、工业应用、农业温室、水产养殖、旅游温泉、疗养保健等（图 8-13）。利用地源热泵技术的浅层地热能应用得到了大力的开发和发展，逐渐成为地热直接利用的主要增长力量。

### 1. 地热采暖

地热采暖对地热水的温度要求低，一般不低于 60℃就可以，现在也有利用 50～60℃地热水进行采暖的。地热水采暖系统主要包括三部分：地热水开采系统、输送和分配系统、中心泵站和室内装置。地热供热系统按照地热流进入供热系统的方式可分为直接供暖和间接

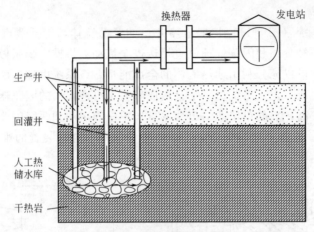

图 8-12　干热岩发电系统

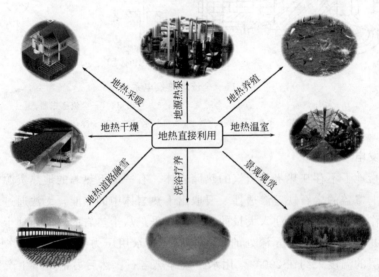

图 8-13　地热直接利用用途

供暖。

（1）地热直接供暖

地热直接供暖即把地热流体直接引入供暖热用户，然后排放掉或回灌。这种供热方式设计结构简单，如图 8-14（a）所示。在地热水进入热用户之前根据水质条件可以增设除砂器，为调节进入热用户的温度增设供热调峰装置和混水器等。

（2）地热间接供暖

如图 8-14（b）所示，间接式供暖与直接式不同，地热水不直接通过热用户散热器，而是通过换热站将热量传递给供热管网循环水，温度降低后的地热水回灌或排放掉。地热水为一次水，采暖循环水为二次水（一般采用低矿化的优质水或蒸馏水）。地热井水经耐热潜水电泵提取，经除砂器除砂，进入供热站房地热换热器，采暖循环水通过换热器吸收地热水的热量，对热用户供热，地热井泵和供热站地热加压泵设置变频调节装置，根据热用户用热负荷的大小及室外温度，调节地热水取水量，以节约地热水资源和取水泵耗电量。

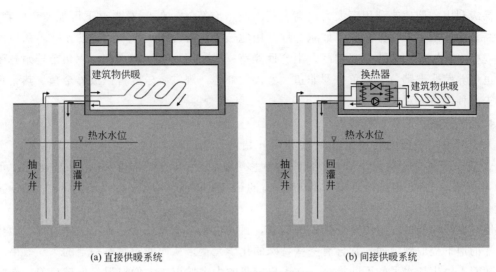

(a) 直接供暖系统　　　　　　(b) 间接供暖系统

图 8-14　地热供暖系统

**2. 地热能工业利用**

地热能工业利用是指地热能在工业领域的用途，如：纺织、印染、锅炉、烘干、皮革加工、造纸、食品加工、木材加工等。它可以用于烘干和蒸馏过程，用于简单的工艺供热、制冷，或者用于各种采矿和原材料处理工业的加温和除冰。在某些情况下，地热流体本身也是一种有用的原料，具有工业利用价值，如某些热水含有的各种盐类和其他化学物质，以及天然蒸汽中的不凝性气体等。

地热供热、制冷：如棉纺厂将地下热水直接送入空调设备，调节车间温度和湿度，既改善了劳动条件，又提高了产品质量，每年可节省大量的水、电、煤等费用。同时，以地热蒸汽或地热水为热源的地热可以为吸收式制冷提供热能，驱动吸收式制冷设备制冷。

地热干燥：地热干燥是地热能直接利用的重要项目，地热脱水蔬菜及方便食品有着良好的国际市场和潜在的国内市场。

道路融雪：道路地热融雪化冰技术是在路（桥）面内埋置热管，利用机组，经地下换热器从地下提取低位地热能，经热泵提升后，通过水泵把温度较高的流体输送到路（桥）面内的排管里面。高温热流体在排管内流动时，把热量通过对流换热方式传入路（桥）面。

原料提取：我国中西部地区地热水中含有许多贵重的稀有元素、放射性元素、稀有气体和化合物，如溴、碘、硼、钾、氡、重水和钾盐等，从中提取的稀有金属和重水、氢的同位素等是国防工业、原子能工业、化工工业及农业不可缺少的原料。

目前，世界上最大的两家地热应用工厂是冰岛的硅藻土厂和新西兰的纸浆木材加工厂。

**3. 地热农业和水产养殖**

地热在农业方面的应用在我国有着十分广阔的前景。利用地热可以育种、育秧、温棚供暖、养殖水生绿肥和饲料，还可用来直接灌溉，以提高土壤温度，使作物早熟增产。北京、河北等地用地热水灌溉农田，调节水温，用 30～40℃ 的地热水种植水稻，以解决春寒时的早稻烂秧问题。利用地热建造温室，育秧、种菜和养花；利用地热给沼气池加温，提高沼气的产量等。

地热水产养殖是地热直接利用项目中的重要内容，水产养殖所需的水温不高，一般低温地热水都能满足需求，同时又可将地热采暖、地热温室以及地热工业利用过的地热排水再次综合梯级利用，使地热利用率大大提高。利用地热水养鱼，在 28℃ 水温下可加速鱼的育肥，可提高鱼的产出率，江苏海安、如东等地利用地热进行特种水产养殖。地热水产养殖可以分为大规模生产性养殖和建立观赏区。生产性养殖一般采用地热塑料大棚，以鱼苗养殖越冬为主，也可养殖非洲鲫鱼、鳗鱼、罗非鱼、罗氏沼虾等；观赏游乐区可以放养金鱼、热带鱼及锦鲤等品种供游人观赏。

**4. 地热洗浴、医疗、保健**

人类对地热资源的利用是从直接利用开始的，而直接利用又是从温泉洗浴和疗疾开始的。据印度梵文记载，早在公元前 4000 多年，就有人宣传温泉洗浴的好处；公元前 2000 年左右，古希腊就有温泉水可以治病的记载；矿泉浴疗曾在古希腊和古罗马盛极一时。

地热在医疗领域的应用有着诱人的前景，目前热矿水就被视为一种宝贵的资源。地热水从很深的地下提取到地面，常含有一些特殊的化学元素，从而使它具有一定的医疗效果。

随着人民生活水平的不断提高，在人口密集的大中城市，人们对温泉保健疗养、洗浴的需求得到了满足。除历史上著名的西安华清池、大连汤岗子、广东从化温泉外，这些年来在北京、天津、昆明、珠海等大中城市又建成了一批集医疗、洗浴、保健、娱乐、旅游度假于一体的"温泉度假村"或"医疗康复中心"。如北京城南的中国医疗康复中心、小汤山龙脉温泉疗养院、八达岭温泉度假村、昆明绿世界温泉度假村、海南琼海官塘、天津东丽湖度假村、塘沽温泉康乐中心及广东恩平的锦江、金山、帝都温泉度假村等。

## 三、地源热泵

**1. 地源热泵的概念及特点**

地源热泵是一种利用地下地热资源把热从低温端传送到高温端的设备，它是利用水与地热进行冷热交换来作为水源热泵的冷热源，是一种既可供暖又可制冷的高效节能空调系统。冬季时，地源热泵把地热资源中的热量取出来，供给室内采暖，此时地热为热源；夏季时，地源热泵把室内热量取出来，释放到地下水、土壤或地表中，此时地热为冷源。通常，地源热泵消耗 1kW 的能量可为用户带来 4kW 以上的热量或冷量。地源热泵主要有如下特点。

（1）节能效率高

地能或地表浅层地热资源的温度一年四季相对稳定，冬季比环境空气温度高，夏季比环境空气温度低，是很好的热源和空调冷源。这种温度特性使得地源热泵比传统空调系统运行效率高出 40%，因此达到了节能和节省运行费用的目的。

（2）可再生循环

地源热泵是利用地球表面浅层地热资源（通常深度小于 400m）作为冷热源进行能量转换的供暖空调系统。地表浅层地热资源可以称为地能，是指地表土壤、地下水或河流、湖泊中吸收太阳能、地热能而蕴藏的低温地热能，它不受地域、资源等的限制，量大面广，无处不在，这种储存于地表浅层近乎无限的可再生能源，使得地热也成为一种清洁的可再生能源。

（3）应用范围广

地源热泵系统可用于采暖、空调，还可供生活热水，一机多用，一套系统可以替换原来的锅炉加空调的两套装置或系统。该系统可应用于宾馆、商场、办公楼、学校等建筑，更适用于别墅住宅的采暖空调。

**2. 地源热泵系统的类型**

地源热泵系统主要有以下 4 种基本类型：水平式地源热泵系统、垂直式地源热泵系统、地表水式地源热泵系统以及地下水式地源热泵系统。

（1）水平式地源热泵系统

水平式地源热泵指的是将地埋管水平置于 2～4m 的地表下，然后通过向地埋管内注入防冻液体并使其与热泵相连，然后与土壤进行换热。此类系统适合于小型的建筑物，比如小型别墅及小型单体楼，该系统占地面积较大，但是施工难度比较小。图 8-15 为一典型的水平埋管式地源热泵系统的示意图。闭式水平埋管系统需要较大的面积用于铺设地下塑料管道；管道通常由聚乙烯材料制成，聚乙烯具有较好的弹性，且导热性能较好，可有效地在工质和周围环境之间传递热量；管道埋设于水平沟槽中，其深度位于霜线以下（霜线深度随地点变化），沟槽之间的距离必须足够大，以避免管道之间的相互影响。

图 8-15 水平埋管式地源热泵系统

（2）垂直式地源热泵系统

垂直式地源热泵是目前主要的方式，通过利用埋管获取地下深层土壤的热量。通过垂直钻孔将闭合换热系统埋置在 50～400m 深的岩土体与土壤进行冷热交换，通过将管道与热泵相连，利用热泵进行水循环，从而达到供热制冷的效果。此类系统一般适用于别墅和一些面积较大的建筑，同时还需要周围有一定的钻孔空间。由于是垂直方式，所以占地面积不大，但是初期投资较高。图 8-16 所示为一典型的垂直埋管式地源热泵系统。

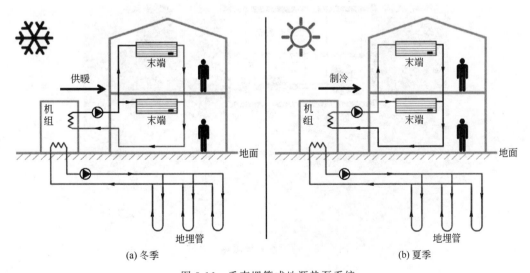

(a) 冬季　　　　　　　　　　　　　　　　(b) 夏季

图 8-16 垂直埋管式地源热泵系统

（3）地表水式地源热泵系统

该地源热泵系统是将换热系统埋于江河、湖泊、海水底并与之进行冷热交换，达到供暖制冷的目的。图 8-17 所示为一典型的地表水式地源热泵系统，此系统适合于中小型并靠近水源的建筑物，它通过与江水换热，不需钻井挖沟，初期投资最小，运行效率高，但受地理位置的限制，需要建筑物周围有较深、较大的河流或水域。由于热泵系统在夏天向水中排出热量，因此湖泊和池塘的大小必须确保这些热量不会对水中的生态系统形成威胁。

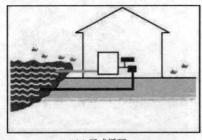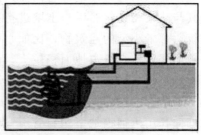

(a) 开式循环　　　　　　　　　　(b) 闭式循环

图 8-17　地表水式地源热泵系统

（4）地下水式地源热泵系统

图 8-18 为一典型的地下水式地源热泵系统，该系统通过水泵抽取深层地下水进行冷热交换，地下水排回或通过加压式泵注入地下水层中。此系统适合建筑面积大，周围空地面积有限的大型单体建筑和小型建筑群。但应注意，该系统是一个与地下水直接进行交互的系统，因此回灌地下水的水质、水温、水量等都会对地下水造成直接影响。加之地下水的更新速度较地表水而言十分漫长，一旦污染，恢复难度较大，因此在地下水源热泵系统运行过程中要严格遵守地下水地源热泵系统的相关要求，不可对地下水环境问题掉以轻心，必要时应对地下水回灌的水量、水温、水质进行严密监测，确保地下水源热泵系统安全运行，避免地下水系统被污染。

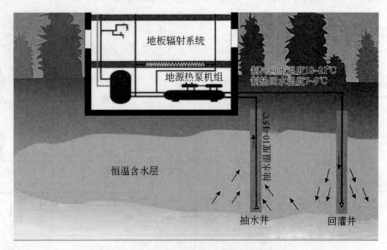

图 8-18　地下水式地源热泵系统

# 第三节　地热能的发展前景

随着石油、天然气和煤炭资源可采储量的减少及价格的上涨，世界各国都加大了对地热这一绿色可再生能源的勘查和开发利用力度。地热能具有来源稳定的特征，平均利用系数高达73％，地热电站的利用系数可达95％，也易于调峰和实施热电联供。而且，电站建设与运行费用也不算高，地热直接利用的成本更低。采用地源热泵技术开采浅层地热能也比其他热源更为有利，主要在于可以把夏季回收的热量用于冬季供热，从而降低了能耗。尽管地热能具有巨大潜力和显著的优势，但是，由于技术发展水平及政策等因素制约，目前地热能在能源结构中发挥的作用仍然较小，不过，未来地热能可望发挥很大的作用。

为促进地热能的发展，近年来，国际能源署（IEA）牵头制定了世界地热能技术路线图。IEA的路线图内容包括：全球地热资源的潜力，截至2050年的地热能愿景，地热能开发利用技术现状，不同时间节点的发展目标和相应的行动方案、配套政策措施等内容。这个路线图涉及了水热型和干热型地热能的发电与直接利用。政府间气候变化专门委员会牵头编写了《地热能特别报告》，该报告涉及的地热能类型更多，且给出了浅层地热能的发展愿景。美国能源部领导完成了关于美国地热能的著名的三大报告，即《地热能的未来》《地热能技术评估》和《地热能市场评估》，报告充分肯定了地热能在未来美国能源构成中的重要地位，对美国乃至世界地热能的技术研发与产业发展发挥了重要的导向作用。

中国的煤炭资源、天然气、石油储量虽然丰富，但是人均占有量较低，随着经济的快速发展，电网的负荷也在快速增长。火力发电虽然取得进步，但是并不是未来的主要方向，水力发电虽可建立在中国几个水力资源丰富的区域，但水力发电的成本一直居高不下，季节性强，而水资源困乏、水污染严重的现状，让水力发电的未来堪忧。其他新能源，比如风力、太阳能、燃料电池、潮汐能等发电方式，稳定性提高和商业价值扩大不是短期内能解决的问题，其发电成本降低也不能很快依靠技术解决。反观地热发电，只要在地热显示区，就能准确勘测地热田内部结构情况。完善目前的地热发电技术，是除火力、水力发电之后较容易解决技术问题的第三种发电方式。

中国工程院于2011年提出了地热能直接利用和发电不同时间节点的发展目标（表8-4）。根据中国的2050年愿景，地热能开发利用技术的挑战是高温水热型地热能的勘探与开采技术，中低温地热发电技术以及干热岩地热能的开发利用技术。2020年地热能的技术发展目标是：水热型地热能的勘探技术显著提高，对于深层地热储（＞1km）的地学探测准确率和打井成功率显著提高；水热型地热能开采技术整体上显著提高，包括能源利用率高的开发利用模式，形成市场远景好的成套技术，包括防腐防垢与尾水回灌技术；水热型地热能发电中的技术贡献率大幅度提高，自主知识产权技术份额大大增加。干热岩地热能勘探、开发和利用技术取得关键的突破，形成储层属性与多场多相流体—热过程试验测试与模拟平台，实现小型先导性现场示范工程。

根据《地热能开发利用"十三五"规划》，图8-19给出了我国"十三五"地热技术发展路线。在"十三五"时期，新增地热能供暖（制冷）面积11亿 $m^2$，其中新增浅层地热能供暖（制冷）面积7亿 $m^2$，新增水热型地热供暖面积4亿 $m^2$，地热发电装机容量新增500MW。到2020年，地热供暖（制冷）面积累计达到16亿 $m^2$，地热发电装机容量约530MW。2020年

表 8-4　中国地热能发展战略目标

| 年份 | 地热发电/MW | | | 直接利用/MW | |
|---|---|---|---|---|---|
| | 高温地热发电 | 中低温地热发电 | 干热岩(EGS)地热发电 | 中低温地热直接利用 | 浅层地热能利用 |
| 2020 年 | 75 | 2.5 | 试验 | 4000 | 10000 |
| 2030 年 | 200 | 20 | 25 | 6500 | 20000 |
| 2050 年 | 500 | 100 | 200 | 10000 | 50000 |

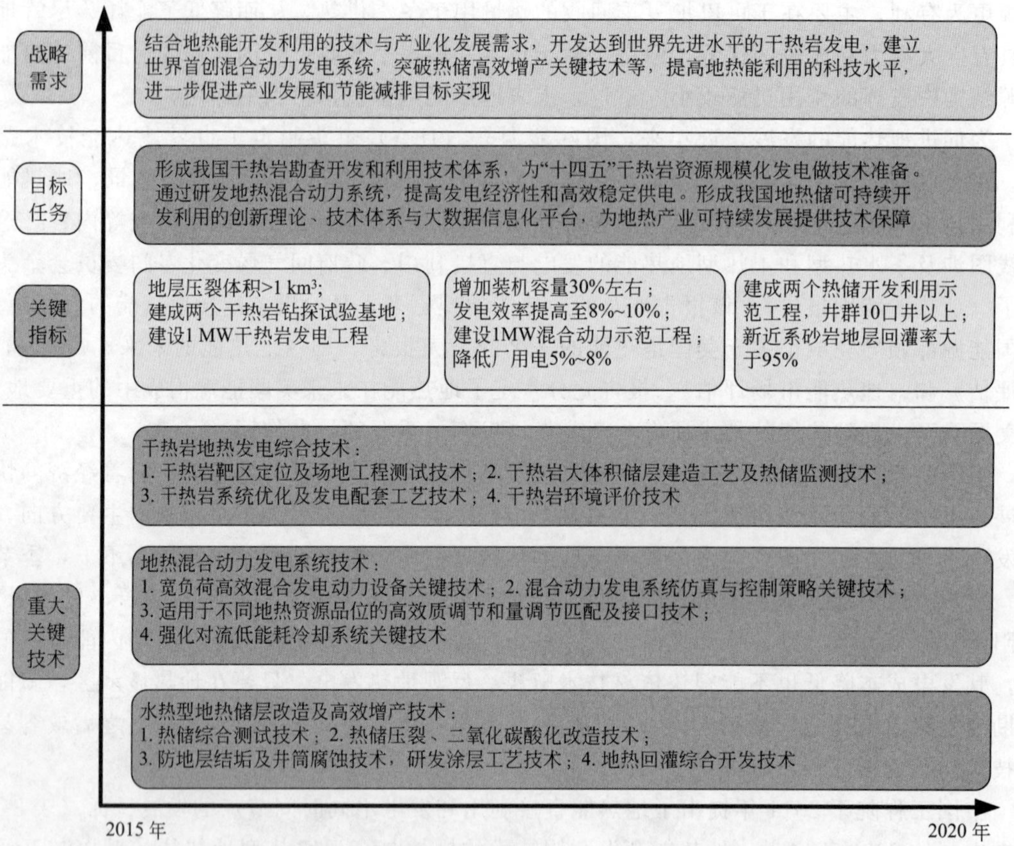

图 8-19　我国"十三五"地热技术路线图

地热能年利用量 7000 万 t 标准煤,地热能供暖年利用量 4000 万 t 标准煤,京津冀地区地热能年利用量达到约 2000 万 t 标准煤。2017 年 12 月 29 日,国家发展改革委、国土资源部、环境保护部、住房和城乡建设部、水利部和国家能源局 6 部委下发了《关于加快浅层地热能开发利用促进北方供暖地区燃煤减量替代的通知》,大力支持地源热泵等供暖方式的发展。

　　因此,地热将在我国的发电、供暖、工农业和医疗等领域发挥重要的作用,对其合理的开发利用会带来良好的经济效益、环境效益、社会效益。未来,较为环保的地热能利用将会更适应我国经济建设的国情,地热市场的需求也将会加大。同时,对地热能资源的开发和利用也必将会带动新的经济产业的发展。地热能发展尚需要政府制定相关的引导政策,相关单位加强合作,攻克制约地热能发展的技术、成本和环境难题,从而实现地热能资源的高效利用。

## 复习思考题

1. 简述地热资源的来源及其类型。
2. 地热的利用方式有哪些？
3. 地热发电方式有哪些？比较各自的特点。
4. 简述地源热泵的工作原理以及分类。
5. 查阅文献资料，阐述我国地热发展的概况及前景。

## 参考文献

[1] Geothemal Energy Association. 2016 Annual U. S. and global geothermal power production report［R］. 2016.
[2] International Energy Agency. Renewables 2018：Analysis and forecasts to 2023［R］. 2018.
[3] 多吉，王贵玲，郑克棪. 中国地热资源开发利用战略研究［M］. 北京：科学出版社，2017.
[4] 国家发展和改革委员会，国家能源局，国土资源部. 地热能开发利用"十三五"规划. 2017.
[5] 国家能源局，财政部，国土资源部，住房和城乡建设部. 关于促进地热能开发利用的指导意见. 2013.
[6] 过广华. 我国地热产业整体评价与发展模式探析［D］. 北京：中国地质大学（北京），2018.
[7] 胡俊文，闫家泓，王社教. 我国地热能的开发利用现状、问题与建议［J］. 环境保护，2018，8：45-48.
[8] 马伟斌，龚宇烈，赵黛青，等. 我国地热能开发利用现状与发展［J］. 中国科学院院刊，2016，31（2）：199-207.
[9] 庞忠和，胡圣标，汪集旸. 中国地热能发展路线图［J］. 科技导报，2012，30（32）：18-24.
[10] 钱爱玲. 新能源及其发电技术［M］. 北京：中国水利水电出版社，2013.
[11] 唐志伟，王景甫，张宏宇. 地热能利用技术［M］. 北京：化学工业出版社，2017.
[12] 袁清，刘金侠. 常规地热能开发技术应用与实践［M］. 北京：中国石化出版社，2015.
[13] 张焕芬. 世界地热发电和直接利用状况［J］. 太阳能，2011，22：42-43.
[14] 张金华，魏伟，杜东，等. 地热资源的开发利用及可持续发展［J］. 中外能源，2018，18（1）：30-35.
[15] 郑克棪，潘小平. 拉德瑞罗地热电站可持续开发经验［J］. 中外能源，2014，19（2）：20-29.

# 第九章　清洁煤技术

## 第一节　概　　述

### 一、清洁煤技术的概念、特点与分类

**1. 清洁煤技术的概念**

煤炭资源作为主要能源资源为世界的经济发展做出了非常大的贡献，但煤的生产和利用过程会产生大量的悬浮颗粒物、$SO_2$、$NO_x$、重金属和$CO_2$，造成大气烟尘、酸雨、温室效应等环境危害。因而，在能源资源开发和使用的同时保护我们赖以生存的生物圈，建立可持续发展的能源系统，已成为全球性的热点话题。

20世纪80年代初期，在解决美国和加拿大两国边境酸雨问题的谈判中，美加两国特使德鲁·刘易斯（Drew Lewis）和威廉姆·戴维斯（William Davis）提出了"清洁煤"（clean coal）一词，它是指通过一系列技术手段实现煤炭开采、加工、储运和利用过程的零污染物排放，使煤炭成为绿色能源。清洁煤技术（clean coal technology）是指在煤炭从开发到利用全过程中，旨在减少污染排放与提高利用效率的加工、燃烧、转化和污染控制等新技术的总称，它以煤炭分选为源头，以煤炭转化为先导，以煤炭高效、清洁燃烧和发电为技术核心，其根本目标是减少环境污染和提高煤炭利用效率。其中煤炭加工包括选煤、配煤、型煤和水煤浆技术等；煤炭高效清洁燃烧及先进发电技术包括循环流化床发电技术、联合循环发电技术等；煤炭转化包括煤炭气化、液化、多联产、燃料电池等；污染控制与废物资源化利用包括汞的脱除，$CO_2$捕集、利用和封存，烟气净化，粉煤灰和煤矸石综合利用，矿井水利用，煤层气开发利用等。面对人类生存环境污染和化石能源不可再生的问题，清洁煤技术已成为世界各国解决环境问题和实现化石能源高效清洁利用的主导技术之一。

**2. 清洁煤技术的特点**

清洁煤技术的最大优点就是解决了能源供应与环境污染的两难困境，指出煤的清洁高效利用是唯一出路。清洁煤技术主要有如下特点：

（1）清洁煤技术可有效减排污染物

采用煤炭加工技术，如洗选煤、型煤、配煤和水煤浆技术，可有效减少原料煤的含灰量

和含硫量，实现燃烧前的脱硫降灰。如采用先进选煤技术可将原煤灰分降低 $50\%\sim80\%$，脱除黄铁矿硫 $60\%\sim80\%$。用户燃用固硫型煤，可减少 $30\%\sim40\%$ 的 $SO_2$ 排放，$70\%\sim90\%$ 的烟尘排放。采用清洁、高效的燃烧技术可显著减排燃烧中产生的 $SO_2$ 和飞灰。采用富氧燃烧技术，锅炉尾气中 $CO_2$ 的浓度可达 $95\%$ 以上，通过冷凝脱水加压液化实现液态 $CO_2$ 的捕集与温室气体的近零排放，$NO_x$ 的生成量显著减少。采用矿区生态环境技术，可有效减少煤炭开采带来的矸石和水、气等污染，有效改善矿区环境，实现资源综合利用。

（2）清洁煤技术可提高煤炭利用效率，实现资源综合利用

通过煤炭转化技术还可把煤转化为清洁的液体、气体燃料，实现煤炭资源清洁利用和节能减排。采用先进的煤炭燃烧技术，可有效提高热效率，如先进的工业锅炉技术可将锅炉热效率提高 $20\%$。通过燃前提质技术，提高热效率，如电厂和工业锅炉燃用洗选煤，热效率可提高 $3\%\sim8\%$。清洁煤气化技术，能最大限度地利用煤炭资源的优势，达到洁净、少污染的效果。煤多联产技术则实现了煤炭资源的分阶转化、梯级利用，可以根据目标产物对工艺参数进行调节，具有较好的灵活性和经济性。粉煤灰可用于建材、掺烧和井下回填等，实现煤基固废资源化利用。

（3）清洁煤技术有利于保障能源安全

国家能源资源条件和现有经济条件不足以支撑大规模用油、气作为一次能源。煤炭价格及各项煤炭利用技术的运行成本大大低于石油和天然气，有利于中国清洁能源技术的发展及长远的能源安全。发展清洁煤技术，可在充分利用我国丰富煤炭资源的前提下，解决环境污染问题，还可以将煤炭转化为洁净的油、气，在相当程度上缓和我国石油、天然气供应的不足。

（4）清洁煤技术有利于调整产业结构

技术及装备水平落后、生产规模小、大量低水平用煤，是中国工业部门环境污染严重的主要原因。改变传统用煤方式，用清洁煤技术替代现有用煤技术，提高产品质量和能效，减少污染，将是工业行业技术发展的主要趋势。煤炭行业在调整产业结构中，可通过大力发展先进的煤炭加工技术（选煤、配煤、水煤浆等）和加大煤炭就地转化（发电、气化、液化等），增加企业经济效益；其他用煤行业，通过广泛采用先进的燃煤技术和煤炭转化技术，将有效提高能源效率，降低污染，提高企业整体水平。发展清洁煤技术还可以带动设备加工、后续服务等相关产业链的发展和形成，促进行业及区域经济发展。

**3. 清洁煤技术的分类**

清洁煤技术包括了煤炭开发利用过程中各个环节的净化和防治技术，其分类方式有很多，但主要分为表 9-1 所示的五类。

表 9-1　清洁煤技术的分类

| 清洁煤技术分类 | 技术名称 |
| --- | --- |
| 煤炭燃烧前净化技术 | 选煤、型煤、水煤浆 |
| 煤炭燃烧中净化技术 | 低污染燃烧、燃烧中固硫、流化床燃烧、涡流燃烧 |
| 煤炭燃烧后净化技术 | 烟气净化、灰渣处理、粉煤灰利用 |
| 煤炭转化 | 煤气联合循环发电、煤气化、煤的地下气化、煤的直接液化、煤的间接液化、燃料电池、磁流体发电 |
| 煤系共伴生资源利用 | 煤层气资源开发利用、煤层伴生水（矿井水）利用 |

（1）选煤技术

利用物理、化学或微生物学的方法实现原煤脱硫、降灰，并加工成不同质量、规格的商品煤的煤炭加工技术。

（2）型煤技术

将粉煤或低品位煤与一定比例的黏结剂、固硫剂加工成一定形状和理化性能的块状燃料或原料的煤炭加工技术。与原煤散烧相比，煤炭利用率可提高 20％左右，环境污染有效减少，$CO_2$ 排放量减少 75％左右，烟尘减少 60％。

（3）水煤浆技术

将煤磨成 $250\sim300\ \mu m$ 的微细煤粉，与水和添加剂通过物理加工得到一种新型浆态燃料的煤炭加工技术。易运输、贮存，燃烧时 $SO_2$、$NO_x$ 和烟尘量有效减少。

（4）煤热解技术

将煤在隔绝氧的条件下加热，煤在不同温度下发生一系列的物理变化和化学反应，生成气体（煤气）、液体（焦油）和固体（半焦或焦炭）等产物的煤炭转化技术。焦油经加氢可制取汽油、柴油和喷气燃料，半焦既是优质的无烟燃料，也是优质的铁合金用焦、气化原料、吸附材料。

（5）煤气化技术

将固体燃料（煤、半焦、焦炭）或液体燃料（水煤浆）与气化剂（空气、富氧空气、$O_2$、水蒸气或 $CO_2$ 等）作用而转变为燃料煤气或合成煤气的煤炭转化技术。燃料气既能民用，又能用于工业窑炉和联合循环发电；合成气可以合成氨、甲醇、液体燃料及其他有机化合物。CO 与氢含量高的煤气可用作工业还原气。煤气化产物易运输、洁净，且燃烧效率高。

（6）煤气化联合循环发电技术

将煤气化生产的燃料燃烧后先驱动燃气轮机发电，再用高温烟气加热锅炉产生高压过热蒸汽，驱动蒸汽轮机发电的新技术。该技术将燃气-蒸汽联合循环发电系统与煤气化结合起来，同时实现高效率发电和环保。

（7）煤气化多联产技术

将煤气化产生的合成气清洁燃料与新型电力联合生产的技术。主要包括合成气制备和净化，化工合成以及燃气-蒸汽联合循环发电。可以提高物质和能量的综合利用效率并减少污染物的排放。

（8）煤炭液化技术

分为直接液化和间接液化两大类。直接液化是一种煤炭加氢转化技术，采用高温高压的 $H_2$，在催化剂作用下进行裂解、加氢等反应，直接将煤转化为分子量较小的液体燃料和化工原料。间接液化是将煤首先气化成 CO 和 $H_2$，再经催化合成石油及其他化学产品。煤炭液化技术可以缓解石油压力，改善环境质量。

（9）煤清洁燃烧技术

指在燃烧过程中提高效率，减少污染物排放的煤燃烧技术，主要包括先进的粉煤燃烧技术、煤的流化床和循环流化床燃烧、劣质煤的洁净燃烧等。

（10）烟道气净化技术

对煤炭燃烧后产生的 $SO_2$、$NO_x$ 和微颗粒物进行控制的技术，先进的烟道气净化工艺可同时脱除 90％以上的 $SO_2$ 和 $NO_x$。

## 二、清洁煤技术的发展概况

20世纪80年代初期，基于经济发展与环境保护的需要，美国率先提出了洁净煤技术，能源部在1986年制定了"洁净煤技术示范计划（clean coal technology program, CCTP）"，着重关注二氧化硫和氮氧化物减排及煤粉锅炉提效技术的商业化应用，基本目标是保障能源稳定供应，降低对石油的依赖；提高能源供应与消费效率；以提高效率及使用清洁能源为前提，实现减少污染、保护和改善环境的目标。在1986—1993年期间，美国政府和企业筛选、资助了38项技术的商业化应用示范。根据美国能源部的统计，自1986年起20年里，在电力供应和其他工业领域产生了约20项成本低、效率高和环境友好的技术。为进一步增强美国能源安全性、促进经济增长及环境可持续发展，美国前总统布什于2002年提出了新一轮洁净煤发电计划（clean coal power initiative, CCPI），拟在10年内投入20亿美元以支持洁净煤技术示范项目，旨在促进更高效、先进的洁净煤技术在美国现有和新建电厂中应用，确保美国洁净、安全、可靠的电力供应，最终实现煤炭利用近零排放。

20世纪90年代，日本、德国、澳大利亚、苏联及中国也成立了国家洁净煤技术研究机构，制定了相应计划，如欧共体的"兆卡计划"、日本的"新阳光计划"、中国的《中国洁净煤技术"九五"计划和2010年发展纲要》。进入21世纪，日本也进一步推出了"21世纪煤炭技术战略"，计划在2030年前实现煤作为燃料的完全洁净化。我国从20世纪90年代初提出发展洁净煤技术以来，陆续出台了一系列促进洁净煤技术发展的法规和政策，已有不少技术得到产业化应用。

我国化石能源分布呈现"富煤、贫油、少气"的特点，煤炭储量约占化石能源资源探明总储量的90%。虽然非化石能源资源在能源生产和消费总量中占比不断提高（以历年发电量累计值为例，2009年非化石能源的发电量占总发电量的16%，2019年上升到26%），但受到多种因素制约，在今后很长时间内煤炭作为我国主要能源资源的地位不会改变。因此大力推广应用清洁煤技术是我国能源发展的必然选择。

# 第二节　清洁煤技术的开发与应用

## 一、循环流化床燃烧技术

### 1. 流化床燃烧技术的概念和分类

流化床燃烧技术是目前发展最成熟、最经济、应用最广泛的煤清洁燃烧方式之一，作为一项高效低污染的新型燃烧技术近年来发展迅速，是对传统煤燃烧技术的重大革新。由于其在炉内燃烧过程中同时实现脱硫脱硝，直接达到排放标准，因此在世界范围内得到了迅速发展和广泛的重视。煤的流化床燃烧技术核心是当空气通过床层底部的布风板时将小颗粒煤吹起，实现煤的流态化。

流化床燃烧技术又可分为鼓泡流化床燃烧技术和循环流化床燃烧技术。在流化床中，当空气速度高于床料的临界流化速度时，空气以气泡形式穿过床层，床层粒子呈流化状态，此时的流化状态也称为鼓泡流化状态，流化速度小于3.5m/s。相比于鼓泡流化床，循环流化床燃烧有两个重要特征，一是布置有高温或中温分离器，可将未燃尽的煤分离，经返料器送回床层继续燃烧。除了分离器难以分离的极细颗粒外，其余颗粒都要经历几次、几十次、甚至上百次的循环燃烧，大大增加了颗粒在床层内的总的停留时间，以保证充分的燃尽；二是流化速度通常为 3～10m/s，甚至超过 10m/s。根据燃料粒度、一二次风比例及流化速度的不同，循环流化床燃烧炉膛内的流动状态有三种情况：一是炉膛上下均为快速床流化状态；二是炉膛下部呈湍动床状态，上部为快速床状态；三是炉膛下部呈鼓泡流化床状态，上部为快速床状态。

**2. 循环流化床燃烧技术的基本原理**

图 9-1 为循环流化床燃烧技术基本原理示意图。通常循环流化床燃烧系统的基本组成部分是：炉膛（燃烧室）、分离装置、返料器装置。炉膛内通常布置有水冷管，燃烧所产生热量的一部分就由水冷管吸收。而在对流烟道上布置有过热器、省煤器和空气预热器等，用于吸收烟气的余热。此外，循环流化床锅炉还配有排渣和颗粒分级设备。循环流化床燃烧技术的基本工作原理是：燃料和脱硫剂石灰石在循环流化床燃烧室的下部给入，燃烧用的空气分为一次风和二次风，一次风从布风板下部送入，二次风从燃烧室中部送入。炉膛温度控制在 850～900℃以利于石灰石高效脱硫及抑制 $NO_x$ 的生成。循环流化床运行风速一般为 5～8m/s，使炉内产生强烈的扰动，较细小的颗粒被气流带离燃烧室，并由气固分离装置分离、收集，部分细颗粒被分离器下端的返料器装置送回炉膛循环燃烧；烟气和未被分离捕捉的细颗粒物进入尾部烟道冷却，经烟气净化除尘处理后排入大气。

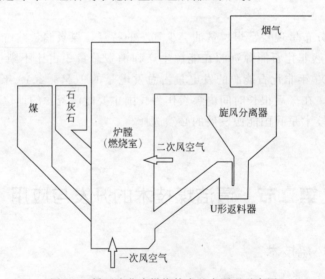

图 9-1　循环流化床燃烧技术基本原理示意图

**3. 循环流化床燃烧技术的优缺点**

作为一种新型高效低污染清洁煤燃烧技术，在技术上和经济上都呈现出巨大的优越性，具有很大的实用价值和很好的发展前景。循环流化床燃烧技术具有很多其他燃烧技术无法比拟的优点，如：

（1）燃料适应性广：已经成功燃烧过任何类型的煤。

（2）燃烧效率高：循环流化床为湍流床或快速床，炉内混合强烈，且煤料反复循环，具有足够长的反应时间，因此煤的燃烧效率很高，一般为 97.5%～99.5%。

（3）燃烧强度大：循环流化床的操作速度是鼓泡床的 3～5 倍，炉膛截面热负荷远大于鼓泡床，因此炉膛截面积可大大减小，容易实现大型化。

（4）易于操作维护：燃烧温度低，灰渣不会软化黏结，不会出现炉内结渣，腐蚀性小。

（5）污染物排放量低：循环床燃烧的炉膛温度控制在 $850\sim900℃$，属于低温燃烧。此外，可以在炉膛不同位置布置二次风，采用分级燃烧，氮氧化物的生成量显著下降，排放量低于 0.02%；脱硫剂石灰石中的碳酸钙可以分解成高孔隙率的氧化钙用来吸收燃烧产生的二氧化硫，脱硫效率可达 90% 以上；低温燃烧形成的多孔灰颗粒对重金属有很强的吸附能力，使烟气中重金属含量降低。

（6）灰渣便于综合利用：飞灰和底灰含碳量低，可用作建筑材料。

然而，循环流化床燃烧技术本身也存在如下缺点：

（1）由于循环流化床炉膛内的颗粒浓度高，空气流速大，在分离器之前对流受热面的磨损严重，将会限制循环流化床中烟速的提高。

（2）循环流化床中气固系统存在快速床流化态，在 $850\sim900℃$ 的循环系统中快速循环，一旦循环系统运行不正常，烟温偏高时就会产生结渣，影响循环流化床系统的正常工作。

（3）初期投资较高，烟速高、床截面小，因此必须增加炉膛的高度以满足必要的受热面；分离器尺寸庞大、造价高；锅炉自身耗电量大。

## 二、生物质与煤混合燃烧与气化技术

### 1. 生物质与煤混合燃烧的主要方式

生物质与煤的混合燃烧主要有直接混合燃烧和间接混合燃烧两种方式。

（1）根据混合燃料给料方式的不同，生物质与煤直接混合燃烧有下列三种情况。一是煤与生物质使用同一加料设备及燃烧器。生物质与煤在给煤机的上游混合后送入磨煤机，按混燃要求的速度分配至所有的粉煤燃烧器，该方法的优点是无须改造原有设备、投资成本最低。但是有降低锅炉出力的风险，仅用于特定的生物质原料和非常低的混燃比例。二是生物质与煤使用不同的加料设备和相同的燃烧器。生物质经单独粉碎后输送至管路或燃烧器，该方案需要在锅炉系统中安装生物质燃料输送管道，容易使混燃系统的改造受限。三是生物质与煤使用不同的预处理装置与不同的燃烧器。该方案能够更好地控制生物质的燃烧过程，保证锅炉的燃烧效率，灵活调节生物质的掺混比例，但是投资成本最高。

（2）根据混燃原料的不同，生物质和煤间接混合燃烧可分为两类。一是生物质气与煤混燃，该方案是将生物质气化后产生的生物质燃气输送至锅炉与煤一起燃烧，将气化作为生物质燃料的一种前期处理形式，气化产物在 $800\sim900℃$ 时通过热烟气管道进入燃烧室。二是生物质焦炭与煤混燃，该方案先将生物质在 $300\sim400℃$ 的温度下进行热解，使生物质转化为焦炭，然后将生物质焦炭与煤混合燃烧。

### 2. 生物质与煤混合燃烧的优势

生物质与煤混合燃烧具有显著的环境友好的特点，在 $CO_2$、$NO_x$ 和 $SO_2$ 排放方面有如下特征。

（1）$CO_2$ 的排放

生物质在生长过程中进行光合作用吸收 $CO_2$，与燃烧过程中排放的 $CO_2$ 量相等，因此生物质燃烧对环境中 $CO_2$ 的净排放为零。由于生物质的燃烧减少了其自然腐烂所产生的 $CH_4$，进一步减少了温室气体的排放（通常认为 $CH_4$ 气体的温室效应是 $CO_2$ 的 21 倍）。因而生物质与煤混合燃烧是一种经济可行的 $CO_2$ 减排手段之一。

（2）$NO_x$ 的排放

生物质与煤混合燃烧能够降低 $NO_x$ 的排放浓度，主要原因是：生物质中挥发分含量高，在低温下迅速挥发与 $O_2$ 反应，有利于还原性物质（C 和 CO 等）对 $NO_x$ 的分解，减少 $NO_x$ 的生成；生物质的含氮量比煤少，且生物质中的水分使燃烧过程冷却，减少了 $NO_x$ 的热形成；燃烧过程中生物质易释放出 $NH_3$，能够将混合燃烧中生成的 NO 还原为 $N_2$，降低 $NO_x$ 排放。

（3）$SO_2$ 的排放

$SO_2$ 的排放量主要决定于燃料中硫的含量。大部分生物质含硫量极少或不含硫，因而生物质与煤混合燃烧能够有效降低 $SO_2$ 的排放量，并且多数生物质灰分中的碱金属或碱土金属的氧化物，能够与 $SO_2$ 反应生成硫酸盐，起到固硫作用。

**3. 生物质与煤共气化过程中的协同作用**

碱金属氧化物与碱土金属氧化物在生物质灰分中的含量远高于其在煤灰分中的含量，碱金属与碱土金属元素对燃烧有促进作用。在生物质与煤混合燃烧过程中，混合燃料中的生物质首先燃烧并产生生物质灰分，灰分中高浓度的碱金属与碱土金属元素的存在会对煤的燃烧起到一定的催化作用，使煤的着火与燃尽得到改善，燃烧效率提高。因此，将生物质与煤按一定比例混合共气化既克服了生物质单独气化过程中的各种问题，又可弥补煤炭资源的短缺，且生物质灰分中碱金属及碱性物质含量较高，可以增强煤的反应活性和对硫的脱除能力。

**4. 生物质与煤共气化技术的应用**

（1）生物质与煤共气化制氢技术

生物质与煤混合共气化制氢的优点：单纯生物质气化产物中焦油含量高，煤和生物质混合能提高固定碳含量并降低挥发分含量，减少气化焦油堵塞管网的风险；生物质与煤共气化，以 $O_2$ 作气化剂，提高了产品气中 $H_2$ 的含量；煤气化制氢技术相对成熟，但煤资源同样是化石能源，资源有限，在煤炭中引入生物质，既减少了煤资源的使用，也为生物质资源的利用创造了机会；采用生物质与煤共气化制氢，可利用现有的煤气化制氢设备，降低了设备投资。

（2）生物质与煤共气化发电技术

该部分内容已在第六章第二节中进行介绍，在此不再赘述。

## 三、煤的先进气化技术

**1. 气化技术原理**

煤的气化技术是煤炭清洁高效利用的核心技术，是清洁煤技术的重要组成部分。煤炭气化是指在特定的设备内于一定温度及压力下使固体燃料（煤、半焦、焦炭）或液体燃料（水煤浆）与气化剂（空气、富氧空气、$O_2$、水蒸气或 $CO_2$ 等）发生一系列化学反应，将固体或液体燃料转化为含有 CO、$H_2$、$CH_4$ 等可燃气体和 $CO_2$、$N_2$ 等非可燃气体的过程。气化过程发生的反应包括煤的热解、气化和燃烧反应。煤的热解是指煤从固相变为气、固、液三相产物的过程。煤的气化和燃烧反应则包括两种反应类型，即非均相气-固反应和均相的气相反应。煤气化是实现煤炭洁净利用的方式之一，气化产品主要成分 $H_2$、CO 可以用来合成液体燃料和生产化工产品，用于钢铁冶金作为还原剂或作为燃料电池及汽轮机原料直接发电等。煤气化过程的实质是将不方便储运和加工处理、难以脱除无用组分且易污染环境、难燃烧和反应完全的固态煤炭，甚至是劣质燃料，转化为洁净的、方便使用且燃烧效率高的气态燃料和合成气的过程，简言之，是将煤中的 C、H 转化为清洁燃料气或合成气（CO＋$H_2$）的过程。煤的气化共包括以下几个阶段：煤炭干燥脱水、热解脱挥发分和热解半焦的气化反应，如图 9-2 所示。

图 9-2 煤气化一般过程

根据煤的加热温度不同，煤的热分解过程大致经历以下阶段：

（1）120℃以下为煤的干燥脱水阶段，释放外在和内在水分，并以水蒸气形式逸出。

（2）120～200℃为解吸阶段，放出吸附在小孔中的气体，如 $CO_2$、CO、$CH_4$ 等。

（3）200～300℃为热解开始阶段，放出热解水，开始形成气态产物，如 $CO_2$、CO、$H_2O$ 等，并且有微量焦油析出。

（4）300～500℃为胶质体的固化阶段，析出几乎全部的焦油和气体，放出的气体主要为 $CH_4$ 及其同系物、不饱和烃 $C_nH_m$、$H_2$ 及 $CO_2$、CO 等，为热解的一次气体。黏结性的烟煤在这一阶段则从胶质状态转变为半焦。

（5）500～700℃为半焦收缩阶段，半焦热解析出大量含氢气体，为热解的二次气体，基本上不生成焦油，半焦收缩产生裂纹。

（6）750～1000℃左右为半焦转变为焦炭阶段，半焦进一步热分解，继续形成少量的气体（主要是 $H_2$），半焦变为高温焦炭（在工业条件下，煤能形成焦炭的性质称为结焦性）。

煤的干燥脱水过程是在 200℃以下完成的，此过程煤放出大量外在和内在水分，并以水蒸气形式逸出。之后，进入煤的干馏阶段，开始发生煤的热解反应，一部分干馏气相产物，随着气化条件的不同，直接或间接转化成 $CO_2$、CO、$H_2$、$CH_4$ 等而成为气化产物的组成部分。一些分子量较大的挥发物则以焦油形式析出或参与二次气化反应，留下的热解半焦则进行后续的气化反应。

气化反应是在缺氧状态下进行的，因此煤气化反应的主要产物是可燃性气体 CO、$H_2$ 和 $CH_4$，只有小部分碳被完全氧化为 $CO_2$，可能还有少量的 $H_2O$，该过程中主要的化学反应有：

碳完全燃烧：　　　　　　　$C+O_2 \longrightarrow CO_2$　＋393.8kJ/mol

碳不完全燃烧：　　　　　　$2C+O_2 \longrightarrow 2CO$　＋115.7kJ/mol

$CO_2$ 在半焦上的还原：$C+CO_2 \longrightarrow 2CO$　＋164.2kJ/mol

水煤气变换反应：　　　$C+H_2O \longrightarrow CO+H_2$　－131.5kJ/mol

　　　　　　　　　　$CO+H_2O \longrightarrow H_2+CO_2$　＋41.0kJ/mol

甲烷化反应：　　　$CO+3H_2 \longrightarrow CH_4+H_2O$　＋250.3kJ/mol

　　　　　　　　　$C+2H_2 \longrightarrow CH_4$　＋71.9kJ/mol

**2. 煤气化技术主要工艺**

目前已实现工业化的煤气化技术主要有：固定床、流化床和气流床技术，其中气流床技术是大规模高效煤气化技术发展的主要方向，规模 1000t/d 以上的煤气化装置均采用气流床技术。

（1）固定床气化技术

固定床气化也称移动床气化。在气化过程中，一般采用一定块径的块煤（焦、半焦、无烟煤）或成型煤为原料与气化剂逆流接触，用反应残渣（灰渣）和生成气的显热，分别预热入炉的气化剂和煤，固定床气化炉一般热效率较高。相比于气体的上升速度而言，煤料下降很慢，甚至可视为固定不动，因此称为固定床气化；实际上，煤料在气化过程中的确是以很慢的速度向下移动的，故又称为移动床气化。气化过程中，煤在气化炉内由上而下缓慢移动，与上升的气化剂和反应气体逆流接触，经过一系列的物理化学变化，温度约 230～700℃ 的含尘煤气与床层上部的热解产物从气化炉上部离开，温度为 350～450℃ 的灰渣从气化炉下部排出。一般根据煤在固定床内不同高度进行的主要反应，将其自下而上分为灰渣层、烧层、气化层、$CH_4$ 生成层、干馏层和干燥层。

（2）流化床气化技术

当气体或液体以某种速度通过颗粒床层而足以使颗粒物料悬浮，并能保持连续的随机运动状态时，便出现了颗粒床层的流化。流化床气化就是利用流态化的原理和技术，使煤颗粒通过气化介质达到流态化。流化床气化是以小颗粒煤为原料，并在气化炉内使其悬浮分散在垂直上升的气流中，煤粒类似于沸腾的液体剧烈地运动，使得煤料层内几乎没有温度和浓度梯度，煤料层内温度均一，易于控制，气化效率高。

（3）气流床气化技术

将煤浆或煤粉颗粒与气化介质通过喷嘴高速喷入气化炉内，利用流体力学中射流卷吸机理，射流引起卷吸和高速湍流，强化气化炉内的混合，有利于气化反应的充分进行，因此又称射流携带床。气流床气化炉的高温、高压、混合较好的特点决定了它有在单位时间、单位体积内提高生产能力的最大潜能，符合大型化工装置单系列、大型化的发展趋势。煤处理量 1000t/d 以上的气化炉几乎全为气流床气化炉，其代表了煤气化技术发展的主流方向。

除以上三种外，还有一类气化技术为熔融床气化或熔浴床气化，它是将粉煤和气化剂以切线方向高速喷入一温度较高且高度稳定的熔池内，把一部分动能传给熔渣，使池内熔融物做螺旋状的旋转运动并气化。熔融床气化由于其对设备要求高，气化原理复杂，投资大，在国内并没有得到足够的重视和发展。

## 四、先进地下煤气化技术

上述煤气化工艺均为地面气化，此外还有地下气化工艺。煤炭地下气化（underground coal gasification，UCG），顾名思义是将处于地下的煤炭进行有控制的燃烧，通过对煤的热化学作用和化学作用产生可燃气体，综合开发清洁能源和生产化工原料的新技术，其基本原理如图 9-3 所示。煤炭地下气化过程中，气体燃料的产生是在气化通道的三个反应区实现的，即氧化区、还原区和干馏干燥区。在氧化区主要是作为气化剂的氧与煤层中的碳发生化学反应，产生大量的热，使煤层炽热并蓄热。在还原区主要是 $CO_2$、$H_2O$ 与煤在高温下相遇，使 $CO_2$ 还原为 CO、$H_2O$ 分解为 $H_2$ 和 $O_2$、C 生成 CO。当气化通道处于高温时，无氧的高温气流进入干馏干燥区，热作用使煤中的挥发分析出形成焦炉煤气。气化剂与煤经过气化通道气化后主要转化成含有可燃气体组分 CO、$H_2$、$CH_4$ 的煤气。煤炭地下气化的基本工艺流程如下：先从地面向煤层钻井，构建垂直钻孔或定向钻孔，并使钻孔与煤层内部连

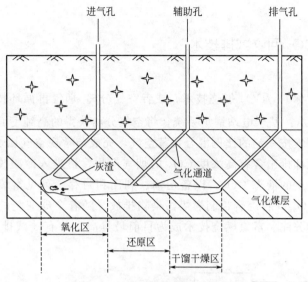

图 9-3　煤炭地下气化原理

通，形成气化反应通道；之后在通道一侧的煤层内点火，从钻孔的一端注入气化剂，气化剂与煤在气化通道内发生化学反应生成煤气，生成的煤气从其他钻孔排出。

根据生产阶段及技术类型，煤地下气化涉及的技术主要有煤层勘探、煤炭地下气化炉建炉、煤炭地下气化控制和气化煤气的处理等技术。地下气化炉主要分为"有井式"和"无井式"两种，"无井式"气化建炉工艺简单，建设周期短，可用于深部及水下煤层气化，而"有井式"气化可利用老的竖井和坑道，减少建气化炉的投资，主要用于回收旧矿井残留地下的煤柱。此外，"有井式"气化涉及巷道建设，地应力和地温均较高，因而不适用于深部煤炭资源的气化。

现有煤地下气化大多采用"无井式"气化，气体净化主要采用物理法中的湿法（水洗法）。采用冷却塔/文丘里洗涤塔及除雾器将焦油的脱除分为 2 步，即冷却塔冷凝重质焦油，夹杂在气流中的液滴和烟雾则通过文丘里洗涤塔及除雾器除去。采用该方法在适当条件下可使煤气中焦油含量低于 $10mL/m^3$。该方法的粉尘及焦油的脱除率高，可将焦油冷凝在气相之外，操作简单，成本较低，但最关键的问题是该方法产生大量的含焦废水，污染地下水。催化重整脱焦效率高，然而对于复杂的井下气化条件，如何高效地制备活性高且易于再生的催化剂是降低工艺运行成本的关键。

煤炭地下气化（UCG）已有 100 多年的历史，进入 21 世纪以后，在世界范围内，煤炭地下气化无论在技术、成本、环境影响方面都有了许多新的进展和认识。在技术上，基本上采用石油与天然气技术、合成气净化技术，在改善环境方面取得非常好的效果。随着 UCG 技术的不断发展，越来越多的国家已经认识到，通过煤炭地下气化可以将煤转变成清洁的、廉价的、环境友好的绿色能源。在相当长的一段时期内，煤炭地下气化可能成为解决世界级能源困境的方案之一。

总之，煤气化技术是环境友好型的现代煤化工的关键技术。煤气化是发展煤基大宗化学品和液体燃料合成、先进的整体煤气化联合循环、发电系统、多联产系统、制氢、燃料电池、直接还原炼铁等过程工业的基础，是这些行业发展的关键技术、核心技术和龙头技术。发展以煤气化为核心的多联产技术成为全球各国高效清洁利用煤炭的热点技术和重要发展方向。

## 五、富氧燃烧及 $CO_2$ 回收减排技术

### 1. 富氧燃烧技术

富氧燃烧技术又称 $O_2/CO_2$ 燃烧技术，或者空气分离/烟气再循环技术，该技术的基本工作原理如图 9-4 所示：基于电站锅炉系统，将空气分离获得的高纯度 $O_2$（纯度 95％以上）与锅炉的部分循环烟气按一定的比例混合代替空气，完成与常规空气燃烧方式类似的燃烧过程，烟气净化装置尾部排出含有高浓度 $CO_2$ 的烟气产物，再进入冷凝脱水装置与压缩纯化装置，最终得到高纯度的液态 $CO_2$，以备运输、利用和封存。可见富氧燃烧技术能在燃烧中直接捕集高浓度 $CO_2$ 并且综合控制燃煤污染物排放。随着全球变暖的加剧，$CO_2$ 排放问题逐渐引起了全球的关注。富氧燃烧技术成为目前最具潜力的有效减排 $CO_2$ 的清洁煤燃烧技术。

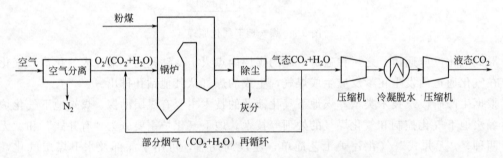

图 9-4　富氧燃烧技术的基本工作流程示意图

富氧燃烧技术可以应用于火力发电、钢铁冶金、工业窑炉强化燃烧、燃料电池及联合能源生产系统等方面，在火力发电过程中，富氧燃烧技术可以实现 $CO_2$ 的大规模捕集与封存，是一种可实现燃烧污染物近零排放的新型清洁煤燃烧技术。富氧燃烧方式的优越性主要体现在以下几个方面。

（1）富氧燃烧，烟气中 $CO_2$ 的浓度高。常规空气燃烧方式下，烟气中的 $CO_2$ 含量只有 12％～16％，其余绝大部分为空气中带入的大量 $N_2$。很难采用经济的方法将烟气中的 $CO_2$ 分离出来，从而实现温室气体的捕集。采用富氧燃烧技术，燃烧烟气产物中 $CO_2$ 的含量可达到 95％以上，无须分离就可以直接进行液化回收。

（2）煤通过分级送风燃烧，$NO_x$ 的生成量显著减少。燃烧过程可分为第一阶段"富燃料燃烧"和第二阶段"富氧燃烧"。煤在第一阶段缺氧燃烧的情况下（过量空气系数 $\alpha < 1$），极大抑制 $NO_x$ 的生成，但不完全燃烧产物多、燃烧效率降低。在第二阶段完成全部燃烧。既抑制了 $NO_x$ 的产生，又保证了燃烧的经济性和可靠性。

（3）富氧燃烧过程中由于 $O_2$ 浓度高，可以促进燃料的完全燃烧，减小飞灰可燃物含量，提高燃料的燃烧效率；由于部分烟气参与再循环，使锅炉的排烟量大幅减小、排烟损失降低并且除尘脱硫设备的负荷及耗电量下降。

（4）对不同种类的燃料，采取富氧燃烧方式的经济性也不同。对氢碳比值较高的燃料，如天然气，其中氢的燃烧也需要 $O_2$，制备这部分额外的 $O_2$ 与 $CO_2$ 捕集无关，对于相同的捕集量来说，$O_2$ 用量较氢碳比值很低的煤相对要多。因此，从经济上讲，以 $CO_2$ 捕集为目的的富氧燃烧方式更适用于燃煤发电锅炉。火力发电领域应用富氧燃烧技术的目的与重大意

义是大规模捕集与封存 $CO_2$，通常需要将富氧燃烧，$CO_2$ 捕集、利用与封存有效地整合在发电的热力系统中，以弥补其成本增加，提高发电的整体经济性。

**2. $CO_2$ 回收减排技术**

近年来，科学界经过反复的争论和研究逐渐达成共识：造成全球气候变暖的根源是大量燃烧化石燃料所排放的 $CO_2$ 以及其他人类活动所产生的 $CH_4$、$N_2O$ 等温室效应气体。它们进入大气后，一方面吸收红外线，另一方面阻挡地球表面辐射热散发，犹如在地球表面加上一个玻璃罩吸热而保温，致使地球温度不断升高。温室效应会带来全球气候变暖，海平面上升，气候反常，土地沙漠化和缺氧等危害，威胁人类赖以生存的地球。在所有温室效应气体中，$CO_2$ 对温室效应的贡献最大，占 $60\%$，而且在大气中含量最高，因此 $CO_2$ 成为温室效应气体削减与控制的重点。

全球碳捕获与存储研究所研究员荣·曼森认为："如果人们想在控制温室气体排放的同时促进全球经济发展，那么碳捕集、利用与封存技术是十分必要的。"碳捕集、利用与封存是应对气候变化的最可行的技术之一。目前来看，对集中排放源的 $CO_2$ 进行回收、利用和存储在技术经济上较为可行。然而，无论是 $CO_2$ 的利用还是存储，都要求首先从燃烧废气中将 $CO_2$ 分离和富集出来。近年来从化工和化石燃料的燃烧排放气中脱除 $CO_2$ 的研究受到较多关注并得到较快的发展。从分离机理的角度划分，$CO_2$ 的分离方法有吸收法、吸附法和气体分离法，在实际应用中通常将各种分离方法联合使用，回收效果更明显。

（1）吸收法

物理吸收法：基于某些吸收剂对混合气体中 $CO_2$ 组分的吸收能力比其他组分强，先吸收再从溶剂中解吸出来并富集，吸收剂则再生循环使用。物理吸收法在低温高压条件下进行，吸收能力大，吸收剂用量小且再生时不需要加热，对设备没有腐蚀性。但只适合于 $CO_2$ 分压较高的场合，且分离程度不高。

化学吸收法：通过 $CO_2$ 与吸收溶剂发生化学反应来分离 $CO_2$ 并借助其逆反应实现溶剂的再生。化学吸收法适合 $CO_2$ 分压低的场合，分离程度高，是最有效的 $CO_2$ 分离法。该方法的缺点是溶剂再生能耗高，吸收过程中发生化学反应，易对设备和管道造成腐蚀。

（2）吸附法

物理吸附法：利用各种吸附剂对混合气体中的 $CO_2$ 进行选择性物理吸附，再利用吸附量随压力/温度的变化特征进行吸附剂再生，常用的吸附剂有沸石、活性炭和碳分子筛等。变压吸附法回收率低，一般在 $50\% \sim 60\%$。但因其具有能耗小、无腐蚀、操作简单、易自动化等特点，成为一种高效分离气体混合物的方法。吸附法较适用于 $CO_2$ 含量为 $20\% \sim 80\%$（体积比）的各种工业气体。

化学吸附法：利用 $CO_2$ 和吸附剂发生化学吸附分离混合气中的 $CO_2$。目前常见的吸附剂主要是碱金属和碱土金属的碳酸盐和氧化物。

（3）气体分离法

低温分离法：$CO_2$ 在常温常压下以气态形式存在，可通过改变压力和温度使 $CO_2$ 变为液态，从而实现有效的分离。对于 $CO_2$ 含量较高的混合气体采用此法较为经济合理，可直接压缩、冷凝、提纯而获得液体 $CO_2$ 产品。

膜分离法：基于各组分渗透速率的不同，从而实现混合气体各组分之间的分离，是目前发展迅猛的相分离技术。用于 $CO_2$ 气体分离的膜主要有有机膜和无机膜。膜法气体分离与其他分离方法相比，具有无相变、能耗低、一次性投资较少、设备紧凑、占地面积小、操作简单、维修保养容易而且元件结构简单、无二次污染、便于扩充气体处理容量等优点，应用前景良好。

**3. $CO_2$ 捕集技术**

电力系统排放源集中，$CO_2$ 排放强度大。因此，在电厂进行 $CO_2$ 捕集是实现碳减排最有效的途径之一，也是当前发展碳捕集、利用与封存（carbon capture，utilization and storage，CCUS）技术最具挑战的环节之一。基于发电系统的 $CO_2$ 捕集技术主要分为燃烧后捕集、燃烧前捕集和富氧燃烧 3 类，关于 CCUS 技术的内容将在第十三章中介绍，在此不再赘述。

## 六、以发电为主的煤热解气化半焦燃烧分级转化及灰渣综合利用技术

以发电为主的煤热解气化半焦燃烧分级转化及灰渣综合利用技术是一项可提高煤炭发电综合效益，改变煤炭单一用于发电的产业结构、形成基于煤炭发电的新产业链，并可缓解国家油气资源紧缺状况的煤炭转化利用新技术。该技术对于清洁高效煤炭发电、油气等资源替代、大幅度节能减排、循环经济发展等具有重要的战略意义，属于清洁煤技术范畴。

**1. 煤炭分级转化多联产技术及分类**

目前，国内外提出的煤炭分级转化多联产技术包括：以煤完全气化为基础、以煤部分气化为基础及以煤热解气化为基础的分级转化多联产技术。煤多联产技术的实质是以煤炭为原料，通过把多种煤炭转化技术有机集成，同时获得多种高附加值的化工产品（如脂肪烃和芳香烃）、洁净的二次能源（气体燃料、液体燃料、电）及其他产品。多联产技术追求的是整个系统的资源利用、总体生产效益的最大化和污染物排放的最小化，而不是局部产品生产的效益最大化。

（1）以煤完全气化为基础的多联产技术

以煤完全气化为基础的多联产系统是将煤在一个工艺过程即气化单元内完全转化，将固相煤燃料转化为合成气，用于燃料、化工原料、联合循环发电及供热制冷，从而实现以煤为主要原料，联产多种高品质产品如电力、清洁燃料、化工产品，以及为工业服务的热力。图9-5 为以煤完全气化为基础的多联产系统的基本原理图。完全气化系统中颗粒物、$SO_2$、$NO_x$ 和固体废物等污染物可以得到有效控制，并且采用纯氧净化技术，可实现高纯度的 $CO_2$ 的捕集、利用和封存，实现污染物的近零排放。

（2）以煤部分气化为基础的多联产技术

煤部分气化燃烧技术的核心思想是针对煤中不同组分实现分级利用，将煤部分气化后所得的煤气用作燃料或化工原料，剩下的半焦通过燃烧加以利用，如图 9-6 所示为以煤部分气化为基础的多联产系统的基本原理图。该技术不追求气化过程的高转化率，对煤气化技术与设备的要求较低，从而降低系统的投资和运行成本。可采用较低的气化温度，可与目前相对成熟的中低温净化技术直接集成。半焦中残余的污染物相对于原煤大大降低，燃烧过程相对清洁，系统污染物控制成本降低。

（3）以煤热解气化为基础的多联产技术

以煤热解气化为基础的多联产技术把煤先加入热解气化炉经热裂解析出挥发分，所产生的热解气可以作为工业用气、民用煤气。另外，热解煤气和焦油也可通过后续工艺从中获得多种稠环芳香烃类化合物。热解所产生的半焦则可直接送到燃烧炉中作为燃料燃烧产生蒸

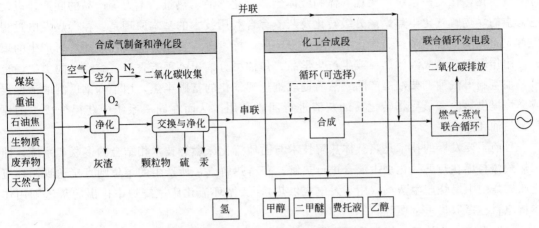

图 9-5　以煤完全气化为基础的多联产系统

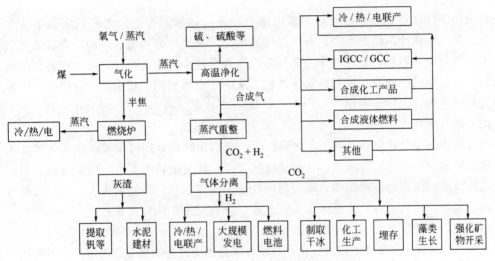

图 9-6　以煤部分气化为基础的多联产系统

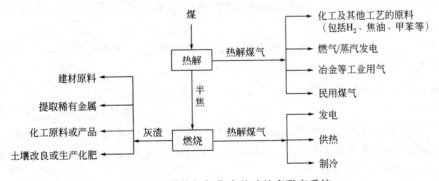

图 9-7　以煤热解气化为基础的多联产系统

汽，用于发电或供热。如图 9-7 所示为以煤热解气化为基础的多联产系统的原理图。

**2. 以发电为主的煤热解气化半焦燃烧分级转化及灰渣综合利用技术**

与直接燃烧和直接液化不同，煤炭分级转化多联产技术将煤炭视为能源与资源的共同体，通过有机结合热解、气化、燃烧和合成等技术工艺，将煤炭中反应活性差异大的物质进行分级转化,在同一系统中实现气体和液体燃料、化学品、热量、电力等产品的联产。以发电为主的煤热解气化半焦燃烧分级转化及灰渣综合利用技术的基本原理是:在燃煤发电过程中首先将煤炭中容易热解、气化的轻质组分部分(挥发分)转化为煤气和焦油,所产生的煤气可用作燃气、合成液体燃料或生产化学品;焦油可分馏出各种芳香烃、烷烃、酚类等,也可经加氢制得汽油、柴油等产品。然后提取难热解气化的富碳半焦,用于炼钢、制取活性炭或燃烧提供热电。最后将转化后的灰渣进行回收利用,从而在同一系统中获得低成本的煤气、焦油和蒸汽。

目前主要发展的技术是热载体热解技术与循环流化床燃烧技术相结合的多联产系统,即把热载体与煤在热解气化炉中混合进行热解,获得热解气,所产生的半焦则直接送到循环流化床燃烧炉中燃烧产生蒸汽(用于发电或供热),从循环流化床燃烧炉中排出的灰渣则用作建材原料、提取贵重金属等。

### 3. 以发电为主的煤热解气化半焦燃烧分级转化及灰渣综合利用技术的意义

(1)工艺简单先进

将循环流化床锅炉和热解气化炉紧密结合,通过简单而先进的工艺在一套系统中实现热、电、煤气和焦油的联合生产。所产煤气品质高,是生产合成氨、甲醇、合成天然气等多种化工产品的优质原料,也可以作为燃气蒸汽联合循环发电的燃料气,所生产的焦油可以在提取高价值化学品的同时加氢制取液体燃料,从而有效地利用了煤中的各种组分,实现了以煤为原料的分级转化梯级利用。

(2)燃料适应性广

获得的热解煤气热值较高且CO含量较低,经简单净化处理可作城市煤气;该技术可用于新建工厂和大量旧电厂的改造,从而使煤炭分级转化发电技术有更广阔的应用前景;热电气多联产系统对煤种适应性很强,可以利用高灰、高硫、低热值的劣质煤。这对我国由大量的高硫、高灰、低热值煤炭构成的煤炭资源的综合利用尤其具有重要意义。

(3)工艺参数要求低,设备投资低

煤在常压低温无氧条件下热解气化,对反应器及相关设备的材质要求低(常规气化炉操作温度为1300~1700℃,压力2~4MPa),设备制造成本低,同时热解气化过程不消耗$O_2$和水蒸气,避免了常规气化炉所需的制氧装置和蒸汽锅炉,大幅度降低气化系统的设备投资。

(4)运行成本低

煤热解单元不需要$O_2$、水蒸气作为气化剂,系统能量损耗低,与常规气化技术相比,过程热效率大幅度提高,因此运行成本也得到大幅度降低。

(5)高温半焦直接燃烧利用

原煤热解气化后的半焦直接送入锅炉燃烧发电,避免了散热损失,使能源得到充分利用;而锅炉燃烧用不含水分的半焦,烟气量大幅度减少,从而降低了引风机的电耗,装置能耗降低,锅炉系统效率也有所提高。另外还避免了以半焦为产品的工艺中的半焦冷却,以及细半焦颗粒的运输和利用问题。

(6)易实现大型化

所采用的流化床热解炉具有热灰和入煤混合剧烈,传热传质过程好,温度场均匀的特点,有利于给煤在炉内的热解气化,同时流化床热解炉易于大型化,而且布置上易与循环流化床锅炉匹配,实现与循环流化床锅炉的有机集成,从而避免固定床(或移动床)热解反应器的不易放大和布置的问题。

（7）煤气产率高、品质好

循环流化床分级转化工艺的热解过程以循环灰为热载体，热解所产出的煤气有效组分高，全部用于后续过程，从而保证后续煤气合成工艺的煤气量，避免燃烧热解煤气提供热解热源使外供煤气量减少的问题。

（8）污染物排放控制利用特性好

通过上下游工艺的有机结合，多联产技术有望实现污染物的低成本高效联合脱除，煤炭中硫、氮等污染与直接燃烧产生的烟气相比，脱除要容易得多。热电气多联产技术将多种煤炭转化技术优化集成在一起后，不仅有利于实现污染物的集中、综合治理，大大降低环保费用，而且容易实现以废治废，废物利用，变废为宝。

（9）具有很好的灵活性

根据煤种特性、转化途径和目标产物的不同，煤炭分级转化技术可以组合热解气化燃烧等不同的煤转化方式。通过热解实现煤炭中挥发分提取，而且结合各种生产技术路线的优越性，使生产过程耦合在一起，提高煤炭转化效率和利用效率。另外，电力系统的负荷随时间和季节的变化十分明显，随着电负荷的变化，多联产系统可以保持气化装置或燃烧装置的运行负荷不变，通过调整送往发电部分与其他产品生产单元的合成气量的比例实现系统各产品产量的调整。

（10）具有战略意义

多联产系统将煤炭转化为电力、液体燃料和气体燃料，将有助于我国在兼顾电力发展的同时走出油气资源短缺的困境，保障我国的能源安全。

# 第三节　清洁煤技术的发展前景

**1. 清洁煤发电技术水平不断提高**

燃煤发电技术主要包括传统的直接燃煤发电和新型煤炭气化发电技术。对于直接燃煤发电，目前广泛使用的有亚临界、超临界、超超临界和循环流化床发电技术。煤炭气化发电技术主要是指具有高发电效率和优良环保性能的整体煤气化联合循环发电技术。

高效率和超高参数是燃煤发电技术的发展趋势，2018 年中国发电量居全球第一，达到了近 6.8 万亿 kW·h，同比增长 6.8%，其中，火电装机容量已达 11.4 亿 kW，发电总量达到了 49231 亿 kW·h，约为全国发电总量的 70% 以上，占据着绝对的主导地位。下一阶段，百万千瓦水平的一次和二次再热超临界发电技术会进一步发展，其蒸汽温度会超过 600℃，参数为 28MPa，效率提升幅度为 2%~3%。此外，通过煤电灵活调峰来平衡电网，以适应大规模可再生能源发电。燃煤发电是电网调峰的主要手段，而机组系统对负荷变化的快速响应会降低煤电元件寿命，因此加强机组系统整体负荷快速反应能力以及如何保持经济、安全的有效响应，减少污染物排放将成为主要问题。目前循环流化床锅炉技术在应用范围扩大、效率提高和燃料适应性改善方面依然具有潜力。

我国电力行业耗煤量约占全国耗煤总量的一半，实现燃煤电厂烟气污染物控制是重中之重。电力工业以科学发展观为指导，在电力建设、结构调整、技术进步、装备能力提升、整体效率提高和节能减排等方面取得了世人瞩目的成就。一方面进行产业结构调整，降低煤炭能源消费强度；另一方面需要鼓励以燃煤烟气污染物超低排放技术为代表的先进煤炭清洁发电技术在火电行业的推广应用。通过理论研究、技术研发及集成应用，形成符合我国国情的燃煤烟气污染物超低排放技术路线，建立超低排放清洁环保岛。实现污染物排放优于天然气机组排放标准限值，为我国大气污染防治特别是高用能密度区域的污染物排放提供一条重要出路。

截至 2018 年三季度末，我国煤电机组累计完成超低排放改造 7 亿千瓦以上，提前超额完成 5.8 亿千瓦的总量改造目标，加上新建的超低排放煤电机组，我国达到超低排放限值的煤电机组已达 7.5 亿千瓦以上；节能改造累计完成 6.5 亿千瓦，其中"十三五"期间完成改造 3.5 亿千瓦，提前超额完成"十三五"3.4 亿千瓦改造目标。这标志着我国已建成全球最大的清洁煤电供应体系，煤电超低排放和节能改造总量目标任务提前两年完成。中国煤炭资源丰富的禀赋决定了电力发展在短期内难以改变主要依赖煤炭的格局。关停小火电机组，淘汰落后产能，建设能耗低、大容量的高效环保机组，积极发展热电联产仍然是火力发电的发展方向，未来要继续深挖机组技术潜力、加强污染物综合治理、开创产业循环经济、推进区域定制化服务。

**2. 大批煤炭转化技术从试点、示范到商业示范快速发展**

煤炭转化技术可利用煤炭资源生产替代石油的能源或化学品，具有重大意义。但是由于近年油价的下跌，煤化工行业总体运营欠佳，生产负荷下降，规划项目的建设进程也相应减缓。未来石油市场的发展情况对煤转化技术的发展影响重大，大多数煤炭转化技术仍然要作为战略储备技术进行开发。进一步提高其竞争力，在低能耗、低水耗和低污染物排放的要求下提升效率，为更有效、经济和环保地转化煤炭资源，需要在新的转化原理、催化基础、化学反应途径、定向反应控制方面积极寻求突破与创新。

**3. 煤制化学品工艺更加成熟**

煤制烯烃技术、煤制芳烃技术、甲醇芳构化技术、煤制乙二醇技术等煤制化学品工艺已得到广泛研究和采用，制备和提纯工艺将更加成熟且有进一步的发展。

**4. 污染物控制技术发展更完善**

由于燃烧污染物控制技术的进步及更为严格的排放标准和政策的驱动，在电力需求快速增长的情况下，污染物二氧化硫、氮氧化物和颗粒物的总排放量及单位排放强度却持续下降。污染物控制技术在清洁煤技术中扮演着重要角色。

**5. $CO_2$ 捕集技术进一步发展完善**

$CO_2$ 捕集技术的燃烧前捕集、燃烧后捕集和富氧燃烧技术、$CO_2$ 封存和利用（咸水含水层封存，$CO_2$ 提高原油采收率、用于微藻培养等）的示范，完整的碳捕集、利用和封存过程的示范将在未来几年里完成，这将促进其在商业方面的应用。

在能源革命的洪流中，清洁、低碳、高效的能源利用方式已经成为世界共识。我国能源资源富煤、少油、少气的格局决定了未来一定时间内，煤炭将仍然在能源供给中占据主导地位。煤炭革命的核心在于整体推进煤炭在全行业、全产业链的清洁、高效、可持续开发利用。它涵盖生产和消费两个方面内容：生产端要实现安全绿色高效开采，提高科学产能的比例，优化控制煤炭开采量，进一步去产能；消费端着力提高燃煤的效率，加大高效洁净燃煤发电和煤电节能减排技术的推广利用，改造工业窑炉，适度发展现代煤化工。从长远看，实现煤炭清洁高效开采、利用产业链升级主要涉及煤炭开采战略布局与总量优化、低品质煤开发与提质、煤电输送协调发展、清洁燃烧与煤基多联产系统协同发展、先进燃煤发电技术开发与应用、智能电网安全、高耗能行业节能减排等几个方面。

## 复习思考题

1. 简述清洁煤技术的概念及其特点。
2. 简述煤气化技术的基本原理和主要工艺。
3. 查阅相关文献，举例说明煤炭分级转化多联产技术。
4. 根据我国能源资源结构特点，探讨煤炭能源发展趋势及清洁煤技术发展重点。

## 参考文献

[1] Bezdek R H，Wendling R M. The return on investment of the clean coal technology program in the USA [J]. Energy Policy，2013，54（3）：104-112.

[2] Brown R C，Liu Q，Norton G. Catalytic effects observed during the co-gasification of coal and switch-grass [J]. Biomass and Bioenergy，2000，18（6）：499-506.

[3] Buhre B J P，Elliott L K，Sheng C D，et al. Oxy-fuel combustion technology for coal-fired power generation [J]. Progress in Energy and Combustion Science，2005，31（4）：283-307.

[4] Carrasco-Maldonado F，Spörl R，Fleiger K，et al. Oxy-fuel combustion technology for cement production：State of the art research and technology development [J]. International Journal of Greenhouse Gas Control，2016，45（1）：189-199.

[5] Chang S，Zhuo J，Meng S，et al. Clean coal technologies in china：Current status and future perspectives [J]. Engineering，2016，2（4）：447-459.

[6] Chen W，Xu R. Clean coal technology development in China [J]. Energy Policy，2010，38（5）：2123-2130.

[7] Dong C，Jin B，Lan J. Co-combustion of municipal solid waste and coal in a circulating fluidized bed [J]. Asia-Pacific Journal of Chemical Engineering，2010，10（5-6）：639-646.

[8] Friedmann S J，Upadhye R，Kong F M. Prospects for underground coal gasification in carbon-constrained world [J]. Energy Procedia，2009，1（1）：4551-4557.

[9] Guan G. Clean coal technologies in Japan：A review [J]. Chinese Journal of Chemical Engineering，2017，25（6）：689-697.

[10] Hu X，Wang T，Dong Z，et al. Research on the gas reburning in a circulating fluidized bed （CFB） system integrated with biomass gasification [J]. Energies，2002，5（12）：3167-3177.

[11] Ju Y，Lee C H. Evaluation of the energy efficiency of the shell coal gasification process by coal type [J]. Energy Conversion and Management，2017，143：123-136.

[12] Kempka T，Fernández-Steeger T，Li D Y，et al. Carbon dioxide sorption capacities of coal gasification residues [J]. Environmental Science and Technology，2011，45（4）：1719-1723.

[13] Leung D Y C，Caramanna G，Maroto-Valer M M. An overview of current status of carbon dioxide capture and storage technologies [J]. Renewable and Sustainable Energy Reviews，2014，39：426-443.

[14] Mallick D，Mahanta P，Moholkar V S. Co-gasification of coal and biomass blends：chemistry and engineering [J]. Fuel，2017，204：106-128.

[15] Mathekga H I，Oboirien B O，North B C. A review of oxy-fuel combustion in fluidized bed reactors [J]. International Journal of Energy Research，2016，40（7）：878-902.

[16] Wiatowski M，Stańczyk K，Świądrowski J，et al. Semi-technical underground coal gasification （UCG） using the shaft method in experimental mine "Barbara" [J]. Fuel，2012，99：170-179.

[17] Yin C，Yan J. Oxy-fuel combustion of pulverized fuels：combustion fundamentals and modeling [J].

Applied Energy, 2016, 162: 742-762.

[18] 岑建孟, 方梦祥, 王勤辉, 等. 煤分级利用多联产技术及其发展前景 [J]. 化工进展, 2011, 30 (1): 88-94.

[19] 岑可法, 倪明江, 骆仲泱, 等. 基于煤炭分级转化的发电技术前景 [J]. 中国工程科学, 2015, 17 (9): 118-122.

[20] 陈兵, 肖红亮, 李景明, 等. 二氧化碳捕集、利用与封存研究进展 [J]. 应用化工, 2018, 47 (3): 589-592.

[21] 冯钰. 煤热解半焦气化反应活性和燃烧特性研究 [D]. 大连: 大连理工大学, 2016.

[22] 郭志航. 褐煤热解分级转化多联产工艺的关键问题研究 [D]. 杭州: 浙江大学, 2015.

[23] 韩雅文, 刘固望, 蒋立, 等. 煤炭清洁利用技术进展与评价综述等. 中国矿业, 2017, 26 (7): 81-87, 100.

[24] 郝临山, 郭建喜. 洁净煤技术 [M]. 第 2 版. 北京: 化学工业出版社, 2010.

[25] 郝巧铃, 白永辉, 李凡. 生物质与煤共气化特性的研究进展 [J]. 化工进展, 2011, 30 (S1): 68-70.

[26] 胡文韬, 段旭琴. 煤炭加工与洁净利用 [M]. 北京: 冶金工业出版社, 2016.

[27] 黄平平, 郭凯旋, 郑立军, 等. 清洁煤电高效节能改造技术路线研究 [J]. 应用能源技术, 2019, 4: 29-31.

[28] 李克忠, 张荣, 毕继诚. 煤和生物质共气化制备富氢气体的实验研究 [J]. 燃料化学学报, 2010, 38 (6): 660-665.

[29] 李文英, 冯杰, 谢克昌. 煤基多联产系统技术及工艺过程分析 [M]. 北京: 化学工业出版社, 2011.

[30] 梁杰. 煤炭地下气化技术进展 [J]. 煤炭工程, 2017, 49 (8): 1-4, 8.

[31] 刘练波, 黄斌, 郜时旺, 等. 燃煤电站 3000～5000 t/a $CO_2$ 捕集示范装置工艺及关键设备 [J]. 电力设备, 2008, 9 (5): 21-24.

[32] 刘哲语, 李俊国, 李春玉, 等. 多段分级转化流化床煤气化技术研发与进展 [J]. 煤化工, 2016, 44 (1): 3-6.

[33] 米翠丽. 富氧燃煤锅炉设计研究及其技术经济性分析 [D]. 北京: 华北电力大学 (北京), 2010.

[34] 倪维斗, 李政. 基于煤气化的多联产能源系统 [M]. 北京: 清华大学出版社, 2011.

[35] 王秀江. 龙成煤低温干馏技术开辟煤炭分级分质利用新途径 [J]. 中国能源, 2015, 37 (7): 45-47, 34.

[36] 温亮. 循环流化床热电气焦油多联产技术的试验研究 [D]. 杭州: 浙江大学, 2010.

[37] 吴占松, 马润田, 赵满成. 煤炭清洁有效利用技术 [M]. 北京: 化学工业出版社, 2007.

[38] 杨令侠. 加拿大与美国关于酸雨的环境外交 [J]. 南开学报 (哲学社会科学版), 2002, 3: 118-124.

[39] 于扬洋, 林伟荣, 肖平, 等. 煤热解分级转化热电油天然气多联产系统技术经济性分析 [J]. 热力发电, 2017, 46 (9): 8-16.

[40] 于遵宏, 王辅臣. 煤炭气化技术 [M]. 北京: 化学工业出版社, 2010.

[41] 余力. 两阶段煤炭地下气化工艺的应用 [J]. 煤炭学报, 2009, 34 (7): 1008.

[42] 岳光溪, 吕俊复, 徐鹏, 等. 循环流化床燃烧发展现状及前景分析 [J]. 中国电力, 2016, 49 (1): 1-13.

[43] 张啸天, 李诗媛, 李伟. 生物质与煤混合富氧燃烧过程中 NO 和 $N_2O$ 的排放特性研究 [J]. 可再生能源, 2017, 35 (2): 159-165.

[44] 周安宁, 黄定国. 洁净煤技术 [M]. 第 2 版. 徐州: 中国矿业大学出版社, 2018.

[45] 朱铭, 徐道一, 孙文鹏, 等. 国外煤炭地下气化技术发展历史与现状 [J]. 煤炭科学技术, 2013, 41 (5): 4-9, 15.

[46] 祝宁. 洁净煤技术发展现状及发展意义 [J]. 山西化工, 2017, 37 (3): 61-62, 70.

# 第十章　石油天然气的清洁生产

## 第一节　概　　述

### 一、清洁生产的概念与特点

根据《中华人民共和国清洁生产促进法》（以下简称《清洁生产促进法》），清洁生产是指不断采取改进设计、使用清洁的能源和原料、采用先进的工艺技术与设备、改善管理、综合利用等措施，从源头削减污染，提高资源利用效率，减少或者避免生产、服务和产品使用过程中污染物的产生和排放，以减轻或者消除对人类健康和环境的危害。从石油天然气开采行业的具体情况出发，清洁生产主要是指：在整个生产过程中，着眼于污染预防，全面考虑开发生产周期过程对环境的影响，最大限度地减少原料和能源的消耗，降低生产成本，提高油气资源和生产用能源的利用效率，使开发生产过程对环境的影响降到最低。

清洁生产具有"三性"，即预防性、整体性和持续性等特点。其侧重于"预防"，要求从产生污染的源头抓起，严格控制生产全过程的每一个环节，减少或消除污染物的产生，即"源削减"。其依赖于"整体"，一在管理上要求全员和所有部门要履行预防污染的职责；二在生产上要求设计的产品是环境友好的，使用的能源和原材料是无毒或低毒的，选择的工艺、设备在资源利用上是高效的，污染物产生很少或没有，不得不排放的污染物要尽量进行综合利用或循环使用。其表现于"持续"，清洁生产是一个相对、不断、持续进行的过程，没有终止符，实现途径为源削减、全过程管控，最终目的是实现污染危害减轻或消除。

### 二、实施清洁生产的意义

我国实施《清洁生产促进法》后，鼓舞了大批生产制造型企业投入到清洁生产的工作之中，实现了大规模的应用。对企业而言，实施清洁生产具有如下效益。

#### 1. 符合环保效益的规定

在实际生产经营过程中，由于个别企业不够重视环境保护的基本工作，因此建立的环保措施也存在一定的问题，缺乏完善的环保制度，不能达到国家环保工作的基本要求。合理地运用清洁生产技术，能够针对企业存在的环保问题，落实合理的环保整改要求，以符合国家法律法规，降低企业环境风险。

**2. 实现降低成本的目的**

企业实际的生产过程不能脱离基本的能源和原材料，在形成产品的同时也会产生废弃物。实施清洁生产工作主要是针对实际生产过程中的人员、技术、管理等方面的因素，通过降低材料成本的投入，提升产品的生产效率和企业的经济效益，从而减少废弃物产生和排放量，达到保护环境的目的。

**3. 提升品牌形象**

随着清洁生产推广力度的逐渐增大，越来越多的客户将是否通过清洁生产作为评价供应商是否合格的评判标准之一。此外，大型企业在上市过程中需要进行环保核查，清洁生产作为一个硬性指标，占据着非常重要的地位。

从大量的清洁生产实践结果来看，清洁生产是保障资源持续开发利用、控制工业污染、保护生态环境的根本措施；同时清洁生产注重经济技术的可实现性，从而达到环境效益和经济效益的双赢目标。清洁生产的产生及发展是一个不断演进的历史过程。在可持续发展的思想原则指导下，清洁生产仍然处于不断丰富、深化与拓展的过程中。此外，由于清洁生产技术的优势，相关技术已经逐渐应用到各种类型的企业中，随着国家不断提升环保要求，清洁生产已由重点关注企业节能减排，发展为在关注环保合规的基础上，从源头削减能源资源的消耗量与污染物的排放量。从国家发展的角度上来说，推广清洁生产工作是提升企业基本的经济效益，保护生态环境，推动企业的进步和发展的必经之路。

# 第二节　石油天然气清洁生产技术

清洁生产技术所涵盖的内容十分丰富，其核心是将对资源与环境效益的考虑有机融入开发生产全过程中。对于石油和天然气行业而言，生产过程一般包括物探、钻井、井下作业（包括试油、酸化及酸压、压裂、修井）、采油及采气生产等。开展清洁生产应尽量针对每个生产过程的具体问题、具体情况进行实施。根据石油和天然气行业的工艺特点，本节将分别从以下几方面来论述石油天然气的清洁生产技术。

## 一、物探清洁生产技术

通过各种先进技术，确定钻井井位，提高勘探的成功率，减少钻井的数量，从而达到减少废弃物产生和排放的目的。

**1. 3-D 和 4-D 勘探技术的应用**

3-D 和 4-D 技术的进步使人们更容易了解地层以下的结构情况，可以适当减少开挖勘探井的数量。下面以雷普索尔（Repsol）公司为例介绍 3-D 数字岩芯技术在油气勘探中的应用。该公司成立于 1987 年 9 月，其经营业务包括勘探与生产、炼制与销售、化工、天然气等四个方面。按国际通用的石油储量、石油产量、天然气储量、天然气产量、炼制能力、油品销售量等六项指标综合测算，Repsol 公司在世界石油公司中排名第 47 位。Repsol 技术中心的 300 多位科研人员开发出能源勘探过程中使用的新工具和新方法。通过这些工具的应用，Repsol 成功地探测到多个新油藏，使其勘探成功率高于全球平均水平。

Repsol 的研发目标是提高勘探成功率，以及通过对油气藏的地质评价、验证和校准减少不确定因素的影响，一项名为 Sherlock 的创新项目因此应运而生。Sherlock Ⅰ项目于2009 年启动，该项目利用基于岩相显微镜和高分辨率地球化学分析技术的方法，揭示出石油系统中不同要素的多重特征，充分展示了该项目在降低地质风险和提高勘探成功率方面的能力。通过研究从不同地理位置采集的岩芯和岩屑样本，科研人员尽其所能地从油藏中获取数据，以确定原油形成和聚集的时间、方式和地点。自 Sherlock Ⅰ项目启动以来，其研究使 Repsol 的勘探成功率得到提升。这种类型的研究对于制定决策至关重要，不论是寻找新油田的决策，还是对已探明油藏在获取同样产量前提下，为降低环境影响而减少井口的决策。Repsol 在摩洛哥、毛里塔尼亚、利比亚、阿尔及利亚和巴西的各个业务部门都进行了试验，结果都显示出这种新技术方法在油田勘探开发中应用的潜力。

2016 年 1 月，Repsol 的科学家成功完成了 Sherlock Ⅱ项目，该项目将数据科学、物理学和复杂的数值方法结合在一起，创建出地下岩石的数字表示法。Sherlock Ⅱ的设计原理是通过对岩石碎片进行 3-D X 射线扫描，在虚拟实验室中创造出用于再现和研究的"数字岩石"。前沿 X 射线层析成像技术的使用和 3-D 岩石模型的创建，帮助科学家们能够真实地分析孔隙度、渗透率以及岩石与其内部流体之间相互作用等属性，这些数据能够帮助他们确定油藏能否盈利，以及提高油气采收率的最佳方案。

数字化使地层中任意位置的岩芯分析更加简单，对岩屑的分析也更加容易。以前需要三个月才能完成的试验，通过 Sherlock Ⅱ可以在三个星期内完成。此外，Sherlock Ⅱ采用计算机运算，能够帮助作业人员获得大量的油气藏信息以及相关地质问题的解决方法。其中一个重要方面就是利用技术采集源数据、分析和过滤大数据，以做出有充分依据的决定。通过将岩石转化成数据，研究人员可以积累并永久保存这些地质信息。与其他商业技术相比，Repsol 公司的技术可节省高达 70％的运营成本。不仅如此，Sherlock 还可以应用于非常规油藏，或是蕴含大量未探明储量的复杂地质条件油藏。

**2. DNA 技术**

随着 DNA 技术的发展以及跨学科交叉应用思路的拓宽，荷兰一家创业公司开始探索利用微生物 DNA 技术帮助油气勘探公司寻找油气藏。该技术借鉴了一种新兴的医学突破，即使用唾液测试肿瘤，取代侵入性活检。在扩展此方法用途的过程中，人们注意到基于气体分子微渗透引起的微生物反应可以用来预测油藏。

通过氧化反应，某些微生物将在气体渗透的环境中茁壮成长，而其他微生物将会因为上升气体的毒性而死亡。以上任一结果都可以提供可用信号，而机器学习模型可以将这些信号转化成易于解释的预测图，如图 10-1(a) 为美国路易斯安那州的 Haynesville 页岩生产井井位图；图 10-1(b) 为用于 DNA 分析的泥土样品（约有 360 个）；图 10-1(c) 为通过 DNA 分析产生的结果，其右上角为高产区，能与该公司产出历史相匹配，而右下方的两个区域预测错误，该图的准确率为 72％。

**3. 各种集成软件的应用**

采用先进的计算机软件技术，对三维地震资料、测井资料进行处理，提高资料解释的精确度，确保油气勘探的成功率。如通过软件模拟油层地下流体的流动模式，确定最佳二次、三次采油井网布局，减少钻井数量。通过采用老井地层分析技术及井间地震成像技术研究对单井井下地层状况进行测试，从而减少钻调整井的数量，提高单井产量。

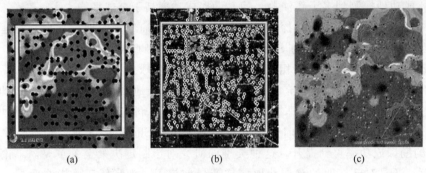

图 10-1　DNA 技术在油气勘探上的应用

## 二、钻井作业清洁生产技术

**1. 设备与用品的保养与维护**

（1）保持钻井用的各大型设备的完好，合理安排检修频率，减少设备可能发生的漏油等污染。

（2）保障各种化学物品和材料的合理储藏和保护，特别是各种危险化学物品应做到如下几点：设置专门的存放地点，并使其不直接落地；保障其不会因恶性天气而发生泄漏；保障化学品容器在非使用状态下按标准方法封闭完好；各种化学品容器上应始终完好地保留正确的产品标识，以保证其能在任何时间被辨认；各种化学品的安全数据和其他生产信息专门登记管理。

**2. 钻井工艺技术**

（1）PDC 钻头

聚晶金刚石复合片钻头（polycrystalline diamond compact bit）简称 PDC 钻头（图 10-2），耐磨性能是普通钻头的 30 倍，因而能显著地减少钻井起下钻的次数，减少废弃物的数量。

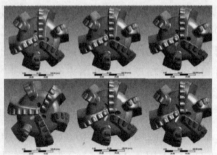

(a) PDC钻头三维模型　　　　　　(b) PDC钻头(10°~60°)喷嘴结构

图 10-2　PDC 钻头

（2）水平钻井

大位移的定向井、丛式井技术（图 10-3），能显著减少钻井占地面积及钻井数量，减少废钻井液、废水及岩屑的产生，同时节约大量投资和能耗。

（3）欠平衡钻井技术

欠平衡钻井技术是在对井口的有效控制下，通过降低钻井液密度或采用低密度钻井液，

图 10-3　丛式井技术示意图

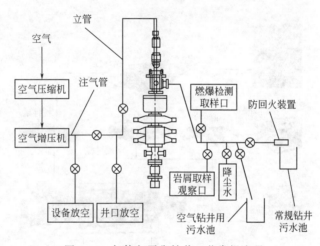

图 10-4　气体欠平衡钻井工艺常规流程

使井底压力低于地层的孔隙压力，从而从根本上解决钻井液向地层的侵入或漏失问题。迄今为止全球已有上万口井成功地应用了欠平衡钻井技术和设备，随着油田勘探开发领域的扩大和难度的增加，欠平衡钻井技术和装备的应用范围将会越来越大。气体欠平衡钻井工艺常规流程如图 10-4 所示。

（4）其他技术

① 小井眼钻井技术能较大幅度地减少钻井成本和污染物的产生量。

② 使用无铅套管丝扣油，可减少铅的污染。

③ "顶部驱动"钻井技术代替常规的"旋转钻机"，可大幅度降低钻井用水量。

**3. 钻井液清洁生产技术**

（1）对钻井液进行管理，以减少井场化学添加剂的流失。包括钻井液中化学添加剂的物料平衡研究及钻井液循环系统监测技术。很多钻井公司的实践表明，实时监测钻井液的性质可以大大减少水耗和添加剂的用量。

（2）用无毒的或低毒的钻井液、修井液或洗井液代替有毒的易挥发的化学药剂。开发并尽量选用低毒性、易处理的化学处理剂是减少井下作业液对环境污染的根本措施。例如用无铬木质素类稀释剂替代含铬木质素类稀释剂，采用胺类杀菌剂代替酚类和甲醛类，采用矿物油和豆类油代替柴油作为润滑剂等。在钻井过程中常用有机溶剂清洗钻井设备，采用可生物降解和环境毒性小的溶剂代替传统使用的三氯苯和四氯化碳等对环境毒性大的有机溶剂。

**4. 润滑油净化回收系统**

井场使用的柴油发电机会产生一定量的废弃润滑油。一种可以净化并回收利用润滑油的装置正在推广。该装置应用过滤器将粒径大于1mm的颗粒过滤掉，并同时具有净化其他杂质的功能。该装置与柴油发电机润滑油系统相联系，使净化的润滑油直接回用，从而大大减少废润滑油的产生量。

**5. 钻井液固相控制技术**

钻井液固相控制系统基本流程如图10-5所示，该技术主要包括：合理使用振动筛、除砂器、除泥器、旋流分离器及泥浆清洁器等固控设备，减少钻井液的稀释及化学处理剂的用量，达到减少废钻井液数量的目的。固控措施与前述钻井液监测系统结合使用更可起到减少物耗和水耗的目的。

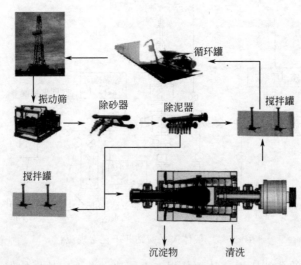

图 10-5　钻井液固相控制系统基本流程

**6. 注水泥操作的清洁生产技术**

在注水泥操作过程中，利用一套水泥浆密度检测控制系统，实现动态实时地投加水泥，可以减少水泥总用量，并可在系统因故停机的情况下实现废弃物产生量最小化。此外，注水泥操作清洁生产技术还包括：对施工过程中多余的水泥实现回用，比如用于井场防止水土流失工程的施工等；使用无毒的添加剂；将剩余的水泥干粉返还生产厂。

**7. 钻井废物处置**

钻井废物主要指钻井岩屑、钻井结束后的剩余泥浆等废物。

（1）废物最小化

尽量用无毒物替代有毒物；在可能的情况下采用气带泥浆；强化钻井液的固液分离，减少废物产生；从设计出发，尽量减少泥浆的用量。

（2）废物回收利用

尽量回收回用泥浆；研究钻屑回用于建筑材料的技术。

（3）弃置后处理

研究外运处理、就地填埋、土地播撒、地面外排、蒸发、环空回注、固化等技术的综合运用。如美国油气田钻井废物中有 29％采用自然蒸发的方法处理、28％通过专用的商业设施处理、13％回灌到井下、12％填埋处理、10％排放到地面水体、7％土地耕作处理。

### 8. 封闭钻井液循环系统或采用 V 型钻井池

采用封闭钻井液循环系统，并配专门的泥浆罐使泥浆不落地，避免了钻井液的渗溢污染，而且可以回收钻井液，用于其他井的钻探，还可以节省在现场建设泥浆池和废泥浆的处理费用。据报道，美国得克萨斯州的某钻井公司，采用全密闭系统每口井可节约钻井费用 1 万美元，同时实现了良好的环境效益。

采用 V 型钻井池也具有良好的清洁生产功能。据美国某钻井公司介绍，与传统泥浆池相比，V 型池建设时间节省 40％，泥浆池内衬防渗层材料节约 43％，运行中可节水 38％，每口井总共可节约钻井费用 1.08 万美元，同时实现了良好的环境效益。

### 9. 钻井液脱水与回用

一些钻井公司已经开始使用钻井液脱水的方法回收废水。采用的脱水方法主要是离心、水力旋流并辅以化学絮凝。另外，旧钻井液重新利用于其他井场的钻井也是钻井清洁生产技术的一个发展方向。

## 三、井下作业清洁生产技术

### 1. 地膜隔离技术

为了不污染抽油机、作业施工设备及井场，专为抽油机、井架等设备定制"油衣"，油管桥架下铺上地膜，既简单又经济，可有效回收管杆清洗产生的污染物。为了节约生产成本，无法将大批管杆运送回油管厂进行集中清洗，而是作业时在井场对管杆进行清洗。为了回收清洗管杆时产生的污染物，减轻清洗造成的环境污染，现场采用一种作业地面防污染塑料薄膜。该塑料薄膜分为 4m×4m、10m×10m、13m×15m 三种规格，分别垫在井口、油杆桥下和油管桥下。垫在油管桥下的薄膜长比宽多 2m，后端做成口袋状，主要作用是在对油管进行清洗时，原油和污水自动流入袋内。施工结束后，将塑料薄膜及包在袋内的原油回收进行集中处理。

### 2. 井下泄油技术

将原油、污水控制在井内是解决起管柱环境污染的有效途径。为实现起管柱泄油，以前应用过撞击式泄油器，但是效果不好，起不到泄油作用。为解决管柱泄油问题，目前常使用KYLM 型二合一液压锚定泄油器（图 10-6），其工作原理是：将泄油器下至设计井深，在下泵完成后，试压检验油管柱密封性时，液压经中心管的孔槽作用于坐封活塞上，当压力达到6～8MPa 时，坐封销钉被剪断，活塞推动上锥体使卡瓦张开实现锚定，由于锁环的锁定作用，不论油管内的液柱压力如何变化，卡瓦始终处于锚定状态。上提管柱，解封销钉被剪断，中心管与下接头连接的锁块失去了泄油套的支撑，在尾管重力和油管中液力的作用下，下接头与中心管分开实现泄油，并带动下锥体向下移动，同时中心管带动上锥体向上移动，卡瓦回收。

二合一液压锚定泄油器主要用于机抽井中，既可锚定管柱，防止管柱蠕动或弯曲，减少冲程损失，提高泵效，又可在修井起下管柱时，泄掉油管中的原油，极大地减少作业施工中产生的污染物，防止污染设备及井场。截至 2012 年该技术已在江苏、大港等油田累计推广

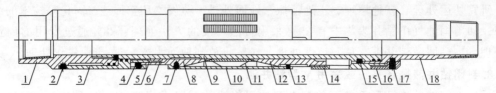

图 10-6　二合一液压锚定泄油器结构示意图

1—上接头；2—坐封销钉；3—活塞；4—定位销钉；5—锁环套；6—锁环；7—定位销钉；8—上锥体；
9—中心管；10—卡瓦套；11—片弹簧；12—下锥体；13—定位销钉；14—泄油套；
15—锁块；16—连接头；17—解封销钉；18—下接头

应用于一万多口井，一次施工成功率达到 99.5%，修井作业过程中再没有出现井喷现象，油管内原油全部泄入井内，彻底解决了油井作业环境污染问题。

**3. 起油管防污染技术**

因原油有一定黏度，为了防止提油管时，油管外壁附着的原油随油管一起上行，被带到地面，在井口安装简便井口油管刮油器（图 10-7）进行刮油。该刮油器结构简单，体积小、质量轻、不增加井口高度、使用方便，可以和其他任何井口工具配套使用，容易密封油套环空，还可以防止作业时小件物落井。其工作原理是：使用时将刮油器座于井口大四通内，用顶丝顶紧，工具外部由 O 形圈密封，内部由胶筒密封管柱，密封件磨损后可拆卸更换。刮油器可用于冲砂、洗井、起下油管等工艺中。现场应用表明该刮油器在起管柱时能起到很好的刮油效果。

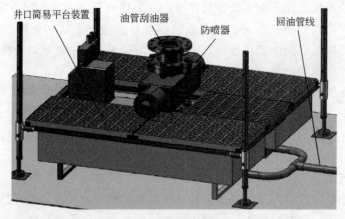

图 10-7　井口油管刮油器

**4. 起抽油杆防污染技术**

抽油杆刮蜡器（图 10-8）是用于修井作业起升抽油杆时，刮去抽油杆表面所结蜡质和其他粘附物的一种抽油杆刮蜡工具，主要由浮动体、刮刀片、销轴、刮刀体、限位碰销、弹簧、片簧、螺钉、刮油胶板、胶板片簧、底座、排蜡孔等组成。其工作原理是：使用时，底座用卡箍与井口安装连接，在油田修井作业提升抽油杆时，浮动体通过其上的刮刀体和刮刀片抱合抽油杆并随抽油杆在底座内任意方向浮动，保证二刮刀片始终抱住抽油杆，随着抽油杆的提升，刮刀片刮掉抽油杆上的结蜡和其他胶结物。当上提到抽油杆接头和扶正器时，接头和扶正器推动刮刀体克服片簧弹力向外翻转使其通过。当接头和扶正器通过后，刮刀体在片簧弹力作用下复位，继续抱合抽油杆刮蜡，当提升到不同规格尺寸的抽油杆时，对应抽油杆尺寸，通过刀片转动孔对称转动二刮刀片，使碰销进入限位孔，实现不更换刮刀片能对不同规格的抽油杆进行连续刮蜡。改变片簧数量可调节刮刀体对抽油杆的抱紧力大小，平片簧上固定有胶皮，可刮去抽油杆上的部分原油，同时能挡住刮刀片刮下的蜡质，阻止其掉到油管柱中，并引导刮刀片刮下的蜡质从排蜡孔中排出。该产品已在江苏、大港等油田推广应用 700 多台，抽油杆刮蜡效果非常好，不仅能起到井口防污染效果，而且每检泵作业一次，还能收集几十千克的蜡，取得较好的经济和环境效益。

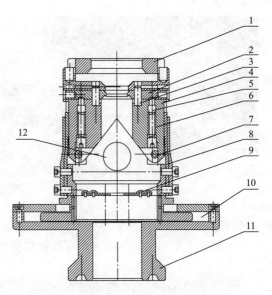

图 10-8 抽油杆刮蜡器结构示意图

1—刮蜡器本体；2—刮蜡片；3—刮蜡片销轴；
4—刮蜡片固定体；5—锁销；6—锁销弹簧；
7—刮蜡片固定体销轴；8—片簧；9—刮油盘；
10—浮动槽；11—底座；12—排蜡孔

**5.试油防污染技术（抽汲环保井口装置）**

以前，在抽汲作业时，在井口套管头上直接连接抽汲防喷装置，当抽子完成一口井抽汲，卸下井口防喷装置，提出抽子时，抽子胶筒以上的油液及与井口三通连接的输油管线内的油液就会被带出和流到井口，从而造成油液浪费和井场的严重污染。针对上述问题，专门研制了抽汲环保井口装置（图 10-9），其工作原理是：下套管短节与井口套管头相连，抽汲作业完成时，抽汲车带动钢丝绳上提抽子，当抽子提到环保井口装置后，抽子胶筒进入装置增大腔内，由于抽子胶筒外径小于腔内径，因而与腔内径之间形成环形通道，抽子胶筒以上油液就会经过该环形通道流回井内，同时输油管线内的油液经过井口三通接头和该环形通道流回井内。该装置已在江苏油田推广应用 160 多套。应用环保井口装置后，抽汲求产时再无油液流出，做到清洁生产，完全达到了设计要求和预期的效果。该装置的投入使用，可减少油液的浪费，提高生产效率，减少环境污染，改善工人的工作条件。

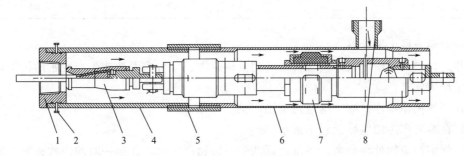

图 10-9 抽汲环保井口装置

1—安全防碰接头；2—剪切销钉；3—钢丝绳接头；4—上套管短节；
5—接箍；6—下套管短节；7—抽子胶筒；8—三通接头

**6.作业废水回收处理技术**

试油、措施及大修作业中产生的各种废液量比较大，成分复杂，处理难度大，进入水处理流程会导致水质处理不稳定，如油井试油作业中排出大量地层液；措施、修井作业中的洗

图 10-10　移动式作业废水集中处理装置

井液、冲砂液、钻磨铣用液；酸化作业中的残酸和各种废液；压裂施工中的压裂液等。这些废液如果不进行处理，直接外排会严重污染环境。处理作业中的废液也是油田井下作业环保工作的一个重要内容。

根据作业污水的性质，江苏油田机械厂研制出作业废水集中处理装置（图 10-10），用于作业废水末端处理。该装置集浮选、过滤功能于一体，能完成自动加药、进液、排液、刮渣油等功能操作。利用浮选装置产生的大量微气泡去除作业污水中的油、悬浮物等。经过处理的作业污水达到如下标准：出水中油含量≤10mg/L，COD≤100mg/L，pH＝6～9。通过处理，井下作业中的污水可以达标排放或用于回注井下。

## 四、采油采气清洁生产技术

### 1. 井下油水分离装置

这种装置可在井下进行油水分离，分离后的油泵到地面，水回注到井中，可以减少采油废水在地面的处理步骤，减少产生污染的机会。

### 2. 采油废水处置

美国陆上石油勘探与开发过程中，采油废水的产生量很大。据美国石油学会 API 统计，每年采油废水产生量约 20 亿桶，采油废水主要通过井下回注、井下回灌、道路泼洒、农田灌溉、自然蒸发、废水处理和外排等方法处理。表 10-1 列举了美国采油废水处理情况。

表 10-1　美国采油废水处理情况

| 方法 | 处理方法所占的比例/% | 方法 | 处理方法所占的比例/% |
|---|---|---|---|
| 回注 | 62 | 自然蒸发或渗透 | 2 |
| 回灌 | 30 | 处理并外排 | 1 |
| 农田灌溉 | 4 | 道路泼洒 | <1 |

### 3. 受污染表层土壤处置

钻井过程中井场内的表层土壤可能受到落地原油、设备润滑油或生产废水的污染，相关的清洁生产措施有：

（1）严格操作程序，减少落地污染物产生。

（2）在容易产污的区域设置不透水层。

（3）制定污染物处理预案，当落地原油等污染物产生后，在第一时间内收集液态和固态石油类污染物，并将其置于生产体系中回用。

（4）加强管线的防腐保护，减少漏油事故。

### 4. 井场内径流污染控制

井场内的降雨会冲刷设备和地面，有可能形成受污染的地表径流，防止受污染的地表径流产生的主要清洁生产措施有：

（1）严格操作程序，保持设备的密闭和表面清洁，减少落地原油等污染物的产生。

（2）尽量覆盖各种容易产污的设备，减少其受冲刷的可能性。

（3）流经易产污场地（包括设备存放地、化学品存放场地等）的水流尽量拦蓄存放并回用。

**5. 罐底沉积物的清洁生产技术**

采油生产过程的工艺储罐往往产生不易处置的罐底油泥，这方面的清洁生产先进技术主要有：

（1）在罐内添加搅拌设备，减少罐底油泥产生，或在罐内投放适宜的添加剂防止罐底油泥的产生。

（2）用锥形罐并适当提高热处理频率。

（3）合理规划，尽量减少储罐数量。

（4）用离心装置分离油泥中的水分，减少油泥量，并将剩余罐底油泥送至炼油厂处置。

# 第三节　石油天然气清洁生产评价体系

## 一、清洁生产评价体系的建立依据和程序

现在已经建立清洁生产技术规范的行业，其指标均依据国家的法律法规而建立。总的来说，是从生产工艺、资源能源利用、污染物产生、废弃物回收利用、环境管理这五大指标在该行业中的污染物控制标准进行初步确定的。没有建立行业技术规范的则参考国家或行业标准、法律法规以及行业专家的意见来制定。

清洁生产评价指标建立依据一般包括：《中华人民共和国环境保护法》《中华人民共和国清洁生产促进法》《中华人民共和国水污染防治法》《中华人民共和国大气污染防治法》《中华人民共和国固体废物污染环境防治法》等。

针对不同的行业，依据已有的国家标准、行业标准等，如果没有这些标准则采取咨询专家的方法来建立。不同行业有不同的污染物排放标准，而且选取的子指标也不同，一般可参考各行业环境影响评价中的依据。清洁生产评价指标的原始数据主要源于生产现状分析、方案预评估、环境经济损益分析等。类比项目参考指标主要源于行业标准、行业先进水平或实测、考察等调研资料。清洁生产定量评价程序见图 10-11。

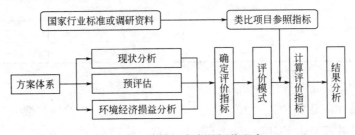

图 10-11　清洁生产定量评价程序

考虑到石油天然气行业的特点，指标体系设定的正确与否，关系到评价工作全过程的科学性和可操作性。借鉴石油天然气行业标准及专家意见等，将石油天然气清洁生产指标分为

5 个方面：工艺与装备要求指标；资源能源利用指标；污染物产生指标；废物回收利用指标；环境管理指标。

## 二、清洁生产评价体系的相关概念

（1）清洁生产评价指标（assessment indicator of cleaner production）是指用于衡量清洁生产绩效的指标。

（2）清洁生产评价指标体系（assessment indicator frame of cleaner production）是指由相互联系、相对独立、互相补充的系列清洁生产评价指标所组成的，用于评价清洁生产绩效的指标集合。

（3）一级评价指标（first grade assessment indicator）是指标体系中具有普适性、概括性的指标。

（4）二级评价指标（second grade assessment indicator）是指在一级评价指标之下，可代表行业清洁生产特点的、具体的、可操作的、可验证的指标。

（5）评价指标基准值（baseline of assessment indicator）是衡量各定量评价指标是否符合清洁生产基本要求的评价基准。

（6）权重值（weight of assessment indicator）是衡量各评价指标在清洁生产评价指标体系中的重要程度。

（7）石油天然气开采业（oil and natural gas exploitation）是指石油和天然气勘探、生产及油气田服务业，包括油气田的勘探、钻井、井下作业（包括试油气、酸化、压裂、修井等）、采油（气）、油气集输等作业过程。

（8）标准油气当量是根据原油和天然气的热值统一折算而成的油气产量。天然气按 $1074m^3$ 折合 1t 原油计。

（9）钻井液循环率是在钻井正常工况（不含井漏等非正常工况）下，同一口井某一开过程中，钻井液循环量占钻井液总用量（补充量与循环量之和）的份额。

（10）标准钻井进尺是根据不同钻井深度下污染物产生量的不同，对实际钻井进尺按照规定系数折算而成的钻井进尺。标准钻井进尺＝实际钻井进尺×$A$，其中折算系数 $A$ 按表 10-2 取值。

表 10-2　标准钻井进尺折算系数 （$A$）

| 实际钻井进尺/m | 系数($A$) | 实际钻井进尺/m | 系数($A$) |
| --- | --- | --- | --- |
| ＜1000 | 0.8 | ≥3000～＜4000 | 1.4 |
| ≥1000～＜2000 | 1.0 | ≥4000～＜5000 | 1.6 |
| ≥2000～＜3000 | 1.2 | ≥5000 | 1.8 |

（11）可生物降解钻井液是指 $BOD_5/COD_{Cr} \geqslant 15\%$ 的钻井液。

（12）微毒钻井液是指 $EC_{50} > 1000mg/L$，但 $\leqslant 25000mg/L$ 的钻井液。

（13）无毒钻井液是指 $EC_{50} > 25000mg/L$ 的钻井液。

（14）落地原油是指直接落于无防护措施地面的原油。

（15）稠油是指在 20℃时密度大于 $0.9200g/cm^3$，且在 50℃时的动力黏度大于 400mPa·s 的原油。

（16）根据不同陆地地貌环境容量的差异，将石油天然气生产作业所处地区分为甲、乙两种类型：甲类区为水库、湖泊、江河、水灌溉地、河滩、湖滨、沼泽湿地；乙类区为其他地貌。

## 三、清洁生产评价体系的技术内容

根据清洁生产的原则要求和指标的可度量性，其评价指标体系分为定量评价和定性要求两大部分。

定量评价指标选取了有代表性的，能反映"节能""降耗""减污"和"增效"等有关清洁生产最终目标的指标，建立评价模式。通过对各项指标的实际达到值、评价基准值和指标的权重值进行计算和评分，综合考评企业实施清洁生产的状况和企业清洁生产程度。

定性评价指标主要根据国家有关推行清洁生产的产业发展和技术进步政策、资源环境保护政策规定以及行业发展规划选取，用于定性考核企业对有关政策法规的符合性及其清洁生产工作实施情况。

定量指标和定性指标分为一级指标和二级指标。一级指标为普遍性、概括性的指标，二级指标为反映油气勘探开发企业清洁生产各方面具有代表性的、易于评价考核的指标。

考虑到石油天然气企业的不同作业环节，其作业工序和工艺过程的不同，评价指标体系根据不同类型企业各自的实际生产特点，对其二级指标的内容及其评价基准值、权重值的设置有一定差异，使其更具有针对性和可操作性。不同类型油气勘探开发企业定量和定性评价指标体系框架分别见图 10-12～图 10-14 所示。

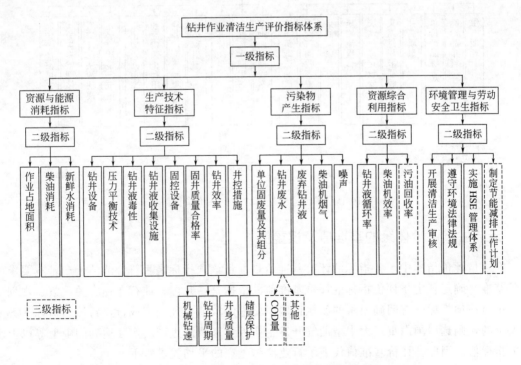

图 10-12　钻井作业清洁生产评价指标体系

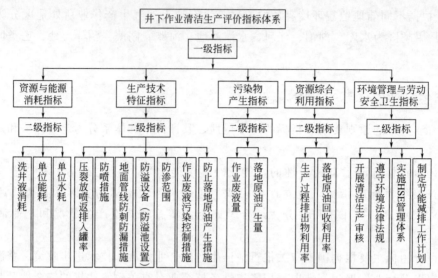

图 10-13　井下作业清洁生产评价指标体系

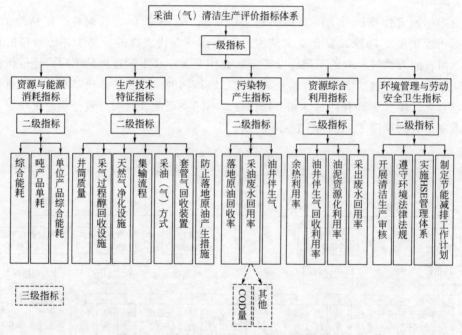

图 10-14　采油（气）清洁生产评价指标体系

## 四、清洁生产评价体系的基准值及权重值

在定量评价指标中，各指标的评价基准值是衡量该项指标是否符合清洁生产基本要求的评价基准。确定各定量评价指标的评价基准值的依据是：凡国家或行业在有关政策、规划等文件中对该项指标已有明确要求的就执行国家要求的数值；凡国家或行业对该项指标尚无明确要求的，则选用国内重点大中型油气开发企业近年来清洁生产所实际达到的中上等以上水平的指标值。因此，评价基准值代表了行业清洁生产的平均先进水平。

在定性评价指标体系中，衡量该项指标是否贯彻执行国家有关政策、法规的情况，按"是"或"否"两种选择来评定。

　　清洁生产评价指标的权重值反映了该指标在整个清洁生产评价指标体系中所占的比重。它原则上是根据该项指标对油气开发企业清洁生产实际效益和水平的影响程度大小及其实施的难易程度来确定的。

　　不同类型油气开发企业清洁生产评价指标体系的各评价指标、评价基准值和权重值见表10-3～表10-5。

　　清洁生产是一个相对概念，它将随着经济的发展和技术的更新而不断完善，达到新的更高、更先进水平，因此清洁生产评价指标及指标的基准值，也应视行业技术进步趋势进行不定期调整，其调整周期一般为3年，最长不应超过5年。

**表 10-3　钻井作业定量和定性评价指标项目、权重及基准值**

| 定量指标 | | | | | |
|---|---|---|---|---|---|
| 一级指标 | 权重值 | 二级指标 | 单位 | 权重分值 | 评价基准值 |
| （1）资源和能源消耗指标 | 20 | 占地面积 | m² | 6 | 符合行业标准要求 |
| | | 新鲜水消耗（按标准进尺计） | t/100m | 9 | ≤25 |
| | | 柴油消耗 | | 5 | |
| （2）生产技术特征指标 | 30 | | | | |
| （3）资源综合利用指标 | 25 | 钻井液循环率 | | 10 | ≥75% |
| | | 柴油机效率 | | 5 | ≥90% |
| | | 污油回收率 | | 5 | ≥90% |
| （4）污染物产生指标 | 25 | 钻井废水（按标准进尺计） | t/100m | 10 | 甲类区：≤30　乙类区：≤35 |
| | | 废弃钻井液（按标准进尺计） | m³/100m | 10 | ≤10 |
| | | 柴油机烟气 | | 2 | 符合排放标准要求 |
| | | 噪声 | | 3 | 符合排放标准要求 |
| 定性指标 | | | | | |
| 一级指标 | 指标分值 | 二级指标 | | | 指标分值 |
| （1）原辅材料 | 15 | 钻井液毒性 | | | 15 |
| （2）生产工艺及设备要求 | 40 | 钻井设备先进性 | | | 8 |
| | | 压力平衡技术 | | | 5 |
| | | 钻井液收集设施完整性 | | | 5 |
| | | 固控设备完整性 | | | 5 |
| | | 固井质量 | | | 5 |
| | | 钻井效率 | | | 7 |
| | | 井控措施有效性 | | | 5 |
| （3）符合国家政策的生产规模 | 10 | | | | 10 |
| （4）管理体系建设及清洁生产审核 | 20 | 建立 HSE 管理体系并通过认证 | | | 10 |
| | | 开展清洁生产审核 | | | 10 |
| （5）贯彻执行环境保护法规的符合性 | 15 | 建设项目环保"三同时"执行情况 | | | 5 |
| | | 建设项目环境影响评价制度执行情况 | | | 5 |
| | | 污染物排放总量控制与减排措施情况 | | | 5 |

表 10-4　井下作业定量和定性评价指标项目、权重及基准值

| 定量指标 | | | | | |
| --- | --- | --- | --- | --- | --- |
| 一级指标 | 权重值 | 二级指标 | 单位 | 权重分值 | 评价基准值 |
| （1）资源和能源消耗指标 | 25 | 占地面积 | | 5 | 符合行业标准要求 |
| | | 洗井液消耗 | $m^3$/井次 | 10 | |
| | | 新鲜水消耗 | $m^3$/井次 | 10 | |
| （2）生产技术特征指标 | 25 | 压裂放喷返排入罐率 | % | | 100 |
| （3）资源综合利用指标 | 25 | 落地原油回收利用率 | % | 8 | 100 |
| | | 生产过程排出物利用率 | % | 9 | 100 |
| | | 剩余作业液回收率 | % | 8 | 100 |
| （4）污染物产生指标 | 25 | 废弃洗井液 | kg/井次 | 5 | 100% |
| | | 修井废水 | kg/井次 | 5 | |
| | | 废气 | kg/井次 | 5 | |
| | | 油泥 | kg/井次 | 5 | 甲类区：≤50 乙类区：≤70 |
| | | 一般固体废物（生活垃圾） | kg/井次 | 5 | |
| 定性指标 | | | | | |
| 一级指标 | 指标分值 | 二级指标 | | 指标分值 | |
| （1）原辅材料 | 15 | 洗井液的毒性 | | 15 | |
| （2）生产工艺及设备要求 | 40 | 防喷措施有效性 | | 7 | |
| | | 地面管线防刺防漏措施 | | 6 | |
| | | 防溢设备（防溢池设置） | | 6 | |
| | | 防渗范围 | | 5 | |
| | | 作业废液污染控制措施 | | 8 | |
| | | 防止落地原油产生措施 | | 8 | |
| （3）符合国家政策的生产规模 | 10 | | | 10 | |
| （4）环境管理体系建设及清洁生产审核 | 20 | 建立 HSE 管理体系并通过认证 | | 15 | |
| | | 开展清洁生产审核 | | 5 | |
| （5）贯彻执行环境保护法规的符合性 | 15 | | | | |
| | | 污染物排放总量控制与减排措施情况 | | | |

表 10-5　采油（气）作业定量和定性评价指标项目、权重及基准值

| 定量指标 | | | | | |
|---|---|---|---|---|---|
| 一级指标 | 权重值 | 二级指标 | 单位 | 权重分值 | 评价基准值 |
| （1）资源和能源消耗指标 | 25 | 吨采出液综合能耗 | kg 标煤/t | 25 | 稀油：≤65 稠油：≤160 |
| （2）生产技术特征指标 | 30 | | | | |
| （3）资源综合利用指标 | 25 | 余热利用率 | % | 5 | |
| | | 油井伴生气回收利用率 | % | 10 | ≥80 |
| | | 油泥资源化利用率 | % | 10 | |
| （4）污染物产生指标 | 20 | 落地原油回收率 | % | 5 | |
| | | 采油废水回用率 | % | 5 | ≥60 |
| | | 油井伴生气外排率 | % | 5 | ≤20 |
| | | 采出废水达标排放率 | % | 5 | 100 |
| 定性指标 | | | | | |
| 一级指标 | 指标分值 | 二级指标 | | | 指标分值 |
| （1）原辅材料 | 15 | 注水水质 | | | 15 |
| （2）生产工艺及设备要求 | 35 | 井筒质量 | | | 5 |
| | | 采气过程醇回收设施 | | | 5 |
| | | 天然气净化设施 | | | 5 |
| | | 集输流程 | | | 5 |
| | | 采油(气)方式 | | | 5 |
| | | 套管气回收装置 | | | 5 |
| | | 防止落地原油产生措施 | | | 5 |
| （3）符合国家政策的生产规模 | 10 | | | | 10 |
| （4）环境管理体系建设及清洁生产审核 | 20 | 建立 HSE 管理体系并通过认证 | | | 10 |
| | | 开展清洁生产审核 | | | 10 |
| （5）贯彻执行环境保护政策法规的执行情况 | 20 | 建设项目环保"三同时"制度执行情况 | | | 5 |
| | | 建设项目环境影响评价制度执行情况 | | | 5 |
| | | 老污染源限期治理项目完成情况 | | | 5 |
| | | 污染物排放总量控制与减排指标完成情况 | | | 5 |

## 五、清洁生产评价体系的数据采集和考核评分

### 1. 清洁生产评价体系的数据采集

（1）各项指标的采样和分析方法需要严格按照生态环境主管部门的相关规定执行。

（2）个别指标的计算方法如下：

① 钻井液循环率。

$$钻井液循环率(\%)=\frac{循环钻井液量}{补充钻井液量+循环钻井液量}\times100$$

② 落地原油回收率。

$$落地原油回收率(\%)=\frac{落地原油回收量}{落地原油产生量}\times100$$

③ 废水回用率。

$$废水回用率(\%)=\frac{回用废水量}{废水产生量}\times100$$

**2. 清洁生产评价体系的考核评分**

(1) 定量评价指标的考核评分计算

企业清洁生产定量评价指标的考核评分，以企业在考核年度（一般以一个生产年度为一个考核周期，并与生产年度同步）各项二级指标实际达到的数值为基础进行计算，综合得出该企业定量评价指标的考核总分值。定量评价的二级指标从其数值情况来看，可分为两类情况：一类是该指标的数值越低（小）越符合清洁生产要求（如常用纤维原料消耗量、取水量、综合能耗、污染物产生量等指标）；另一类是该指标的数值越高（大）越符合清洁生产要求（如水的循环利用率、碱回收率、固体废物综合利用率等指标）。因此，对二级指标的考核评分，根据其类别采用不同的计算模式。

① 定量评价二级指标的单项评价指数计算。对指标数值越高（大）越符合清洁生产要求的指标，其计算公式为：$S_i=S_{xi}/S_{oi}$；对指标数值越低（小）越符合清洁生产要求的指标，其计算公式为：$S_i=S_{oi}/S_{xi}$。

式中，$S_i$ 表示第 $i$ 项评价指标的单项评价指数，如采用手工计算时，其值取小数点后两位；$S_{xi}$ 表示第 $i$ 项评价指标的实际值（考核年度实际达到值）；$S_{oi}$ 表示第 $i$ 项评价指标的评价基准值。

一般而言，各二级指标的单项评价指数的正常值一般在 1.0 左右，但当其实际数值远小于（或远大于）评价基准值时，计算得出的 $S_i$ 值就会较大，计算结果就会偏离实际，对其他评价指标的单项评价指数就会产生较大干扰。为了消除这种不合理影响，应对此进行修正处理。修正的方法是：当 $S_i>k/m$ 时（其中 $k$ 为该类一级指标的权重值，$m$ 为该类一级指标中实际参与考核的二级指标的项目数），取该 $S_i$ 值为 $k/m$。

② 定量评价考核总分值计算。定量评价考核总分值的计算公式为 $P_1=\sum_{i=1}^{n}S_i\cdot K_i$，式中，$P_1$ 表示定量评价考核总分值；$n$ 表示参与定量评价考核的二级指标项目总数；$S_i$ 表示第 $i$ 项评价指标的单项评价指数；$K_i$ 表示第 $i$ 项评价指标的权重值。

若某项一级指标中实际参与定量评价考核的二级指标项目数少于该一级指标所含全部二级指标项目数（由于该企业没有与某二级指标相关的生产设施所造成的缺项）时，在计算中应将这类一级指标所属各二级指标的权重值均予以相应修正，修正后各相应二级指标的权重值以 $K_i'$ 表示：$K_i'=K_i\cdot A_j$，式中，$A_j$ 表示第 $j$ 项一级指标中，各二级指标权重值的修正系数，$A_j=A_1/A_2$，$A_1$ 为第 $j$ 项一级指标的权重值；$A_2$ 为实际参与考核的属于该一级指标的各二级指标权重值之和。如由于企业未统计该项指标值而造成缺项，则该项考核分值为零。

(2) 定性评价指标的考核评分计算

定性评价指标的考核总分值的计算公式为：$P_2 = \sum_{i=1}^{n''} F_i$，式中，$P_2$ 表示定性评价二级指标考核总分值；$F_i$ 表示定性评价指标体系中第 $i$ 项二级指标的得分值；$n''$ 表示参与考核的定性评价二级指标的项目总数。

（3）企业清洁生产综合评价指数的考核评分计算

为了综合考核油气开发企业清洁生产的总体水平，在对该企业进行定量和定性评价考核评分的基础上，将这两类指标的考核得分按不同权重（以定量评价指标为主，以定性评价指标为辅）予以综合，得出该企业的清洁生产综合评价指数和相对综合评价指数。

## 复习思考题

1.简述清洁生产的概念与特点，以及企业实施清洁生产的意义。

2.简要论述钻井作业、井下作业以及采油采气的清洁生产技术。

3.尝试利用清洁生产评价体系来分析某采油企业清洁生产的水平。

## 参考文献

[1] 陈立荣，王荣华，舒畅，等.陆上油气勘探钻井作业清洁生产略论 [J].钻采工艺，2017，40（5）：124-126.

[2] 陈鑫，杨晓冰.钻井液固相控制技术探讨与建议 [J].石油和化工设备，2011，14（11）：45-47.

[3] 董春华.气体欠平衡钻井技术在气田钻井生产的应用 [J].设备管理与维修，2018，8：130-132.

[4] 顾文萍，苏德胜，陈碧波，等.油田井下作业清洁生产技术研究与应用 [J].内江科技，2012，9：136-137.

[5] 国家发展和改革委员会.石油和天然气开采行业清洁生产评价指标体系（试行）.2009.

[6] 刘丽娜，李梦隐.石油钻井行业清洁生产评价体系研究 [J].再生资源与循环经济，2012，5（6）：35-39.

[7] 刘桐，李士斌，刘照义，等.基于 CFD 的井底 PDC 钻头动态欠平衡钻井数值研究 [J].当代化工，2018，47（12）：2608-2611.

[8] 秦霖.石油天然气开采中的清洁生产指标及方法探讨 [J].石化技术，2016，2：19，43.

[9] 任磊.国外石油天然气开采行业清洁生产技术发展动态 [J].油气田环境保护，2003，13（4）：31-35.

[10] 熊建华，裘井岗，朱苏青.KYLM-116 液力锚的研制与应用 [J].石油钻采工艺，2005，27（3）：74-75，78.

[11] 张凯，崔兆杰.清洁生产理论与方法 [M].北京：科学出版社，2002.

[12] 朱海明.浅谈清洁生产技术对于企业经营成本的优化 [J].资源节约与环保，2019，4：201-202.

# 第十一章　储能技术

## 第一节　概　　述

### 一、储能技术的概念、分类及性能

#### 1. 储能技术的概念

能量是物质做功能力的体现，其形式众多，包括电磁能、机械能、化学能、光能、核能、热能等。储能技术则是指通过机械的、电磁的、电化学等方法，由介质或设备把一种能量存储起来，在需要时再转换为其他形式的能量释放出来的技术。

广义上讲，储能技术包括基础燃料的存储（煤、石油、天然气等）、二次燃料的存储（煤气、氢、太阳能燃料等）、电力储能和储热等；狭义的储能技术则包括储电、储热、储冷和储氢等技术。储电技术又可根据设备的响应时间的长短，分为功率型储能技术和能量型储能技术。功率型储能技术的响应时间一般在毫秒到秒级，可以参与电网的一次调频，如飞轮储能、蓄电池和超级电容器储能技术；能量型储能技术的反应速度在分钟级，如抽水蓄能电站、压缩空气储能电站等。

#### 2. 储能技术的分类

一般地，根据能量存储与转换方式的不同，储能技术主要分为机械储能、电磁储能和电化学储能等 3 大类，此外，还有储热和蓄冷技术等。

（1）机械储能以水、空气等为储能介质，将电能转换为动能或势能，常见的有抽水蓄能、压缩空气储能、飞轮储能等。

（2）电磁储能技术直接以电磁能的方式进行能量的存储，主要包括超导磁储能和超级电容器储能。

（3）电化学储能通过储能介质将电能以电化学能的形式进行存储，充放电过程伴随储能介质的电化学反应或变价，常见的有电池储能（铅酸电池、铅炭电池、镍氢电池、镍镉电池、锂离子电池、钠离子电池、氯离子电池、氟离子电池、钠硫电池、锂硫电池、液流电池和金属-空气电池等）和储氢等。

（4）储热（蓄冷）技术是利用储热（或蓄冷）介质将能量以热能形式储存起来的技术，根据热量存储原理，储热技术可分为显热储热、潜热储热和热化学储热 3 类。蓄冷技术也可分为显热蓄冷和潜热蓄冷。

**3. 储能技术的性能**

评估和比较储能技术的性能指标主要包括：储能设备容量；储、释能周期内的能量转换效率；响应时间；体积能量密度和体积功率密度；循环寿命；周期寿命；安全性；对环境的影响。其中，设备容量的大小是对储能技术在电源侧应用时的主要技术要求；能量转换效率是储能系统输出能量和输入能量之比，反映了能量转换和传递过程中的损失情况，低效率会增加有效输出能源的成本；响应时间决定了能量能否在短时间内释放出来；能量密度是指单位质量或单位体积所储存能量的大小，反映了材料和空间的利用率；功率密度包括能量储存时的输入功率和能量释放时的输出功率；循环寿命即储存设备的寿命和反复利用的次数，反映了设备的耐久性，低循环寿命会导致需要高频率的设备更新而增加总成本。此外，储能技术以设备或工程形态（批量化、标准化生产，便于安装、运行与维护）应用时，储能系统的安全性及对环境是否友好，都是储能技术能否进行大规模商业化应用的重要考量标准。

表 11-1 汇总了几种主要的储能技术的性能指标，可以看出，抽水蓄能和压缩空气储能技术在容量方面明显优于其余储能技术；电磁储能和飞轮储能响应时间短且体积功率密度大，可以作为功率型储能，满足系统的短时大功率需求；电化学储能尤其是锂离子电池，综合考虑容量和密度因素，相比其他储能有明显优势，有极大的应用潜力。

图 11-1 是几种主要的储能技术的成熟度比较。由图可以看出，抽水蓄能电站和铅酸电池技术已经成熟，其使用时间已超过 100 年，压缩空气储能、镍镉电池、钠硫电池、锂离子电池、液流电池、超导磁储能、飞轮储能、超级电容储能、储热/冷等技术已经完成研发并开始商业化，但是还没有大规模普遍应用，其竞争力和可靠性仍然需要电力企业和市场的进一步检验。另外，燃料电池、金属-空气电池和太阳能燃料电池正在研发中，虽然在技术上并没有达到商业成熟的程度，但已经通过了多个科研机构的研究论证。由于能源成本和环境问题的驱动，这些技术在不久的将来将具有巨大的商业潜力。

## 二、储能技术与产业概况

**1. 世界储能产业概况**

美国能源部全球储能数据库的数据统计显示，从 1997 年至今，全世界储能系统装机容量增长了 90％左右，截至 2019 年 3 月底，全球共有 1580 个储能项目投入运行，总装机规模达到192.25GW。其中，抽水蓄能机组在运项目 351 个，总装机容量为 183.01GW，其他物理储能项目装机容量达到 2.65GW，电化学储能、熔融盐储热与储氢项目的装机容量分别达到 3.30GW、3.28GW 和 20MW，相应类型的全球累计运行储能项目的装机规模及比例如图 11-2 所示。由图可知，抽水蓄能是全球装机规模最大的储能技术，占全球总储能装机容量的 95％。也是目前发展最为成熟的储能技术。大部分抽水蓄能电站和水电站、核电站配套使用，在很多国家特别是发达国家都已成功推广应用。我国已先后建成潘家口、广州、十三陵、天荒坪、山东泰山、江苏宜兴、河南宝泉等一批大型的抽水蓄能电站，是世界上抽水蓄能装机容量最大的国家。

从地域来看，全球储能项目装机主要分布在亚洲的中国、日本、印度和韩国，欧洲的西班牙、德国、意大利、法国、奥地利以及美洲的美国，这 10 个国家储能项目累计装机容量占全球的 80％左右。其中，中国、美国和日本的装机容量位列全球前三位，占据储能项目装机的领先地位，中国已经超过美国成为全球最大的储能市场。

清洁能源概论

表 11-1　主要储能技术性能对比

| 技术类型 | | 功率/MW | 能量转换效率/% | 响应时间 | 体积能量密度/(kW·h/m³) | 体积功率密度/(kW/m³) | 循环寿命/次 | 周期寿命/a | 安全性 | 环境影响 |
|---|---|---|---|---|---|---|---|---|---|---|
| 机械储能 | 抽水蓄能 | 500~10000 | 70~85 | s~min | 0.2~2 | 0.1~0.2 | >15000 | 40~60 | 高 | 无污染 |
| | 压缩空气储能 | 10~3000 | 41~53 | s~min | 2~60 | 0.2~10 | >10000 | 30~50 | 高 | 空气污染 |
| | 飞轮储能 | 0.001~8 | 85~95 | 10ms~min | 20~80 | 5000~8000 | 50000 | 30 | 中 | 无污染 |
| 电磁储能 | 超导磁储能 | 0.01~10 | >95 | 1~5ms | 6 | 2600 | 100000 | 30 | 中 | 磁场污染 |
| | 超级电容器储能 | 0.01~1.5 | 85~90 | 1~20ms | 10~20 | 40000~120000 | 10000~100000 | 30 | 中 | 有残留 |
| 电化学储能 | 钠硫电池 | 0.001~10 | 83 | 20ms~s | 150~300 | 120~160 | 2500~4500 (DOD=100%) | 10 | 低 | 有残留 |
| | 钒液流电池 | 0.03~3 | 60 | 20ms~s | 15~25 | 0.5~2 | 13000 (DOD=100%) | 20 | 高 | 轻微 |
| | 铅炭电池 | 0.001~20 | 70~75 | 20ms~s | 50~80 | 90~700 | 2500~3000 (DOD=100%) | 10 | 中 | 铅污染 |
| | 锂离子电池 | 0.1~5 | 90~95 | 20ms~s | 300~550 | 1300~10000 | 500~1000 (DOD=100%) | 10 | 中 | 有残留 |

注：DOD (depth of discharge) 表示放电深度。

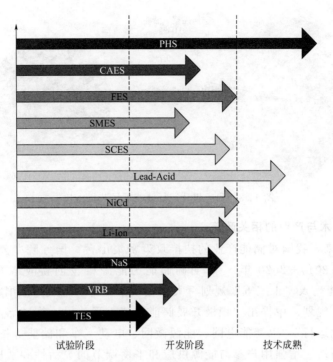

图 11-1　几种主要储能技术成熟度比较

PHS—抽水蓄能；CAES—压缩空气储能；FES—飞轮储能；SMES—超导磁储能；SCES—超级电容器储能；
Lead-Acid—铅酸电池；NiCd—镍镉电池；Li-Ion—锂电池；NaS—钠硫电池；VRB—液流电池；TES—储热系统

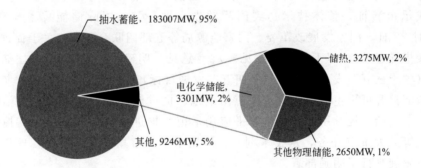

图 11-2　全球累计运行的储能项目装机规模及比例

**2. 我国储能产业概况**

中国的储能产业及技术研发虽然起步较晚，但近几年的储能投运规模迎来加速增长，发展速度令人瞩目。目前，国内储能技术的研发侧重示范应用，积极探索不同场景、技术、规模和技术路线下的储能应用，同时规范相关标准和检测体系。根据中关村储能产业技术联盟的不完全统计，截至 2018 年年底，我国规划和在建的储能项目共 98 个，已投运储能项目的累计装机规模达到 31.2GW，同比增长 8%，占全球投运储能规模的 17.2%。由图 11-3 所示的我国储能装机占比可以看出，与全球储能市场类似，我国抽水蓄能的累计装机规模最大，约为 30.0GW，所占比重达到 96%。电化学储能与熔融盐储热的累计装机规模紧随其后，分别为 1.01GW 和 0.22GW，同比分别增长 159% 和 1000%。在各类电化学储能技术中，锂离子电池的累计装机规模占比最大，比重为 68%。预计到 2050 年，我国储能装机规模将达到 200GW 以上，占发电总量的 10%~15%，市场需求巨大且迫切。

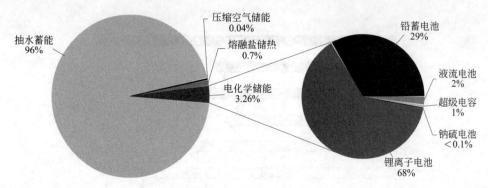

图 11-3　我国累计运行储能项目装机占比

### 3. 我国储能技术与产业的相关政策

自 2014 年以来，我国对储能产业的扶持政策密集出台。国务院办公厅印发《能源发展战略行动计划（2014—2020 年）》，明确储能为能源科技创新战略方向和重点之一。2015 年 2 月，储能列入"十三五"规划百大工程项目，首次正式进入国家发展规划。《能源发展"十三五"规划》中提出"积极开展储能示范工程建设，推动储能系统与新能源、电力系统协调优化运行""以智能电网、能源微网、电动汽车和储能等技术为支撑，大力发展分布式能源网络，增强用户参与能源供应和平衡调节的灵活性和适应能力"。国家发改委和能源局 2016 年 4 月下发《能源技术革命创新行动计划（2016—2030 年）》，在该文件提出的 15 项重点任务之一的"先进储能技术创新"中明确指出：研究面向可再生能源并网、分布式及微电网、电动汽车应用的储能技术，掌握储能技术各环节的关键核心技术，完成示范验证，整体技术达到国际领先水平，引领国际储能技术与产业发展。2017 年 9 月 22 日，国家发展改革委、国家能源局等五部门联合印发《关于促进储能技术与产业发展指导意见》（以下简称《意见》）。《意见》明确了未来 10 年中国储能产业的发展目标（"十三五"发展目标与"十四五"发展目标），提出推进储能技术装备研发示范、推进储能提升可再生能源利用水平应用示范、推进储能提升电力系统灵活性稳定性应用示范、推进储能提升用能智能化水平应用示范、推进储能多元化应用支撑能源互联网应用示范等五大重点任务，从技术创新、应用示范、市场发展、行业管理等方面对我国储能产业发展进行了明确部署。

此外，新一轮电力体制改革相关配套文件，促进大规模可再生能源消纳利用、能源互联网和电动汽车推广发展的多项政策文件亦将发展和利用储能技术作为重要的工作内容，为提高储能的认知度、确立储能发展的重要性做出了贡献。

# 第二节　储能技术的开发与应用

## 一、机械储能技术

机械储能的代表性技术有抽水蓄能、压缩空气储能和飞轮储能，其技术特点如表 11-2 所示。

表 11-2　主要机械储能技术特点对比

| 技术类型 | 功率等级 | 响应时间 | 优点 | 缺点 |
|---|---|---|---|---|
| 抽水蓄能 | 100～5000MW | s～min | 容量大,造价成本低,启动快、运行灵活 | 建设选址对地理条件要求高,投资周期长 |
| 压缩空气储能 | 100～300MW | s～min | 容量大,造价成本低,能源转换效率高,安全可靠 | 建设选址对地理条件要求高,且有一定的空气污染 |
| 飞轮储能 | 5kW～2MW | 10ms～min | 寿命长,功率密度大,环境友好,响应速度快 | 能量密度低,自放电率高 |

**1. 抽水蓄能**

（1）抽水蓄能的工作原理

抽水蓄能（pumped hydroelectric storage，PHS）是全球装机规模最大的储能技术，也是目前发展最为成熟的储能技术。抽水蓄能电站是兼有削峰和填谷双重功能的水电站，在夜间电网用电负荷低谷时，利用电网的电能将下水库的水抽到上水库储存起来，将电能转化为水的势能；在日间电网用电高峰时，则利用上水库的水发电，将水的势能转化为电能。因此，抽水蓄能电站一般有上、下两个水库，厂房内装有具备抽水和发电功能的机组，如图11-4 所示。抽水蓄能电站储能总量同水库的落差和容积成正比。

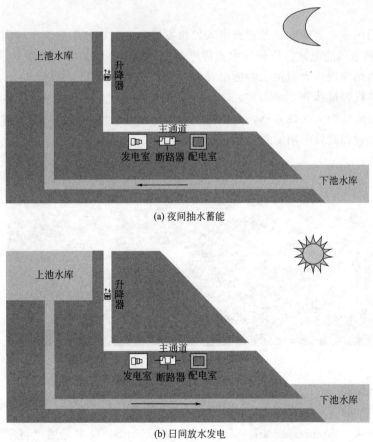

(a) 夜间抽水蓄能

(b) 日间放水发电

图 11-4　抽水蓄能机组工作原理示意图

抽水蓄能电站的建设对地理条件的要求很高，因此选址十分重要，需要考虑的因素包括地理位置（是否靠近供电电源和负荷中心）、地形条件（上下水库落差、距离等）、地质条件（岩体强度、渗透特性等）、水源条件（与水源距离等）、环境影响（淹没损失、生态修复等）等，需要对抽水蓄能电站的选址进行多方面综合考虑，选择最优的方案。

（2）抽水蓄能技术的发展概况

1882年，世界上第一座抽水蓄能电站在瑞士苏黎世建成，但抽水蓄能的发展仍然十分缓慢。从20世纪50年代开始，抽水蓄能电站发展进入起步阶段，随之迎来了快速发展阶段，截至2019年，全球抽水蓄能装机达到183.01GW。

1929年，落基山抽水蓄能电站建成，它是美国建造的第一座抽水蓄能电站，被美国机械工程师学会评为"民族历史机械工程的里程碑"，该电站装机容量848MW，位于美国佐治亚州弗罗伊德县境内，属奥格尔索普电力公司和佐治亚电力公司共同所有，该电站装有3台可逆式混流式机组。落基山工程包括上库、水道、厂房及下库，上库位于落基山顶，由环形土石坝填筑而成，平均坝高24.4m，坝顶长390m，总库容700万 $m^3$。位于英国北威尔士的班戈尔附近的迪诺维克抽水蓄能电站，装机规模为1800MW，年发电量17亿 kW·h，是英国最大的抽水蓄能电站，也是欧洲最大的抽水蓄能电站之一。该电站于1974年开工，1982年第1台机组投入运行，1984年6台机组全部投产，主要建筑物包括上水库、下水库、低压引水隧洞、高压隧洞和地下厂房。上水库和下水库间距离约2800m，平均发电水头达517.9m。

近年来，我国抽水蓄能电站的建设进入加快发展阶段，在"十三五"期间计划开工建设6000万kW的抽水蓄能电站。广州抽水蓄能电站、北京十三陵抽水蓄能电站（图11-5）、天荒坪抽水蓄能电站等现代大型抽水蓄能电站相继建成并投入使用。截至2018年年底，我国抽水蓄能电站装机容量达到30.0GW，已经超过日本，成为世界上抽水蓄能装机容量最大的国家。抽水蓄能电站的大规模并网，是促进"全球能源互联网"加快构建，清洁能源大规模开发、大范围配置和高效利用的重要保证。

图 11-5 十三陵抽水蓄能电站实景图

**2. 压缩空气储能**

（1）压缩空气储能的工作原理

压缩空气储能（compressed air energy storage，CAES）技术是通过将空气高度压缩来实现能量储存的技术，它是一种成本低、容量大的电力储能技术。压缩空气储能由充气（压缩）过程和排气（膨胀）过程组成。压缩空气储能系统的工作原理是在用电低谷时，将空气压缩并存储于储气室（槽、罐等压力容器）或地下结构（如洞穴、废弃矿井、过期油气井等），将电能转化为空气的内能存储起来；在用电高峰时段，高压空气从储气室或地下结构中释放，进入燃气轮机燃烧室燃烧，膨胀做功，并驱动发电机旋转发电。压缩空气储能系统主要设备及生产流程如图 11-6 所示，系统由压缩机、透平、燃烧室和换热器、储气装置、回热系统、电动机及其控制系统构成。其中，压缩机与透平不同时工作，在排气过程中，没有压缩机消耗透平的输出功，因此，相比于消耗同样燃料的燃气轮机系统，压缩空气系统可以多产生 1 倍多的电力。

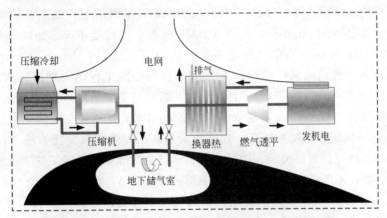

图 11-6  压缩空气储能系统主要设备及生产流程示意图

（2）压缩空气储能技术的发展概况

世界上第一座投入商业化运行的压缩空气储能电站是德国在 1978 年投运的 Huntorf 电站（图 11-7），其装机容量为 290MW。该电站将压缩空气存储在地下 600m 的废弃矿洞中，压缩空气的压力最高可达到 10MPa，可连续充气 8h，连续发电 2h。但由于该电站将燃烧后具有很高温度的废气直接排向大气，造成了能源的浪费，因此，其运行效率仅有 40% 左右。

图 11-7  德国 Huntorf 电站外景图

近年来，大规模压缩空气储能以其高可靠性、经济性、环境友好性、寿命长、响应速度快等特点，受到越来越多的关注。各国都加快了压缩空气储能示范项目的实施进程，2009年，美国能源部耗资 4 亿美元，在加利福尼亚州兴建 300MW 压缩空气储能电站，同年，设计容量为 2700MW 的压缩空气储能电站项目在俄亥俄州 Norton 市投入建设。2012 年，美国得克萨斯州 Gaines 完成了容量为 2MW 的风力发电压缩空气储能配套系统的建设，其储能容量达到 500MW·h，成为第三个压缩空气储能的商运案例。

我国对压缩空气储能系统的研究开始比较晚，但随着电力储能需求的快速增长，压缩空气储能技术也逐渐受到科研院所的重视。中国科学院工程热物理研究所开展了带蓄热的压缩空气储能系统的研究工作，自主研发设计了国际上首台 10MW 中高温蓄热实验台，有力地促进了大规模压缩空气技术和新型蓄热技术的研发和产业化过程。

　　为解决传统压缩空气储能系统依赖天然气等化石燃料提供热源、依赖大型储气洞穴和效率低的问题，国内外学者开展了新型压缩空气储能技术的研发工作，包括绝热压缩空气储能技术、蓄热式压缩空气储能技术、等温压缩空气储能技术（不使用燃料）、液态空气储能技术（不使用大型储气洞穴）、超临界压缩空气储能技术和先进压缩空气储能技术（不使用大型储气洞穴、不使用燃料）等。目前，国际上已建成 MW 级新型压缩空气储能系统示范的机构共 4 家，分别是英国 Highview 公司（2MW 液态空气储能系统，2010 年）、美国 SustainX 公司（1.5MW 等温压缩空气储能系统，2013 年）、美国 General Compression 公司（2MW 蓄热式压缩空气储能系统，2012 年）和中国科学院工程热物理研究所（1.5MW 超临界压缩空气储能系统，2013 年；10MW 先进压缩空气储能系统，2016 年），其中，中国科学院工程热物理研究所于 2016 年建成国际首套 10MW 先进压缩空气储能示范系统，系统效率达 60.2％，是全球目前效率最高、规模最大的新型压缩空气储能系统。此外，清华大学联合中国科学院理化技术研究所、中国电力科学研究院等单位开展了基于压缩热回馈的非补燃压缩空气储能技术的研究，建成了世界上第一个 500kW 非补燃压缩空气储能动态模拟系统（图 11-8），并成功实现了储能发电。该系统基于高温区高效回热技术来储存压缩热，并用其加热透平进口的高压空气，从而摒弃了欧美现有的压缩空气储能商业电站靠天然气补燃的技术路线，实现储能发电全过程的高效转换和零排放。

图 11-8　TICC-500 压缩空气储能系统示意图

### 3. 飞轮储能

（1）飞轮储能的工作原理

飞轮储能（flywheel energy storage，FES）是通过互逆式双向电机将电能转换成高速旋转的飞轮的动能的储能技术。在储能过程中，外界输入的电能通过电动机带动飞轮高速旋转，以动能的形式储存能量，完成电能-机械能的转换过程；当外界需要电能时，高速旋转的飞轮作为原动机拖动发电机发电，经功率变换器输出电流和电压，完成机械能-电能转换的能量释放过程。飞轮储能与抽水蓄能机组最大的区别在于，用旋转的飞轮代替了水轮机。

飞轮储能技术主要有两种类型，一种是以接触式机械轴承为代表的大容量飞轮储能技术，其主要特点是释放功率大，一般用于短时大功率放电和电力调峰场合；另一种是以磁悬浮轴承为代表的中小容量飞轮储能技术，其主要特点是结构紧凑、效率更高，一般用作飞轮电池、不间断电源（UPS）等。

典型的飞轮储能系统（磁悬浮轴承）一般由三大主体、两个控制器和一些辅件所组成，如图 11-9 所示，其中三大主体为储能飞轮、集成驱动的电动机/发电机和磁悬浮支撑系统；两个控制器为磁力轴承控制器和电机变频调速系统控制器；辅件主要包括着陆轴承、冷却系统、显示仪表、真空壳体和安全容器等。

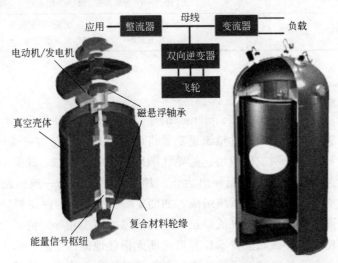

图 11-9　飞轮储能系统（磁悬浮轴承）示意图

（2）飞轮储能技术的发展概况

现代飞轮储能技术自 20 世纪中叶开始发展，至今已有近 70 年的研究、开发和应用的历史。早在 20 世纪 70 年代，美国能量研究发展署和美国能源部为应对石油禁运和天然气危机，开始对飞轮储能系统进行应用研究与开发，提出了车辆动力用超级飞轮储能计划，大力研究高能量密度复合材料飞轮、电磁悬浮轴承以及高速电动/发电一体化电机技术。20 世纪 90 年代，飞轮储能技术真正进入高速发展期，在此期间，德国的 Piller 公司、美国的 Active Power 公司和 Beacon Power 公司、加拿大的 Flywheel Energy System 等多家公司陆续推出了商用的飞轮产品，并广泛应用于电力调频、航天、军事等领域。2011 年，美国 Beacon Power 公司建设了世界上第一个大规模飞轮储能电网应用项目，该项目为配合纽约州的风力发电厂并网，构建了容量为 20MW 的飞轮储能系统，可持续发电 15min。

飞轮储能技术在我国的发展相比于发达国家来说较晚，且其投资规模与技术水平也相对较低。但是近几年来，随着国家重视程度的日益提高，相关高校和科研机构加大对飞轮储能的研究与开发，并取得了一定的成绩。如清华大学开发了三代飞轮储能的实验样机：容量为 300W·h 的永磁体-液力悬架飞轮储能系统，应用于 UPS 的容量为 500W·h 的飞轮储能系统和容量为 300W·h 的电磁悬浮飞轮储能系统。这些系统在高能量密度复合材料，微损耗轴承和实验技术方面有很大的突破。近年来，许多企业与科技公司也已经开始参与飞轮储能技术的相关研究。2009 年，两台容量为 250kW 的移动式飞轮发电车落户北京市电力公司，用于执行供电保障和应急供电的任务。2014 年 10 月，海德馨磁悬浮飞轮储能系统 UPS 动力车成功地完成了某会议的电力保障工作，该动力车可以在瞬间断电的情况下立即切换到 UPS 并同时启动发电机。

## 二、电磁储能技术

电磁储能技术主要包括超导磁储能和超级电容器储能两类，其技术特点如表 11-3 所示。

表 11-3　两种电磁储能方式技术特点对比

| 储能类型 | 功率 | 响应时间 | 技术优点 | 缺点 |
|---|---|---|---|---|
| 超导磁储能 | 10kW～10MW | 1～5ms | 容量大,寿命长,能量密度大,响应速度快,建造不受地域限制,维护方便 | 造价高 |
| 超级电容器储能 | 10kW～1.5MW | 1～20ms | 循环效率较高,充放电速度快,功率密度高,循环充放电次数多,工作温度范围宽 | 自放电率高,成本高 |

### 1. 超导磁储能

（1）超导磁储能的工作原理

超导磁储能（superconducting magnetic energy storage，SMES）技术是利用超导材料制成的环形超导电感线圈，线圈通过整流逆变器将电网过剩的能量以磁能的形式存储起来，在需要时再将此能量送回电网或作他用。超导线圈维持在超导状态，线圈中所储存的能量几乎可以无损耗地永久储存下去，直到导出为止。超导磁储能系统一般由超导线圈、冷却系统、闭式制冷机、变流装置和测控系统组成，如图 11-10 所示。为保持超导线圈的低温超导态，必须将超导线圈放在存有液氦（低温超导）和液氮（高温超导）的低温容器内。与其他形式的储能技术相比，超导磁储能技术具有可长期无损耗地储存电能，功率密度高，响应速度快，转换效率高，寿命长，建造不受地点限制，维护方便等优点。但超导电磁储能设备从造价和运维费用方面都相对昂贵，不利于超导磁储能技术的大规模开发与应用。

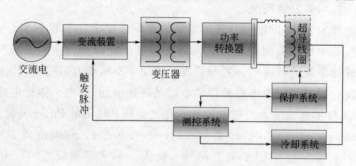

图 11-10　超导磁储能系统示意图

（2）超导磁储能技术的发展概况

20 世纪 90 年代以来，低温超导储能技术被广泛应用于电力系统负载调节、可再生能源并网发电等方面，德国、美国等国家先后开展了兆焦级的超导磁储能工作。截至 2011 年，世界上 1～5MJ/MW 低温超导磁储能装置已经形成成熟的产品，100MJ 级超导磁储能已经在高压输电网中投运，5GJ 级超导磁储能已经通过可行性分析与技术论证。美国超导公司是全球领先的高温超导材料和大型旋转超导机械的生产厂商，其主要产品包括低温超导储能的不间断电源和配电用分布式电源。

在我国，中国科学院电工研究所和等离子体物理研究所等单位很早就开始研究超导磁体，如超导磁体分离，核磁共振和托卡马克磁约束核聚变等技术。1995 年，中国科学院电工研究所开发出我国第一台 25kJ/5kW 超导磁储能实验样机。进入 21 世纪，国际上首次提出了超导限流储能系统，并将超导磁储能系统与限流器相结合，为小型超导磁储能系统的应用开辟了新的途径。2005 年，华中科技大学成功开发出 35kJ/7.5kW 冷却高温超导磁储能系统原型并成功地完成了动态模拟实验。2006 年，1MJ/0.5MW 带蓄热的超导磁储能系统研究项目启动。2011 年 4 月，经十年的研究积累，中国科学院电工研究所与美国超导公司合作完成了全球首座配电级超导磁储能变电站示范项目，并在甘肃省白银市投入使用。该变电站运行电压等级为 10.5kV，项目集 1MJ/0.5MW 的高温超导磁储能系统，1.5kA 三相高温超导限流器，630kW 高温超导电力变压器和 75m 长的 1.5kA 三相交流高温电缆等新型系统、器件于一体，显著地提高了电网供电可靠性、电网安全性，改善了电网的电压和频率特性，为可再生能源的大规模并网提供技术支持。2011 年 5 月，中国电力科学研究院开发的高温超导储能系统，在国家电网电力系统动态仿真实验室成功实现电网补偿。2014 年，国家电网公司启动了工程应用高温超导磁储能系统关键技术研究项目。

**2. 超级电容器储能**

（1）超级电容器储能的工作原理

超级电容器储能（super capacitor energy storage，SCES）根据电化学双电层理论，利用电极和电解质之间形成的界面双电层来存储能量。充电时，在理想极化状态的电极表面，电荷将吸引周围电解质溶液中的带异性电荷的离子，使其吸附于电极表面，形成双电荷层，构成双电层电容。由于电荷层间距极小且采用特殊电极结构，电极表面积成千上万倍地增加，形成极大的电容量。

超级电容器也称为双层电容器，是介于传统电容器与蓄电池之间的储能器件。如图 11-11 所示，超级电容器的结构和电池的结构类似，主要包括两个电极、电解质溶液、集流体、隔膜四个主要部件。其中，两个电极是由多孔材料在金属薄膜上沉积形成的，被浸泡在电解液中的隔膜分开。隔膜通常是一张纸，来防止电极之间的导电接触。

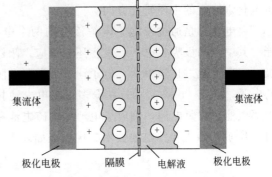

图 11-11　超级电容器储能基本结构示意图

超级电容器储能技术具有循环效率较高（85%～90%）、充放电速度快、功率密度高、循环充放电次数多、工作温度范围宽、维护工作极少、可靠性高等优点，但存在自放电率较高、成本高、能量密度低等问题。在双电层超级电容器储能的过程中并不发生化学反应，这种储能过程是可逆的，也正因如此超级电容器可以反复充放电数十万次。

（2）超级电容器储能技术的发展概况

自 20 世纪 80 年代以来，超级电容器储能技术已经在电子产品、电动玩具等电子电源领域得到了广泛的应用。主要的生产企业有美国的 Maxwell 公司，俄罗斯的 Econd 公司和 Elit 公司，日本的 Elna 公司、Panasonic 公司和 Nec-Tokin 公司，韩国的 Ness 公司、Korchip 公司和 Nuintek 公司等。近年来，随着产品能量密度的提升，超级电容器储能技术已广泛应用于电动汽车、轨道交通能量回收系统、微网新能源发电系统和军用武器等领域。2016 年，美国 Maxwell 公司与美国最大的公共电力公司杜克能源公司（Duke Energy）合作，推出了稳定太阳能发电的新一代电网储能系统。在 2014 年，全球超级电容器储能市场收入已经达到 38 亿美元。目前，美国、日本和韩国对超级电容器储能技术的研究及商业化应用处于领先地位，占据全球市场的大部份额。

进入 21 世纪，我国开始重视超级电容器储能技术的发展，先后出台了多项政策，积极推动超级电容器储能的技术发展与商业化普及。2014 年，由立方能源技术有限公司独立开发的我国首条石墨烯超级电容器生产线在湖南省投入生产，涵盖了从极片制造到单体组装的整个过程，这象征着我国已打破国外垄断，成功掌握了超级电容器储能的核心技术。该生产线每年量产超级电容器 100 万只，目前已应用于电梯节能系统，风光互补太阳能路灯储能系统，AGV 机器人储能系统和车辆起停装置等领域，推动了石墨烯产业化进程。2015 年，南京理工大学夏晖教授团队成功合成了非晶 $FeOOH$/石墨烯复合纳米片，这种材料大幅降低超级电容器储能的生产成本，极大地促进了超级电容器储能的商业化发展。另外，华北电力大学等单位正在积极研究将超级电容器储能系统应用于提高电能质量及分布式发电系统的配电网。但从整体来看，我国在超级电容器储能领域的研究与应用水平明显落后于世界先进水平，需要继续进行深入的研究并推广应用。

## 三、电化学储能技术

电化学储能技术是将电能以化学能的形式进行存储和转换，一般以一次电池、蓄电池和燃料电池的形式体现。其中，蓄电池又被称为二次电池，与一次电池的主要区别在于它可以在放电之后，通过外部电能进行充电，恢复到初始状态。蓄电池具有灵活方便的特点，代表了电化学储能的主要研究方向。

蓄电池都是通过浸泡于电解液中的两个电极（阴极和阳极）发生电化学反应而产生电能，其中，阴极吸收电子，发生还原反应；阳极释放电子，发生氧化反应。阴极是正电性电极，正离子通过化学单元、电子通过外电路向阴极迁移；阳极是负电性电极，产生向外做功的电子，如图 11-12 所示。在众多可充电电池技术中，本节主要讨论铅酸电池、铅炭电池、镍镉电池、镍氢电池，锂离子电池、钠硫电池和液流电池等，这几种蓄电池的技术特点如表 11-4 所示，各主要蓄电池技术的优缺点如表 11-5 所示。

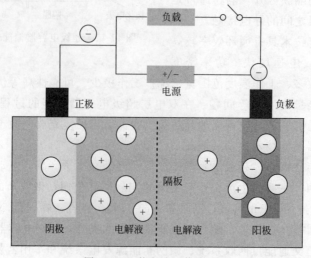

图 11-12　蓄电池工作原理图

表 11-4 主要蓄电池技术特点比较

| 电池类型 | 正极 | 负极 | 电解液 | 电压/V | 体积能量密度 /(kW·h/m³) | 循环寿命 /次 | 工作温度 /℃ |
|---|---|---|---|---|---|---|---|
| 铅酸电池 | $PbO_2$ | Pb | $H_2SO_4$ | 2.0 | 75～120 | 400～1200 | -40～60 |
| 铅炭电池 | $PbO_2$ | C | $H_2SO_4$ | 2.0 | 50～80 | 2500～3000 | -40～60 |
| 镍镉电池 | $Ni(OH)_2$ | Cd | NaOH | 1.2 | 80～150 | 2000 | -40～60 |
| 镍氢电池 | $Ni(OH)_2$ | M (贮氢合金) | KOH | 1.2 | 220～230 | 1500 | -20～40 |
| 锂离子电池 | $LiCoO_2$ | $C_6$ (石墨) | 有机溶剂 | 3.7 | 300～550 | 500～1000 | -20～65 |
| 钠硫电池 | S | Na | $\beta\text{-}Al_2O_3$ | 2.0 | 150～300 | 2500～4500 | 300～350 |
| 钒液流电池 | $V^{4+}$,$V^{5+}$ | $V^{2+}$,$V^{3+}$ | $H_2SO_4$ | 1.3 | 取决于电解液浓度 | 13000 | -20～50 |

表 11-5 主要蓄电池技术优缺点

| 电池类型 | 优 点 | 缺 点 |
|---|---|---|
| 铅酸电池 | 成本低,技术成熟,储能容量大 | 能量密度低,充放电次数少,析氢,铅污染 |
| 铅炭电池 | 充放电速度快,功率密度高,寿命长 | 能量密度低,铅污染 |
| 镍镉电池 | 耐用性好,可靠性高,寿命长,维护量少 | 自放电率高,存在记忆效应,污染环境 |
| 镍氢电池 | 能量密度高,低温特性好,无毒环保 | 造价比铅酸电池、镍镉电池要高 |
| 锂离子电池 | 能量密度高,自放电率低,无记忆效应,环保 | 造价高,需要过充保护,热失控,容量衰减 |
| 钠硫电池 | 寿命长,能量密度高,转换效率高,无污染 | 工作温度高,需要热量管理,安全性差 |
| 钒液流电池 | 能量密度高,效率高,寿命长,无自放电 | 价格昂贵,能量转换率不高,电解液交叉污染 |

## 1. 铅酸电池

铅酸电池（lead-acid battery）是指电极由多孔的铅及其氧化物制成，电解液是硫酸溶液的一种蓄电池，如图 11-13 所示。在充电状态下，正极主要成分为二氧化铅，负极主要成分为铅；放电状态下，正极的二氧化铅与硫酸反应生成硫酸铅和水，负极的铅与硫酸反应生成硫酸铅。

铅酸蓄电池电极上发生的电化学反应方程式为：

负极反应：

$$PbSO_4 + H^+ + 2e^- \underset{\text{放电}}{\overset{\text{充电}}{\rightleftharpoons}} Pb + HSO_4^-$$

正极反应：

$$PbSO_4 + 2H_2O \underset{\text{放电}}{\overset{\text{充电}}{\rightleftharpoons}} PbO_2 + HSO_4^- + 3H^+ + 2e^-$$

总反应：

$$2PbSO_4 + 2H_2O \underset{\text{放电}}{\overset{\text{充电}}{\rightleftharpoons}} Pb + PbO_2 + 2H_2SO_4$$

充电时反应由左向右进行，放电时反之。

铅酸电池是目前应用最为广泛的电能存储技

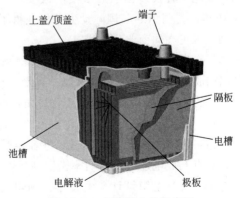

图 11-13 铅酸蓄电池示意图

（图中标注：上盖/顶盖、端子、隔板、电槽、极板、电解液、池槽）

术，其储能成本也是目前电池储能技术中最低的。单体铅酸电池的端电压为 2V，根据正常工作过程中荷电状态的不同，端电压可以在 1.7～2.4V 之间波动。铅酸电池又可根据其应用场合的不同分为启动电池（格栅电池）、驱动电池（平极板）、胶体电解质电池（平极板）和固定电池（管式极板）四类。其中，启动电池可在需要时进行快速大电流放电，造价低，应用广泛；驱动电池一般应用于电动汽车、铁路和电梯等，每天完成一个充放电循环，可以放电到较低的荷电状态，但造价较高；胶体电解质电池主要应用于牵引、无线通信台站、发光的浮标等场合，这种电池不需要维护，可持续运行 3～5 年；固定电池主要用于电池储能电站，通过保持一个很小的电流持续充电，保持电压为恒定值，并可以保证在较低的荷电状态持续运行几个星期。

铅酸电池具有成本低、技术成熟、储能容量大等优点，但同时存在着储能密度低、可充放电次数少、制作过程存在一定铅污染等问题。近年来，国内外开始对改进的铅酸电池进行研究，形成了包括双极性电池、铅炭电池、铅布水平电池、箔式卷状电池等新型电池。但该领域尚属起步阶段，只有少数公司可以生产样品，未能进行大规模的商业化生产。

**2. 铅炭电池**

铅炭电池（Pb-C battery）是通过在铅酸电池的负极添加炭黑等类型的碳材料形成的新型电池。铅炭电池又可分为铅炭非对称电化学电容器和铅炭超级电池。

铅炭非对称电化学电容器是将铅酸电池的铅负极由高比表面积的炭材料取代，正极仍由传统的氧化铅材料构成的新型电化学装置。铅炭电池电极上发生的电化学反应方程式为：

负极反应：

$$n\mathrm{C_6}^{(x-2)-}(\mathrm{H^+})_{x-2} + 2\mathrm{H^+} + 2\mathrm{e^-} \underset{\text{放电}}{\overset{\text{充电}}{\rightleftharpoons}} n\mathrm{C_6}^{x-}(\mathrm{H^+})_x$$

正极反应：

$$\mathrm{PbSO_4} + 2\mathrm{H_2O} \underset{\text{放电}}{\overset{\text{充电}}{\rightleftharpoons}} \mathrm{PbO_2} + \mathrm{HSO_4^-} + 3\mathrm{H^+} + 2\mathrm{e^-}$$

总反应：

$$\mathrm{PbSO_4} + 2\mathrm{H_2O} + n\mathrm{C_6}^{(x-2)-}(\mathrm{H^+})_{x-2} \underset{\text{放电}}{\overset{\text{充电}}{\rightleftharpoons}} n\mathrm{C_6}^{x-}(\mathrm{H^+})_x + \mathrm{PbO_2} + \mathrm{HSO_4}$$

充电时反应由左向右进行，放电时反之。

在充电态，$\mathrm{H^+}$ 存储于炭负极中；在放电时，$\mathrm{H^+}$ 移动到正极形成 $\mathrm{H_2O}$。与铅酸电池相比，非对称电化学电容器可以防止 $\mathrm{PbSO_4}$ 的生成，避免其在铅极板的聚集，减少了从充电态到放电态转换过程中酸浓度的波动，减少了正极板栅的腐蚀，从而延长了循环寿命。在 2001 年，美国 Axion 国际动力公司获得了铅炭非对称电化学电容器储能系统的专利，目前，该项技术正在向商业化推进。

铅炭超级电池的正极材料仍是传统的氧化铅材料，负极则是由铅炭电化学电容器与海绵铅共同构成的一种电容型铅酸电池。因此，铅炭超级电池是将非对称超级电容器与铅酸电池通过内并联的方式进行合一的一种电池。负极板的充、放电电流存在电容器电流和铅酸负极电流两种形式，电容器作为放电和充电电流的缓冲器，增强了电池在高倍率充放电时的应用性能。

铅炭超级电池既发挥了超级电容器瞬间功率大的特点，也发挥了铅酸电池的比能量优势，具有充放电速度快，功率密度高，电池寿命长等优点。铅炭超级电池由澳大利亚联邦科学与工业研究组织设计，由日本古河电池有限公司（Furukawa Battery Company）完成首批生产。近年来，美国东佩恩制造有限公司（East Penn Manufacturing Company），我国浙江天能、浙江超威等公司也相继投入研发。

**3. 镍镉电池**

镍镉电池（nickel-cadmium battery）是由镉、镍电极，碱性电解液和隔膜组成的可充电电池。其中，正极是氢氧化镍，负极是镉。镍镉蓄电池电极上发生的电化学反应方程式为：

负极反应：

$$Cd(OH)_2 + 2e^- \underset{放电}{\overset{充电}{\rightleftharpoons}} Cd + 2OH^-$$

正极反应：

$$Ni(OH)_2 + OH^- \underset{放电}{\overset{充电}{\rightleftharpoons}} NiO(OH) + H_2O + e^-$$

总反应：

$$Cd(OH)_2 + 2Ni(OH)_2 \underset{放电}{\overset{充电}{\rightleftharpoons}} Cd + 2NiO(OH) + 2H_2O$$

充电时反应由左向右进行，放电时反之。

放电时，位于负极的镉（Cd）和碱性电解液中的氢氧根离子（$OH^-$）化合成氢氧化镉，并附着在阳极上，同时放出电子。电子通过导线移动至正极，和正极的 NiO(OH)、电解液中的水反应形成氢氧化镍和氢氧根离子，氢氧化镍会附着在阳极上，氢氧根离子则又回到碱性电解液中。

镍镉电池是一种古老且常见的蓄电池商业产品。镍镉电池的额定电压为 1.2V，但会随着荷电状态的变化在 1.15～1.45V 之间波动。镍镉电池可进行多次循环充放电，但存在"记忆效应"，即镍镉电池会记住此前的放电状态下所取用的电量。在此后的循环充放电过程中，当镍镉电池的放电量大于记忆的放电量后，电池电压将迅速跌落而失去供电能力。与铅酸电池相比，镍镉电池在构造上更加牢固，质量更轻，寿命更长，且维护量少，但镍镉电池的造价成本高，循环充放电效率低，自放电率高，且电池中含有 6%～18% 的镉，镉是一种有毒的重金属元素，在填埋或者焚烧处理后也会产生大量污染。

**4. 镍氢电池**

镍氢电池（nickel-metal hydride battery）与镍镉电池都属于碱性电池，镍氢电池是在镍镉电池的基础上，将负极材料由贮氢合金（表示为 M）取代，正极仍然是氢氧化镍。镍氢蓄电池电极上发生的电化学反应方程式为：

负极反应：

$$H_2O + M + e^- \underset{放电}{\overset{充电}{\rightleftharpoons}} OH^- + MH$$

正极反应：

$$Ni(OH)_2 + OH^- \underset{放电}{\overset{充电}{\rightleftharpoons}} NiO(OH) + H_2O + e^-$$

总反应：

$$M + Ni(OH)_2 \underset{放电}{\overset{充电}{\rightleftharpoons}} MH + NiO(OH)$$

充电时反应由左向右进行，放电时反之。

单体镍氢电池的额定电压为 1.2V，比能量是镍镉电池的 1.5～2 倍。电池充放电时，镍氢电池具有能量密度高、功率密度高、可快速充放电、循环寿命长以及无记忆效应、无污染、可免维护、使用安全等特点，综合性能优于镍镉电池，被称为绿色电池。

镍氢电池商品化初期，主要用于笔记本电脑、移动电话等领域，用以代替镍镉电池。国外的主要生产商包括美国的 Ovonic 公司和 Cobasys 公司，法国的 Saft 公司，日本松下、三洋和川崎重工业株式会社等。其中，美国 Ovonic 公司生产的镍氢电池占世界军用镍氢电池的 95%。国内镍氢电池的主要生产商包括春兰集团、神舟科技、天津和平海湾等。其中，春兰集团公司生产的镍氢电池先后成功应用于北京奥运会大巴和上海世博会的储能电站示范。但在 2010 年之后，随着高能量密度的锂电池技术的发展，镍氢电池在便携电子设备市场的占有份额在持续下降，主要应用于电动自行车和电动汽车等领域。国际上混合动力汽车的多数公司（如日本尼桑、本田，美国通用、福特，德国的大众），都选用镍氢动力电池作为汽车电源系统。

### 5. 锂离子电池

锂离子电池（lithium-ion battery）是在锂电池的基础上发展而来的。锂离子电池将电能存储在嵌入锂的化合物电极中，充放电时锂离子经过电解液在正、负极之间往返进行脱嵌。如图 11-14 所示，充电时，锂离子从正电极穿过多孔性隔膜，嵌入负电极；放电时，锂离子流向相反的方向，重新嵌入正极材料。

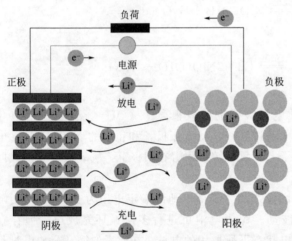

图 11-14　锂离子电池原理示意图

锂离子电池的负极材料一般是石墨，根据正极材料及电解质的不同，锂离子电池又可分为钴酸锂电池，锰酸锂电池，磷酸铁锂电池，钛酸锂电池，三元材料锂电池和聚合物锂电池等多种电池。钴酸锂离子电池电极上发生的电化学反应方程式为：

负极反应：

$$x\,\mathrm{Li}^+ + x\,\mathrm{e}^- + 6\mathrm{C} \underset{\text{放电}}{\overset{\text{充电}}{\rightleftharpoons}} \mathrm{Li}_x\mathrm{C}_6$$

正极反应：

$$\mathrm{LiCoO}_2 \underset{\text{放电}}{\overset{\text{充电}}{\rightleftharpoons}} \mathrm{Li}_{1-x}\mathrm{CoO}_2 + x\,\mathrm{Li}^+ + x\,\mathrm{e}^-$$

总反应：

$$\mathrm{LiCoO}_2 + 6\mathrm{C} \underset{\text{放电}}{\overset{\text{充电}}{\rightleftharpoons}} \mathrm{Li}_{1-x}\mathrm{CoO}_2 + \mathrm{Li}_x\mathrm{C}_6$$

充电时反应由左向右进行，放电时反之。

锂离子电池的额定电压为 3.7V，与其他传统蓄电池相比，锂离子电池具有比能量高（是铅酸电池的 5 倍左右）、额定电压高、电流大、放电能力强、高功率承受力、自放电率低等优点，储能效率可以达到 90% 以上。

进入 21 世纪以来，欧美等发达国家开始研究锂离子电池的电力系统储能应用，如美国西弗吉尼亚州 Beech Ridge 风力发电场配套的锂离子电池储能系统，额定功率 32MW，容量 8MW·h。该储能项目位于西弗吉尼亚州的贝灵顿，为宾夕法尼亚州—新泽西州—马里兰州电力市场提供调频服务，同时协助管理风况波动时输出功率快速变化的状况。美国 Tesla

Motors 公司与法国再生能源公司 Neoen 开展合作，在澳大利亚南部建成的霍恩斯代尔储能系统（图 11-15），额定功率 100MW，容量为 129MW·h，是截至 2017 年世界上最大的锂电池应用于新能源储能项目，该储能系统在首次运行 6 个月后，该地区的电力市场辅助服务价格下降了 73%。2011 年，我国南方电网公司建造的位于深圳市龙岗区潭头变电站的锂离子储能装置成功并网，额定功率为 10MW，这标志着中国大容量电池储能集成应用技术取得重大技术突破。

图 11-15　霍恩斯代尔风电场储能系统外景图

虽然在储能领域表现出了良好的应用前景，但锂离子电池需要复杂的防过充保护，过充会危及阴极的稳定性，导致电池损坏。因此，锂离子电池的制造成本相对于铅酸电池等传统蓄电池偏高。同时，在锂离子电池的大规模应用时，还需要注意热失控、容量衰减、高倍率放电容量损失等问题。

**6. 钠硫电池**

钠硫电池（sodium-sulfur battery）属于高温电池体系，电池的正极是液态（熔融）的硫，负极是熔融的钠，$\beta$-$Al_2O_3$ 既是电解质又起到了隔膜的作用。一般的单体钠硫电池是圆柱体，内部装满钠，外围是硫，两种材料由 $\beta$-$Al_2O_3$ 隔开，装在一个惰性金属的容器中。钠硫电池电极上发生的电化学反应方程式为：

负极反应：

$$Na^+ + e^- \underset{放电}{\overset{充电}{\rightleftharpoons}} Na$$

正极反应：

$$Na_2S_x \underset{放电}{\overset{充电}{\rightleftharpoons}} 2Na^+ + xS + 2e^-$$

总反应：

$$Na_2S_x \underset{放电}{\overset{充电}{\rightleftharpoons}} 2Na + xS$$

充电时反应由左向右进行，放电时反之。

单体钠硫电池的端电压为 2.0V，根据正常工作过程中荷电状态的不同，其端电压可以在 1.78～2.208V 之间波动。在充放电的过程中，钠离子在 $\beta$-$Al_2O_3$ 固态电解质之间传输，如图 11-16 所示，$\beta$-$Al_2O_3$ 只允许钠离子通过和硫结合形成多硫化物，为使电阻最小化，钠硫电池的反应温度为 300～350℃。一般的钠硫电池的循环寿命周期约为 2500～4500 次的充放电循环，能量密度和功率密度分别为 $150\sim300kW\cdot h/m^3$ 和 $150\sim160W/kg$，转换效率为 $85\%\sim90\%$。

早在 1966 年，美国福特公司率先发明了钠硫电池并应用于电动汽车。1983 年，日本东京电力公司（TEPCO）开始与碍子株式会社（NGK 公司）合作开发，将钠硫电池用于电网的储能电站中，从 1992 年第一个示范储能电站运行至今，已有 200 余座钠硫电池储能电站投入运行，在向用户配送清洁、可靠电能方面发挥了重要的作用。20 世纪 70 年代开始，中国科学院上海硅酸盐研究所就开始从事钠硫电池技术的研究。经过多年的研究积累，2009 年我国建成了第一条产能达到 2MW 的钠硫电池生产线，使我国成为继日本之后第二个掌握大容量钠硫单体电池核心技术的国家。

由于钠硫电池的工作温度在 $300\sim350℃$ 之间，因此，其主要缺点是需要热源，或使用电池自身存储的热量来维持系统温度，从而降低了电池的部分性能。同时，钠硫电池在工作时必须控制熔融活性物质的反应，因此，该电池技术又具有一定的危险性。

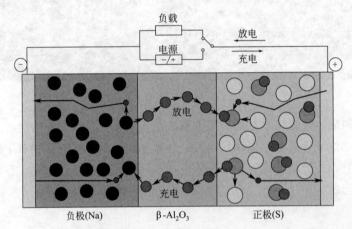

图 11-16  钠硫电池在充放电过程中电子和离子的运动示意图

●—Na；●—Na$^+$；○—S；◍—Na$_2$S$_x$；•—e$^-$

### 7. 液流电池

液流电池（redox flow battery）是一种适合大规模储能的电化学储能装置。与传统的储能电池相比，液流电池的电极均为惰性电极，电极只为反应提供场所，不参与化学反应过程。活性物质通常以离子状态存储于电解液中，能量以化学能的形式存储于两种含有不同氧化还原对的溶液中。如图 11-17 所示，液流电池的正极和负极电解液分别装在两个储罐中，电池中的正、负极用离子交换膜分隔开，这个膜可以让质子穿透，实现电子迁移，利用循环泵实现电解液在电池中的循环，电池外接负载和电源。

至今已发明出多种类型的液流电池，如全钒液流电池、多硫化物/溴液流电池、铁/镉液流电池、锌/溴液流电池等。其中，全钒液流电池是技术相对成熟的液流电池，全钒液流电池电极上发生的电化学反应方程式为：

负极反应：

$$V^{3+}+e^-\underset{\text{放电}}{\overset{\text{充电}}{\rightleftharpoons}}V^{2+}$$

正极反应：

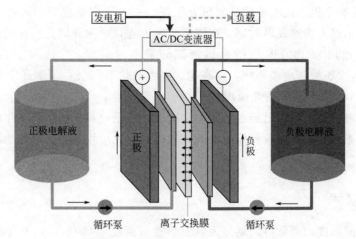

图 11-17　液流储能电池工作流程示意图

$$VO^{2+} + H_2O \underset{\text{放电}}{\overset{\text{充电}}{\rightleftharpoons}} VO_2{}^+ + 2H^+ + e^-$$

总反应：

$$VO^{2+} + H_2O + V^{3+} \underset{\text{放电}}{\overset{\text{充电}}{\rightleftharpoons}} VO_2{}^+ + V^{2+} + 2H^+$$

充电时反应由左向右进行，放电时反之。

全钒液流电池的端电压为 1.26V，电池的开路电压可以达到 1.5~1.6V。电池的正极和负极的电解液中有且只有钒这一种活性元素，具有四种氧化态：$V^{2+}$，$V^{3+}$，$V^{4+}$ 和 $V^{5+}$。正、负极的电解液是不同价态的钒硫酸盐，负极电解液含 $V^{3+}$ 和 $V^{2+}$，正极电解液含 $V^{5+}$ 和 $V^{4+}$，并以硫酸作为支持电解质。

液流电池的功率和容量分别取决于电池堆体积和电解液的浓度大小，可通过增加电解液的量或提高电解质的浓度，达到增加电池容量的目的。同时，充放电期间电池只发生液相反应（或者固液反应），不发生普通电池的复杂的固相变化，因而电化学极化较小。另外，由于电池电极不经历物理或化学变化，电池的理论保存期是无限长的。电池在闲置时，电解液在储罐中密封存放，只有在使用时电解液才会循环，避免了普通电池常存在的自放电及电解液变质问题，因此，液流电池的储存寿命相对较长。

早在 1974 年，美国科学家 Thaller 提出了液流电池储能技术，到 1991 年澳大利亚新南威尔士大学开发出 1kW 的全钒液流电池，开创了液流电池研究的先河，之后世界各国开始了液流电池技术的研究及商业化推广应用。液流电池的发展历经了从实验室到企业、从样机到标准产品、从示范应用到商用推广、规模从小到大、功能从单一到综合的阶段。在液流电池发展初期，多以数千瓦到数十千瓦规格的电池系统开发为主，主要为离网或弱电网地区的通讯基站、边远地区、边防海岛供电。

随着智能微网和大规模可再生能源发电技术的发展，百千瓦级到兆瓦级的电池系统的设计技术得到快速发展。2005 年，日本住友电工公司（SEI）建造了国际上首套兆瓦级全钒液流电池储能系统示范工程，额定功率 4MW，容量 6MW·h，该储能系统与位于北海道的 30.6MW 风力发电场匹配，用于风电平滑输出并网和调幅调频的示范验证实验。2012 年，SEI 在横滨建造了一套 1MW/5MW·h 全钒液流电池储能系统，用于辅助一座 200kW 聚光型太阳能发电设备的商业并网，提高了聚光型太阳能发电设备的供电稳定性。我国从 20 世纪 80 年代末期开始全钒液流电池的基础研究工作，在各研究单位的共同努力下，我国全钒液流电池储能技术进入快速发展时期。中国科学院大连化学物理研究所在国内首先成功研制出了 10kW 电池模块和 100kW 级的全钒液流储能电池系统。2012 年，我国设计集成出 5MW/10MW·h 全钒液流电池系统，并在龙源电力股份有限公司位于辽宁省沈阳市法库县卧牛石风电场（50MW）实施商业应用。

目前，虽然液流储能电池已经进入实用化阶段，但受材料成本高、工作电流密度低、电机稳定性差等因素的影响，液流储能电池的大规模商业化应用受到了一定的限制，电池产业化技术还未成熟。

## 四、冷热储能技术

热能资源按照温度的高低可以划分为低温热量（温度≤150℃）和中高温热量（温度＞150℃）。因此，对应的储热技术也可分为低温储能技术和中高温储能技术。

### 1. 储热技术

储热技术（thermal energy storage）是以储热材料为媒介将太阳能光热、地热、工业余热、低品位废热等热能储存起来，在需要的时候释放，力图解决由于时间、空间或强度上的热能供给与需求间不匹配所带来的问题，最大限度地提高整个系统的能源利用率而逐渐发展起来的一种技术。一般地，按照热能存储的形式可以分为显热储热、潜热储热和热化学储热 3 类，这 3 类储热技术特点如表 11-6 所示。

**表 11-6　各储热技术特点对比**

| 储热类型 | 规模/MW | 周期 | 成本/[欧元/(kW·h)] | 优点 | 缺点 | 技术成熟度 |
|---|---|---|---|---|---|---|
| 显热储热 | 0.001～10 | 数小时～数天 | 0.1～10 | 储热系统集成相对简单，成本低，储能介质环境友好 | 储能密度低，系统体积庞大，自放热和热损失大 | 高；工业、建筑、太阳能发电领域已有大规模商业化应用 |
| 潜热储热 | 0.001～1 | 数小时～数周 | 10～50 | 在近似等温的状态下释热，有利于热控，储能密度明显高于显热储热 | 储热介质与容器的相容性差，热稳定性差，相变材料昂贵 | 中；处于从实验室示范到商业示范的过渡期 |
| 热化学储热 | 0.01～1 | 数天～数月 | 8～100 | 储能密度最大，适合于紧凑装置，散热损失小 | 储/释热过程复杂，不确定性大，控制难 | 低；处于储热介质基础测试、试验原理验证阶段 |

（1）显热储热技术

显热储热是利用材料物质自身比热容，通过温度的变化来进行热量的存储与释放。显热形式的内能变化取决于储热材料的质量、比热容和温度的变化，即：

$$\Delta u = m c_p (T_2 - T_1)$$

式中，$\Delta u$ 表示材料内能的变化，单位为 kJ；$m$ 表示储能材料的质量，单位为 kg；$c_p$ 表示定压比热容，单位为 kJ/(kg·K)；$T_1$ 和 $T_2$ 分别表示储能材料的初始温度和最终温度，单位为 K。

显热储能材料必须具有稳定的性质，在温度极限时也不会发生相变，同时还应具有高比热容和高密度。常用的显热储能材料有水、液态钠、熔盐、土壤、金属和岩石等。水储热技术是以水为介质存储热能，具有设备维修方便、投资少等优点。显热储热的应用过程通常只需实现温度控制，操作与管理简单、技术成熟，是目前应用最为广泛的储热方式。

（2）潜热储热技术

潜热储热也称为相变储热，是利用材料自身相变过程中吸、放热量来存储和释放能量的储能技术。当给予相变材料足够热量时，其化学键被打开，该键使相变材料的热容增大。潜热储能材料须具有高的相变热、高密度及合适的相变温度等特点。常见的相变材料为固-液相变材料，如石蜡、盐的水合物和熔融盐等。放热时，相变材料从液态到固态，释放能量；储热时，相变材料从固态到液态，吸收能量。

潜热储热具有储能密度高，放热过程温度波动范围小等优点，且所用装置简单、体积小、设计灵活、使用方便且易于管理，此外，由于相变储能过程中材料近似恒温，可以很好地控制体系的温度，但也存在成本高、效率低和可靠性低等问题。未来研究应关注与热量存储和输送有关的关键设备材料和工质。

（3）热化学储热

热化学储热，又称为反应热储热，是利用物质间的可逆热化学反应或者热化学吸/脱附反应的吸/放热进行热量的存储与释放，热能以化合物键能的形式存储起来。热化学储热原理可用下式简单表示：

$$AB + \Delta_r H_m \rightleftharpoons A + B$$

式中 $\Delta_r H_m$ 为摩尔反应焓，A、B 分别代表反应物或者吸附质与吸附剂。AB 在热源处吸收热量，发生吸热反应或者脱附反应，生成易于实现分离的物质 A 和 B，实现热能的存储；热化学分离后，A 和 B 被分开存储起来，当需要释放存储的热能时，A 和 B 再一次接触时发生放热反应或者吸附反应生成 AB，化学键重新结合从而释放存储的热能。

热化学储热系统反应按照反应前后物质状态一般分为气-固、气-液、液-固和气-气等，其中气-固和气-液反应最为常见，常常也被广义地分别称为"吸附"和"吸收"循环；而非吸附的热化学储热，即纯化学反应储热则多见于气-气反应类型。典型的热化学储能体系有无机氢氧化物热分解，此外还有 $NH_3$ 的分解、碳酸化合物分解、$CH_4$-$CO_2$ 催化重整、铵盐热分解、有机物的氢化和脱氢反应等。

相比显热储热和相变储热，热化学储热具有更高的能量密度。此外，常温下热化学储热没有热损失，生命周期长。但热化学储热储/释热过程复杂，不确定性大，控制难，循环中的传热传质特性通常较差，而热化学材料往往价格昂贵且具有危险性。

与电化学储能相比，热储能大规模应用的历史更长，范围也更为广泛。根据最新数据统计显示，全球已投运储能项目累计装机规模占比前三的依然分别是抽水蓄能、电化学储能和熔融盐储热。在全球范围内，熔融盐储热牢固占据着储能装机规模的第三位。熔融盐储热技术是目前国际上最为主流的高温储热技术之一，具有成本低、热容高、安全性好等优点，已在多个领域成功应用，并展现了很好的应用前景。全球的熔融盐储热项目多集中在法国、西班牙、德国、意大利、美国、南非、摩洛哥、智利等地。近年来，我国的熔融盐储热项目与光热太阳能发电相互配合在进行大规模建设并投入商业化应用，如延安高新区的熔盐储能项目、敦煌熔盐塔式 100MW 光伏示范项目、鲁能海西州 50MW 塔式熔盐光热电站项目等相继建设并投入使用，通过太阳能和电加热熔盐实现供电与供热，全程零排放、零污染。除了在太阳能发电领域的应用之外，熔盐储热技术在高温加热领域也有广泛的应用，与电加热相比，熔盐加热控温精确，安全可靠性高，且为近常压系统。

**2. 蓄冷技术**

蓄冷技术（cold storage）是指在电网负荷的低谷期，将电能以显热或潜热的形式蓄存于水、冰或其他物质中，当在电负荷高峰期且需要制冷负荷时，释放这些制冷物质存储的冷量以满足需要。蓄冷技术的应用领域通常包括空调蓄冷、食品与药品的冷藏、调峰电站、空分装置、超临界空气储能系统和超低温制冷等。蓄冷方式主要分为显热蓄冷和潜热蓄冷两类。

（1）显热蓄冷技术

常见的显热蓄冷技术有水蓄冷和固体显热蓄冷。

水蓄冷技术通常用于空调蓄冷系统，它是利用电网负荷的峰谷差，在负荷低谷时段与水的显热相结合来蓄冷，将冷量以低温冷冻水的形式进行存储，在白天用电高峰时段使用储存的低温冷冻水提供空调用冷。水蓄冷系统应通过维持尽可能大的蓄水温差并防止冷水与热水的混合来获得最大的蓄冷效率。因此，水蓄冷的关键在于蓄冷罐的结构设计。常见的蓄冷罐的形式有：多蓄水罐方法、迷宫法、隔板法和自然分层法，其中，自然分层法是目前使用最成熟和有效的蓄冷方式。

固体显热蓄冷多用于空分系统。常见的固体显热蓄冷形式有铝带蓄冷器、石块蓄冷器和磁性材料蓄冷。铝带蓄冷器、石块蓄冷器是将圆盘铝带、接近圆形的石头或破碎的玄武岩等作为填料，填充在蓄冷器内。磁性蓄冷材料主要包括由稀土金属构成的金属间化合物、氧化物、氢化物等。磁性蓄冷材料应用于低温制冷机中，在制冷循环过程中，与制冷工质（一般为氦气）进行热交换，储存冷量。

（2）潜热蓄冷技术

潜热蓄冷技术是利用材料的相变潜热来储能的蓄冷技术，具有储能密度大、蓄冷温区范围宽、放冷时近似恒温及放冷过程易于控制等优点，是一种发展潜力大、性价比高的蓄冷方式，在电力的峰谷平衡、空调节能与冷藏运输等领域具有重要的应用价值和广阔的发展前景。

相变材料按照相变方式一般可分为固-固相变材料、固-液相变材料、固-气相变材料和液-气相变材料。固-固相变材料的相变温度一般较高，难以达到实际应用中的低温要求。相较于固-固和固-液相变材料，固-气和液-气相变材料的相变潜热更大，但是由于在相变过程中有气体产生，相变材料会发生较大的体积变化，因此难以应用于实际工程中。固-液相变材料的相变温度较低，潜热也比较大，而且相变时的体积变化较小，因此被广泛应用。

常见的潜热蓄冷方式有冰蓄冷、共晶盐蓄冷、气体水合物蓄冷等。

冰蓄冷就是利用冰的相变潜热进行冷量的储存，常用于空调储冷系统。与水蓄冷相比，储存同样多的冷量，冰蓄冷所需的体积将比水蓄冷小得多。冰蓄冷主要分为冰球/冰板蓄冷系统、内融冰系统、外融冰系统和动态冰系统四大类。

共晶盐蓄冷是利用固-液相变特性蓄冷的另一种形式。共晶盐通常是由无机盐、水、成核剂和稳定剂组成的混合物。在共晶盐蓄冷系统中，共晶盐大多装在板状、球状或其他形状的密封件里，再放入蓄冷槽中。

气体水合物蓄冷是利用气体水合物可以在水的冰点以上结晶固化的特点形成的特殊蓄冷技术。气体水合物为气体或易挥发液体和水形成的包络状晶体，其相变温度通常在 5～12℃，适用于直接接触式蓄冷系统。

20 世纪 70 年代以来，世界范围的能源危机促使冰蓄冷技术迅速发展。美国、加拿大和欧洲各国将冰蓄冷技术引入建筑物空调，积极地进行蓄冷设备和系统的研发，实施项目也逐年增多。在 20 世纪 90 年代初，我国开始建造水蓄冷和冰蓄冷空调系统，至今已经建成并投运的蓄冷工程达到数百个，这些工程多集中于经济发展迅速的城市，如北京、上海和一些东南沿海城市，蓄冷空调系统也在向高效率、低成本、全自动化的方向发展。

# 第三节　储能技术的发展前景

## 1. 储能技术发展应用趋势

传统化石能源的大量开发与利用，导致资源紧张、环境污染、气候变化等问题日益突出。为统筹解决能源和环境问题，加强气候变化与资源紧缺威胁的全球应对，我国加快了可再生能源技术及系统的发展，清洁能源在一次能源的占比不断提高，电力系统峰谷差不断扩大，因此需要储能系统与之配套，来平滑波动性电源及负荷，提高电网运行效率。同时，储能系统还能够提高电力系统的稳定性，平滑间歇性清洁能源，削峰填谷，从而有效地解决清洁能源规模发展问题。此外，作为负荷平衡装置及备用电源，储能系统也是微电网和分布式能源系统必需的关键技术，用于解决其系统容量小、负荷波动大等问题。在低碳经济发展的大背景下，储能技术已成为大规模集中式和分布式清洁能源发电并网和消纳的重要技术支撑。如表 11-7 所示，储能技术在传统火力发电、可再生能源发电、分布式发电与微网和辅助服务等领域都有着重要的作用。

**表 11-7　储能技术应用领域及作用**

| 应用领域 | 主要作用 |
| --- | --- |
| 火力发电 | 跟踪负荷变化,减少火电机组输出波动,提高其运行经济性 |
| 可再生能源发电 | 削峰填谷,减少其他调峰电源压力,保证电网供电稳定性 |
| 分布式发电与微网 | 实现分时电价管理的同时,提高微网供电的可靠性 |
| 辅助服务 | 辅助实现电网快速、精准调频 |

## 2. 储能技术发展主要瓶颈

储能系统的成本是制约储能技术进行大规模商业化应用发展的主要瓶颈。以煤、石油、天然气为代表的化石燃料，由于其成本低廉，在全球的能源使用量中仍然占主导地位。在成本之外，目前，尤其是在中国，缺乏大规模储能应用相关的运维数据；单一、垂直的传统销售模式也阻碍着储能技术的大规模应用。另外，不同储能技术，在寿命、成本、效率、规模、安全等方面优劣不同。同时，由于具体条件不同，储能目的各有差异，储能方式的选择还取决于对功率等级、单位功率造价等诸多方面的要求。

表 11-8 列出了目前各主要储能技术的经济成本，从储能技术的成本费用方面需要综合考虑储能投资成本和运行维护成本，比较 2010 年各种储能技术的成本：就每千瓦·时的储能成本而言，在已经成熟的储能技术中，作为能量型储能技术，压缩空气储能技术的建设成本最低，抽水蓄能次之。与其他形式储能系统相比，飞轮储能、超导磁储能和超级电容器储

能技术单位输出功率成本不高，但从储能容量的角度看，价格昂贵，因此，更适用于大功率和短时间应用场合。总体来说，与机械储能技术相比，电化学储能技术的成本较高。如拥有近200 年历史的技术比较成熟的铅酸电池，2012 年的单位容量价格在 200～400 美元/(kW·h)；还在示范阶段的液流电池的单位功率价格在 600～1500 美元/kW。因此，电化学储能技术在现有电价机制和政策环境下，远不能满足商业应用的需求。但经济考虑须具备经济前瞻性，即考虑储能技术是否具备大幅降价空间，或者从长期来看是否具有一定显性的经济效益，则电池储能、电磁储能和飞轮储能仍有一定的应用潜力，如锂离子电池的价格在 2016 年已经降到约 273 美元/(kW·h)，但钠硫电池的价格下降非常有限。

表 11-8　主要储能技术经济性指标对比

| 技术类型 | | 功率等级/MW | 设备成本 | |
| --- | --- | --- | --- | --- |
| | | | 单位功率价格/（美元/kW） | 单位容量价格/[美元/(kW·h)] |
| 机械储能 | 抽水蓄能 | 100～5000 | 600～2000 | 5～100 |
| | 压缩空气储能 | 0.35～300 | 400～800 | 2～50 |
| | 飞轮储能 | 0.005～2 | 250～350 | 100～5000 |
| 电磁储能 | 超导磁储能 | 0.01～10 | 200～300 | 1000～10000 |
| | 超级电容器储能 | 0.01～1.5 | 100～300 | 300～2000 |
| 电化学储能 | 铅酸电池 | 0.01～20 | 300～600 | 200～400 |
| | 铅炭电池 | 0.001～20 | 300～600 | 200～400 |
| | 镍镉电池 | 0.001～40 | 500～1500 | 800～1500 |
| | 镍氢电池 | 0.001～0.3 | 150～300 | 100～200 |
| | 锂离子电池 | 0.1～5 | 1200～4000 | 600～2500 |
| | 钠硫电池 | 0.001～10 | 1000～3000 | 300～500 |
| | 钒液流电池 | 0.03～3 | 600～1500 | 150～1000 |

　　近年来，围绕高能量密度、低成本、高安全性、长寿命的目标，各国都在制定研发计划提升本国的电池研发和制造能力。据国际可再生能源署预计，到 2030 年，储能电池成本将降低 50%～70%，同时无严重损耗下的使用期限和充电次数将明显提升。我国的储能产业整体在向商业化阶段过渡，实现成本降低以达到行业的期望还有很长的路要走。

**3. 储能技术发展的主要途径**

（1）降低储能成本

　　储能的迅速发展有赖于储能技术的革新带动成本大幅度下降，储能成本降低的主要途径有：降低材料成本，提高储能的能量密度；利用规模效益实现储能成本的降低；进一步发展退役电池的梯次利用技术等。其中，材料成本在储能系统成本中占有很大的比重，降低材料成本是降低总成本的主要手段，同时，在保持成本水平的前提下，通过提高材料性能来提升储能系统的性能，从而达到降低成本的目的，也是降低总成本的重要途径。除了科技的进步所带来的储能成本降低，储能产品生产规模的扩大也会带来全行业的成本降低。这主要是源于规模效应所带来的原材料采购成本的下降，供应链专门化所带来的采购成本下降和效率提升，开发专用生产工业设备和生产经验积累所带来的效率提升等。反映在历史价格和产量的关系上，也被称为行业学习曲线或经验曲线。电动汽车的普及应用和动力电池的大规模退役，加速了"退役电池储能"市场的兴起。目前，新电池成本较高是限制储能技术大规模推广应用的重要原因。然而，退役电池的梯次利用技术由于其工程造价低、项目投资成本低、回本周期短、环保等特点，表现出良好的经济社会价值。因此，退役电池的梯次利用技术将成为储能系统的新兴的发展和研究方向。

（2）加大相关政策支持力度

目前，我国电力辅助服务市场依然在探索期，利于储能技术发挥优势的电力市场机制尚未完全形成，各个地方政策关于电力辅助服务定价、交易机制有待进一步完善，电力市场需要突破原有辅助服务补偿和分摊的局限性，构建公平交易平台，这样势必会有更多元、更先进的辅助服务技术进入市场，进而在提升市场运行效率的同时，有效保障电网的安全运行。未来电储能行业的发展，还要依赖于各项配套政策的出台和落地。国家层面的配套政策应加快推进电力现货市场、辅助服务市场等市场建设进度，通过市场机制体现电能量和各类辅助服务的合理价值，为储能技术提供发挥优势的平台。

## 复习思考题

1. 简述储能技术的主要类型。
2. 简述机械储能、电磁储能和电化学储能的主要技术类型及特点。
3. 与电磁储能技术相比，机械储能技术的优点有哪些？
4. 简述抽水蓄能、压缩空气储能和飞轮储能技术的优缺点。
5. 简述现阶段制约储能技术发展的主要问题及应对措施。

## 参考文献

[1] Barnes F S, Levine J G. 国际电气工程先进技术译丛：大规模储能技术 [M]. 肖曦，聂赞相，译. 北京：机械工业出版社，2013.

[2] Brunet Y. 国际电气工程先进技术译丛：储能技术 [M]. 唐西胜，译. 北京：机械工业出版社，2013.

[3] Ding N, Duan J, Xue S, et al. Overall review of peaking power in China：Status quo, barriers and solutions [J]. Renewable and Sustainable Energy Reviews，2015，42：503-516.

[4] Dusonchet L, Favuzza S, Massaro F, et al. Technological and legislative status point of stationary energy storages in the EU [J]. Renewable and Sustainable Energy Reviews，2019，101：158-167.

[5] Gu Y, Xu J, Chen D, et al. Overall review of peak shaving for coal-fired power units in China [J]. Renewable and Sustainable Energy Reviews，2016，54：723-731.

[6] Lefebvre D, Tezel F H. A review of energy storage technologies with a focus on adsorption thermal energy storage processes for heating applications [J]. Renewable and Sustainable Energy Reviews，2017，67：116-125.

[7] Luo X, Wang J, Dooner M, et al. Overview of current development in electrical energy storage technologies and the application potential in power system operation [J]. Applied Energy，2015，137：511-536.

[8] Mousavi G S M, Faraji F, Majazi A, et al. A comprehensive review of flywheel energy storage system technology [J]. Renewable and Sustainable Energy Reviews，2017，67：477-490.

[9] Ter-Gazarian A G. 国际电气工程先进技术译丛：电力系统储能技术 [M]. 周京华，陈亚爱，孟永庆，译. 北京：机械工业出版社，2015.

[10] Yu H, Duan J, Du W, et al. China's energy storage industry：Develop status, existing problems and

countermeasures [J]. Renewable and Sustainable Energy Reviews，2017，71：767-784.

[11] Zeng M，Duan J，Wang L，et al. Orderly grid connection of renewable energy generation in China：Management mode，existing problems and solutions [J]. Renewable and Sustainable Energy Reviews，2015，41：14-28.

[12] 陈军，陶占良.21世纪化学丛书：能源化学 [M].第2版.北京：化学工业出版社，2014.

[13] 丁玉龙，来小康，陈海生.储能技术及应用 [M].北京：化学工业出版社，2018.

[14] 国家发展改革委.关于促进储能技术与产业发展的指导意见.2017.

[15] 国家发展改革委，国家能源局.能源发展"十三五"规划.2016.

[16] 国家发展改革委，国家能源局.能源技术革命创新行动计划（2016—2030年）.2016.

[17] 国务院办公厅.能源发展战略行动计划（2014—2020年）.2014.

[18] 李建林，徐少华，刘超群.储能技术及应用 [M].北京：机械工业出版社，2018.

[19] 刘畅，徐玉杰，张静，等.储能经济性研究进展 [J].储能科学与技术，2017，6（5）：1084-1093.

[20] 刘振亚.全球能源互联网 [M].北京：中国电力出版社，2015.

[21] 路唱，何青.压缩空气储能技术最新研究进展 [J].电力与能源，2018，39（6）：861-866.

[22] 汪翔，陈海生，徐玉杰，等.储热技术研究进展与趋势 [J].科学通报，2017，62（15）：1602-1610.

[23] 王松岑.智能电网关键技术丛书：大规模储能技术及其在电力系统中的应用 [M].北京：中国电力出版社，2016.

[24] 肖钢，张敏吉.新能源丛书：分布式能源：节能低碳两相宜 [M].武汉：武汉大学出版社，2012.

[25] 于少娟，刘立群，贾燕冰.新能源开发与应用 [M].北京：电子工业出版社，2014.

[26] 中国能源研究会储能专委会，中关村储能产业技术联盟.储能产业发展蓝皮书 [M].北京：中国石化出版社，2019.

# 第十二章　智能电网

## 第一节　概　　述

### 一、智能电网的概念和特征

#### 1. 智能电网的概念

智能电网就是电网智能化，也被称为"电网 2.0"，它是建立在集成的、高速双向通信网络的基础上，通过先进的传感与测量技术、设备技术、控制方法和决策支持系统技术的应用，实现对电网全景信息（完整、准确、具有精确时间断面、标准化的电力流信息和业务流信息等）的获取，以坚强、可靠的物理电网和信息交互平台为基础，整合各种实时生产运营和管理信息，通过加强对电网业务流的动态分析、诊断和优化，为电网运行和管理人员展示全面、完整和精细的电网运营状态图，同时能够提供相应的辅助决策支持、控制实施方案和应对预案，从而实现电网的可靠、安全、经济、高效、环境友好和使用安全的目标。

智能电网可细分为智能输电网和主动（智能）配电网，其中主动配电网由若干微电网组成（图 12-1）。智能电网的智能化主要体现在：

（1）可观测：采用先进的传感测量技术，实现对电网的准确观测。

（2）可控制：可对观测对象进行有效控制。

（3）实时分析和决策：实现从数据、信息到智能化决策的提升。

（4）自适应和自愈：实现自动诊断优化调整和故障自我恢复。

#### 2. 智能电网的特征

与传统电网相比，智能电网通过优化各级电网控制，构建结构扁平化、功能模块化、系统组态化的柔性体系架构，通过集中与分散相结合的模式，灵活变换网络结构、智能重组系统架构、优化配置系统效能、提升电网服务质量，实现与传统电网截然不同的电网运营理念和体系。智能电网的特征主要包括坚强性、自愈性、兼容性、经济性、集成性和高效性等。

（1）坚强性：在电网发生大扰动和故障时，仍能保持对用户的供电能力，而不发生大面积停电事故；在自然灾害、极端气候条件下或外力破坏下仍能保证电网的安全运行；具有确保电力信息安全的能力。

（2）自愈性：具有实时、在线和连续的安全评估和分析能力，强大的预警和预防控制能

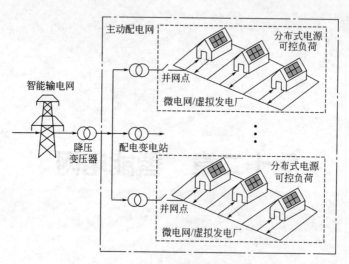

图 12-1　智能电网结构示意图

力，以及自动故障诊断、故障隔离和系统自我恢复的能力。

（3）兼容性：支持可再生能源有序、合理的接入，适应分布式电源和微电网的接入，能够实现与用户的交互和高效互动，满足用户多样化的电力需求并为用户提供增值服务。

（4）经济性：支持电力市场运营和电力交易的有效开展，实现资源的优化配置，降低电网损耗，提高能源利用效率。

（5）集成性：实现电网信息的高速集成和共享，采用统一的平台和模型，实现标准化、规范化和精益化管理。

（6）高效性：优化资产的利用，降低投资成本和运行维护成本。

## 二、智能电网的关键技术

智能电网是电网技术发展的必然趋势。通信、计算机、自动化等技术在电网中得到广泛深入的应用，并与传统电力技术有机融合，极大地提升了电网的智能化水平。传感器技术与信息技术在电网中的应用，为系统状态分析和辅助决策提供了技术支持，使电网自愈成为可能。调度技术、自动化技术和柔性输电技术的成熟发展，为可再生能源和分布式电源的开发利用提供了基本保障。通信网络的完善和用户信息采集技术的推广应用，促进了电网与用户的双向互动。随着各种新技术的进一步发展、应用并与物理电网高度集成，智能电网应运而生，关键技术还在不断地进一步完善。

### 1. 通信

建立高速、双向、实时、集成的通信系统是实现智能电网的基础，没有这样的通信系统，任何智能电网的特征都无法实现，因为智能电网的数据获取、保护和控制都需要这样的通信系统的支持，因此建立这样的通信系统是迈向智能电网的第一步。同时通信系统要和电网一样深入到千家万户，这样就形成了两张紧密联系的网络——电网和通信网络，只有这样才能实现智能电网的目标和主要特征。这样的通信系统建成后，可以提高电网的供电可靠性和资产的利用率，繁荣电力市场，抵御电网受到的攻击，从而提高电网价值。

### 2. 量测

参数量测技术是智能电网基本的组成要素，先进的参数量测技术获得数据并将其转换成数据信息，以供智能电网的各个方面使用，包括评估电网设备的健康状况和电网的完整性，进行表计的读取、电费估计以及防止窃电、减缓电网阻塞以及与用户沟通。

未来的智能电网将取消所有的电磁表计及其读取系统，取而代之的是可以使电力公司与用户进行双向通信的智能固态表计。基于微处理器的智能表计将有更多的功能，除了可以计量每天不同时段电力的使用和电费外，还可以储存电力公司下达的高峰电力价格信号及电费费率，并通知用户实施何种费率政策。更高级的功能有用户自行根据费率政策，编制时间表，自动控制用户内部电力使用的策略。

对于电力公司来说，参数量测技术给电力系统运行人员和规划人员提供更多的数据支持，包括功率因数、电能质量、相位关系、设备健康状况和能力、表计的损坏状况、故障定位、变压器和线路负荷、关键元件的温度、停电确认、电能消费和预测等数据。新的软件系统将收集、储存、分析和处理这些数据，为电力公司的其他业务所用。

未来的数字保护将嵌入计算机代理程序，极大地提高可靠性。计算机代理程序是一个自治和交互的自适应的软件模块。广域监测系统、保护和控制方案将集成数字保护、先进的通信技术以及计算机代理程序。在这样一个集成的分布式的保护系统中，保护元件能够自适应地相互通信，这样的灵活性和自适应能力将极大地提高可靠性，因为即使部分系统出现了故障，其他的带有计算机代理程序的保护元件仍然能够保护系统。

**3. 设备**

智能电网要广泛应用先进的设备技术来极大地提高输配电系统的性能。未来智能电网中的设备将充分应用材料、超导、储能、电力电子和微电子技术等领域的最新研究成果，从而进一步提高功率密度、供电可靠性和电能质量以及电力生产的效率。

未来智能电网将主要应用三个方面的先进技术：电力电子技术、超导技术以及大容量储能技术。通过采用新技术可在电网和负荷特性之间寻求最佳的平衡点来提高电能质量。通过应用和改造各种先进设备，如基于电力电子技术和新型导体技术的设备，来提高电网输送容量和可靠性。配电系统中要引进许多新的储能设备和电源，同时要利用新的网络结构，如微电网等。

经济的柔性交流输电技术将利用比现有半导体器件更易于控制的低成本的电力半导体器件，使这些先进的设备可以得到广泛的推广应用。分布式发电将得到广泛应用，多台机组间通过通信系统连接起来，形成一个可调度的虚拟电厂。超导技术将用于短路电流限制器、储能、低损耗的旋转设备以及低损耗电缆中。先进的计量和通信技术将使需求响应的应用成为可能。

**4. 控制**

先进的控制技术是指智能电网中分析、诊断和预测状态并确定和采取适当的措施以消除、减轻和防止供电中断和电能质量扰动的装置和算法。这些技术将提供对输电、配电和用户侧的控制方法并且可以管理整个电网的有功功率和无功功率。从某种程度上说，先进控制技术紧密依靠并服务于其他四个关键技术领域，如先进控制技术监测基本的元件（参数量测技术），提供及时和适当的响应（集成通信技术和先进设备技术），并且对任何事件进行快速诊断（先进决策支持技术）。另外，先进的控制技术支持市场报价技术以及提高资产的管理水平。

**5. 支持**

决策支持技术将复杂的电力系统数据转化为系统运行人员一目了然的可理解的信息，采用动画技术、动态着色技术、虚拟现实技术以及其他数据展示技术来帮助系统运行人员认识、分析和处理紧急问题。在许多情况下，可供系统运行人员做出决策的时间从小时缩短到分钟，甚至到秒，因此智能电网需要一个广阔的、无缝的、实时的应用系统、工具和培训，以使电网运行人员和管理者能够快速地做出决策。

# 第二节　智能电网与清洁能源发电

## 一、太阳能发电及入网控制技术

### 1. 太阳能光伏发电系统的组成

光伏发电系统具有不同的运行模式，但是其基本原理及组成相似，一般的光伏系统由光伏阵列、蓄电池组、控制器以及逆变器四部分组成。此外，太阳能光伏发电系统中还包括一些电力电子配套设备，以及辅助设备如汇流箱、交流配电柜等。有关太阳能光伏发电系统的内容已在第二章第二节中介绍，在此不再赘述。

### 2. 离网型和并网型光伏发电系统

（1）离网型光伏发电系统

离网型光伏发电系统是指不与电力系统相连接，主要依靠太阳能电池供电的光伏发电系统，又称独立光伏发电系统。由于太阳能资源没有地域限制，无需开采和运输，因此离网型光伏发电系统特别适用于为远离电网的海岛、高原、沙漠等偏远地区的居民提供基本的生活用电，也可以为野外作业提供移动式便携电源。

离网型光伏发电系统如图12-2所示。整个离网型光伏发电系统由太阳能电池阵列、蓄电池、控制器、逆变器组成。太阳能电池阵列吸收太阳光并将其转换为直流电能，当发电量大于负荷的用电量时，太阳能电池在控制回路控制下为蓄电池组充电；当发电量不足时，太阳能电池与蓄电池一同向负荷供电，直流或交流负荷通过开关与控制器连接。控制器负责保护蓄电池，防止出现过充电或过放电状态，即当蓄电池放电到一定深度时，控制器将自动切断负荷；当蓄电池达到过充电状态时，控制器将自动切断充电回路。逆变器将直流电转换为交流电供给交流负荷。

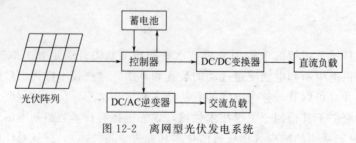

图 12-2　离网型光伏发电系统

此外，该系统按用电负载可分为三大类：直流系统、交流系统和交直流混合系统。直流系统、交流系统、交直流混合的光伏发电系统的组成如图12-3所示。在离网型光伏发电系统的组成框图中，防反冲二极管的作用是避免蓄电池通过太阳能电池阵列放电，一般串联在太阳能电池阵列电路中，起单向导通作用。

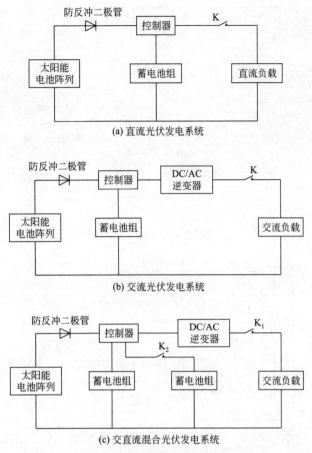

图 12-3  离网型光伏发电系统的组成框图

**(2) 并网型光伏发电系统**

并网型光伏发电系统是指与电力系统相连接的光伏发电系统，逐渐成为光伏发电系统的主流发展趋势。在并网型光伏发电系统中，太阳能电池所发出的直流电通过逆变器转换成交流电，并与电网并联向负荷供电。光伏发电系统并网有集中式并网和分布式并网两种形式。

光伏集中式并网的特点是，所发电能被直接输送到大电网，由大电网统一调配向用户供电，与大电网之间的电力交换是单向的。逆变器输出的 380V 三相交流电，接至升压变压器的低压侧 380V 母线，经升压至 10.5kV 后上网，升压变比 0.4/10.5，光伏发电系统集中式并网示意图如图 12-4 所示。集中式光伏并网系统适用于大型光伏电站并网，通常离负荷点比较远，荒漠光伏电站多采用这种方式并网。

光伏分布式并网的特点是，所发的电能直接分配到用电负载上，多余或不足的电力通过连接到大电网来调节，与大电网之间的电力交换可能是双向的，光伏发电系统分布式并网示意图如图 12-5 所示。分布式并网模式适用于小规模光伏发电系统，城区居民光伏发电系统通常采用这种方式，特别是与建筑结合的光伏系统。

光伏发电分布式并网具有小型化的特点，可以大量地分散安装到居民、社区和商用建筑物上，从而起到改善电网潮流分布的作用，例如减缓变压器、导线和电路设备升级的压力，减小传输、配电或者变压过程中的电能损耗，增加电力系统的稳定性。特别是在热负荷接近超载时，分布式并网模式优势更为明显，可以减小电网传送的电能总量，延长设备的使用寿

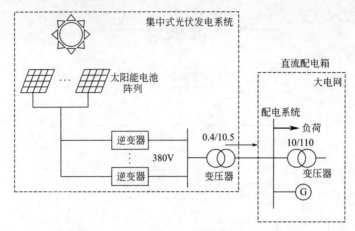

图 12-4　光伏发电系统集中式并网示意图

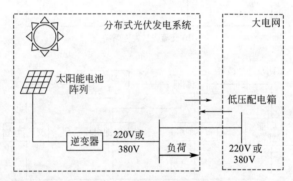

图 12-5　光伏发电系统分布式并网示意图

命，降低新线路的架设成本，减小变压器电流并降低其温度。分布式并网具有结构灵活、反应快等优点，并网系统不单独占地，适合太阳能能量密度较低的环境，并且其灵活性和经济性都优于大规模集中式光伏并网系统。

**3. 光伏发电并网控制技术**

并网光伏发电系统自身的发电特性与其他并网电源相比有很大不同，因此需要深入研究并网光伏系统的关键技术、不同种类的拓扑结构对系统发电能力和电能质量的影响，对比分析不同拓扑结构的并网性能，并通过对各系统构成设备并网性能的对比分析，研究光伏发电系统并网特点，为制定并网光伏系统的并网技术要求提供科学依据。

并网光伏发电系统中多使用自换相桥式逆变器，交流端输出以电压源方式接入电网。逆变系统可以是包含 DC/DC 环节和 DC/AC 环节的两级式，如图 12-6 所示，也可以是没有 DC/DC 环节只有一个 DC/AC 环节的单级式。加入 DC/DC 环节的优点是可以调节 DC 变换器测得电压并单独实现最大功率点跟踪（maximum power point tracking，MPPT）控制，简化了控制算法并使得逆变器可以在更宽的电压范围内工作，缺点是多级变换会带来更多损耗。单级式光伏并网逆变系统中只有一个能量变换环节，控制时既要考虑跟踪光伏阵列的最大功率点（MPP），也要同时保证对电网输出电流的幅值和正弦度，控制部分通常由电流内环和功率外环组成，内环主要采用适宜的多种脉冲宽度调制技术（pulse width modulation，PWM）控制，跟踪给定的电流波形，使交流侧输出满足电能质量要求；外环实现最大功率点跟踪，控制光伏阵列的工作点始终在输出功率曲线的最高点。

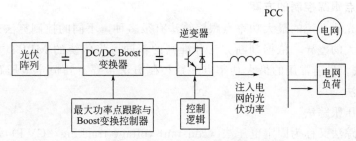

图 12-6　两级式光伏并网逆变系统结构

传统的并网光伏逆变器可称为集中式逆变器（centralized inverter），如图 12-7（a）所示，其直流侧是多个光伏串并联起来形成的光伏阵列，单机容量可以达到几百千瓦。集中式逆变器的缺点包括：光伏阵列和逆变器之间需要高压直流电线，由此会增加线路损耗和电弧等带来的安全隐患；一个集中式的 MPPT 控制会由于光伏组件之间的不匹配产生额外的能量损失，另外也不利于根据客户要求进行扩充等改变。

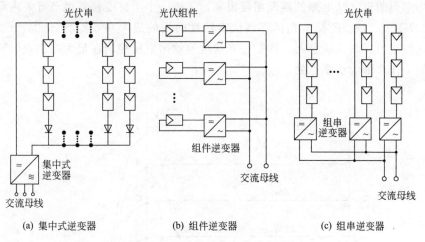

(a) 集中式逆变器　　　　(b) 组件逆变器　　　　(c) 组串逆变器

图 12-7　三种类型的光伏逆变系统

新一代的光伏逆变器设计针对光伏发电的特点引入了模块化系统技术，由此发展出了组件逆变器（module inverter）和组串逆变器（string inverter），如图 12-7（b）和图 12-7（c）所示。组件逆变器直接与单个光伏组件相连，使直流引线缩短，也大大减轻了多组件组合产生的不匹配问题。组件逆变器的容量一般只有 0.1～0.2kW，效率较低，一旦损坏，更换比较麻烦，另外，除非大规模生产，否则价格也比较昂贵。组串逆变器也叫分布式逆变器、支路式逆变器，其直流侧连接一个光伏组件串，容量一般在几千瓦。组串逆变器是集中式逆变器与组件逆变器的概念相中和的产物，体积小，可就近安装在光伏电池阵列的支架上，就近与一串光伏组件连接，缩短了直流侧接线。大中型并网发电站目前多采用集中式逆变器。一般用户的屋顶项目容量小，场地分散，多采用组串逆变器。

多串逆变器（multi-string inverter）是对组串逆变器的进一步发展，其输入端是多个光伏组件串，各自有其独立的 DC/DC 变换器和 MPPT 控制器，再由一个逆变电路转换成交流输出。这样每个串可以单独控制达到最大功率点，使得逆变器也更加灵活地在最大效率的范围内工作。

#### 4. 最大功率点跟踪控制的方案

目前，关于光伏系统的最大功率点跟踪算法有很多种，不同的控制算法在实现的复杂程度及效果上有巨大的差异。依据判断方法和准则的不同可将传统的 MPPT 方法分为开环和闭环 MPPT 方法。目前常用的最大功率点跟踪控制方法主要有：恒定电压跟踪法、电导增量法、扰动观察法。

（1）恒定电压跟踪法

恒定电压跟踪法又称为固定电压法（constant voltage tracking，CVT）是较早出现且最简单的一种实现光伏电池 MPPT 的算法。此算法做了一个忽略，即不将温度作为主要影响因素，而且当光照强度发生变化时 MPP 处的电压变化范围并不是很大。

图 12-8 为在不考虑温度的影响时，光伏电池的 $U\text{-}I$ 输出特性曲线。其中，负载特性曲线 $L$ 与 $U\text{-}I$ 特性曲线的交点 $A$、$B$、$C$、$D$、$E$ 为光伏阵列的工作点，而 $A'$、$B'$、$C'$、$D'$、$E'$ 为最大功率点。还可以看出，当光伏电池温度一定时，其输出 $U\text{-}P$ 曲线上最大功率点电压几乎分布在一个固定电压值的两侧。为最大限度地提高光伏阵列的发电效率，尽量使其工作在最大功率点附近，从电路的匹配角度出发，需要一个阻抗变换器调节等效内阻，设法将工作点 $A$、$B$、$C$、$D$、$E$ 移至光伏阵列伏安特性曲线的最大功率点 $A'$、$B'$、$C'$、$D'$、$E'$ 处。因此，恒定电压跟踪法思路，即是将光伏电池输出电压控制在最大功率点电压处，使光伏电池近似工作在最大功率点处。

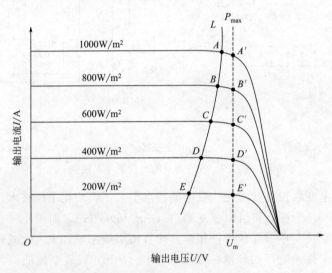

图 12-8　光伏电池的 $U\text{-}I$ 特性曲线

采用 CVT 控制的优点是系统工作电压稳定性较好，而且控制简单，易于实现。该方法也有明显的缺点，其最大功率点跟踪精度差，当系统外界环境条件改变时，对最大功率点变化的适应性差，系统工作电压的设置对系统工作效率影响大。当温度保持不变时，光伏电池的最大功率点电压一般都在开路电压的 80% 左右，此时可以忽略温度对开路电压的影响。但是每当环境温度升高时，光伏电池的开路电压就会下降，因温度变化而带来的能耗不容忽视，这也是恒定电压跟踪法无法克服的问题。

（2）电导增量法

作为最大功率点跟踪控制的经典算法之一的电导增量法（incremental conductance，INC）也经常被使用。电导增量法根据最大功率点处的斜率为零的原理，通过导数理论推导光伏阵列工作点的电导和电导变化率之间的关系，即斜率值，从而实现最大功率点跟踪。

观察光伏电池 $P\text{-}U$ 曲线可知，在整个电压范围内可将其看作是一个单峰函数，因此在 $P_{max}$ 处的斜率 $dP/dU$ 应该等于 0，而在其左右两侧均不为 0，由于光伏电池的输出功率可表示为 $P=UI$，因此有：

$$\frac{dP}{dU}=I+U\frac{dI}{dU}=0$$

进一步推导出：

$$\frac{dI}{dU}=-\frac{I}{U}$$

由上式可知，当输出电导的变化量与输出电导的负值相等时，光伏阵列工作在 MPP，并可得到以下判据：

$$\begin{cases} \dfrac{dI}{dU}>-\dfrac{I}{U}，\text{当前工作点位于最大功率点左边} \\[2mm] \dfrac{dI}{dU}=-\dfrac{I}{U}，\text{当前工作点位于最大功率点处} \\[2mm] \dfrac{dI}{dU}<-\dfrac{I}{U}，\text{当前工作点位于最大功率点右边} \end{cases}$$

电导增量法的控制流程如图 12-9 所示，此算法也需要对光伏阵列的输出电流和电压进行采样。其中，$U_n$ 与 $I_n$ 是光伏阵列当前的输出电压和电流，$U_{n-1}$ 与 $I_{n-1}$ 是对应的上一周期的采样值，$U_r$ 与 $\Delta U$ 分别是参考电压和电压增量步长。

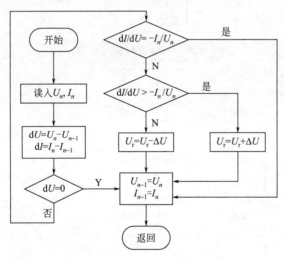

图 12-9 电导增量法控制流程图

当温度和光照强度变化时，使用 INC 法能使输出电压以平稳的方式跟踪环境的变化，稳态时产生的振荡也比扰动观察法小，最重要的一点是这种方法不受电池组件的特性及参数影响。但相较于扰动观察法，此算法实现起来较复杂，因为在跟踪时其速度与精度依赖于检测的速度与精度，导致系统对硬件尤其是传感器的精度要求比较高，这无疑会增加整个系统的硬件成本。同时，选取增量步长时也要注意，若步长较小，跟踪速度无法满足要求；若步长太大，跟踪的误差也会随之增加。尽管如此，由于其响应速度快，控制精度高，正好弥补了扰动观察法的不足，在环境变化较快的场合比较适用。

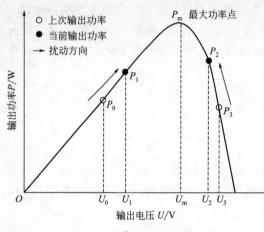

图 12-10　P&O 法的控制原理

（3）扰动观察法

扰动观察法（perturb & observe algorithm，P&O）又称为爬山法，是目前进行最大功率点跟踪控制最常用的方法之一。其原理是每隔一定时间在上一时刻工作电压的基础上进行"干扰"，然后检测功率变化的方向，决定下一步的"干扰"。所谓的"干扰"过程是指在每个控制周期里使用固定的步长来改变光伏阵列的输出电压或是电流，控制方向既可以是增加也可以是减少，方法是计算本次干扰周期前后的输出功率差，如果功率差值为正，那么继续保持上一"干扰"的方向，如果功率差值为负，则向反方向"干扰"。在连续的"扰动"过程中，工作点逐渐接近 MPP，并会在一个较小的范围内不断往复，最终处于一种稳定状态，图 12-10 为 P&O 法的控制原理。

P&O 法是一种比较简单的算法，控制回路可以实现模块化，在硬件方面实现较容易。如图 12-11 所示为 P&O 法的算法流程图。

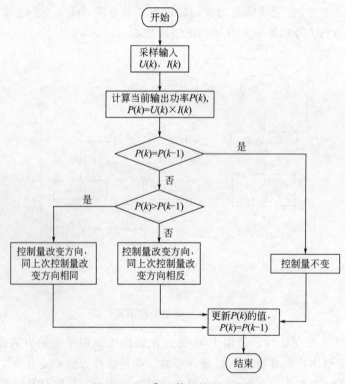

图 12-11　P&O 算法控制流程图

P&O 算法的明显不足是响应速度有限，为了加快跟踪速度可以使用较大的扰动步长，但是达到稳定状态后，由于精度较差，会导致小幅振荡，损失额外的功率；当光照条件变化较快时，还可能发生误判的情况，导致跟踪方向错误。因此，P&O 算法对光照强度等条件变化比较慢的场合比较适用。

（4）其他几种 MPPT 方法

① 模糊逻辑控制。由于太阳光照的不确定性、光伏阵列温度的变化、负载情况的变化以及光伏阵列输出特性曲线的非线性特征，要实现光伏阵列最大功率点的准确跟踪需要考虑的因素是很多的。针对这样的非线性系统，使用模糊逻辑控制方法进行控制，并可以通过数字信号处理器（DSP）比较方便地执行，其中控制器的设计主要包括以下几个方面的内容：确定模糊控制器的输入变量和输出变量，归纳和总结模糊控制器的控制规则，确定模糊化和反模糊化的方法选择域并确定有关参数。使用模糊逻辑方法进行光伏系统的 MPPT 控制，具有较好的动态特性和精度以及十分广阔的应用前景。

② 最优梯度法。这是一种以梯度法为基础的多元无约束最优化问题的数值计算法。其基本思想是选取目标函数的负梯度方向（对于光伏系统，可能需要选择正梯度方向）作为每一步迭代的跟踪方向，逐步逼近函数的最小值（对于光伏系统为最大值）。梯度法是一种传统且广泛运用于求取函数极值的方法，该方法运算简单，分析结果令人满意。

③ 基于输出端控制的 MPPT 控制方法。随着半导体功率器件、微处理器以及数字控制器的迅速发展，人们将 MPPT 算法与 DC/DC 变换器统一起来，以整个光伏系统为出发点进行最大功率点的跟踪控制，提出了各种有效的 MPPT 控制方法。一般包括负载电流电压最大法、直流侧电压下降控制法、极值周期控制法。这种方法不需要获得太阳能阵列的电压和电流信息就可以实现输出功率的最大化，并且实现电路较简单。其跟踪效果在很大程度上依赖系统的参数选择，但是参数的设计选择相比其他的方法要复杂。

## 二、风力发电及入网控制技术

### 1. 风电机组的基本工作原理

目前在运行的风电机组主要包括以下四种类型：恒速风电机组、最优滑差风电机组、双馈感应风电机组、直驱永磁同步风力发电机组。每种类型的风电机组由于拓扑结构方面的固有差异，故在性能上存在各自的特点。有关风力发电的相关技术和内容已在第三章中作了详细介绍。

### 2. 风力发电控制技术

大规模风电接入后对电网的影响越来越大，风电参与电网调节的需求日益突出，因此有必要开展风电并网运行控制技术的研究。风电运行控制主要包括风电的有功功率控制和无功功率控制，风电有功功率控制参与电网频率调节，风电无功功率控制参与电网电压调节。

（1）风力发电有功功率控制技术

风电场在接入电网后需要工作于不同的控制模式，现行的风电场接入电网的规范风电场控制模式主要包含功率限制模式、平衡控制模式、功率增率控制模式、差值模式、调频模式，前 4 种属于有功功率控制模式。由于目前我国的风电场的功率控制刚进入适用期，风电场还不具备调频模式。

① 功率限制模式。功率限制模式投入时，风电场有功功率控制系统应将全场出力控制在预先设定的或调度机构下发的限值之下，限值可以分时间段给出，所以功率限制是对整个风电场的有功功率输出量的限制，这是调度机构根据各电厂（火电厂、水电厂、风电场）的能力按比例分配的功率调度限值，是为了满足电网的实际调节量而确定的。

　　对于风电场而言，工作于功率限制模式时，风电场功率应不高于该限值，若风电场有能力达到，则应该达到该限值但不能超过限值，即需要风电场能够减载运行；若风电场不具备达到功率输出限值的能力，则应该让风电场按最大功率输出，尽可能接近该限值，具体如图12-12所示，图中虚线 $P_{avail}$ 为风电场最大可输出有功功率，实线 $P_{ref}$ 是投入功率限制模式后的实际输出有功功率。可以看出，当风电场的限值高于风电场的预测功率时，风电场按预测功率发电，即最大出力发电；当风电场限值小于风电场预测功率时，风电场按限值功率发电。

　　② 平衡控制模式。平衡控制模式投入时，风电场有功功率控制系统应立即将全场出力按给定的斜率调整至电网调度的限制功率值（若给定值大于最大可发功率，则调整至最大可发功率），当命令解除时，有功功率控制系统按给定的斜率恢复至最大可发功率。风电场平衡控制模式的控制曲线如图12-13所示，其中虚线为未投入平衡控制模式时的出力情况，实线是投入平衡控制模式后风电场实际的出力情况。可以看出，风电场能够控制在平衡控制模式的前提条件是风电场的出力必须有一定的裕度来满足输出功率的调整。平衡控制模式运行时，风电场输出功率会按照给定斜率下降到调度功率后然后保持至命令解除，再按一定斜率上升到最大发电功率状态。

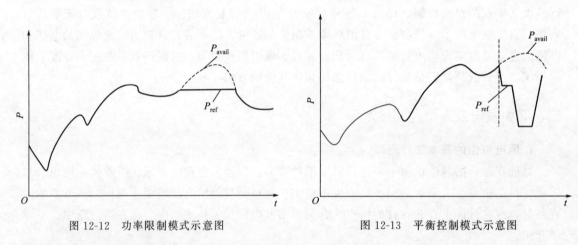

图 12-12　功率限制模式示意图　　　　　　　　　图 12-13　平衡控制模式示意图

　　③ 功率增率控制模式。功率增率控制模式是对风电场有功功率变化率进行限制，风电场的输出功率在每个控制周期的变化大小必须在给定的斜率之内，且风电场的整体输出功率应该在满足斜率的前提下尽量跟随风电场的预测功率。功率增率控制模式的目的是避免风电场的输出功率变化过于频繁和变化过大，从而保证整个电网的输出功率稳定。功率增率控制模式的控制曲线如图12-14所示，图中虚线反映了风电场未投入功率增率控制模式时的出力情况，实线则是风电场在投入功率增率控制模式后的实际出力情况。可以看出，只有当功率上升时，功率增率控制模式才对其斜率进行控制，即只能控制风电场输出有功功率升高时的功率变化率，而在功率下降时，有可能出现由于风速的剧烈变化导致风电场的出力剧烈下降的情况，这种情况下的功率变化是不可控的。

　　④ 差值模式。差值模式不仅可以在系统频率升高时降低风电场的有功出力，也可以在系统频率降低时提高风电场的有功出力，从而达到以功率补偿频率的目的。该模式运行时，风电场的整体输出功率与预测功率会有一个功率差值 $\Delta P$，该功率差值是由电网调度提供的，相当于给整个风电场留出了一定的有功功率调度裕度。差值模式如图12-15所示，图中

虚线 $P_{\text{avail}}$ 为风电场未投入差值模式时的有功出力；实线 $P_{\text{ref}}$ 是投入差值模式后风电场的实际出力情况。可以看出，运行在差值模式时，风电场能够按照一定的斜率下降到低于风电场出力相对恒定的一个有功功率差值的运行点，并保持这个有功功率差值运行。

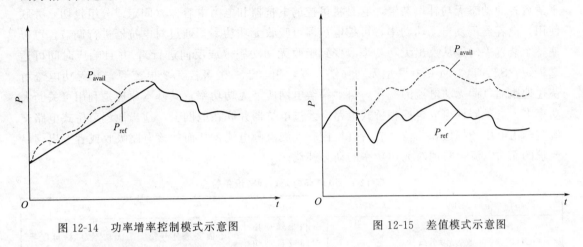

图 12-14　功率增率控制模式示意图　　　　　图 12-15　差值模式示意图

（2）风力发电无功功率和电压控制

风力发电的间接性和波动性可能引起并网运行时的电能质量问题以及系统不稳定的问题。风电场电力系统中有很多高感性设备，如风力发电机组、集电线路、主变压器和箱式变电站等，为了平衡系统无功功率，必须利用各种无功补偿设备。风电场中应用的无功补偿设备可以进行无功补偿，提高功率因数；减少无功的流动，降低线损；调节系统电压，适应风电出力的变化；利用调节作用提高电力系统稳定性，避免风电机组大规模脱网。

① 风电场无功补偿技术。虽然双馈异步风力发电机和直驱永磁同步发电机具有一定的无功调节能力，但调节能力有限，而风电场大多位于电网末端，电压水平较低，风电场自身的无功调节能力通常难以满足风电场无功电压控制的需求。尤其是早期采用定速异步风电机组建立的风电场，这类风电机组需要从电网吸收无功功率以建立磁场，才能实现发电功能，这将对接入点及其附近电网的电压产生严重影响，必须借助无功补偿装置，补偿风电机组、接入线路、变压器引起的无功损耗，实现风电场及其送出系统的无功平衡，降低风电对系统电压的影响。

对于定速异步风电机组，普遍采用普通异步发电机，这种发电机正常运行在超同步状态，转差率 $s$ 为负值，电机工作在发电机状态，且转差率的可变范围很小（$s<5\%$），风速变化时发电机转速基本不变。在正常运行时无法对电压进行控制，不能像同步发电机一样提供电压支撑，不利于电网故障时系统电压的恢复和系统稳定。因此，工程中通常采用静止无功补偿装置或静止同步补偿装置进行无功调节，采用软启动来减小启动时发电机的电流。

变速恒频风电机组采用电力电子变频器，通过一定的控制策略可对风电机组有功、无功输出功率进行解耦控制，即可分别单独控制风电机组有功、无功的输出，具备电压控制能力。变速恒频风电机组在运行时可以将功率因素提高，但在小于额定功率发电时往往功率因素较低，其自身的无功补偿能力仍无法满足系统要求。因此，无论是停机（变压器消耗无功）还是非满功率发电时都会消耗无功，需要加装静止无功补偿装置以满足系统需求。

目前应用于风电场的无功补偿装置主要有离散调节设备和连续调节设备。离散调节设备有有载分接开关（on-load tap-changer，OLTC）、电容器、电抗器；连续调节设备有静止无功补偿装置（static var compensator，SVC）、静止同步补偿装置（static synchronous compensator，STATCOM）和双馈感应风机（doubly fed induction wind generator，DFIG）无功出力。各无功电压调节设备特点如表 12-1 所示。其中，SVC 是一种没有旋转部件，快速、平滑可控的动态无功补偿装置，它是将可控的电抗器和电力电容器（固定或分组投切）并联使用，电容器可发出无功功率，可控电抗器可吸收无功功率，通过对电抗器进行调节，可以使整个装置平滑地从发出无功功率改变到吸收无功功率（或反向进行），并且响应时间可达毫秒级；STATCOM 是并联型无功补偿装置，相当于一个可控无功电流源，其无功电流可快速地跟随负荷无功电流的变化，自动补偿电网所需无功功率，其基本原理是利用可关断大功率电力电子器件组成自换相桥式电路，经过电抗器并联在电网上，适当地调节桥式电路交流侧输出电压的幅值和相位，或者直接控制其交流侧电流，从而使该电路吸收或者发出满足要求的无功电流，实现对无功功率的动态补偿。

**表 12-1　风电场内无功调节设备特点**

| 设备 | 调压方法 | 无功容量 | 响应速度 | 优点 | 缺点 |
|---|---|---|---|---|---|
| OLTC | 改变无功分布 | — | 依手动切换时间或自动切换时间而定 | 不需要额外补偿设备 | 无功不足时，可能导致电压崩溃 |
| 电容器 | 发出容性无功功率 | 与电压平方成正比 | 受投切时间、次数限制 | 投资费用少，电能损耗小，维护方便 | 不能连续调节，不能动态补偿无功 |
| 电抗器 | 发出感性无功功率 | 与电压平方成正比 | 受投切时间、次数限制 | 投资费用少，电能损耗小，维护方便 | 不能连续调节，不能动态补偿无功 |
| SVC | 发出容性或感性无功功率 | 与电压平方成正比 | 响应速度快 | 连续调节，动态输出无功 | 占地面积大，谐波含量高 |
| STATCOM | 发出容性或感性无功功率 | 与电压无关 | 响应速度优于 SVC | 连续调节，动态输出无功，占地面积小，谐波含量较低 | 成本高，相关技术正在发展 |
| 双馈异步风力发电机 | 发出容性或感性无功功率 | 随有功出力增大而减小 | 响应速度快 | 连续调节，动态输出无功 | 无功输出容量受有功出力影响 |

②　风电场低电压穿越技术。低电压过渡能力（low voltage ride through，LVRT），又称低电压穿越能力，是指在电网电压跌落时，风电场需维持在一定时间内与电网连接而不解列，甚至要求风电场在此过程中能提供无功以支撑电网电压恢复的能力。当电网发生短路故障时，在机组定子、转子中产生暂态过电流，这一电流流经变流器；同时，从能量守恒角度分析，系统短路引起机组机端电压骤降，机组无法继续向电网输送电能，其不平衡的能量会引起风电机组加速和直流环节充电，电压升高。无论是转子侧的暂态过电流还是直流环节的过电压都会对电力电子器件造成不利影响。所以如何使风电机组顺利穿越低电压故障，并保护其电力电子器件不受损坏显得尤为重要。风电机组的低电压穿越能力是保证风电场在系统故障情况下不解列，能持续并网发电的前提条件。

变速恒频双馈风电机组在应对电网故障方面存在一定缺陷。电网故障会使得风电机组机端电压跌落，造成发电机定子电流增加，由于定子与转子之间的强耦合关系，快速增加的定子电流会导致转子电流急剧上升，对转子侧变流器产生影响；此外，由于风力机惯性大，调节速度较慢，故障前期风力机吸收的风能变化不大，而发电机由于机端电压的降低将难以正常向电网输送电能，多余的能量将会导致变流器直流环节电容充电和电压的快速升高、发电机转子加速、电磁转矩突变等问题，引起元器件的损坏。为解决这些问题，通常在电网出现不太严重的电压波动时，风电机组就会与电网解列，避免对机组造成伤害。

直驱永磁同步风电机组采用全换流技术，仅通过网侧变流器与电网相连，风电机组与电网之间仅有电气联系。当电网故障时，机端电压瞬间跌落，风电机向电网注入的功率瞬间降低，由于风力机的机械转速不会瞬间改变，风电机的输入功率和输出功率将出现不平衡，会对变流器直流环节的电容充电，造成电压瞬间升高，危及电力电子器件的安全。如果控制直流环节的电压恒定，在功率接近恒定、电压突降的情况下，将引起电流的激增，损坏换流设备。因此，如何消除输入、输出能量不均衡问题，是解决全换流风电机组低电压穿越问题的关键。

表 12-2 给出了部分国家对风电机组低电压穿越的具体要求，在电压跌落幅值（电压跌落期间线电压有效值最小值与系统标称电压的比值）和持续时间低于表中所给出的限值情况下，风电机组应能保持连续运行状态。为更加形象地描述风电机组的低电压穿越要求，图 12-16 采用曲线形式给出了部分欧洲国家对风电机组低电压穿越能力的要求，其中纵坐标表示风电机组定子电压跌落幅值，以线电压与额定电压的百分比表示；横坐标表示电网电压跌落的持续时间，单位为 s，当电网电压跌落幅值位于曲线上方区域时，不允许风电机组脱网运行，同时风电机组应能提供一定的无功支撑，提高系统暂态恢复能力。

表 12-2 部分国家风电机组低电压穿越要求

| 国家标准 | 故障持续时间/ms | 故障持续时间/cycle | 电压跌落幅值/% | 电压恢复时间/s |
|---|---|---|---|---|
| 德国 | 150 | 7.5 | 0 | 1.5 |
| 英国 | 140 | 7 | 0 | 1.2 |
| 爱尔兰 | 625 | 31.25 | 15 | 3 |
| 北欧电网 | 250 | 12.5 | 0 | 0.75 |
| 丹麦（<100kV） | 140 | 7 | 25 | 0.75 |
| 丹麦（>100kV） | 100 | 5 | 0 | 10 |
| 比利时（大电压跌落） | 200 | 10 | 0 | 0.7 |
| 比利时（小电压跌落） | 1500 | 75 | 70 | 1.5 |
| 加拿大（AESO） | 625 | 37.5 | 15 | 1.5 |
| 加拿大（Hydro-Quebec） | 150 | 9 | 0 | 1 |
| 美国 | 625 | 37.5 | 15 | 3 |
| 西班牙 | 500 | 25 | 20 | 1 |
| 意大利 | 500 | 25 | 20 | 0.8 |
| 瑞典（<100kV） | 250 | 12.5 | 25 | 0.25 |
| 瑞典（>100kV） | 250 | 12.5 | 0 | 0.8 |
| 新西兰 | 200 | 10 | 0 | 1 |

在我国，国家标准《风电场接入电力系统技术规定》和行业标准《大型风电场并网设计技术规范》均对风电装机的低电压穿越能力进行了详细的界定，如图 12-17 所示。从图中可以看出，国内对风电机组低电压穿越能力的要求如下：风电场内的风电机组具有在并网点电压跌至 20% 额定电压时能够保证不脱网连续运行 625ms 的能力；当风电场并网点电压在发

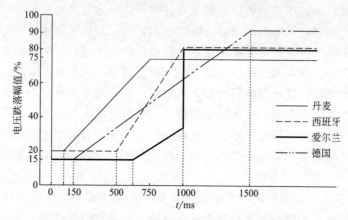

图 12-16 部分欧洲国家对风电机组 LVRT 的要求

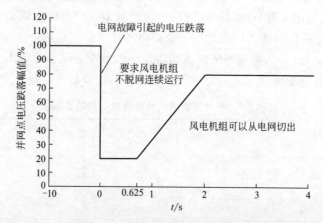

图 12-17 风电场低电压穿越要求

生跌落后 2s 内能够恢复到额定电压的 90％时,风电场内的风电机组能够保证不脱网连续运行。此外,对于电网发生不同类型故障的情况,对风电机组/风电场低电压穿越的要求如下:当电网发生三相短路故障引起的并网点电压跌落时,风电场并网点各相电压在图中电压轮廓线及以上的区域内时,场内风电机组必须保证不脱网连续运行;当风电场并网点任意相电压低于或部分低于图中电压轮廓线时,场内风电机组允许从电网切出。

实现 LVRT 功能的途径主要有两种:一是改进控制策略;二是增加硬件电路。改进控制策略只能降低电网故障时风电机组的暂态过电压、过电流,从能量守恒角度来看,不可能从根本上解决故障过程中因暂态能量过剩导致的过电压过电流问题,只能在电压、电流之间寻找一种较好的均衡状态,减小故障期间过电压、过电流对风电机组的影响,仅适用于故障电压跌落不十分明显的状况。而增加硬件电路则能从根本上解决风电机组故障期间的过电压、过电流问题,极大地增强风电机组的 LVRT 功能,尤其是储能技术的引入,为这一问题提供了较好的解决方案。

MW 级以上的交流励磁风力发电机组主要采用转子短路保护技术实现电网故障期间的不间断运行,即通常所说的 Crowbar 技术。该技术在电网发生故障时通过切除发电机励磁电源,利用转子旁路保护电阻释放能量以减小转子过电流,保护转子励磁回路的大功率器件,之后 Crowbar 电路配合双 PWM 变流器在故障期间运行,向电网输送一定的无功功率,协助稳定电网电压，即实现了风电机组的不脱网运行。Crowbar 电路目前有很多种结构，具体可分为两大类：被动式 Crowbar 电路结构和主动式 Crowbar 电路结构。被动式 Crowbar 电路结构如图 12-18（a）所示，采用两相交流开关构成保护电路，其中交流开关由晶闸管反向并联构成，当发生电网电压跌落故障时，通过交流开关将转子绕组短路，进而起到保护变流器的作用。这一电路在故障发生时转子电流中通常会存在较大的直流分量，这将使得晶闸管过零关断的特性不再适用，进而可能造成保护电路拒动，另外晶闸管吸收电路的设计也比较困难。主动式 Crowbar 电路结构如图 12-18（b）所示，它由二极管整流桥和晶闸管构成，这种电路以直流侧电压为参考信号，当直流侧电压达到最大值时，通过触发晶闸管导通实现对转子绕组的短路，同时断开转子绕组与转子侧变流器的连接，其间保护电路与转子绕组保持连接，直至主电路开关将定子侧彻底与电网断开。这种电路控制较为简单，但是晶闸管不能自行关断，因此当故障消除后，系统不能自动恢复正常运行，必须重新并网。

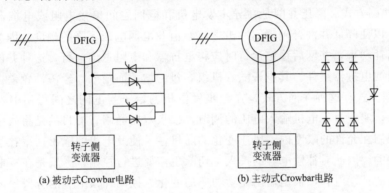

(a) 被动式Crowbar电路　　　　(b) 主动式Crowbar电路

图 12-18　Crowbar 电路结构示意图

关于应用储能技术增强风电机组 LVRT 能力的研究主要集中在两个方面：一是储能技术的选择；二是控制策略的设计。鉴于 LVRT 属于电磁暂态过程，为吸收此暂态过程中的多余能量以保护风电机组免遭损坏，必须选择快速响应的储能技术，采用合适的储能技术配以合理的控制策略才能达到理想的效果。

**3. 风力发电机组并网技术**

交流发电机并网条件是发电机输出的电压与电网电压在幅值、频率以及相位上完全相同。随着风力发电机组单机容量的增大，在并网时对电网的冲击也在增大。这种冲击严重时不仅会引起电力系统电压的大幅度下降，还可能对发电机和机械部件造成损坏。如果并网冲击时间持续过长，还可能使系统瓦解或威胁其他挂网机组的正常运行。因此，采用合理的并网技术是一个不容忽视的问题。

（1）基于普通异步发电机的恒速风电机组并网控制

异步发电机又叫感应发电机，当交流发电机的电枢磁场的旋转速度落后于主磁场的旋转速度时，这种交流发电机称为异步交流发电机。异步发电机投入运行时，由于靠转差率来调整负荷，因此对机组的调速精确度要求不高，只要转速接近同转速就可并网。显然，风力发电机组配用异步发电机不仅控制装置简单，而且并网后不会产生振荡和失步，运行非常稳定。然而，异步发电机并网也存在一些特殊问题，如直接并网时产生的过大冲击电流造成电压大幅度下降，对系统安全运行构成威胁，以及本身不发无功功率，需要无功补偿等，所以运行时必须采取相应的有效措施才能保障风力发电机组的安全运行。目前国内外采用的基于异步发电机的风力发电机组并网方式主要有直接并网、准同期并网、降压并网、软并网等。

① 直接并网方式。这种并网方式要求并网时发电机的相序与电网的相序相同，当风力机驱动的异步发电机转速接近同步转速的 90%～100% 时，即可完成自动并网。自动并网的信号由测速装置给出，然后通过低压断路器合闸完成并网过程。这种并网方式比同步发电机的准同步并网简单，但并网瞬间存在三相短路现象，并网冲击电流达到额定电流的 4～5 倍，会引起电力系统电压的瞬间下降，因此这种并网方式只适用于容量在百 kW 级以下的异步发电机。

② 准同期并网方式。与同步发电机准同步并网方式相同，在转速接近同步转速时，先用电容励磁建立额定电压，然后对励磁建立的发电机电压和频率进行调节和校正，使其与系统同步。当发电机的电压、频率及相位与系统一致时，将发电机投入电网运行。该并网方式合闸瞬间尽管冲击电流小，但必须控制在最大允许的转矩范围内运行，以免造成"网上飞车"（转速突然远远高于发电机的额定转速）。

③ 降压并网方式。降压并网是在异步发电机和电网之间串接电阻或电抗器，或者接入自耦变压器，以便降低并网合闸瞬间冲击电流幅值及电网电压下降的幅度。因为电阻和电抗器等元件要消耗功率，并网后稳定运行时应将电抗器和电阻退出运行。这种并网方式要增加大功率的电阻或电抗器组件，其投资随着机组容量的增大而增大，经济性较差。

④ 软并网方式。这种并网方式是在异步发电机的定子与电网之间每相串入一只双向晶闸管连接起来，实现对发电机输入电压的调节，接入双向晶闸管的目的是将发电机并网瞬间的冲击电流控制在允许的限度内。风速变化的随机性，使发电机的输出功率在达到额定功率前是随机变化的，因此对补偿电容的投入与切除也需要进行控制，一般是在控制系统中设有几组容量不同的补偿电容，根据输出无功功率的变化，控制补偿电容的分段投入或切除。这种并网方法的特点是通过控制晶闸管的导通角来连续调节加在负荷上的电压波形，进而改变负荷电压的有效值。

（2）基于双馈异步发电机的变速风电机组并网控制

双馈异步发电机（又称双馈感应发电机）的定子绕组由具有固定频率的对称三相电源激励，转子绕组由具有可调节频率的三相电源激励，由于其定子、转子都能向电网馈电，因此而得名"双馈"。双馈异步发电机的转子通过变频器与电网连接，能够实现功率的双向流动，当风力机变速运行时，发电机也为变速运行。因此，为了实现发电机的并网，将由双馈异步电机和变频器组成的系统采用脉宽调制技术控制整个并网过程。采用双馈异步电机，只需通过调整转子电流频率，就可以在风速与发电机转速变化的情况下实现恒频控制。

交流励磁变速恒频发电机采用双馈型异步发电机，与传统的直流励磁同步发电机及通常的异步发电机相比，其并网过程有所不同。同步发电机与电力系统之间为"刚性连接"，发电机输出频率完全取决于原动机的速度，与其励磁无关。并网之前发电机必须经过严格的整步和（准）同步，并网后也须严格保持转速恒定，异步发电机的并网对机组的调速精确度要求低，并网后不会振荡失步，但它们都要求在转速接近同步速（90%～100%）时进行并网操作，对转速仍有一定的限制。采用交流励磁后，双馈发电机和电力系统之间构成了"柔性连接"，即可根据电网电压和发电机转速来调节励磁电流，进而调节发电机输出电压来满足并网条件，因而可在变速条件下实现并网。

双馈异步发电机的并网过程是风力机启动以后，当发电机转速接近同步转速时，转子回路中的变流器通过对转子电流的控制，实现电压匹配、同步和相位的控制，以便迅速地并入电网，并网时基本上无电流冲击。

双馈发电机通过控制转子励磁，使定子的输出频率保持在工频。当转子绕组通过三相低电流时，在转子中会形成一个低速旋转磁场，这个磁场的旋转速度与转子的机械转速相叠加，使其等于定子的同步转速，从而在发电机定子绕组中感应出相应于同步转速的工频电压。当风速变化时，转速随之而变化，相应地改变转子电流的频率和旋转磁场的速度，就会使定子输出频率保持恒定。

当发电机的转速低于气隙旋转磁场的转速时，发电机处于亚同步运行状态，为了保证发电机发出的频率与电网频率一致，需要变频器向发电机转子提供正相序励磁，给转子绕组输入一个旋转磁场方向与转子机械方向相同的励磁电流，此时转子的制动转矩与转子的机械转向相反，转子的电流必须与转子的感应电动势反方向，转差率减小，定子向电网馈送电功率，而变频器向转子绕组输入功率；当发电机的转速高于气隙旋转磁场的转速时，发电机处于超同步运行状态，为了保证发电机发出的频率与电网频率一致，需要给转子绕组输入一个旋转磁场方向与转子机械方向相反的励磁电流，此时变频器向发电机转子提供负相序励磁，以加大转差率，变频器从转子绕组吸收功率；当发电机的转速等于气隙旋转磁场的转速时，发电机处于同步运行状态，变频器应向转子提供直流励磁，此时，转子的制动转矩与转子的机械转向相反，与转子感生电流产生的转矩方向相同，定子和转子都向电网馈送电功率。

为了控制发电机转速和输出的功率因数，必须对发电机有功功率、无功功率进行解耦控制。这一过程是采用磁场定向的矢量变换控制技术，通过对用于励磁的 PWM 变频器各分量电压、电流的调节来实现的。调节有功功率可调节风力机转速，进而实现捕获最大风能的追踪控制；调节无功功率可调节电网功率因数，提高风电机组及所并电网系统的动、静态稳定性。

现有的双馈式异步发电机发出的电能都是经变压器升压后直接与电网并联，加之在转速控制系统中采用了电力电子装置，会产生电力谐波。同时发电机在向电网输出有功功率的同时，还必须从电网吸收滞后的无功功率，使功率因数恶化，加重了电网的负担。因此必须进行无功补偿，提高功率因数，通常都是在风电场母线集中处安装电容器组，但这种补偿方式受电容器的级数和容量等的制约，无法实现最佳补偿状态。目前，一种基于电力电子逆变技术的无功补偿装置——静止同步补偿器——很有可能将取代传统的电容器补偿方式。

（3）基于直驱型永磁同步发电机的变速风电机组并网控制

在传统的变速恒频风力发电系统中，机械系统结构通常包含三个主要部分，即风力机、增速箱和发电机。风力机转速在 $20 \sim 200 \mathrm{r/min}$ 之间，而传统风力发电机转速在 $1000 \sim 1500 \mathrm{r/min}$ 之间，这就意味着风力机和发电机之间必须用增速箱连接。然而，增速箱不仅增加了机组的质量，而且会产生噪声，存在需要定期维护以及增加损耗等缺点，因此增加了风机的维护成本。

永磁直驱风力发电机组采用的是永磁体励磁，消除了励磁损耗，提高了效率，实现了发电机无刷化；在运行时，不需要从电网吸收无功功率来建立磁场，可以改善电网的功率因数；采用风力机对发电机直接驱动的方式，取消了齿轮箱，提高了风力发电机组的效率和可靠性，降低了设备的维护量，减少了噪声污染。风能变化时，机组可通过恒频控制优化系统的输出功率，电网侧变频器可调节功率因数，并在一定范围内改善输出电压。

永磁直驱风力发电机组的风力机不经齿轮箱，直接与发电机转子相连，即运行时风机转速等于发电机转速。在低于额定风速时，风轮转速根据最大风能获取曲线随风速变化而变化，最大限度地捕获风能，提高发电效率；在等于或高于额定风速时，由于发电机和变频器容量的限制，必须要控制桨距角以限制捕获的风能，使机组的输出功率在额定值附近运行。

变频器的解耦控制，使得此种风电机组与电网完全解耦，其特性取决于变频器控制系统的控制策略。在定子侧的变频器需要变换发电机所发出的全部功率，对于大容量的风电机组，其变频器的容量显著增加，与其所连接的发电机的容量相同。

**4. 大规模风电并网面临的主要问题**

实际运行经验表明，大规模风电的并网给电网带来了一些技术和理论方面的难题，这些难题已成为制约风电开发规模的主要因素。

（1）系统稳定性问题

由于受到风能资源随机波动性和间歇性的影响，风电场输出功率会随机变化，因此，大规模风电并网会引发系统稳定性问题。由于异步风电机组在启动及运行过程中需吸收大量无功功率，从而导致风电接入电网公共连接点（point of common coupling，PCC）的电压波动，容易引起电网薄弱地区的电压稳定性问题；而在有功功率备用不足的孤立电网中，过高比例的风电将会导致系统调频困难，频率稳定问题突出。

（2）电压稳定性问题

风电并网引起的电压稳定问题，主要包括静态电压稳定问题和动态电压稳定问题。静态稳定是指电力系统受到小扰动后，系统电压保持在允许的范围内，不发生电压崩溃的能力，若风电场吸收无功功率，则风电场的容量越大，系统的无功裕度越小，静态电压稳定问题越突出。

（3）频率稳定性问题

风电并网的频率稳定性问题主要表现在两个方面：一是有功波动带来的频率变动；二是风电改变系统的惯性时间常数导致频率波动速度的增加。受风速波动的影响，风电机组有功输出也时刻发生变化，在备用容量不足的孤立电网中，频率稳定问题明显。

（4）低电压穿越问题

风电机组的低电压穿越（LVRT）是指风电机组在PCC电压跌落时保持并网状态，并向电网提供一定的无功功率以支撑电网电压，从而穿越低电压区域的能力。PCC的电压跌落会使风电机组产生一系列过电压、过电流问题，危及风电机组的安全。为保护风电机组免遭损坏，通常电网故障时风电机组自动解列，不考虑故障的持续时间及严重程度。在故障发生时，若大规模风电机组同时从系统解列，电网将失去支撑，可能导致连锁反应，严重影响电网的安全运行。在风电比例较高的地区，若风电机组不具备LVRT，电网的瞬时严重故障将导致大量风电机组自动切除，严重威胁电网安全运行。

（5）电能质量问题

风速的随机变化以及风电机组本身固有的塔影响效应、风剪切、偏航误差等均会导致PCC的电压波动，进而引起闪变等电能质量问题；而双馈感应发电机等风电机组中的变流器会产生一定的谐波污染，从而带来电压波动与闪变、谐波等电能质量问题。

# 三、分布式发电技术

**1. 分布式发电的概念和分类**

"分布式发电"这一概念目前还没有统一的称谓。在英联邦国家，主流叫法为"嵌入式发电"（embedded generation）；在北美国家，叫做"分散式发电"（dispersed generation）；

在欧洲和亚洲部分国家称为"非集中发电"（decentralized generation）。目前，国内主流叫法为"分布式发电"（distributed generation，DG）。分布式发电指在用户现场或靠近用电现场配置较小的发电机组（一般低于 30 MW），以满足特定用户的需要，支持现存配电网的经济运行，或者同时满足这两个方面的要求，这些小的机组包括燃料电池、小型燃气轮机、小型光伏发电、小型风光互补发电、燃气轮机与燃料电池的混合装置等。分布式发电系统通常包括能源转换装置（即分布式电源）及控制系统，并通过电气接口与外部电网相连，如图 12-19 所示。

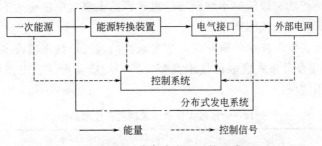

图 12-19　分布式发电系统组成

分布式发电技术的千差万别使得各种分布式电源具有完全不同的动态特性，而分布式发电系统的动态特性却不仅仅体现其电源本身的特性，除了少数直接并网的分布式电源外，其他大多通过电力电子装置并网，因此，分布式发电系统的动态特性还包括电力电子变流器及其控制系统的特性；此外，一些分布式电源需要详细考虑外界条件的约束和限制。从数学上讲，分布式发电系统是一个由上述各环节相互耦合的强非线性系统，其动态特性是各元件在各个时间尺度上动态特性的叠加，这为分布式发电系统动态特性的分析带来了较大困难，但详细了解各种分布式电源的动态特性对系统运行人员而言却又是十分重要的。目前，应用较为广泛的分布式发电技术主要有以下几种。

（1）光伏发电技术

光伏发电技术是将太阳能直接转换成为电能直接利用，具有能源获取成本低、技术相对成熟等优点，目前在我国中西部得到了广泛推广，缺点是建设成本相对较高，后期污染问题突出。

（2）风力发电技术

风力发电技术是将风能直接转换为电能直接利用，和光伏发电一样，能源获取成本较低，技术相对较为成熟，在我国西部和东部沿海地区应用已十分成熟，受到了当地政府和群众的大力支持。但风力发电的缺点也较为突出，受限于风力的不稳定性，风力发电谐波问题较为严重，电能质量提升是严峻挑战。

（3）生物质能发电

生物质发电包括生物质燃烧发电、生物质混烧发电等形式，其中生物质燃烧发电是直接利用燃烧生物质产生高温高压蒸汽进行发电的技术；生物质混烧发电是将生物质原料和煤混合燃烧产生蒸汽进行发电的技术。

（4）地热发电

与火力发电不同的是，地热发电不需要备有巨大的锅炉，也无须消耗燃料。目前，应用成熟的热载体主要是地下的天然蒸汽和热水。地热发电主要有蒸汽型地热发电与热水型地热发电两类，其中蒸汽型地热发电是利用处理后的地热蒸汽直接驱动汽轮机发电。

（5）燃料电池

燃料电池主要是通过电化学反应产生电能的技术，目前在交通行业得到了大规模推广应用。燃料电池的优点主要是其使用位置和使用方式灵活多变，可以加工成各种形状，不受空间因素的影响。但从目前来看，燃料电池的容量是制约其在工业生产领域广泛应用的主要因素，电池容量与生产工艺和成本直接相关，从投资有效性角度分析，燃料电池更适用于特定行业。

（6）微型燃气轮机

微型燃气轮机是指功率较低的小型燃气轮机，目前主要集中在交通不便、能源匮乏的地区，投资费用较低，但应用范围有限。

近年来，对分布式发电技术的研究取得了突破性的进展，涌现出许多新型分布式发电技术。表 12-3 总结了现今分布式发电的技术类型、所用的能源形式、电能的输出形式、与电网连接的方式及应用规模。

**表 12-3　分布式发电技术的主要技术类型**

| 技术类型 | 一次能源形式 | 电能输出方式 | 与系统的接口 | 小型（<100kW） | 中型（<100kW） | 大型（>1MW） |
|---|---|---|---|---|---|---|
| 微型燃气轮机 | 化石燃料 | AC | 直接连接 | | | √ |
| 地热发电 | 可再生能源 | AC | 直接连接 | | √ | √ |
| 水力发电 | 可再生能源 | AC | 直接连接 | | √ | √ |
| 风力发电 | 可再生能源 | DC | 逆变器 | √ | | |
| 光伏系统 | 可再生能源 | DC | 逆变器 | √ | | |
| 燃料电池 | 化石燃料 | DC | 逆变器 | | √ | √ |
| 太阳能发电 | 可再生能源 | AC | 直接连接 | | √ | √ |
| 微透平 | 化石燃料 | 高频 AC | 逆变器 | | √ | |
| 生物质能发电 | 可再生能源或废弃物 | AC | 直接连接 | √ | √ | √ |

**2. 分布式发电系统结构**

由于风力发电、太阳能光伏发电、沼气生物质发电是具有相对不同特性的可再生能源发电方式，尤其风力发电和太阳能光伏发电具有明显的间歇性、随机性和不确定性等特性，所以基于可再生能源的分布式发电系统同样具有分散性、多样性、随机性和非线性等特点，这都充分说明其系统电源规划是一个比较复杂的、多种约束条件、多种优化目标的优化问题。图 12-20 就是典型的基于风-光-沼混合可再生能源和储能装置的分布式发电系统的结构示意图，它由一组不同的馈线组成，每一条馈线都是系统的一个组成部分，并且各馈线分别通过短路器与系统母线连接，具有较强的即插即用特性。馈线 1 是同种规格型号的太阳能光伏发电的电源群组，馈线 2 是拥有 3 种不同规格型号且数量不同的风力发电的电源组合，馈线 3 是一套沼气生物质发电机组，馈线 4 是由蓄电池和飞轮储能装置组成的储能系统，馈线 5 是包括可中断负载和不可中断负载的负载单元。因此，该发电系统是一个集电能收集、供能、输能、储能和分配为一体的新型电力交换系统。

**3. 分布式电源的并网**

近年来，随着技术性能不断得到改善，成本进一步降低，DG 在经济、运行以及环境性能上的技术优势逐步提高，使得其在电力系统中所占的比重逐步增大，与常规电力系统并网

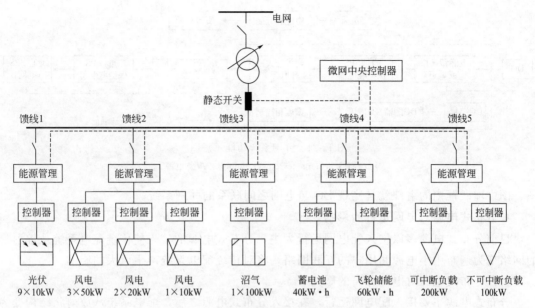

图 12-20　风-光-沼分布式发电系统结构

运行的趋势越来越明显。DG 的并网会产生两个方面的问题：一是并网系统本身的结构和性能方面的问题；另一个就是 DG 并网后对电力系统运行、控制、保护等各方面产生的影响。

　　除了在偏远或特殊地区只有 DG 作为唯一的供电电源外，大部分选择 DG 的用户希望既能使用 DG 供电又可以由当地电网供电，或由它们同时供电，或把电网作为备用电源以提高供电的可靠性和灵活性；而电力系统为了提高系统的可靠性和安全性，希望可以对用户的 DG 输出功率进行远程调度。要实现这些功能就必须保持 DG 和系统之间的联系，即通过并网系统以实现 DG 和电力系统之间的转换或实现相应的控制和保护等功能。DG 与电力系统之间存在如下四种关系：方式一为 DG 独立运行向附近的用户供电；方式二是 DG 独立运行，但在 DG 与当地电网之间有自动转换装置；方式三是 DG 与系统并联运行，但是 DG 对当地电网无输出；方式四为 DG 与系统并联运行且向当地电网输出电能。表 12-4 为 DG 的功能用途及其与地区电力系统之间的关系。

表 12-4　DG 的功能用途及其与地区电力系统之间的关系

| 功能用途 | 与电力系统之间的关系 | | | |
|---|---|---|---|---|
| | 方式一 | 方式二 | 方式三 | 方式四 |
| 基本电源 | √ | √ | √ | √ |
| 联合发电 | √ | √ | √ | √ |
| 削峰 | | | √ | √ |
| 紧急/备用电源 | | √ | | √ |
| 偏远地区 | √ | | | |

　　分布式电源的并网系统包括两方面含义：一是在分布式电源和电网之间建立起物理联系的设备，二是与外界形成电气联系的手段，同时并网还可以实现分布式电源单元的监视、控制、测量、保护和调度等功能。因此，并网系统使得分布式电源、地区电力系统以及用户之间可以互动，并且是它们之间通信和控制的通道。图 12-21 为分布式电源并网系统功能示意

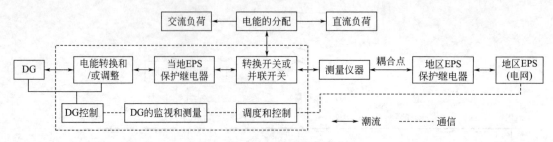

图 12-21　并网系统功能示意图

注：EPS（emergency power supply），应急电源。

图，图中虚线框内的组件就是实现 DG 与电网之间联系的并网系统。

**4. 分布式电源对电网运行的影响**

目前分布式电源多以接入配电网运行为主，分布式电源的接入使传统配电系统从辐射形的网络变为遍布中小电源和用户的互联网络，将对传统配电系统产生巨大的影响。

（1）分布式电源对电压分布的影响

分布式电源主要接入配电网运行，在接入分布式电源之后，配电系统从放射状结构变为多电源结构，潮流的大小和方向有可能发生巨大改变，使配电网的电压分布也发生变化。研究表明，分布式电源的接入位置和容量对线路电压分布的影响很大。相同容量的分布式电源接入在不同位置时所形成的电压分布差别很大：分布式电源接入点越接近末节点对线路电压分布的影响越大；分布式电源越接近系统母线对线路电压分布的影响越小；分布式电源集中在同一节点，对电压的支持效果要弱于分布在多个节点上。不改变分布式电源接入位置的情况下，电压支撑由分布式电源的总出力决定。总出力越多，与负荷的比值越高，电压支撑就越大，整体电压水平就越高。

（2）分布式电源对电能质量的影响

分布式电源是建立在电力电子技术基础之上的，同时分布式电源在接入配电网后会引起配电网的各种扰动，从而对系统的电能质量产生影响，主要表现在以下几个方面。

① 电压跌落。发生三相短路故障时，分布式电源的加入抬高了电压，改善了整个电网的电压跌落情况，且其注入功率越大阻止电压跌落的效果越好。由于同步机形式的分布式电源在对功率调制信号的响应速度上明显慢于逆变器形式的分布式电源，因此，同步机形式的分布式电源减少电压暂降持续时间的能力明显不如逆变器形式的分布式电源。

单相接地故障时，分布式电源对故障相的电压有抬高作用，可以有效阻止故障相的电压跌落，并且注入功率越大阻止故障相电压跌落的效果也越好。对于非故障相来说，随着分布式电源注入功率的增加，各节点电压幅值均有不同程度的增加，并且分布式电源的容量越大，导致非故障相电压超出额定电压的情况也越严重。

② 电压闪变。传统电网电压闪变的主要原因是负荷的瞬时变化，随着分布式电源的引入，将带来引起电压闪变的其他因素，这些因素主要有：分布式电源的调度和运行由电源的产权所有者控制，可能出现随机启停；采用新能源发电的分布式电源出力受到季节和气候影响，热电联产机组的处理通常随供热求的变动而变动；分布式电源和系统中反馈环节的电压控制设备相互影响。

③ 谐波。多数分布式电源是通过电力电子器件构成的变流装置接入配电网的，其开关器件频繁的开通和关断易产生开关频率附近的谐波分量，对电网造成谐波污染。一般而言，

分布式电源的安装位置越接近线路末端，馈线沿线各负荷节点的电压畸变越严重；反之，分布式电源越接近系统母线，对系统的谐波分布影响越小。

（3）分布式电源对系统保护的影响

中低压配电网主要是单电源、辐射形供电网络，其潮流从电源到负荷单向流动且配电网中80%以上的故障是瞬时的，所以传统配电网络的保护设计通常是在变电站处安装反向过电流断路器，主馈线上装设自动重合闸装置，支路上装设熔断器。根据"仅断开故障支路对瞬时故障进行自动重合闸"的原则，使自动重合闸装置与断路器及各侧支路上的熔断器相互协调，每个熔断器又分别与其直接相连的上一级或下一级支路上的熔断器相互协调，从而实现整个网络的保护且这种保护不具有方向性。

当配电网中接入了分布式电源之后，放射状网络将变成遍布电源和用户的互联网络，从而改变了故障电流的大小、持续时间及其方向；分布式电源本身的故障行为也会对系统的运行和保护产生影响。因此，分布式电源将对配电网原有的继电保护产生较大的影响。

（4）分布式电源对系统可靠性的影响

分布式电源可以部分抵消电网负荷，减少进线的实际输送功率和增加输配电网的输电裕度，同时分布式电源的电压支撑作用可以提高系统对电压的调节性能。1986年5月2日，英格兰某地区的6条400kV线路因雷击而断开，由于在5min内在负荷区投入了1GW的燃气轮机发电容量，从而防止了一次重大电压失稳事故的发生。另外，如果配电网发生故障以后，在保证电力系统安全的前提下，尽可能利用分布式电源为用户供电，将配电网转化为若干孤岛自治运行，将可以减小停电面积，这些都有利于提高系统的可靠性水平。但分布式电源也可能对系统可靠性产生不利影响。如果分布式电源与配电网的继电保护配合不好使继电保护误动作，则会降低系统的可靠性；不适当的安装地点、容量和连接方式也会降低配电网可靠性。另外，由于系统维护或故障所引起的断路器跳闸等形成的无意识的孤岛，不但会对电力线路的维护人员或其他人员造成伤害，还可能出现电力供需不平衡，降低配电网的供电可靠性。

# 第三节　智能电网技术的发展前景

**1. 分布式发电与智能电网结合的必要性**

分布式发电的突出优点在于其能够灵活接入配电网。由分布式发电机组构成的微网，既可与主网相连，也可以孤岛模式自治运行，直接由用户控制启停。即使接入配电系统，也可不参与自动发电控制，甚至在配电网侧安装逆功率继电器，正常时不向电网注入功率。然而，大量的分布式电源并于中低压配电网上运行，必然要求系统使用新的保护方案、电压控制和智能仪表来满足双向潮流的需要，因此，传统单向潮流的配电系统已不再适用。同时，分布式能源接入电网的传统方法对系统调度员不可见，可能造成过度发电或利用率过低等问题。

智能电网与传统电网的重要区别之一即为智能电网能够使分布式能源、可再生能源与现有电力系统有机融合；支持分布式发电方式友好接入以及可再生能源的大规模应用，并推动实现"即插即用"的标准化；根据分布式电源的不同类型，采取不同的对应控制措施，实现分布式能源管理。同时，智能电网中的虚拟电厂技术，能将分布式电源有效整合接入现有电力系统。利用该技术能提高分布式电源的渗透率，吸引分布式电源参与电力交易和需求侧响应，实现有效调度管理。

**2. 智能电网技术在分布式发电中的应用**

2009年初欧盟明确要依靠智能电网技术将北海和大西洋的海上风电、欧洲南部和北非的太阳能通过高压直流输电融入欧洲电网。其中，法国电力公司试验的特动态能源储存系统使用ABB公司轻型静态无功补偿技术，将锂电池和超导体电力晶体管均衡连接风电场的配电网络负荷，将有助于电网协调控制来自北海的间歇性风电潮流。丹麦的博恩霍尔姆岛电力系统利用智能电网技术整合了生物质发电、太阳能发电和风力发电，目前，博恩霍尔姆岛屿上正在试验利用汽车电池储存风电。

日本智能电网规划大规模设置太阳能发电，以及为电动汽车配备快速充电器，并组织人员对分布式电源接入电力系统时所产生的影响进行深入研究。此外，在青森县、爱知县和京都的3个可再生能源项目已投入运行，分别以燃料电池、沼气发电、光伏发电、风力发电等分布式发电系统为核心，并在入网控制等方面取得了一定成效。

我国智能电网技术由于起步较晚，在分布式发电领域的应用也相对有限。国家启动了多项"863"高技术研究发展计划项目，在"十一五"期间，在三大先进能源技术领域设立重大项目和重点项目，包括以煤气化为基础的多联产示范工程、MW级并网光伏电站系统、太阳能热发电技术及系统示范等项目。

**3. 智能电网高级控制技术**

智能电网高级故障管理是基于智能控制中心的局部电网自动化、智能控制开关和继电保护装置的管理措施，该方法的基本思想为在智能电网发生故障时快速退出分布式发电单元和重要用户并改为孤岛供电模式。为提高分布式发电单元的稳定性，需要系统事先提供孤岛运行的所有预处理条件，并根据其容量调整孤岛运行的供电量。在此控制措施中，利用智能断路器和智能重合闸，在故障发生后即刻动作，但此时分布式电源仍可不间断工作，直至发电单元完全切换至孤岛模式（一般情况下分布式电源在电网故障发生时能够运行至少500～600ms)，该法可有效避免分布式发电单元运行方式切换对重要用户暂时断电所产生的危害。

虚拟发电厂（virtual power plant，VPP）技术是将配电网中分散安装的分布式发电单元、受控负荷和储能系统合并作为一个特别的电厂参与电网运行。虚拟电厂中，每一部分均与能量管理系统（energy management system，EMS）系统相连，通过智能电网的双向信息传送，利用EMS系统进行统一调度，以达到降低发电损耗、减少温室气体排放、优化分布式能源的利用、降低电网峰值负荷和提高供电可靠性的目的。VPP技术的应用，还能使分布式电源控制的可视化程度大大提高，有利于调度员和运行部门做出合理的决策。

## 复习思考题

1. 简述智能电网的基本概念、特征和关键技术。

2. 光伏发电系统中为何要使用最大功率点跟踪算法？

3. 请说明使用电导增量法或扰动观察法进行最大功率点跟踪的基本原理，并绘制其算法流程图。

4. 请列举出风电场的四种常见的有功功率控制模式，并针对其中一种说明其工作原理。

5. 什么是风电场低电压穿越技术？简述其工作原理。

6. 分布式电源对电能质量的影响主要体现在哪些方面？

## 参考文献

[1] Liu F，Sun F，Liu W，et al. On wind speed pattern and energy potential in China [J]. Applied Energy，2019，236：867-876.

[2] 崔容强，赵春江，吴达成.并网型太阳能光伏发电系统 [M].北京：化学工业出版社，2007.

[3] 丁明，王敏.分布式发电技术 [J].电力自动化设备，2004，7：31-36.

[4] 季阳，艾芊，解大.分布式发电技术与智能电网技术的协同发展趋势 [J].电网技术，2010，34（12）：15-23.

[5] 靳瑞敏.太阳能光伏应用：原理·设计·施工 [M].北京：化学工业出版社，2017.

[6] 鞠平.可再生能源发电系统的建模与控制 [M].北京：科学出版社，2014.

[7] 李雷.太阳能光伏利用技术 [M].北京：金盾出版社，2017.

[8] 栗树材.并网风电场无功控制与电压稳定研究 [D].上海：上海电力学院，2014.

[9] 马艺玮，杨苹，郭红霞，等.风-光-沼可再生能源分布式发电系统电源规划 [J].电网技术，2012，36（9）：9-14.

[10] 潘文霞.风力发电与并网技术 [M].北京：中国水利水电出版社，2017.

[11] 苏萌.分布式发电技术在电力系统中的应用综述 [J].价值工程，2019，38（27）：227-228.

[12] 杨利水，王宇.智能电网基本知识 [M].北京：中国电力出版社，2014.

[13] 尹涛.太阳能光伏最大功率点跟踪控制技术研究 [D].青岛：青岛科技大学，2016.

[14] 中国电力科学研究院新能源研究中心.风力发电接入电网及运行技术 [M].北京：中国电力出版社，2017.

[15] 周志敏.分布式光伏发电系统工程设计与实例 [M].北京：中国电力出版社，2014.

# 第十三章　碳捕集、利用与封存技术

## 第一节　概　　述

### 一、碳捕集、利用与封存技术的概念与意义

#### 1. 碳捕集、利用与封存技术的概念

碳捕集、利用与封存（carbon capture, utilization and storage, CCUS）技术是指将 $CO_2$ 从电厂等工业或其他排放源分离，经捕集、压缩并运输到特定地点加以利用或注入储层封存以实现被捕集的 $CO_2$ 与大气长期分离的技术。CCUS 技术一般包括 $CO_2$ 捕集、运输、利用和封存，其中 $CO_2$ 的利用主要是在封存的同时实现利用（如用于驱油、驱煤层气等）。$CO_2$ 的资源化利用，可以创造一定的经济效益，减少 CCUS 技术的综合成本。

（1）捕集阶段

从电力生产、工业生产和燃料处理过程中分离、收集 $CO_2$，并净化和压缩。目前，常用的 $CO_2$ 捕集方式主要有燃烧前捕集、富氧燃烧捕集和燃烧后捕集，其中以燃烧后捕集方式应用最广、技术上最为成熟。

（2）运输阶段

将收集到的 $CO_2$ 通过罐车、管道或船舶等方式运输到封存地。通过管道运输压缩 $CO_2$ 是当前采用的主要方法，在海运便利的地方，液态 $CO_2$ 也可以通过船舶输送，而且是一种更经济的输送方案。

（3）封存阶段

碳封存是指将 $CO_2$ 长期封存于生物圈、地下构造或海洋中，以减少 $CO_2$ 在空气中的含量。地质封存是应用最广泛的碳封存技术，适于 $CO_2$ 地质封存的结构一般包括海底盐沼池、衰竭油气藏、煤层和咸水层等地质体。此外，还可以通过化学反应将 $CO_2$ 转化成无机矿物性碳酸盐从而达到几乎永久性的储存，这方面的技术仍处于研究阶段，其经济可行性和减排效率存在很大的不确定性。

（4）$CO_2$ 的利用

在封存的同时实现 $CO_2$ 的利用，可以创造一定的经济利益，降低 CCUS 技术的总体成本。这方面应用比较多的是将 $CO_2$ 注入衰竭的油藏，提高原油采收率（enhanced oil recovery，EOR），或者将 $CO_2$ 注入渗透率较低的煤层，达到增采煤层气（enhanced coal bed methane，ECBM）的目的。另外，$CO_2$ 在食品、化工、生物和建材等领域也得到了较为广泛的应用。

**2. 发展碳捕集、利用与封存技术的意义**

2016 年，国际能源署提出解决全球气候变化的主要手段是发展清洁能源（包括可再生能源和核能）、提高能效（包括最终使用燃料和电力效率以及最终使用燃料转换）和 CCUS 技术。政府间气候变化专门委员会也指出，如果没有 CCUS，绝大多数气候模式都不能实现缓解气候变化的目标；重要的是，如果不采用 CCUS 技术，在 2050 年前实现大气中温室气体浓度控制在 0.045% $CO_2$ 当量的成本会增加 138%。据全球碳捕集与封存研究院的统计，2018 年年底，全球共有 37 个大型 CCUS 项目，其中有 22 个项目处于运行或建设阶段，综合捕集 $CO_2$ 的能力约为 3700 万 t/a。因此，CCUS 技术是一种减少温室气体排放和利用温室气体的技术，是解决全球气候变化的重要手段之一，其发展及广泛应用对建立清洁低碳的能源体系，倡导绿色低碳的生活方式以及推动国家可持续发展，实现绿色发展进程都有积极的意义。

我国在提高能效和发展清洁能源方面已经位居世界前列，政府在调整产业结构、优化能源供给、提高节能效率、控制非能源活动温室气体排放、增加碳汇等方面采取了一系列行动，取得了一定的积极成效，如 2017 年碳强度比 2005 年下降约 46%，已经提前完成了到 2020 年碳强度下降 40%～45% 的目标。CCUS 技术作为重要的减排技术，是我国践行低碳发展战略的重要技术选择，对实现绿色发展至关重要。截至 2017 年年底，全国已建成或运营的万吨级以上 CCUS 示范项目 13 个，大规模全流程的集成项目有 14 个正在部署中。

## 二、碳捕集、利用与封存技术的特点和应用

**1. CCUS 技术的特点**

在技术成熟的前提下，CCUS 技术有可能实现近零排放，这是全球气候解决方案的重要组成部分。CCUS 技术在促进煤清洁利用方面具有重要作用，有可能对油气、燃煤发电、煤化工等行业的优化发展起明显的推进作用，对世界能源供给也具有战略意义。CCUS 技术与其他 $CO_2$ 减排技术的优缺点比较如表 13-1 所示。

**表 13-1　CCUS 技术与其他 $CO_2$ 减排技术比较**

| 项目 | CCUS | 能效技术 | 核电 | 太阳能发电 | 风电 | 水电 |
|------|------|----------|------|-----------|------|------|
| 技术成熟度 | 相对不成熟 | 相对成熟 | 相对成熟 | 相对成熟 | 相对成熟 | 相对成熟 |
| 成本 | 高 | 提高化石燃料转换和使用效率成本较高 | 基建投入大，总发电成本低 | 较高，但在不断下降中，有望与火电持平 | 不断下降中，有望与火电持平 | 基建投入大，发电成本低 |
| 安全性 | 可能因 $CO_2$ 泄漏导致安全隐患 | 安全可靠 | 核废料、反应堆放射性物质存在泄漏危险，潜在危害大 | 安全可靠 | 安全可靠 | 安全可靠，极端事件发生概率小 |
| 稳定性 | 高 | 高 | 高 | 相对低 | 相对低 | 较高 |

| 项目 | CCUS | 能效技术 | 核电 | 太阳能发电 | 风电 | 水电 |
|---|---|---|---|---|---|---|
| 对生态环境影响 | 大规模工程施工可能对生态环境造成影响,$CO_2$泄漏的环境影响大 | 小 | 如发生泄漏,对环境影响巨大 | 较小 | 较小 | 大水电对流域生态环境的影响大;小水电生态影响相对较小 |
| 优势 | 减排潜力大,促进煤的清洁利用,符合我国国情,$CO_2$的工业利用 | 不会对现有产业进行大规模改造,不额外增加环境负担,总体较经济 | 核燃料储量大,储存运输方便,总体成本低、发电总成本稳定 | 太阳能资源丰富、清洁、可再生 | 风资源丰富、清洁、可再生,基建周期短,装机规模灵活 | 水资源丰富、清洁、可再生,发电效率高,发电启动快 |
| 问题 | 发电成本不稳定,捕集、封存、环境监测存在技术挑战,$CO_2$泄漏带来安全隐患 | 效率提高越来越难,取决于技术突破,存在温室效应 | 核废料处理要求高,存在泄漏风险,投资成本大,放射性物质安全隐患大 | 能流密度低,能源利用率低,多晶硅的生产过程耗能大,并网存在挑战 | 风电不稳定、不可控,并网存在挑战,占用大片土地 | 受季节和旱涝灾害影响,蓄水会淹没大量土地,居民搬迁成本高,社会影响大 |

### 2. CCUS 技术的应用

表 13-2 总结了 CCUS 技术的应用领域,主要包括物理应用、化工应用和生物应用等。其中,物理应用主要包括:在啤酒、碳酸饮料中的应用;石油三采的驱油剂;焊接工艺中的惰性气体保护焊;将液体、固体 $CO_2$ 的冷量用于食品蔬菜的冷藏、储运;在果蔬的自然降氧、气调保鲜剂中的应用,以及用于超临界 $CO_2$ 萃取等行业中。化工应用主要包括:无机和有机精细化学品、高分子材料等的研究应用。如以 $CO_2$ 为原料合成尿素、生产轻质纳米级超细活性碳酸盐;$CO_2$ 催化加氢制甲醇;以 $CO_2$ 为原料生产系列有机原料;$CO_2$ 与环氧化物共聚生产高聚物;通过 $CO_2$ 转化为 CO,从而合成一系列羟基化碳等化学品。生物应用主要包括以微藻固定 $CO_2$ 转化为生物燃料和化学品,生物肥料、食品和饲料添加剂等。

从表 13-2 可知,我国在 CCUS 全流程的各种技术路线上都开展了示范工程,新建规模也在不断扩大。根据麦肯锡的估算,在经过初期的示范阶段之后,CCUS 产能规模每翻一番,成本将有望下降 $10\%\sim20\%$。

**表 13-2  CCUS 技术的应用情况**

| 应用领域 | 概　　念 | 主要形式 |
|---|---|---|
| 物理应用 | 以 $CO_2$ 的物理特性,在生活、生产中的应用 | 在啤酒、碳酸饮料中的应用;将液体、固体 $CO_2$ 的冷量用于食品蔬菜的冷藏、储运;在果蔬的自然降氧、气调保鲜剂中的应用 |
| 地质应用 | 指将 $CO_2$ 注入地下,利用地下矿物或地质条件生产或强化有利用价值的产品,且相对于传统工艺可减少 $CO_2$ 排放的过程 | 将 $CO_2$ 注入油藏、煤层、天然气藏和页岩层,分别提高原油采收率、煤层气采收率、天然气采收率,和页岩气采收率 |
| 化工应用 | 以化学转化为主要特征,将 $CO_2$ 和共反应物转化成为目标产物,从而实现 $CO_2$ 的资源化利用 | 以 $CO_2$ 为原料合成尿素、生产轻质纳米级超细活性碳酸盐;$CO_2$ 催化加氢制取甲醇;以 $CO_2$ 为原料的一系列有机原料的合成;$CO_2$ 与环氧化物共聚生产高聚物;通过 $CO_2$ 转化为 CO,从而合成一系列羟基化碳等化学品 |

| 应用领域 | 概　　念 | 主要形式 |
| --- | --- | --- |
| 生物应用 | 以生物转化为主要特征,通过植物光合作用等,将 $CO_2$ 用于生物质的合成,从而实现 $CO_2$ 资源化利用 | 以微藻固定 $CO_2$ 转化为生物燃料和化学品,生物肥料、食品和饲料添加剂等 |
| 矿化应用 | 主要利用地球上广泛存在的橄榄石、蛇纹石等碱土金属氧化物与 $CO_2$ 反应,将其转化为稳定的碳酸盐类化合物,从而实现 $CO_2$ 减排 | 基于氯化物的 $CO_2$ 矿物碳酸化反应技术、湿法矿物碳酸法技术、干法碳酸法技术以及生物碳酸法技术等。目前我国开发的 $CO_2$ 矿化磷石膏技术已取得一定成果 |

# 第二节　碳捕集、利用与封存技术的基本原理与开发应用

## 一、碳捕集技术

目前,碳捕集技术主要有 3 种类型:燃烧前捕集 (pre-combustion capture)、富氧燃烧捕集 (oxy-fuel combustion capture) 和燃烧后捕集 (post-combustion capture),其技术路线的典型工艺如图 13-1 所示。此外,一些新型的捕集技术,如化学链燃烧捕集技术、电化学泵、$CO_2$ 水合工艺和光催化工艺分离烟气 $CO_2$ 技术等也逐渐受到研究者们的关注和重视。碳捕集技术的选择主要取决于燃料的类型、燃烧方式、燃烧的温度、气体中 $CO_2$ 浓度和分压以及现有技术和成本等。

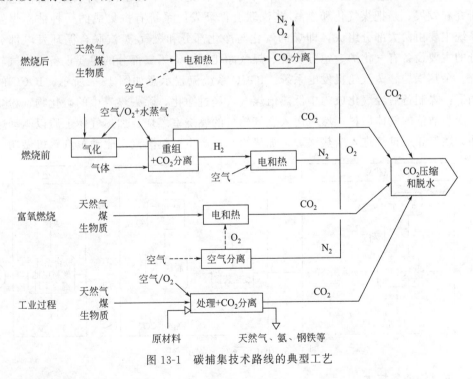

图 13-1　碳捕集技术路线的典型工艺

### 1. 燃烧前捕集技术

在燃烧前去除燃料中的碳元素,就需要将燃料中的碳转化为易分离的物质。以燃煤火电

厂为例，如图 13-2 所示，煤与水蒸气或者 $O_2$ 在高温高压下发生部分氧化反应，产生一定量的 $CO$ 和 $H_2$，即得到所谓的"合成气"。经过颗粒去除纯化以后，合成气中的 $CO$ 与水蒸气发生反应生成 $CO_2$，然后经过吸收法、吸附法等技术去除 $CO_2$，例如已得到广泛工业应用的 Seloxol 法，最后得到几乎纯净的 $H_2$ 燃料气。

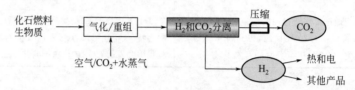

图 13-2　燃烧前捕集技术示意图

尽管相对于传统的直接燃烧，燃料气化的步骤较为复杂且成本较高，但是在 $CO_2$ 的分离过程中，在高压且 $CO_2$ 浓度较高的条件下，分离更为简单且成本较低。与燃烧后捕集 $CO_2$ 是通过 $CO_2$ 与吸收剂发生化学反应不同的是，燃烧前捕集 $CO_2$ 更适合的方法是 $CO_2$ 在高压、高浓度条件下发生物理吸收、吸附，然后降压进行解吸。但是燃烧前捕集的能耗较大，特别是燃料气气化重组转换和 $CO_2$ 与 $H_2$ 混合气变压分离 $CO_2$ 的过程，最初的燃料转化步骤较为复杂，与燃烧后捕集系统相比成本较高。但由变换反应器产生的高浓度 $CO_2$（在烘干条件下一般占体积的 $15\% \sim 60\%$），以及在这些应用中的高压条件则更有利于 $CO_2$ 的分离。

燃烧前捕集系统可以在采用整体煤气化联合循环（integrated gasification combined cycle，IGCC）技术的电厂中使用。IGCC 技术于 20 世纪 70 年代由西方国家在石油危机时期开始研究和发展，是把煤气化和燃气-蒸汽联合循环发电系统有机集成的一种洁净煤发电技术。系统主要由两大部分组成，即煤的气化与净化部分和燃气-蒸汽联合循环发电部分。第一部分的主要设备有气化炉、空分装置、煤气净化设备。第二部分的主要设备有燃气轮机发电系统、余热锅炉、蒸汽轮机发电系统。IGCC 系统流程示意如图 13-3 所示。IGCC 的工艺过程如下：煤制备后经气化成为中低热值煤气，经过净化，除去煤气中的硫化物、粉尘等污染物，变为清洁的气体燃料；然后送入燃气轮机的燃烧室燃烧，加热气体工质以驱动燃气轮机做功；燃气轮机排气进入余热锅炉，加热给水，产生过热蒸汽，驱动蒸汽轮机做功。

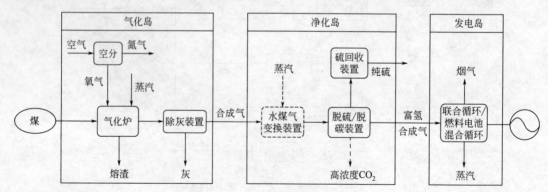

图 13-3　IGCC 系统流程示意图

## 2. 富氧燃烧捕集技术

如图 13-4 所示，富氧燃烧技术是指在燃烧过程中通入不含 $N_2$ 的纯氧，燃烧后的烟气

$CO_2$ 体积浓度可达 85％ 以上，便于后续的封存。富氧燃烧捕集具有非常广阔的发展前景，由于燃烧过程中没有 $N_2$ 的参加，其燃烧温度更高，且只产生微量的 $NO_x$，因而整个碳捕集过程能耗较低。但是富氧燃烧捕集技术的整个核心是制氧过程，常采用低温分离和膜分离技术，制氧过程费用很高。由于富氧燃烧过程温度较高，因而涉及燃烧器的材料耐受力和燃烧器的结构设计和改造。综合考虑制氧成本和燃烧器结构这两方面问题，该过程目前主要限制于实验室和中试研究。美国阿贡国家实验室正在研究改造富氧燃烧器，使得燃烧器能够同时将 $CO_2$ 的传输利用以及保存集于一体。

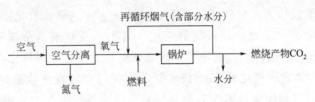

图 13-4　富氧燃烧技术示意图

### 3. 燃烧后捕集技术

火电厂的 $CO_2$ 燃烧后捕集在特定的经济条件下是可行的，且已有工业化应用。如图 13-5 所示，传统的火力发电厂通过煤与空气混合燃烧产生热和电，在燃烧过程中会产生 $SO_2$、$NO_x$ 和颗粒物等污染物，由于 $CO_2$ 的捕集过程需要保持混合气体的相对洁净度，因而一般捕集的过程是在除尘、脱硫、脱硝以后。燃烧后捕集技术的分支较多，主要分为吸收法、吸附法、膜分离法、低温蒸馏法等，目前应用最广泛且高效的 $CO_2$ 捕集方法是醇胺吸收法。醇胺法能够捕集 85％～95％ 的 $CO_2$，吸收了 $CO_2$ 的溶剂再进行升温解吸，可得到高浓度的 $CO_2$ 气体进行运输封存。

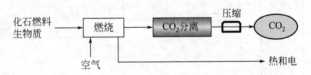

图 13-5　燃烧后捕集技术示意图

尽管商业化的 $CO_2$ 捕集系统还没有完全建立，醇胺法捕集工程在近 20 多年以来已陆陆续续建立上百座，主要应用于食品和饮料等工业的原料气中 $CO_2$ 的捕集，少部分应用于火力发电厂的 $CO_2$ 捕集。其中以 Lummus、MHI、Fluor Daniel 等公司的工业化捕集最为知名。一般的醇胺吸收液浓度为 20％ 左右，增加吸收液浓度能够提高捕集效率和减少能耗，但是吸收液浓度越大，其对设备的腐蚀性也就越强，因而不同设计的捕集系统和装备，其工艺流程和参数也大大不同。

燃烧后捕集技术可以直接应用于传统电厂烟气 $CO_2$ 捕集，建设费用较低，但是由于传统电厂的烟气流量大，$CO_2$ 浓度低，压力小，因而其捕集能耗和成本都很难降低。以醇胺吸收法为主的捕集技术，由于醇胺溶液具有比较强的腐蚀性且易挥发，具有一定毒性，因而具有一定的局限性。随着近年来 $CO_2$ 捕集技术和材料研究的深入，吸附法发展较快且具有吸附速率快、操作简单等优点，特别是吸附剂的吸附性能越来越高。2014 年已制备出了吸附容量达 12mmol/g 的固体胺吸附剂，这些新兴吸附剂的出现有可能以更低的成本和能耗成功应用于燃烧后碳捕集。

#### 4.化学链燃烧技术

近年来，化学链燃烧技术（chemical looping combustion，CLC）逐渐发展起来。CLC技术改变了传统的燃烧方式，可通过煤的间接燃烧，得到高浓度的 $CO_2$ 尾气，这将便于 $CO_2$ 的回收利用。CLC的基本原理是将传统的燃料与空气直接接触反应的燃烧借助于载氧剂的作用分解为两个气固反应，燃料与空气无须接触，由载氧剂将空气中的氧传递到燃料中。反应方程式如下。

燃料侧反应为：燃料＋MO（金属氧化物）$\longrightarrow CO_2 + H_2O + M$（金属）

空气侧反应为：M（金属）$+ O_2$（空气）$\longrightarrow$ MO（金属氧化物）

CLC系统由氧化炉、还原炉和载氧剂组成。其中，载氧剂由金属氧化物与载体组成，金属氧化物是真正参与反应传递氧的物质，而载体是用来承载金属氧化物并提高化学反应特性的物质。燃料从固体金属氧化物MO获取氧，无需与空气直接接触，燃料侧的生成物为高浓度的 $CO_2$、水蒸气和固体金属M；空气侧是前一个反应中生成的固体金属M与空气中的氧反应，重新生成固体金属氧化物MO。金属氧化物MO与金属M在两个反应之间循环使用，起到传递氧的作用。整个过程中不会产生 $NO_x$，采用物理冷凝法即可分离回收 $CO_2$，可以节省大量能耗。这种新的能量释放方法是解决 $CO_2$、$NO_x$ 环境污染的一个重大突破，其动力系统如图13-6所示。

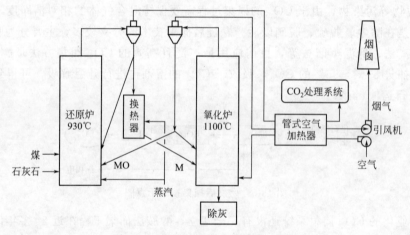

图 13-6  化学链燃烧动力系统示意图

热力学计算和分析表明，还原反应和氧化反应的反应热总和等于总反应放出的燃烧热，也即传统燃烧中放出的热量，但由于CLC系统降低了传统燃烧的㶲损失，提供了提高能源利用率的可能性；同时，由于燃料与空气不直接接触，整个过程中不会产生 $NO_x$，在还原反应器内生成的 $CO_2$ 和水不会被过量的空气和 $N_2$ 稀释，分离回收 $CO_2$ 只需将水蒸气冷凝、去除，无须消耗能量和 $CO_2$ 分离装置。尽管CLC的优点已引起了国内外许多学者的兴趣，但该技术目前仍处于研究发展阶段，其有效利用还有待进一步开发。

### 二、碳运输技术

$CO_2$ 可以以气体的形式在管道中运输，也可以以液体的形式在管道、船舶和罐车（包括公路罐车和铁路罐车）中运输。表13-3简要列出了各种运输方式的优缺点及其适用场合。

表 13-3 几种运输方式的比较

| 运输方式 | | 优点 | 缺点 | 适用条件 |
|---|---|---|---|---|
| 罐车运输 | 公路 | 适用于小规模、近距离、目的地较分散的场合 | 需要考虑 $CO_2$ 的蒸发与泄漏 | 运输量较小的 $CO_2$ 运输,如食品级 $CO_2$ 运输 |
| | 铁路 | 运输量较大、距离较远、可靠性较高 | 运输调度和管理复杂,受铁路线路的限制 | 运输量大、运输距离远且管道运输体系还未建成时 |
| 管道运输 | | 最广泛的大规模运输方式 | 管道建造成本高 | 大规模、长距离、负荷稳定的定向 $CO_2$ 输送 |
| 船舶运输 | | 运输方向灵活、运输距离远;成本同管道运输相当,甚至低于海底管道 | 需要考虑 $CO_2$ 的蒸发与泄漏 | 远距离、大规模 $CO_2$ 运输,如果 $CO_2$ 排放源与封存地有水路相通的话,适宜采用船舶运输 |

**1. 罐车和船舶运输**

采用罐车对 $CO_2$ 进行运输的技术已经成熟,罐车运输主要有卡车运输(公路罐车运输)和火车运输(铁路罐车运输)两种方式。公路罐车运输规模有 $2\sim50t$ 不等,运输方式较为灵活,适应性强,但运输过程中存在 $CO_2$ 的蒸发问题,依据车内储藏时间的不同,该蒸发量可以高达 $10\%$。铁路罐车适用于较大容量、长距离的 $CO_2$ 输送。但是铁路输送除了需要考虑现有的铁路条件外,还需要考虑 $CO_2$ 的罐装、卸除和临时储存等基础设施的条件,如果这些条件不具备,其运输成本同样会很高。罐车运输目前已经广泛应用在食品级 $CO_2$ 的运输方面,由于食品级 $CO_2$ 的运输量很小,采用其他的运输方式容易"大材小用"。此外,在江苏油田、大港油田进行的 $CO_2$ 驱油试验中,也采用公路罐车运输 $CO_2$。在小型的吞吐法驱油试验中,每口井需要注入数百吨的 $CO_2$,因而也适宜采用罐车运输。

目前已有小型的 $CO_2$ 运输船舶,但还没有大型的适合 $CO_2$ 运输的船舶。不过在石油工业中,液化石油气(liquid petroleum gas,LPG)和液化天然气(liquid natural gas,LNG)的船舶运输已经商业化,未来可以考虑利用已有的 LPG 油轮来进行 $CO_2$ 的运输。和罐车运输一样,采用船舶运输时也必须考虑 $CO_2$ 的蒸发与泄漏;在长距离运输时,这种蒸发和泄漏可能很严重,因而需要对泄漏的 $CO_2$ 进行回收。相对于管道运输,轮船具有运输方向灵活和运输距离远等优点。因此,未来海上油田提高采收率(EOR)或者在海底地质层封存 $CO_2$ 时,船舶运输将是一种较有竞争力的选择。

**2. 管道运输**

在管道中运输少量乃至几 Mt 的超临界 $CO_2$ 是已经过验证的技术。至 2008 年,全球有大约 5600km 长的陆上 $CO_2$ 运输管道,每年可输送 50Mt 的 $CO_2$。世界上最早的 $CO_2$ 管道是建于 1972 年的 Canyon Reef 管道,它每年从天然气加工厂运输 5Mt 的 $CO_2$。世界上最大的管道是美国的 Cortez 管道,每年可以将超过 30Mt 的 $CO_2$ 运输至 800km 外。

(1)管道运输的原理

$CO_2$ 具有独特的物理性质,这也决定了 $CO_2$ 的管道运输方式与其他气体不同。图 13-7 为 $CO_2$ 的三相图。在常温常压下,$CO_2$ 呈气态,密度小,黏度大,不利于管道运输。和其他气体的管道运输一样,$CO_2$ 需以压缩态来运输。从图 13-7 可以看出 $CO_2$ 的临界温度和压强分别为 31.1℃ 和 7.38MPa,运输过程中只要温度和压强同时保持在临界点以上,$CO_2$ 就会处于超临界状态,从而避免运输过程中气液两相流的产生。超临界状态的 $CO_2$ 基本上仍是一种气态;但又不同于气态:其密度比一般气态 $CO_2$ 要大两个数量级,与液体相似(如当压力高于临界压力、温度低于20℃时，$CO_2$ 的密度范围为 800～1200$kg/m^3$，相当于密度为 1000$kg/m^3$ 的水的密度）；在扩散力和黏度上，却更接近于气态 $CO_2$。由于超临界 $CO_2$ 有黏度小、密度大的特点，因此可将 $CO_2$ 转化为超临界态后在管道中运输。这也是目前大多数学者建议的一种 $CO_2$ 运输方式。但由图 13-7 可以看出，只要保证 $CO_2$ 的压力高于 7.38MPa，在温度高于 $-60$℃的情况下，$CO_2$ 都会是压缩态，不会有两相流产生。这就意味着没有必要对温度进行严格的限制，环境温度完全可以满足运输要求。

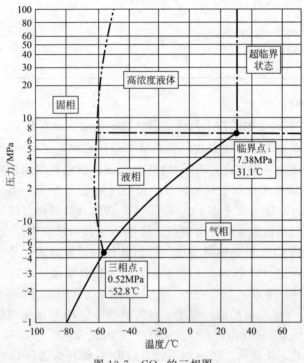

图 13-7　$CO_2$ 的三相图

在一定的温度下，$CO_2$ 的可压缩性会随压力的不同而不同，同时还会受可能混入的杂质的影响。有研究表明，$CO_2$ 的可压缩性在 8.6MPa 时会发生显著变化，为了减少设计和操作过程中可能遇到的麻烦，一般情况下建议 $CO_2$ 的管道运输压力应保持在 8.6MPa 以上。通过管道输运 $CO_2$ 存在摩擦损耗，通常摩擦损耗范围为 4～50kPa/km，这取决于管道直径、质量、$CO_2$ 的流速以及管道的粗糙系数。一般来说，管道直径越大，摩擦损耗越小。因此，为了使 $CO_2$ 在整个管道中都保持致密相，通常采用足够高的管道入口压力来克服损失，或者通过在每 100～150km 处安装增压压力站来弥补压力损失，从而使 $CO_2$ 在输运过程中始终保持超临界状态。另外，$CO_2$ 管道构造与天然气管道类似，由于钢制的管道不会被干燥的 $CO_2$ 腐蚀，$CO_2$ 需经过脱水以降低管道被腐蚀的可能性，在脱水站之前的短管道需用一种耐蚀合金制成。

对于大规模 $CO_2$ 的运输，管道运输是一种廉价的方式。在运输距离为 100～500km 时每年运输 1～5Mt $CO_2$ 或者 500～2000km 每年运输 5～20Mt $CO_2$ 将会在经济上形成规模效益。未来 40 年中 CCUS 的需求规模决定了管道运输将是最主要的 $CO_2$ 运输方式。然而，在 CCUS 技术从示范到商业化的漫长历程中，为确定管道网络和常规运载工具将如何发展而进行的大量工作尚待完成。在世界的很多地区，只有弄清埋存地分布之后，管道运输网络的规划才能进入实质性阶段。

（2）管道运输相关问题

① $CO_2$ 预处理。一般来说，捕集得到的 $CO_2$ 中往往含有 $N_2$、$H_2O$、$O_2$、$H_2S$ 等杂质气体，这些气体一方面容易形成气泡，导致运输阻力增加、能耗增大，从而降低经济性；另一方面也可能对压缩泵、管道和储存罐等设备造成氧化、腐蚀，影响管道的使用寿命和经济性。因此，在进行运输之前，需要对 $CO_2$ 进行净化，使其中杂质的含量低于某一数值。不同国家或者企业，对管道运输的 $CO_2$ 成分有不同的规定，一般来说，应该满足如下要求：$CO_2$ 的体积分数应该大于 $95\%$；不含自由水，水蒸气的含量低于 $0.489g/m^3$（气态）；$H_2S$ 的质量分数小于 $1500\times10^{-6}$，全硫质量分数小于 $1450\times10^{-6}$；温度低于 $48.9℃$；$N_2$ 的体积分数小于 $4\%$；$O_2$ 的质量分数小于 $10\times10^{-6}$。

吸收法捕集系统所捕集的 $CO_2$ 基本能够满足以上要求，无须进一步净化。这种浓度的 $CO_2$ 可以用于地质封存或者强化石油开采。对采用富氧燃烧捕集系统得到的 $CO_2$ 可能还需要进一步净化才能满足运输要求。另外，对于其他用途的 $CO_2$，如食品级的 $CO_2$，则纯度要更高、所含的杂质也要更少。

② $CO_2$ 管道输送系统的压缩方案。如图 13-8 所示，$CO_2$ 的压缩一般情况下包括以下三步：初压缩，即入管前的压缩；中间压缩，即中间压气站的压缩；注入点的压缩。考虑到压缩机和压缩泵各自的工作特点以及工作时效率与能量消耗的不同，通常将 $CO_2$ 的初压缩分成两步进行：首先用压缩机将 $CO_2$ 气体压缩为具有一定压力的液态，然后利用泵进一步将其提压至规定的压力值。工程中常将（6MPa，23℃）作为泵和压缩机的工作区间分界点，低于 6MPa 时采用压缩机压缩，高于 6MPa 后采用泵压缩。需要注意的是，经压缩机压缩后，$CO_2$ 的温度可能会超过 23℃，为了确保通过泵时 $CO_2$ 处在液态，必要时需要对 $CO_2$ 进行冷却处理，使其温度不超过 23℃。

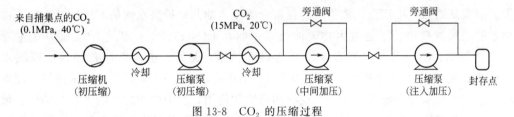

图 13-8　$CO_2$ 的压缩过程

如果管道太长，当管道内 $CO_2$ 的压力降低到 9MPa 时，就需对 $CO_2$ 进行中间加压。当 $CO_2$ 运输到封存点时，如果其出口压力低于注入压力，则需要对 $CO_2$ 继续加压。需要注意的是，此时 $CO_2$ 的压力不再受管道所能承受压力极限的限制，只需满足注入的要求即可。

③ 风险控制。$CO_2$ 不存在爆炸和着火有关的风险，但气体 $CO_2$ 比空气的密度大，可以在低洼地积累。高浓度的 $CO_2$ 会影响人类的健康，有时甚至会有致命的危险。某些杂质（如 $H_2S$ 和 $SO_2$）的存在会增加与管道泄漏有关的风险，潜在的管道泄漏可能由管道损伤、腐蚀或损坏的阀、焊缝引起。裂缝的外部检测和目视检查（包括使用外部监督设备或者分布式光纤传感器），可以有效减少与腐蚀相关的风险。

**3. 三种运输方式的比较**

从目前已知的 $CO_2$ 运输成本来看，管道和船舶的 $CO_2$ 运输成本最低，且随着 $CO_2$ 运输规模增大，其成本能够进一步降低。但是，对于小规模的 $CO_2$ 运输，公路罐车运输相对较灵活，固定投资成本较小，也是经常采用的一种方法。总之，公路罐车适合小规模（$<10^5 t/a$）、近距离、目的地较分散的场合；铁路罐车适合较大规模（$10^5 \sim 10^6 t/a$）、较远距离的运输；但是对于大规模（$>10^6 t/a$）、远距离、运输目的地稳定的场合，管道运输的经济性会比较好。当然，对于未来海洋封存，船舶运输和管道运输一样具有成本优势。由于火电站每年的 $CO_2$ 排放量在百万吨以上（30 万 kW 燃煤机组每年捕集的 $CO_2$ 约为 1Mt），且进行大规模封存时，其封存地相对稳定，因此适宜采用管道运输。

## 三、碳利用技术

$CO_2$ 利用的前提是持续稳定地获取 $CO_2$ 资源，目前我国已经掌握了碳捕集、分离与净化技术，这为实现 $CO_2$ 资源化和规模化利用、减少 $CO_2$ 排放提供了有力的技术支撑。$CO_2$ 的应用途径主要包括强化驱油（$CO_2$-EOR）、驱煤层气（$CO_2$-ECBM）。$CO_2$ 驱油技术具有提高石油产量的潜力，同时还能封存一部分 $CO_2$。石油产量的提高将创造额外利润，能抵消部分碳捕集与封存技术应用的成本。中国煤层气资源丰富，煤层气勘探开发实践表明，中国煤层气储层渗透率偏低，向煤层中注入 $CO_2$，可以达到增采煤层气的目的。此外，$CO_2$ 在生物、化工、建材等领域也得到了广泛的应用。

### 1. $CO_2$-EOR

EOR 主要指在油藏开采过程中不包括一次采油和二次采油的增产措施，主要开采目标是油藏剩余油。一次采油是利用地层天然能量来生产原油，石油的开采一般开始时依靠自身压力压向地面，当压力不足时，采用泵抽的方法。二次采油是通过向地层注入流体，恢复油藏压力来驱替原油。EOR 主要有以下几种工艺：一是热采工艺，该工艺是将热水或蒸汽导入地层或注入空气使部分石油加热的工艺，通过加热来降低原油黏度；二是化学驱工艺，该工艺是通过加入表面活性剂来使油水间的表面张力降到两者几乎能混合，这样就可以使被水包围的油滴从岩石缝中流出，或将水溶性聚合物压入油井，提高水流的黏度，从而使石油成为均匀的油层被挤出；三是微生物驱油技术；四是 $CO_2$-EOR，该工艺的实施方法主要有 $CO_2$ 混相驱油、$CO_2$ 非混相驱油和 $CO_2$ 吞吐等技术，此外，还有热 $CO_2$ 驱油、碳酸水驱油、就地生成 $CO_2$ 等其他技术。从 20 世纪 70 年代起，$CO_2$-EOR 作为三次采油的一项重要手段，已在实验室和现场进行了相当规模的研究和应用，其中应用较多的主要是美国、俄罗斯、加拿大和英国等国家。目前，$CO_2$-EOR 已成为美国提高石油采收率的主导技术，2004年美国 $CO_2$-EOR 增加的原油产量占提高采收率项目总产量的 31%。

（1）$CO_2$ 混相驱油技术

在二次采油结束时，由于毛细作用，不少原油残留在岩石缝隙间，而不能流向生产井。不论用水或烃类气体驱油都是非均相驱油，油与水（或气体）均不能相溶形成一相，而是在两相之间形成界面。必须具有足够大的驱动力才能将原油从岩石缝隙间挤出，否则一部分原油就会滞留。如果能注入一种同油相混溶的物质，即与原油形成均匀的一相，孔隙中滞留油的毛细作用力就会降低甚至消失，原油就能被驱向生产井。$CO_2$ 能通过逐级提取原油中的轻组分与原油达到完全互溶。

$CO_2$ 混相驱油一般采用 $CO_2$ 与水交替注入储层的方法，注水改变 $CO_2$ 的驱油速度，扩大 $CO_2$ 的波及效率。混相驱油的基本原理是 $CO_2$ 和地层原油在油藏条件下形成稳定的混相带前缘，该前缘作为单相流体移动并有效地把原油驱替到生产井（图 13-9）。

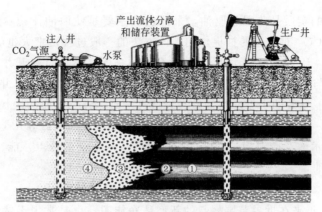

图 13-9　$CO_2$ 混相驱油技术示意图

①—原始油带；②—油带/混相带前缘；③—$CO_2$-水混合带；④—驱替水

混相驱油效率很高，条件允许时，可以使排驱剂所到之处的原油百分之百地采出。但要求混相压力很高，组成原油的轻质组分 $C_2$～$C_6$ 含量很高，否则很难实现混相驱油。由于受地层破裂压力等条件的限制，混相驱替只适用于轻质油藏，同时在浅层、深层、致密层、高渗透层、碳酸盐层、砂岩中都有过应用的经验。总结起来，$CO_2$ 混相驱油对开采水驱效果差的低渗透油藏、水驱完全枯竭的砂岩油藏、接近开采经济极限的深层轻质油藏、以及利用 $CO_2$ 重力稳定混相驱替开采多盐丘油藏等几类油藏具有更重要的意义。

（2）$CO_2$ 非混相驱油技术

储层压力较低时，石油组成不利于混相驱油工艺的实施（如重油）；所注入的 $CO_2$ 将不与石油相溶或只部分相溶。在这种条件下，就会发生不溶或接近相溶的 $CO_2$ 驱油过程。$CO_2$ 非混相驱油的机制是将 $CO_2$ 注入圈闭构造的顶部，使原油向下及构造两边移动，在构造两边的生产井中将原油采出（图 13-10）。主要采油机理是对原油中轻烃气化和抽提，使原油体积膨胀、黏度降低、界面张力减小。另外，$CO_2$ 还可以提高或保持地层压力，当地层压力下降时，$CO_2$ 就会从 $CO_2$ 饱和的原油中溢出，形成溶解气驱，从而达到提高原油采收率的目的。

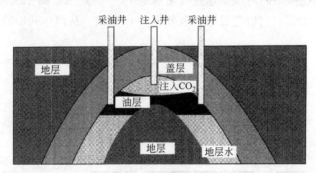

图 13-10　$CO_2$ 非混相驱油技术示意图

在大多数情况下，$CO_2$ 非混相驱油的效率比混相驱油的效率低，并且使用的频率也较低，但在考虑 $CO_2$ 封存时，可以设计不溶或接近混溶的 $CO_2$ 注入技术。$CO_2$ 非混相驱油技术的主要应用包括：用 $CO_2$ 来恢复枯竭油藏的压力，重力稳定非混相驱替（用于开采高倾角、垂向渗透率高的油藏），重油 $CO_2$ 驱替（可以改善重油的流度，从而改善水驱效率），应用 $CO_2$ 驱替开采高黏度原油。

（3）$CO_2$ 吞吐技术

$CO_2$ 吞吐技术的实质是非混相驱油,采油机理主要是使原油体积膨胀、降低原油界面张力和黏度,以及 $CO_2$ 对轻烃的抽提作用。该方法的一般过程是把大量的 $CO_2$ 注入生产井底,关井几个星期,让 $CO_2$ 渗入油层以降低石油的黏度,然后重新开井生产。这种单井开采技术不依赖于井与井间的流体流动特性,适用范围很广,一般对开采井间流动性差或其他提高采收率方法不能见效的小型断块油藏、裂缝性油藏、强烈水驱的块状油藏、有底水的油藏等一些特殊油藏,以及不能承受油田范围的很大前沿投资的油藏等几类油藏具有更重要的意义。$CO_2$ 吞吐技术增产措施相对来说具有投资低、返本快的特点,能在 $CO_2$ 耗量相对较低的条件下增加采油量。

### 2. $CO_2$-ECBM

煤层气是近 20 年来在世界范围崛起的新型洁净能源,也是常规天然气最现实可靠的替代能源,其成分与常规天然气基本相同($CH_4$ 含量高于 95%),完全可以与常规天然气混输、混用,可作为与常规天然气同等优质的能源和化工原料。在中国陆上烟煤和无烟煤煤田中,埋深在 $300\sim2000m$ 的煤层气资源总量为 $31.46\times10^{12}m^3$,在世界煤层气资源中位居第3位。据计算,$1000m^3$ 煤层气相当于 1t 标准煤,其发热量可达 $30\times10^8J/m^3$ 以上,据此估算我国的煤层气储量相当于 $350\times10^8t$ 标准煤或 $240\times10^8t$ 石油。我国有丰富的煤层气资源,开发潜力巨大。按照天然气资源发现率为 10% 计算,$31.46\times10^{12}m^3$ 的煤层气资源可获得 $3.2\times10^{12}m^3$ 的天然气,以 $2.3$ 元$/m^3$ 计算,将为社会创造 7 万亿元的财富。

地下的煤储层受到地质史中构造、地温、低压等诸多应力场的作用。固相的煤层中发育有极为丰富的裂隙,此外由于煤基质块中的原生孔裂隙,在煤层有机化学生烃阶段产生的次生孔裂隙导致煤含有大量的微孔隙,比表面积巨大,且孔隙表面存在不饱和能,与非极性气体分子之间产生一种范德华力,从而达到吸附气体分子的效果,并且由于吸附力的作用导致分子间距离的下降致使气体吸附量远大于煤层体积。

地下煤层在注入 $CO_2$ 之前,主要吸附有机化学反应阶段生成的 $CH_4$ 气体。煤对不同气体的吸附能力不同。试验表明,煤对 $CO_2$ 的吸附能力大于 $CH_4$,即在保持煤层压力的同时注入 $CO_2$,$CH_4$ 气体将会解吸,同时煤层达到吸附固定 $CO_2$ 的效果(图 13-11)。因此,在保持煤层压力的同时注入 $CO_2$,就可以把煤层中多余的 $CH_4$ 驱出,从而达到增采煤层气的目的。

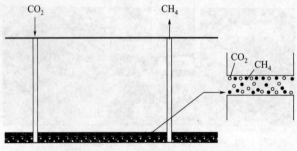

图 13-11　$CO_2$-ECBM 过程示意图

### 3. 生物固定或利用

$CO_2$ 的生物固定或利用主要指陆地和海洋生态环境中的植物、自养微生物等通过光合或化学作用,吸收和固定大气中游离的 $CO_2$,并在一定条件下实现向有机碳的转化,从而达到固定或利用 $CO_2$ 的目的。因其符合自然界循环和节省能源的理想方式(经济、安全、有效),目前被认为是地球上最主要和最有效的固碳方式,在碳循环中起决定作用。森林约占陆地植物现存量的 90%，另外，与草原、农田植物相比，森林具有较高的碳储存密度（即与其他土地利用方式相比，单位面积内可以储存更多的有机碳）。因此，本部分将从森林固碳和微生物固碳两个方面对 $CO_2$ 的生物利用加以阐述。

（1）森林固定

全球植物每年固定大气中 11% 左右的 $CO_2$，森林每年固定 4.6%。森林通过光合作用吸收 $CO_2$，制造有机物，即生物质，从而将 $CO_2$ 以有机碳的形式固定于森林植物中。森林在陆地植物中拥有最高的生物量，是陆地生物光合产量的主体，也是全球碳循环的主体，所以森林具有 $CO_2$ 储存库的重要地位。其光合作用过程为：

$$6CO_2 + 6H_2O \xrightarrow[\text{叶绿素}]{h\nu} C_6H_{12}O_6 + 6O_2$$

根据减缓大气 $CO_2$ 浓度升高的方式不同，可以把森林的作用分为以下 3 类：①保存现有碳，减少森林采伐，改变现有的采伐体制和保护森林，以保存现有的森林碳库不再向大气净排放；②固定大气碳，增加天然林、人工林和农林复合林的面积或森林碳密度，以增加森林的碳储量；③替代碳排放，利用森林生物质替代石化产品，把生物碳转化为生物燃料和长寿命的木材产品。

森林生态系统的固碳作用取决于两个对立的过程，即碳素输入过程和碳素输出过程。植物首先通过光合作用吸收 $CO_2$ 生成有机质储藏在体内，形成总初级生产量（GPP）。而后，通过植物自身的呼吸作用释放出一部分碳素（RA），GPP 减去这一部分即为净初级生产量（NPP）。NPP 可反映森林生态系统的碳素输入能力。植物以枯枝落叶、根屑等形式把碳储藏在土壤中，而土壤中的碳有一部分会被微生物和其他异养生物通过分解和呼吸释放到大气中（RH），这是碳素输出过程，NPP 减掉这一部分即为净生产量（NEP），它可以反映森林生态系统的固碳能力，可用如下公式表示：NEP=GPP−RA−RH。根据该公式，如果在自然生长状态下，一般森林生态系统的 NEP 为正值，是个碳汇。然而，由于人类活动的干扰和破坏，尤其是对热带森林的滥伐或把其变为农业用地等行为，使森林生态系统的 NEP 为负，从而成为碳源。我国森林生态系统在陆气系统碳循环中表现为碳汇，其 NEP 值（以 C 计）为 0.48Pg。

（2）微生物固定

① 固定 $CO_2$ 的微生物种类。固定 $CO_2$ 的微生物一般有两类：光能自养型微生物和化学能自养型微生物。前者主要包括微藻类和光合细菌，它们都含有叶绿素，以光为能源，$CO_2$ 为碳源合成菌体物质或代谢产物；后者以 $CO_2$ 为碳源，以 $H_2$、$H_2S$、$S_2O_3^{2-}$、$NH_4^+$、$NO_2^-$、$Fe^{2+}$ 等为能源。固定 $CO_2$ 的微生物种类见表 13-4。

**表 13-4　固定 $CO_2$ 的微生物种类**

| 碳源 | 能源 | 好氧/厌氧类 | 微生物种 |
|---|---|---|---|
| $CO_2$ | 光能 | 好氧 | 藻类 |
| | | 好氧 | 蓝细菌 |
| | | 厌氧 | 光合细菌 |
| | 化学能 | 好氧 | 氢细菌 |
| | | 好氧 | 硝化细菌 |
| | | 好氧 | 硫化细菌 |
| | | 好氧 | 铁细菌 |
| | | 厌氧 | 甲烷菌 |
| | | 厌氧 | 醋酸菌 |

② 微藻固定 $CO_2$。大多数微藻可通过光合作用将无机碳转化为生物质，其光合作用强度大大超过同等质量植物的代谢总量。目前，针对不同的应用环境，国内外研究者对用于固定 $CO_2$ 的微藻进行了大量的筛选和育种工作，获得了许多有价值的藻种，如表 13-5 所示。

表 13-5　部分耐受高浓度 $CO_2$ 藻种

| 藻种名称 | 特　性 |
| --- | --- |
| *Synechococcus leopoliensis* | 在 5%（体积分数，下同）$CO_2$ 下的 $CO_2$ 吸收率最高 |
| *Chlorella* sp. NTU-H15 | 从 200 多种微藻中筛选出，能在 40% $CO_2$ 下生长，耐 pH 值和温度范围较宽 |
| *Chlorococum littorale* | 0.03%～40.00% $CO_2$ 下都能生长，5% $CO_2$ 时生长最好 |
| *Chlorella vulgaris* | 在 10%、20% 与 30% $CO_2$ 下都能较好地生长 |
| *Chlamydomonas reinhardtii* | 5% $CO_2$ 下固定 $CO_2$，并生产 α-亚麻酸 |
| *Scenedesmus obliquus* | 从燃煤火电厂的废物处理池中分离出，18% $CO_2$ 下仍生长较好，12% $CO_2$ 时有最大生物量 |
| *Chlorella kessleri* | 从燃煤火电厂的废物处理池中分离出，18% $CO_2$ 下仍生长较好，6% $CO_2$ 时有最大生物量 |
| *Spirulina* sp. | 不加入重碳酸盐，6% $CO_2$ 下生长最好，18% $CO_2$ 也能生长 |
| *Chlorella* sp. KR-1 | 能够耐受最高 $CO_2$ 体积分数为 40%，10% $CO_2$ 下生长最好 |

微藻在固定 $CO_2$ 的同时会产生大量的藻体，如不对藻体加以综合利用必然会带来污染。若开发合适的综合利用途径，不仅可以避免二次污染，还可降低过程成本。其综合利用主要包括：在固定 $CO_2$ 的过程中利用现代高新技术，将微藻转化为生物柴油等高价值液体燃料；生产有用物质如类脂和蛋白质；作为提取高附加值药物的原料；固定烟道气中 $CO_2$ 的同时生产高蛋白、易消化的动物饲料；与 α-亚麻酸的生产结合，以得到高产量的 α-亚麻酸等。可见，微藻固定 $CO_2$ 的综合利用有着非常广阔的应用前景。

**4. 其他资源化利用途径**

除了上述的 $CO_2$ 驱油和提高煤层气开采率外，$CO_2$ 还可应用于化工、建材等领域，如合成有机高分子化合物、无机化工产品、焊接保护、矿化制建材和烟丝膨化等。从规模尺度上评价，相对于 EOR 和 ECBM 技术而言，这五种利用方式能够减排的 $CO_2$ 量都比较小；但从时间尺度上评价，利用 $CO_2$ 制备合成有机高分子化合物、无机化工产品等方式可在一定时间范围内起到碳减排的作用，而在这些材料被消耗的过程中将再次排放 $CO_2$。由于在一定程度上使 $CO_2$ 得到利用，创造了一定的经济效益，因而这些利用方式属于广义的 $CO_2$ 资源化利用方式。

（1）合成有机高分子化合物

自 1979 年首次发表利用 $CO_2$ 作为原料合成高分子化合物的研究报道以来，这方面的开发研究十分迅速，合成了许多品种的高分子化合物，其中有不少已进入实用阶段。

① 碳酸酯。聚碳酸酯（PC）可以加工成透明有韧性的薄膜，耐热性能好，热分解温度为 200～250℃，无毒，透气性比聚乙烯、聚丙烯薄膜好。

② 聚脲。$CO_2$ 和芳香族二胺发生缩合反应可以制得聚脲，是一种优良的工程塑料，具有独特的生物分解性，可用作医用高分子材料。

③ 聚氨基甲酸酯。$CO_2$ 与环状胺类化合物发生聚合反应，可合成具有氨基甲酸酯单元

的聚合物。$CO_2$ 和丙烯腈以及三亚乙基二胺也能发生聚合反应，产生含有氨基甲酸酯单元的三元共聚物。

④ 聚酮、聚醚、聚醚醚酮。由 $CO_2$ 和十四双炔发生分子间的环化反应得到的交联共聚体是含有环状酯类结构的聚酮聚双吡喃基甲酮。$CO_2$ 与乙烯基醚发生聚合反应，可得到既有聚酯结构，又有聚酮、聚醚结构的共聚物。将 $CO_2$ 与丁二烯或二烯等共轭双烯加热到 $800 \sim 1000 \, ^\circ\text{C}$ 时，也可得到含有聚酯、聚酮、聚醚结构的共聚物。

（2）合成无机化工产品

① 尿素。生产原料为合成氨和 $CO_2$，合成氨和 $CO_2$ 在 22MPa 下合成尿素，有半循环法、溶液全循环法、$CO_2$ 气提法和氨气提法等。

② 白炭黑。白炭黑即水合二氧化硅（$SiO_2 \cdot H_2O$），是一种应用范围广、附加值高的精细化工产品，可用作橡胶补强剂、塑料填充剂、润滑剂和绝缘材料等。生产原料为水玻璃、石灰石（或 $CO_2$）。

③ 碳酸钡。广泛用于光学玻璃制造、烟火、化妆品、瓷砖、陶器、搪瓷等。生产原料为重晶石（$BaSO_4$）$\geqslant 85\%$，石灰石（$CaO$）$\geqslant 50\%$，原料煤固定炭 $\geqslant 70\%$，生产方法为重晶石与煤粉进行还原焙烧后，再进行碳化。

④ 晶体碳酸钙。主要用于牙膏、医药等方面，亦可用作保温材料和其他化工原料，生产原料为盐酸 $\geqslant 30\%$，氨水（$NH_3 \cdot H_2O$）$\geqslant 20\%$，活性炭工业级，漂白粉 [$CaCl_2 \cdot Ca(ClO)_2 \cdot H_2O$] 工业级，氢氧化钙 [$Ca(OH)_2$] 工业级。生产方法为将氢氧化钙与盐酸反应生成氯化钙，经用 $CO_2$ 碳化后即得碳酸钙，再经结晶、分离、洗涤、脱水、烘干、筛选后得结晶碳酸钙成品。

（3）焊接保护

$CO_2$ 电弧焊是一种高效的焊接方法。以 $CO_2$ 气体作为保护气体，依靠焊丝与焊件之间的电弧来熔化金属的气体保护焊的方法称 $CO_2$ 焊。由于 $CO_2$ 具有一定的氧化性，因此，$CO_2$ 焊一般采用含有一定数量脱氧元素的专业 $CO_2$ 焊丝。$CO_2$ 电弧焊接在我国的造船、机车汽车制造、石油化工、工程机械、农业机械中已获得广泛应用。

（4）烟丝膨化

卷烟厂的烟丝如果不膨化，则需要三年以上才能使用；如果采用 $CO_2$ 膨化，则只需要两个月就可以使用，并且膨化后的烟丝透气性、耐燃性和气味都有很大改观，所以现在的卷烟厂全部采用 $CO_2$ 膨化技术。$CO_2$ 和氟利昂是两种常用的烟丝膨化剂，但后者已被列为淘汰禁用品，这给 $CO_2$ 在烟草业中的应用提供了良机。

## 四、碳封存技术

目前潜在的可用于封存 $CO_2$ 的技术有：地质封存（封存在地质构造中，如石油和天然气田、不可开采的煤田以及深部咸水层构造）、海洋封存（直接释放到海洋水体中或海底）、森林和陆地生态系统封存以及将 $CO_2$ 固化成无机碳酸盐等。表 13-6 给出了各种封存（处置）方式全球潜在的 $CO_2$ 封存能力。相对来说，$CO_2$ 的地质封存是最具潜力的封存技术，其优点如下：①在油气田开发、废物处置和地下水保护中积累的经验有助于该项技术的顺利开展；②在世界范围内有着较大容量的封存潜力；③有较好的安全性，可以保证注入的 $CO_2$ 长期封存于储层中。

表 13-6　各种封存（处置）方式全球潜在的 $CO_2$ 封存能力

| 封存(处置)方式 | 深海封存 | 咸水层 | 枯竭气田 | 枯竭油田 | 森林吸收 |
|---|---|---|---|---|---|
| 能力(以 $CO_2$ 计)/$10^9$t | 5000～100000 | 320～10000 | 500～1100 | 150～700 | — |
| 能力(以 C 计)/$10^9$t | >1000 | >100 | >140 | >40 | 50～100 |

### 1. 地质封存

地质封存是目前最经济、最可靠的 $CO_2$ 封存技术。目前主要的 $CO_2$ 地质封存场地包括深部咸水层、废弃的油气田、气储层和不可采的贫瘠煤层，如图 13-12 所示。

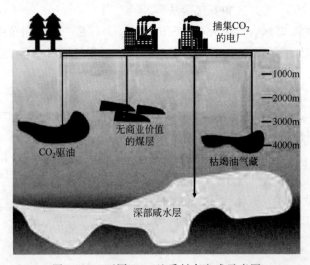

图 13-12　不同 $CO_2$ 地质封存方式示意图

油气田是 $CO_2$ 封存的首选之地。主要原因有：这种地质构造在地质年代一直保存流体；在油气田开发中已经积累了不少 $CO_2$ 封存的专业技术经验；将 $CO_2$ 注入油气藏，可提高采收率，在经济上抵消 CCUS 的整体成本。

向煤层中注入 $CO_2$ 提高 $CH_4$ 回收率的研究正处于示范阶段。假设煤层有充分的渗透率且这些煤炭以后不可能被开采，则该煤层也可用于封存 $CO_2$。

咸水层的 $CO_2$ 封存容量相当大。对油气田的勘探和开发能够获得大量的地质数据，而咸水层则相反，由于缺乏资金支持，对咸水层的大规模研究尚未展开，关于咸水层的详细信息目前还较为缺乏。

（1）地质封存的机制

向深层地质构造中注入 $CO_2$ 所使用的技术与石油天然气开采工业的许多技术相同。目前正进一步深入研究与 $CO_2$ 封存相适应的钻探技术、井下注入技术、封存地层的动力学模拟技术以及相应的监测技术。

在石油天然气储层或咸水层构造中封存 $CO_2$ 的深度应在 800m 以下，在这种温度和压力条件下，$CO_2$ 处于液态或超临界状态，其密度为水的 50%～80%，可产生驱使 $CO_2$ 向上的浮升力。因此，选择用于封存 $CO_2$ 的地层必须有良好的圈闭性能，以确保把 $CO_2$ 限制在地下。当 $CO_2$ 被注入地下时，$CO_2$ 需置换已经存在的流体。在石油天然气储层中，置换量较大，而在咸水层构造中，潜在的封存量就比较低，估计仅占孔隙体积的百分之几到 30%。

$CO_2$ 注入地层以后，储层构造上方的大页岩和黏质岩起阻挡 $CO_2$ 向上流动的作用。毛

细管作用则可使 $CO_2$ 停留在储层孔隙中。当 $CO_2$ 与地层流体和岩石发生化学反应时，$CO_2$ 就通过地质化学作用被"俘获"了。首先，$CO_2$ 会溶解在地层水中，而一旦溶解在地层中几百年乃至几千年，充满 $CO_2$ 的水就变得越来越稠，沉落在储层构造中而不再向地面上升。其次，溶解的 $CO_2$ 与矿石中的矿物质发生化学反应而形成离子类物质，经过数百万年，部分注入的 $CO_2$ 将转化为坚固的碳酸盐矿物质。当 $CO_2$ 被吸收能力强的煤或含有丰富有机物的页岩吸附时，就可置换 $CH_4$ 类气体。在这种情况下，只要压力和温度保持稳定，$CO_2$ 将长期处于被"俘获"状态。总的来说，在地质封存过程中注入的 $CO_2$ 是通过物理和化学俘获机制的共同作用被有效地封存于地质介质中。

（2）地质封存相关问题

① 地质封存的成本。由于诸如陆相与海相、储层深度和封存构造（如渗透率和构造厚度）的地质特点等特定的地点因素，不同封存地的成本存在显著的差异和变化。在咸水层和枯竭油气田中封存的典型成本估值（以 $CO_2$ 计）为 0.5～8 美元/t，此外还有 0.1～0.3 美元/t 的监测成本。由于可以重新启用已有的油气井和基础设施，陆相较浅且渗透率高的储层和/或封存地点的封存成本最低。

当把封存与 EOR 和 ECBM 相结合，$CO_2$ 的经济价值可降低 CCUS 的总成本。根据 2003 年之前的资料和油价（15～20 美元/桶），对于陆相 EOR，利用 $CO_2$ 封存增加的石油生产量能获得 10～16 美元/t 的净收益（以 $CO_2$ 计，包括地质封存的成本）。然而，提高生产的经济效益在很大程度上取决于石油和天然气的价格。

② $CO_2$ 可能的泄漏途径。$CO_2$ 地质封存的主要风险是泄漏到近地面、地面或者泄漏入地下水。由于浮力的作用，注入的 $CO_2$ 将迁移到注入储层顶部，使 $CO_2$ 的封存区域范围扩大。任何地层的裂隙都可以成为 $CO_2$ 可能的泄漏途径，因此在前期封存场地的筛选中，需要预先重点检测不当钻孔或不规则渗透率存在区域。较低的黏度也会影响 $CO_2$ 在储库中的运移和其他行为。由于 $CO_2$ 初期将向上迁移，物理俘获机制以及当地的储层非均质性变得尤其重要。

③ $CO_2$ 地质封存的风险。地质储层中 $CO_2$ 封存渗漏所引发的风险可分为两大类：全球风险和局部风险。全球风险包括，如果封存构造中的部分 $CO_2$ 泄漏到大气中，则释放出的 $CO_2$ 可能会引发显著的气候变化。此外，如果 $CO_2$ 从封存构造中泄漏，则可能给人类、生态系统和地下水造成局部灾害，这是局部风险。

④ $CO_2$ 泄漏的监测。谨慎的封存系统设计和选址以及渗漏的早期监测（最好在 $CO_2$ 到达地面之前较长时间内）是减少渗漏相关灾害的有效方法。现有的监测方法越来越具有前景，但需要更多的经验来确定检测层面和分辨率。一旦检测到渗漏，就应采用补救技术阻止或控制渗漏。$CO_2$ 泄漏的监测可利用便携式红外气体分析仪、激光、高光谱成像、微感、生物等设备或对象在不同范围对地面 $CO_2$ 浓度进行监测，也可以利用化学方法对碳同位素进行检测，进而确定 $CO_2$ 是否来自地下泄漏。

**2. 海洋封存**

$CO_2$ 封存的一种潜在方案是将捕集到的 $CO_2$ 直接注入深海（深度大于 1km），大部分 $CO_2$ 在这里将与大气隔离若干个世纪。该方案的实施办法是：通过管道或船舶将 $CO_2$ 运输到海洋封存地点，再把 $CO_2$ 注入海洋的水柱体或海底。被溶解的 $CO_2$ 随后会成为全球碳循环的一部分。

（1）封存机理

如图 13-13 所示，海洋封存有两种实施途径：一是使用陆上的管线或者移动船舶将 $CO_2$

注入水下 1.5km，这是 $CO_2$ 具有浮力的临界深度，在这个深度下 $CO_2$ 将得到有效的溶解和扩散。二是使用垂直的管线将 $CO_2$ 注入水下 3km，由于 $CO_2$ 的密度比海水大，$CO_2$ 不能溶解，只能沉入海底，形成 $CO_2$ 液态湖，移动船舶将固体 $CO_2$ 投入 $CO_2$ 液态湖中，由于固体 $CO_2$ 密度高且传热特性差，在下沉过程中只有非常小的溶解量。

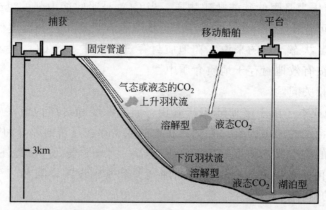

图 13-13　$CO_2$ 海洋封存方式示意图

对海洋观测与模式的分析表明，被注入的 $CO_2$ 将与大气隔绝至少几百年。注入越深，保留的部分封存时间就越久远。有关增加被封存部分的方案包括：在 $CO_2$ 封存区域溶解碱性矿物质，如石灰石等，以中和酸性 $CO_2$。溶解的碳酸盐矿物质可以将封存时间延长到大约 1 万年，同时将海洋的 pH 和 $CO_2$ 分压的变化降至最低。然而，该方法需要大量石灰石和处理材料所需的能源。

（2）海洋封存相关问题

① 生态环境影响及风险。注入几十亿吨 $CO_2$ 将产生能够测量到的注入区的海洋化学成分的变化，而注入数千亿吨的 $CO_2$ 将使注入区发生更大的变化，最终在整个海洋产生可测量的各种变化。试验表明：$CO_2$ 的增加能危害海洋生物。有机构曾经开展了时间尺度为几个月的针对 $CO_2$ 浓度升高对生活在接近海洋表面各种生物的影响，观察到的现象包括：随着时间的推移，一些海洋生物钙化的速度、繁殖、生长、周期性供氧及活动性放缓和死亡率上升。观察还发现一些生物对少量的 $CO_2$ 增加就会做出反应，这些生物在接近注入点或 $CO_2$ 湖泊时预计会立刻死亡。关于在辽阔的海洋中直接注入 $CO_2$ 后在长时间内对海洋生物和生态系统所产生的慢性影响，目前尚无研究。

目前尚缺乏在深海中开展可控状态下的生态系统试验，只能提供对潜在生态系统产生影响的初步评估结果。随着 $CO_2$ 浓度的增加及 pH 的降低，预计将对生态系统带来相应的后果。但目前人们尚未掌握这些后果的性质，而且至今尚未制定环境标准，以避免产生有害的影响。有关物种和生态系统将如何适应或是否能适应持续的化学变化等问题仍有待研究。

② 海洋封存的成本。虽然目前没有海洋封存方面的经验，但已尝试估算将 $CO_2$ 释放到海底或深海 $CO_2$ 封存项目的成本。海洋封存的成本不包括捕集 $CO_2$ 并将其运输（如通过管道）到海岸线所需的成本，但包括沿海管道或船舶的成本以及任何额外能源成本。表 13-7 概括了海洋封存的成本。由表可知，对于短距离运输，固定管道方案会便宜一些，而对于长距离，最具有吸引力的做法是使用移动船舶或用船舶运输到海洋平台上然后再注入。

表 13-7 深度在 3km 以上的海洋封存的成本

| 海洋封存方法 | 成本(净注入量,以 $CO_2$ 计)/(美元/t) | |
|---|---|---|
| | 近海/100km | 近海/500km |
| 固定管道 | 6 | 31 |
| 移动船舶/平台 | 12~14 | 13~16 |

注:移动船舶方案的成本指注入深度在 2~2.5km 的成本。

# 第三节 碳捕集、利用与封存技术的发展现状与前景

**1. 碳捕集、利用与封存技术的发展现状**

预计我国在 2030 年的一次能源生产总量将达到 43 亿 t 标煤,$CO_2$ 排放量为 112 亿 t,达到排放峰值,因此,我国拥有巨大的、潜在的 CCUS 应用市场。在封存和应用方面,以提高原油采收率(EOR)为例,全国约 130 亿 t 原油地质储量适合使用 EOR,可提高原油采收率 15%,预计可增加采储量 19.2 亿 t,同时封存约 47 亿~55 亿 t 的 $CO_2$。截至 2017 年年底,全国已建成或运营的万吨级以上 CCUS 示范项目有 13 个,如表 13-8 所示。

表 13-8 中国已建成或运营的万吨级以上 CCUS 示范项目

| 序号 | 项目 | 捕集方式 | 运输 | 封存/利用 | 规模 | 现状 |
|---|---|---|---|---|---|---|
| 1 | 华能上海石洞口捕集示范项目 | 燃煤电厂,燃烧后捕集 | 罐车运输 | 食品行业利用/工业利用 | 12 万 t/a | 2009 年投运,间歇式运营 |
| 2 | 中国华能集团天津绿色煤电项目 | IGCC,燃烧前捕集 | 管道运输,距离 50~100km | 计划用于天津大港油田 EOR | 10 万 t/a | 捕集装置完成,封存工程延迟 |
| 3 | 中石化胜利油田 $CO_2$ 捕集和驱油示范 | 燃煤电厂,燃烧后捕集 | 管道运输,距离 80km | 胜利油田 EOR | 一阶段 4 万 t/a,二阶段 100 万 t/a | 一阶段 2010 年投运 |
| 4 | 中石化齐鲁石油化工 CCS(碳捕集与封存)项目 | 化工生产,工业分离 | 管道运输,距离 75km | 胜利油田 EOR | 一阶段 35 万 t/a,二阶段 50 万 t/a | 一阶段捕集单元于 2017 年建成 |
| 5 | 中石化中原油田 $CO_2$-EOR 项目 | 炼油厂,烟道气化学吸收 | 罐车运输 | 中原油田 EOR | 10 万 t/a | 2015 年建成捕集装置 |
| 6 | 延长石油榆林煤化工捕集 | 煤化工,燃烧前捕集 | 罐车运输,计划建 200~350km 管道 | 靖边油田 EOR | 5 万 t/a | 2012 年建成,在运营 |
| 7 | 神华集团鄂尔多斯全流程示范 | 煤化工,燃烧前捕集 | 罐车运输,距离 17km | 咸水层封存 | 10 万 t/a | 2011 年投运,间歇式运营 |
| 8 | 中石油吉林油田 EOR 研究示范 | 煤化工,燃烧前捕集 | 管道运输,距离 35km | 吉林油田 EOR | 一阶段 15 万 t/a,二阶段 50 万 t/a | 一阶段 2007 年投运,二阶段 2017 年投运 |
| 9 | 中电投重庆双槐电厂碳捕集示范项目 | 燃煤电厂,燃烧后捕集 | 无 | 用于焊接保护、电厂发电机氢冷置换等 | 1 万 t/a | 2010 年投运,在运营 |

| 序号 | 项目 | 捕集方式 | 运输 | 封存/利用 | 规模 | 现状 |
|---|---|---|---|---|---|---|
| 10 | 华中科技大学35MW富氧燃烧项目 | 燃煤电厂,富氧燃烧捕集 | 罐车运输 | 市场销售、工业应用 | 10万t/a | 2014年建成,暂停运营 |
| 11 | 连云港清洁煤能源动力系统研究设施 | IGCC,燃烧前捕集 | 管道运输 | 咸水层封存 | 3万t/a | 2011年投运,在运营 |
| 12 | 天津北塘电厂CCUS项目 | 燃煤电厂,燃烧后捕集 | 罐车运输 | 市场销售、食品应用 | 2万t/a | 2012年投运,在运营 |
| 13 | 新疆敦华公司项目 | 石油炼化厂,燃烧后捕集 | 罐车运输 | 克拉玛依油田EOR | 6万t/a | 2015年投运,在运营 |

大规模全流程的集成示范准备项目有14个,均处于不同阶段准备过程中,规模大多在100万t以上。吉林油田EOR项目的管道和驱油工程实际已经完成50万t/a的建设,正等待外部$CO_2$的供给;胜利油田EOR在2013年完成百万t级项目的预研,部分工程已经完成可行性研究;延长集团EOR项目正在进行37万t项目的建设和100万t项目的预研,如表13-9所示。

表13-9 中国CCUS大规模集成示范项目的准备情况

| 序号 | 项目 | 捕集方式 | 运输 | 封存/利用 | 规模/($10^4$t/a) | 计划投运时间 | 未来预期 |
|---|---|---|---|---|---|---|---|
| 1 | 中石化齐鲁石化CCS项目 | 炼油厂,燃烧前捕集 | 管道运输,距离75km | EOR | 50 | 2014年 | 滞后,经济效益原因 |
| 2 | 中石化胜利电厂CCS项目 | 电厂,燃烧后捕集 | 管道运输,距离80km | EOR | 100 | 2014年 | 滞后,经济效益原因 |
| 3 | 大唐集团$CO_2$捕集和示范封存 | 电厂,富氧燃烧捕集 | 管道运输,距离50~100km | EOR或咸水层封存 | 100 | 2016年 | 中止 |
| 4 | 中石油吉林油田EOR项目二期 | 天然气处理,燃烧前捕集 | 管道运输,距离50km | EOR | 50 | 2017年 | 滞后,$CO_2$供应不足 |
| 5 | 延长集团EOR项目 | 煤化工,燃烧前捕集 | 管道运输,距离140km+42km | EOR | 40 | 2017年 | 滞后 |
| 6 | 山西国际能源集团CCUS项目 | 电厂,富氧燃烧捕集 | 管道运输 | 未明确 | 200 | 2020年 | 滞后,项目可能取消 |
| 7 | 神华宁夏煤制油项目 | 煤制油,燃烧前捕集 | 管道运输,距离200~250km | 未明确 | 200 | 2020年 | 滞后 |
| 8 | 华能绿色煤电IGCC项目三期 | 电厂,燃烧前捕集 | 管道运输,距离50~100km | EOR或咸水层封存 | 200 | 2020年 | 滞后 |
| 9 | 神华鄂尔多斯煤制油项目二期 | 煤制油,燃烧前捕集 | 管道运输,距离200~250km | 咸水层封存 | 100 | 2020年 | 未知 |
| 10 | 神华国华电力神木电厂CCS项目 | 电厂,富氧燃烧捕集 | 管道运输,距离80km | EOR或咸水层封存 | 100 | 2020年 | 滞后 |
| 11 | 华润电力碳捕集与封存集成示范项目 | 电厂、炼油厂,燃烧后、燃烧前捕集 | 管道运输,距离150km | 离岸EOR或咸水层封存 | 100 | 2025年 | 滞后 |

续表

| 序号 | 项目 | 捕集方式 | 运输 | 封存/利用 | 规模<br>/($10^4$t/a) | 计划投运时间 | 未来预期 |
|---|---|---|---|---|---|---|---|
| 12 | 中海油大同煤制气 | 煤制气，燃烧前捕集 | 管道运输，距离300km | EOR或咸水层封存 | 100 | 无公布数据 | 未知 |
| 13 | 中海油鄂尔多斯煤制气 | 煤制气，燃烧前捕集 | 管道运输，距离300km | EOR或咸水层封存 | 100 | 无公布数据 | 未知 |
| 14 | 中电投-道达尔鄂尔多斯煤制烯烃 | 煤制烯烃，燃烧前捕集 | 管道运输，距离300km | EOR或咸水层封存 | 100 | 无公布数据 | 未知 |

**2. 碳捕集、利用与封存技术的发展趋势和目标**

CCUS技术作为一项有望实现化石能源大规模低碳利用的技术，是我国未来减少$CO_2$排放、保障能源安全和实现可持续发展的重要手段。随着示范项目范围的扩大，未来有望建成低成本、低能耗、安全可靠的CCUS技术体系和产业集群，为化石能源低碳利用提供技术选择，为应对气候变化提供有效的技术保障，为经济可持续发展提供技术支撑。

根据中国21世纪议程管理中心资料，整理后的CCUS技术在我国发展趋势和目标如表13-10所示。

**表13-10　我国CCUS技术的发展趋势和目标**

| | 项　目 | 2025年 | 2030年 | 2035年 | 2040年 | 2050年 |
|---|---|---|---|---|---|---|
| 发展目标 | 技术要求 | 掌握现有技术的设计建造能力 | 掌握现有技术产业化能力，验证新型技术的可行性 | 掌握新型技术的产业化能力 | 掌握CCUS项目集群的产业化能力 | 实现CCUS的广泛部署 |
| | $CO_2$利用封存量/($10^4$t) | 2000 | 5000 | 10000 | 27000 | 97000 |
| | 产值/(亿元/a) | 390 | 1100 | 1700 | 2700 | 5700 |
| 捕集 | 单体规模/($10^4$t/a) | 100 | 300～500 | 300～500 | 300～500 | 300～500 |
| | 成本(以$CO_2$计)/(元/t) | 150～400 | 130～300 | 120～280 | 115～250 | 110～240 |
| | 能耗(以$CO_2$计)/(GJ/t) | 2.0～3.0 | 1.8～2.8 | 1.65～2.6 | 1.5～2.4 | 1.5～2.4 |
| | 水耗(以$CO_2$计)/(kg/t) | 80～300 | 70～240 | 70～220 | 60～200 | 60～200 |
| 输送 | 运输管道/km | 200～400 | 1500 | 6000 | 8000 | 10000 |
| | 成本/[元/(t·km)] | 0.75 | 0.4 | 0.3 | 0.2 | 0.15 |
| | 年输送能力/($10^4$t/a) | 200 | 1500 | 6000 | 20000 | 100000 |
| 化工利用 | $CO_2$利用量/($10^4$t/a) | 1500 | 3500 | 4900 | 7100 | 14400 |
| | 产值/(亿元/a) | 270 | 740 | 1100 | 1800 | 3600 |
| 生物利用 | $CO_2$利用量/($10^4$t/a) | 40 | 160 | 200 | 300 | 900 |
| | 产值/(亿元/a) | 90 | 320 | 400 | 600 | 1500 |
| 地质利用 | $CO_2$利用量/($10^4$t/a) | 330 | 700 | 2400 | 5300 | 15500 |
| | 产值/(亿元/a) | 30 | 30 | 200 | 300 | 600 |
| 地质封存 | 成本(以$CO_2$计)/(元/t) | 100～200 | 70～180 | 60～160 | 40～100 | 30～70 |
| | 封存量/($10^4$t/a) | 200 | 700 | 3100 | 14500 | 67000 |

### 3. 发展碳捕集、利用与封存技术所面临的挑战

目前我国在提高能效和发展清洁能源方面的进展已经居于世界前列，但在 CCUS 技术上，总体还处于研发和示范的初级阶段。由于 CCUS 技术是在发展中不断完善的技术，还存在着经济、技术、环境和政策等方面的困难和问题，要实现其规模化发展还存在很多阻力和挑战。

（1）经济方面的挑战

发展 CCUS 技术面临的最大挑战是示范项目的成本相对过高。在现有技术条件下，安装碳捕集装置将产生额外的资本投入和运行维护成本，以火电厂安装为例，将额外增加 $140 \sim 600$ 元/t 的运行成本，这将直接导致发电成本的大幅增加。如华能集团上海石洞口捕集示范项目，项目运行时的发电成本从 $0.26$ 元/$(kW \cdot h)$ 提高到 $0.5$ 元/$(kW \cdot h)$。CCUS 项目的重要贡献在于减少碳排放，但企业在投入巨额费用后，却无法实现减排收益，严重影响企业开展 CCUS 示范项目的积极性。此外，目前 $CO_2$ 的输送主要以罐车为主，运输成本较高，而 $CO_2$ 管网建设投入高、风险大，也影响着 CCUS 技术的推广。

（2）技术方面的挑战

目前，我国 CCUS 全流程各类技术路线都分别开展了实验示范项目，但整体仍处于研发和实验阶段，而且项目及范围都很小。虽然新建项目和规模都在增加，但还缺少全流程一体、更大规模的、可复制的、经济效益明显的集成示范项目。另外，受现有 CCUS 技术水平的制约，在部署时将使一次能耗增加 $10\% \sim 20\%$，甚至更多，效率损失很大，严重阻碍 CCUS 技术的推广和应用。

（3）环境方面的挑战

CCUS 技术捕集的是高浓度和高压下的液态 $CO_2$，如果在运输、注入和封存过程中发生泄漏，将对事故附近的生态环境造成影响，严重时甚至危害人身安全。特别是由于地质复杂性所带来的环境影响和环境风险的不确定性，将严重制约政府和公众对 CCUS 的认知和接受程度。因此需要针对 CCUS 项目在环境监测、风险防控过程中考虑全流程、全阶段制定切实有效的方案。

（4）政策方面的挑战

目前，我国针对 CCUS 示范项目的全流程各个环节均有相关法律法规可供参考，但尚无针对性的专项法律法规，这导致企业开展 CCUS 示范项目的积极性不高。从现有政策来看，国家对发展 CCUS 技术持鼓励态度，主要以宏观的引导和鼓励为主，并没有针对 CCUS 发展给予具体的财税支持。在示范项目的选址、建设、运营和地质利用与封存场地关闭及关闭后的环境风险评估、监控等方面同样缺乏相关的法律法规。

## 复习思考题

1. 简要论述碳捕集、利用与封存技术的概念、特点与应用。

2. 请为某火电厂设计一条碳捕集、利用与封存的工艺流程，并阐述选用该流程的原因。

3. 查阅相关文献资料，进一步了解我国在碳捕集、利用与封存技术领域的发展现状。

4. 根据碳捕集、利用与封存技术的发展现状，简述未来 10 年我国在该技术领域的发展趋势与目标。

## 参考文献

[1] Aaron D，Tsouris C. Separation of $CO_2$ from flue gas：A review [J]. Separation Science and Technology，2005，40 (1/3)：321-348.

[2] Cuéllar-Franca RM，Azapagic A. Carbon capture，storage and utilisation technologies：A critical analysis and comparison of their life cycle environmental impacts [J]. Journal of $CO_2$ Utilization，2015，9：82-102.

[3] Hillebrand M，Pflugmacher S，Hahn A. Toxicological risk assessment in $CO_2$ capture and storage technology [J]. International Journal of Greenhouse Gas Control，2016，55：118-143.

[4] Leung D Y C，Caramanna G，Maroto-Valer M M. An overview of current status of carbon dioxide capture and storage technologies [J]. Renewable and Sustainable Energy Reviews，2014，39：426-443.

[5] Olajire A A. $CO_2$ capture and separation technologies for end-of-pipe applications：A review [J]. Energy，2010，35 (6)：2610-2628.

[6] Pérez-Fortes M，Bocin-Dumitriu A，Tzimas E. $CO_2$ utilization pathways：Techno-economic assessment and market opportunities [J]. Energy Procedia，2014，63：7968-7975.

[7] Pfaff I，Kather A. Comparative thermodynamic analysis and integration issues of CCS steam power plants based on oxy-combustion with cryogenic or membrane based air separation [J]. Energy Procedia，2009，1 (1)：495-502.

[8] Rubin E S，Mantripragada H，Marks A，et al. The outlook for improved carbon capture technology [J]. Progress in Energy and Combustion Science，2012，38 (5)：630-671.

[9] Tapia J F D，Lee J Y，Ooi R E H，et al. A review of optimization and decision-making models for the planning of $CO_2$ capture，utilization and storage (CCUS) systems [J]. Sustainable Production and Consumption，2018，13：1-15.

[10] Xu L，Li Q，Myers M，et al. Application of nuclear magnetic resonance technology to carbon capture，utilization and storage：A review [J]. Journal of Rock Mechanics and Geotechnical Engineering，2019，11 (4)：892-908.

[11] 蔡博峰，庞凌云，曹丽斌，等.《二氧化碳捕集、利用与封存环境风险评估技术指南（试行）》实施2年（2016—2018年）评估 [J].环境工程，2019，37 (2)：1-7.

[12] 陈兵，肖红亮，李景明，等.二氧化碳捕集、利用与封存研究进展 [J].应用化工，2018，47 (3)：589-592.

[13] 陈亮，贺尧祖，刘勇军，等.碳捕集技术研究进展 [J].化工技术与开发，2016，45 (4)：42-44.

[14] 段玉燕，罗海中，林海周，等.浅谈国内外 CCUS 示范项目经验 [J].山东化工，2018，47 (20)：173-174，178.

[15] 郭日鑫.热自生 $CO_2$ 吞吐中技术研究及其应用 [J].西南石油大学学报（自然科学版），2015，37 (5)：139-144.

[16] 李光，刘建军，刘强，等.二氧化碳地质封存研究进展综述 [J].湖南生态科学学报，2016，3 (4)：41-48.

[17] 李琦，刘桂臻，张建，等.二氧化碳地质封存环境监测现状及建议 [J].地球科学进展，2013，28 (6)：718-727.

[18] 李小春，张九天，李琦，等.中国碳捕集、利用与封存技术路线图（2011版）实施情况评估分析 [J].科技导报，2018，36 (4)：85-95.

[19] 刘强，田川.我国碳捕集、利用和封存的现状评估和发展建议 [J].气候战略研究简报，2017，24 (24)：1-14.

[20] 罗金玲，高冉，黄文辉，等.中国二氧化碳减排及利用技术发展趋势 [J].资源与产业，2011，13

（1）：132-137.

[21] 骆仲泱，方梦祥，李明远，等.二氧化碳捕集、封存和利用技术［M］.北京：中国电力出版社，2012.

[22] 米剑锋，马晓芳.中国 CCUS 技术发展趋势分析［J］.中国电机工程学报，2019，39（9）：2537-2543.

[23] 庞凌云，蔡博峰，陈潇君，等.《二氧化碳捕集、利用与封存环境风险评估技术指南（试行）》环境风险评价流程研究［J］.环境工程，2019，37（2）：45-50，157.

[24] 孙玉景，周立发，李越.$CO_2$ 海洋封存的发展现状［J］.地质科技情报，2018，37（4）：212-218.

[25] 王江海，孙贤贤，徐小明，等.海洋碳封存技术：现状、问题与未来［J］.地球科学进展，2015，30（1）：17-25.

[26] 王明坛，谢圣林，许子通.二氧化碳捕集技术的现状与最新进展［J］.当代化工，2016，45（5）：1002-1005.

[27] 王萍，王炳才.我国碳捕集与封存技术发展概况［J］.天津商业大学学报，2016，36（4）：57-63.

[28] 王伟建，郑小慧，晁会霞，等.二氧化碳利用新途径的研究进展评述［J］.钦州学院学报，2018，33（5）：16-22，48.

[29] 谢健，魏宁，吴礼舟.$CO_2$ 地质封存泄漏研究进展［J］.岩土力学，2017，38（S1）：181-188.

[30] 胥蕊娜，姜培学.$CO_2$ 地质封存与利用技术研究进展［J］.中国基础科学，2018，4：45-48.

[31] 叶云云，廖海燕，王鹏，等.我国燃煤发电 CCS/CCUS 技术发展方向及发展路线图研究［J］.中国工程科学，2018，20（3）：80-89.

[32] 郑学栋.二氧化碳的综合利用现状及发展趋势［J］.上海化工，2011，36（3）：29-33.

[33] 中国 21 世纪议程管理中心.中国二氧化碳利用技术评估报告［M］.北京：科学出版社，2014.

[34] 中国 21 世纪议程管理中心.碳捕集、利用与封存技术：进展与展望［M］.北京：科学出版社，2012.

# 第十四章　能效评价与节能技术

## 第一节　概　　述

### 一、能效的概念、内涵和指标

#### 1. 能效的概念和内涵

能源效率简称能效（energy efficiency），是指能源服务产出量与能源使用量（或投入量）的比值，提高能源效率就是要以尽可能少的能源投入来获得尽可能多的服务产出量。能源效率不是一个孤立的度量结果，它与经济、社会、环境、技术等密切相关。有时简单地把"减少能源消耗"或"降低单位产出能耗"作为追求目标，可能在长远、系统或全局角度造成经济社会其他方面的损失。

能源是一种必需的生产资料和生活资料，也是一种战略物资，化石能源还是不可再生资源；能源开发和利用可能带来环境污染、生态破坏、气候变化等公共问题。因此，需要从不同层次分别依据成本或利润原则、支出或效用原则、供应保障原则、可持续利用原则等来看待能源效率。能源效率的内涵在于所消耗的能源量对维持或促进整个经济、社会和环境系统可持续发展的贡献量。

#### 2. 能效指标

能源效率的测量有很多维度。确定或核算能源投入量、服务产出量，不同领域有不同方法，由此而产生不同的能源效率测度指标。当前或历史的能源效率水平是一个客观存在，但通常不可能用一个指标把能源效率各方面信息完全涵盖，这既有知识水平的原因，也有数据可获得性的原因。能源效率的测量指标主要有七类，具体包括能源宏观效率、能源实物效率、能源物理效率、能源价值效率、能源要素利用效率、能源要素配置效率和能源经济效率。

（1）能源宏观效率

在测度一个国家、地区或行业的总体能源效率水平时，最常用的是单位 GDP 能耗（或者单位增加值能耗、单位总产出能耗、单位总产值能耗）这一宏观指标，通常也定义为"能源强度"。单位增加值能耗越低，能源宏观效率就越高。能源产出（或者能源服务）用经济活动产出量表示（例如增加值或总产出），能源投入用各类一次能源消耗量表示（采用热值法或者发电煤耗法）。单位增加值能耗的高低与发展阶段、经济结构、技术水平、能源价格、社会文化、地理位置、气候条件、资源禀赋等多种因素有关。

（2）能源实物效率

能源实物效率是指单位产品能耗、工序能耗，例如吨钢综合能耗、吨钢可比能耗、吨炼铁能耗、发电煤耗、吨水泥能耗等。能源实物效率比较适用于具有相同生产结构的企业间进行比较，用于反映微观经济组织的技术装备和管理水平。采用实物效率指标时，有时能源投入品种较多，采用热当量法与发电煤耗法得到的结论会有所不同，也需要考虑各类能源的不完全替代性。

（3）能源物理效率

能源物理效率是指能源的热效率，其计算的理论基础是热力学定律。根据能源流的不同环节，通常可以分解为能源开采效率、加工转换效率、贮运效率、终端利用效率等。

（4）能源价值效率

由于各类能源的异质性或品质差异，即使是相同热当量的能源，其功效也会不同。有的地区或企业，虽然耗能量较低，但消耗的大多为优质能源（如天然气、净调入的电力），由于能源价格高，其能源成本并不低。如果能源服务产出量也用价值量测度，把能源价值效率进行国际比较，即可以发现各国能源宏观效率或能源实物效率存在差异的部分原因（例如能源价格偏低、能源结构不同等）。

能源价值效率有时也可以定义为设备全生命周期内的服务产出与能源成本的比值。例如，购置节能灯，虽然在短期内需要一次性支付较多成本，但在灯具的长期使用中节约了更多能源，实际上也提高了能源价值效率（相当于部分是通过资本对能源的替代来实现的，属于成本效益的概念）。

（5）能源要素利用效率

能源要素配置效率以各类要素的替代性为基础，用于计算各类要素组合方式的优化程度；而能源要素利用效率反映了在既定的要素组合方式下，可以减少的要素需求量。假设需要生成相同数量和质量的产品，所需要的资本、劳动、原材料、能源等各种生产要素可以有不同的组合方式，各种组合方式形成一条等产量线（面）。在大多数数理经济学文献中，要素利用效率也被定义为技术效率。

计算要素利用效率，首先需要构建等产量线。等产量线是一条理想的光滑曲线，但无法直接获得，通常利用生产单元形成的一条包络线来估计（严格来讲，这与潜在的等产量线是有差距的），可用数据包络分析方法（data envelopment analysis，DEA）来估计这条包络线。

（6）能源要素配置效率

能源要素配置效率与各类要素的相对价格有关，反映了在既定的要素相对价格体系下，可以通过改变要素组合方式来降低的要素支出成本。如果能源成本偏低，在整体的国民经济层次上，可能导致产业结构向能源密集型方向发展；在行业内部，可能导致能源要素投入比重偏高、其他要素投入比重偏低。从而造成较高的全社会能耗水平。合理的能源价格水平不仅要包括能源的开采、加工转换和贮运成本，还应当包括资源不可再生成本和环境污染治理成本（目前所消费的能源大多数是不可再生的化石能源）。

（7）能源经济效率

能源经济效率是经济效率的组成部分，也可称为能源成本效率，经济效率等于要素利用效率和配置效率的乘积。能源宏观效率与能源经济效率的区别，同劳动生产率与全要素生产率的区别类似（在不考虑居民生活用能的情况下），能源宏观效率是有偏的，能源经济效率是无偏的，二者不完全一致。

## 二、提高能效的目的和意义

能源是制约我国经济社会可持续、健康发展的重要因素。解决能源问题的根本出路是坚持开发与节约并举、节约放在首位的方针，大力推进节能降耗，提高能源利用效率。我国把提高能效作为国家经济社会发展的约束性总量控制目标，节能和提高能效从一个能源资源利用效率的资源经济问题，被提高到体现国家发展方式转变、全民协调可持续发展程度的重要指标。

**1. 节能和提高能效是推进能源转型的关键**

当前我国工业化已进入中后期，工业部门的能源需求趋于稳定，而随着城镇化的快速发展，未来建筑、交通部门将成为拉动我国能源消费增长的主要驱动因素。按照 OECD 的国家人均能耗水平测算，我国 2030 年能源需求将接近 80 亿 t 标准煤，参照能源效率最高的日本和德国的人均能耗水平，届时我国能源需求也将超过 70 亿 t 标准煤。即使按照近几年"经济新常态"下能源消费的低增长速度测算，2030 年我国一次能源消费总量也将超过 65 亿 t 标准煤。只有加强节能和能效提升，才能有效控制能源消费总量，保证届时 $CO_2$ 排放达峰目标实现，促进生态文明建设、打造美丽中国。

**2. 节能和提高能效是国际社会实现低碳发展的重要内容**

从全球来看，主要国家和经济体均重视节能和提高能效，将其作为呵护美丽地球的先决条件和推进能源绿色低碳发展的重要抓手。《巴黎协定》的达成表明绿色低碳发展已经成为全球共识，绿色低碳转型的核心是大幅提高社会生产力和经济整体效率，减少发展过程对能源资源的消耗和温室气体排放。对于广大发展中国家和新兴经济体，能效提升的空间更大，将能效作为"第一能源"对可持续发展意义重大。由此来看，节能和提高能效不仅是各国应对气候变化自主减排贡献的重要内容，更是实现人与自然和谐相处、呵护美丽地球的先决条件。

**3. 节能和提高能效是建设生态文明的重要抓手**

我国政府高度重视节能和提高能效工作，并取得了举世瞩目的成就，"十一五"期间单位 GDP 能耗下降 19.1%，"十二五"期间单位 GDP 能耗下降 19.7%，为全球应对气候变化作出了重大贡献。通过政策努力，依托现有成熟技术和商业模式即可释放巨大的节能潜力，不仅为经济发展提供新动能，还成为促进经济社会转型升级、提升产业竞争力的重要抓手，相应的投资还可得到良好的收益。

## 三、能效评估的方法和流程

**1. 能源宏观效率评估方法**

因素分解法在能源宏观效率的研究中比较常见，包括基于 Divisia 指数和 Laspeyres 指数的两种相关方法。

（1）基于 Divisia 指数的相关方法

① 对数平均迪氏指数法（log mean divisia index method，LMDI）。对数平均迪氏指数

法有乘数分解和加和分解两种，其优点是分解后不会出现不可解释的余项，分解公式形式比较简单。

② 算数平均迪氏指数法（arithmetic mean divisia index method，AMDI）。算数平均迪氏指数法使用算数平均权重函数，而 LMDI 使用的是对数平均权重函数。因此，其方程式要比 LMDI 简单。该方法也有乘数分解和加和分解两种方法。在很多情形下，AMDI 经常可以替代 LMDI 使用，其分解结果也非常接近。但 AMDI 有两个缺点：一是不能因素逆向检验，AMDI 有一个很大的残余项；二是当数据集含有 0 值时，AMDI 不适用。

（2）基于 Laspeyres 指数的相关方法

与 Divisia 指数相关方法相比，在 Laspeyres 指数相关方法中，乘数分解和加和分解的关系很难割裂。

① 修改 Fisher 理想指数法。安本华等提出的修改 Fisher 理想指数是一种很优秀的因素分解法，它有几个与 Fisher 理想指数相关的良好性质。当分解只有两个因素时，修改 Fisher 理想指数与经济学中的 Fisher 理想指数法是一致的。把修改 Fisher 理想指数归到 Laspeyres 指数法下，是因为它的公式与 Laspeyres 指数有一些相关。

② Shapley/Sun 法和 Marshall-Edgeworth 法。在加和法中，经常被研究者用来分析成本分配问题的是 Shapley 指数法，2002 年 Albrecht 等人将其应用到能源分解中。由于 Sun 首先在 1998 年提出用 Shapley 指数分解因素，因此也称为 Shapley/Sun 法。当只有两个分解因素时，该法与 Marshall-Edgeworth 法是一致的。

**2. 用能单位能效评估方法**

（1）用能单位能效评估的相关术语及定义

① 节能量：在满足同等需要或达到相同目的的条件下，能源消耗/能源消费减少的数量。

② 能源绩效：与能源效率、能源使用和能源消耗有关的、可测量的结果。

③ 能源绩效改进措施：为提高能源利用效率、降低能源消耗或改进能源使用，在组织内部计划或已经采取的方法或行动。

④ 基期：用以比较和确定节能量的，能源绩效改进措施实施前的时间段。

⑤ 报告期：用以比较和确定节能量的，能源绩效改进措施实施后的时间段。

⑥ 相关变量：影响用能单位能源绩效的、变化的、可量化的因素，如生产参数、天气条件、工作时间、操作工艺参数等。

⑦ 归一化：为了达到满足同等需要或达到相同目的的要求，根据相关变量的变化关系，对能源消耗数据进行修正的过程。

（2）节能量的计算

① 整体法。考察用能单位总的能源消耗的变化，从而得到用能单位的节能量，主要有后推校准法、前推校准法和参考条件校准法。

后推校准法是将报告期条件进行归一化后进行估算的方法，可用 $E_s = E_{bn} - E_r$ 进行计算。其中，$E_s$ 为节能量；$E_r$ 为报告期能源消耗；$E_{bn}$ 为后推校准后的基期能源消耗，按 $E_{bn} = f_b(x_1', x_2', \cdots, x_n')$ 进行计算，式中，$f_b(x)$ 为基期相关变量和基期能源消耗的模型函数，$x_1', x_2', \cdots, x_n'$ 为报告期内相关变量的值。

前推校准法是将基期条件进行归一化后进行估算的方法，可用 $E_s = E_b - E_{rn}$ 进行计算。其中，$E_b$ 为基期能源消耗；$E_{rn}$ 为前推校准后的报告期能源消耗，按 $E_{rn} = f_r(x_1'', x_2'',$

$\cdots$，$x''_n$）进行计算，式中，$f_r(x)$ 为报告期相关变量和报告期能源消耗的模型函数，$x''_1$，$x''_2$，$\cdots$，$x''_n$ 为基期内相关变量的值。

参考条件校准法是将参考条件进行归一化后进行估算的方法，可用 $E_s = E_{bnr} - E_{rnr}$ 进行计算。其中，$E_{bnr}$ 为参考条件校准后的基期能源消耗，按 $E_{bnr} = f_{nr}(x''_1, x''_2, \cdots, x''_n)$ 进行计算；$E_{rnr}$ 为参考条件校准后的报告期能源消耗，按 $E_{rnr} = f_{nr}(x'_1, x'_2, \cdots, x'_n)$ 进行计算；其中，$f_{nr}(x)$ 表示参考条件相关变量和参考条件能源消耗的模型函数。

② 措施法。将用能单位所有能源绩效改进措施实施后的节能量合计计算，从而获得用能单位的节能量，可用 $E_s = \sum_{j=1}^{n} E_{s,j} - E_{sa1} - E_{sa2}$ 进行计算，式中，$E_{s,j}$ 为第 $j$ 项能源绩效改进措施的节能量；$n$ 为能源绩效改进措施的数量；$E_{sa1}$ 为间接能耗效应修正量；$E_{sa2}$ 为重复计算修正量。

（3）节能率的计算

用能单位节能率（$\varepsilon$）可用 $\varepsilon = \dfrac{E_s}{E_b} \times 100\%$ 进行计算。

### 3. 用能单位能效评估流程

用能单位能效评估流程是基于用能单位不同运行特点及生产流程展开的，评估流程主要研究评估过程中具体需要开展哪些工作及评估工作如何开展。能效评估流程一般可以分为能效数据信息收集，能耗水平计算、分析、评估，节能潜力分析，以及提出改进措施和方法等几个环节，每个环节的具体工作内容如图 14-1 所示。

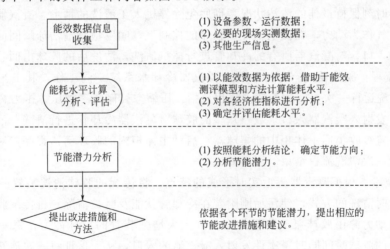

图 14-1 用能单位能效评估流程

（1）能效数据信息收集

能效数据信息收集是能效评估的基础，能效评估主要收集用能单位的工艺流程、设备信息、运行数据、实时监测数据、历史数据、统计数据和报表数据等。数据收集后，通过数据集成对数据进行统一处理并入库，以方便应用。

（2）能耗水平计算、分析和评估

在能效数据信息的基础上，借助于能效评估指标体系、能效评估模型和能效评估系统，计算用能单位能耗水平。同时，根据能效评估模型的计算结果，对各个能效指标计算结果进行分析。

（3）节能潜力分析

对用能单位进行能效评估后，根据能效评估指标，可知哪些方面能耗大，可以将能耗较大的指标作为节能方向。同时，对能耗较大指标进行层层分析，判断能耗较大的原因和能耗较大的生产环节。

（4）提出改进措施和方法

进行节能潜力分析后，可知哪些生产环节能耗较大，可对此生产环节进行分析，提出改进措施和方法，从而达到节能的目的。

# 第二节　节能技术的开发与应用

## 一、电力系统节能技术

### 1. 发电节能技术

（1）火电厂凝汽器真空保持节能系统技术

① 技术原理。保持凝汽器真空是汽轮机节能的一项重要内容，措施是保持凝汽器内壁清洁，改善汽轮机凝汽器壳管的换热效率，提高机组性能，进而达到节约能源的效果。本技术利用胶球清洗，并能长期保持 95％ 以上的收球率，确保凝汽器所有的冷却管都能得到清洗，使凝汽器时刻保持最佳的清洁状况，彻底免除停机人工清洗的情形。凝汽器真空保持系统依靠压缩空气作为动力，在微电脑控制程序的控制下，间歇地将清洁球瞬间同时一次性发射入凝汽器的入口，对凝汽器所有的冷却管进行擦拭清洗，清洗后的胶球由回收装置收回。

② 工艺流程。凝汽器真空保持系统与凝汽器冷却水系统一同工作。其工艺流程为每隔 30～60min 清洗运行一次，每次的清洗流程包括：压缩空气储气罐加压，压力释放，发球装置瞬间将胶球发射入凝汽器入口，数量众多的胶球对凝汽器冷却管进行清洗，清洗过后，胶球通过回收装置被收集回主体柜中的集球器，启动主体柜内的胶球清洁程序，对胶球进行清洗去污，随后一次清洗流程结束（图 14-2）。

③ 关键技术。根据凝汽器污垢实时形成的特点，将传统的胶球清洗装置的定期连续清洗方式改为适时清洗的方式，使污垢刚附着在冷却管就能及时被清除；将传统胶球清洗装置的输送胶球的动力源由胶球泵改为压缩空气，大大增强装置的发球能力；每一次发球过程中，数量众多的胶球瞬间同时一次性发射入凝汽器的入口，从而保证每一次清洗流程中，绝大多数的冷却管都能得到清洗；本技术的回收装置能在极短时间（100s 以内）将数量众多的球回收。

（2）超临界及超超临界发电机组引风机小汽轮机驱动技术

① 技术原理。采取将引风机与脱硫增压风机合并的联合风机方式，并采用小汽轮机驱动，替代原有的电动机，可以大幅降低厂用电率。主要应用于 600MW、1000MW 火力发电机组。

② 关键技术。小汽轮机代替电机驱动引风机；引风机与增压风机合并的联合风机节能优化方案；采用国产二级变速齿轮型，变传动比为 7∶3；联轴器"柔性连结"及两级变速；轴系振动研究；小汽轮机驱动引风机的全程自动化过程控制。

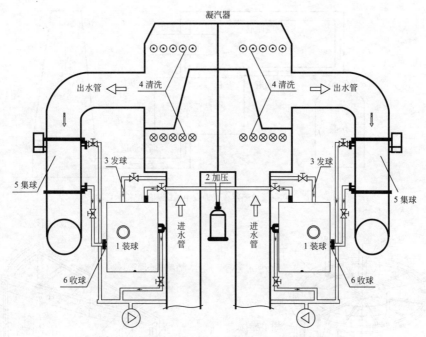

图 14-2　凝汽器真空保持节能系统主要设备简图

（3）回转式空气预热器密封节能技术

① 技术原理。改进"堵"的方式：由于空气预热器转子蘑菇状热变形，造成热端变形密封间隙增大。采用自补偿径向密封片的方式，可以达到密封间隙趋于零，实现扇形板与密封片的非接触式密封，是可靠、稳定的自密封新技术。

采用回收系统：空气预热器设备同时串联在锅炉的烟、风系统中，在空气侧与烟气侧压差的作用下，空气向烟气侧泄漏。空气预热器密封回收系统技术在预热器内部建立立体密封机构，泄漏风被设备外回收装置全部回收，进入烟道的泄漏空气几乎为零。

自动化控制：密封回收自动控制系统通过对进、出口烟气压力的检测，经过控制逻辑处理，通过各入口风门开度的调整，自动调整各部位的漏风回收量。因此，密封回收系统能够做到无论锅炉负荷如何变化，其设备漏风率始终控制在设定范围内。

② 工艺流程。回转式空气预热器密封节能技术工艺流程如图 14-3 所示。

③ 关键技术。转子热端径向自补偿间隙密封片；泄漏风回收系统；对回转式空气预热器泄漏风的密封与疏导区域进行一体化设计，形成独特、完整的控制系统。

（4）大容量高参数褐煤煤粉锅炉技术

① 技术原理。传统褐煤锅炉主要用于亚临界及以下发电机组，发电煤耗较高。该技术通过炉膛结构优化、合理配风、烟气温度控制等手段，解决了褐煤锅炉炉膛热负荷不足及结渣、结焦等关键问题，实现了在超临界机组中应用褐煤，可大幅降低褐煤的发电煤耗。

② 关键技术。哈尔滨锅炉厂设计开发的 600MW 等级褐煤锅炉均采用切圆燃烧方式，通过燃烧器分组布置和采用较大的一次风间距来降低燃烧器区域热负荷，有效减少炉膛结焦。同时在燃烧器上方合理布置 SOFA 风以有效控制 $NO_x$ 生成。其中采用中速磨制粉系统的炉型为四角切圆燃烧方式，煤粉干燥介质为热风；而采用风扇磨制粉系统的炉型为八角切圆燃烧方式，采用热风、高温炉烟和冷炉烟进行煤粉干燥。锅炉水冷壁采用螺旋管圈＋垂直管屏布置方式，炉膛中、下部为螺旋水冷壁，能有效减小工质在炉膛周界方向上的温度偏

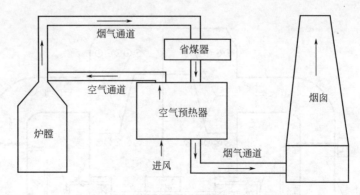

(a) 空气预热器在火力发电系统中的位置示意

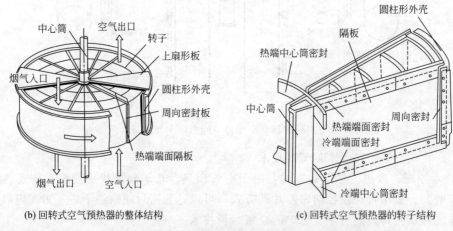

(b) 回转式空气预热器的整体结构　　　(c) 回转式空气预热器的转子结构

图 14-3　回转式空气预热器密封节能技术工艺流程图

差，保持水动力的安全稳定。过热器采用三级布置，设置两级四点喷水减温器，并能实现单独调节，从而有效控制系统左右侧蒸汽温度偏差和防止过热器超温。再热器采用二级布置，在两级再热器之间设置有喷水减温器，具体功能因炉型差异而有所差别。对于采用风扇磨制粉系统的褐煤锅炉，喷水减温器作为再热器汽温调节的主要手段。对于采用中速磨制粉系统的褐煤锅炉，由于采用了尾部双烟道方案，通过烟道出口挡板开度的调节来控制低温再热器和低温过热器侧烟气流量，从而达到再热蒸汽汽温调节的作用。

**2. 电网节能技术**

(1) 配电网全网无功优化及协调控制技术

① 技术原理。通过用户用电信息采集系统、10kV 配变无功补偿设备运行监控主站系统（基于 GPRS 无线通信通道）、10kV 线路调压器运行监控主站系统（基于 GPRS 无线通信通道）、10kV 线路无功补偿设备运行监控主站系统（基于 GPRS 无线通信通道）、监视控制与数据采集系统（supervisory control and data acquisition，SCADA）等系统采集全网各节点遥测、遥信等实时数据，进行无功优化计算；并根据计算结果形成对有载调压变压器分接开关的调节、无功补偿设备投切等控制指令，各台配变分接头控制器、线路无功补偿设备控制器、线路调压器控制器、主变电压无功综合控制器等接收主站发来的遥控指令，实现相应的动作，从而实现对配网内各公用配变、无功补偿设备、主变的集中管理、分级监视和分布式控制，实现配电网电压无功的优化运行和闭环控制。

② 关键技术。以电压调整为主，同时实现节能降损。降损的前提是电网安全稳定运行及满足用户对电能质量的需求，在具体实施过程中，一个周期的控制命令可能既包含分接头调整，又包括补偿装置动作，如果分接头及补偿装置同属一个设备，则先调整分接头，下一周期再动作补偿装置。

电压自下而上判断，自上而下调整。这一要求需要两种措施来保证：一是通过短期、超短期负荷预测，合理分配开关在各时段的动作次数；二是如果低电压现象在一个区域内比较普遍，则优先调整该区域上级调压设备。

无功自上而下判断，自下而上调整。无功自上而下判断，如果上级电网有无功补偿的需求，应首先向下级电网申请补偿，在下级电网无法满足补偿要求的情况下，再形成本地补偿的控制命令。而控制命令的执行应自下而上逐级进行。如此，既能满足本地无功需求，又能减少无功在电网中的流动，最大限度降低网损。

（2）新型节能导线

① 技术原理。近年来，国内陆续研制出多种新型节能导线。与常规钢芯铝绞线相比，钢芯高导电率硬铝绞线、铝合金芯铝绞线和全铝合金绞线三种节能导线的电气和机械性能基本相同，但节能效果明显，在输电线路建设中具有普及推广和应用价值。

钢芯高导电率硬铝绞线：导线材料中杂质元素的比例是影响导线导电率的因素之一；同时材料内部的晶界、位错、固溶原子等微观缺陷也对铝导体导电率有不良影响，可通过细晶强化和颗粒强化减少微观缺陷对导电率的影响。

铝合金芯铝绞线和全铝合金绞线：合金单线主要材料成分由电工铝、镁、硅等材料合成，添加的元素主要是镁（Mg）和硅（Si），主要组成物为 $Mg_2Si$。在热处理状态下，$Mg_2Si$ 固溶于铝中，并通过人工时效进行硬化，使 $Mg_2Si$ 均匀地析出在合金单线的表面，使合金单线获得足够的强度和塑性。

钢芯高导电率硬铝绞线采用 63% IACS 高导电率铝线（国际标准退火纯铜导电率为 100% IACS），替代常规钢芯铝绞线中的 61% IACS 铝线；铝合金芯铝绞线采用 53% IACS 高强度铝合金芯替代常规钢芯铝绞线中的钢芯和部分铝线，导线外部铝线与常规钢芯铝绞线相同；中强度全铝合金绞线全部采用 58.5% IACS 中强度铝合金材料。

上述三种节能导线的整体直流电阻值降低，提高了其导电能力，从而降低了电能损耗。

② 关键技术。钢芯高导电率硬铝绞线：考虑导线材料中各元素对导电率的影响，控制各元素的比例，运用 TiC 等专用细化剂对晶粒进行细化及强化，合理设计模具和压缩率，减少拉拔工艺增加的残余应力，同时采用型线的拉拔及绞制工艺的控制，确保生产过程中型线不翻转、不翘边。

铝合金芯铝绞线和全铝合金绞线：通过铝基体的合金化的配方组合，以及加工工艺和热处理的控制，使其导电率、强度、延伸率得到明显提高。

（3）全光纤电流/电压互感器技术

① 技术原理。光纤电流互感器利用磁光法拉第效应，通电后，在通电导体周围的磁场作用下，两束光波的传播速度发生相对变化，即出现相位差，最终表现为探测器处叠加的光强发生变化。通过测量光强的大小，即可测出对应的电流大小。光纤电压互感器利用泡克尔斯效应，当光波通过晶体时，在两个轴上光波之间的相位差会随着电压或电场改变，通过监测光强的变化即可测出对应电压的大小。

② 工艺流程。全光纤电流互感器应用于电气系统，需要与电气设备一体化集成，并满

足电气设备复杂环境条件要求，同时需解决一系列系统级关键工艺技术问题。主要关键工艺技术包括：光纤测量装置气密工艺；光纤复合绝缘子真空浇注常温固化工艺；特种光纤光路制造工艺（图 14-4）。

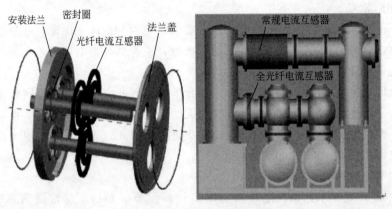

图 14-4　光纤电流互感器结构简图

③ 关键技术。主要包括：相位置零与调制波复位双闭环控制（负反馈）技术；全光纤电流互感器误差及抑制技术；共光路、差动信号解调技术。

## 二、供热系统节能技术

### 1. 大型供热机组双背压双转子互换循环水供热技术

（1）技术原理

利用双背压双转子互换循环水供热技术，汽轮机在供热工况运行时，使用新设计的动静叶片级数相对减少的高背压低压转子，使凝汽器运行于高背压（30～45kPa）条件下，对应排汽温度可提高至 80℃左右，利用循环水供热；而在非采暖期，再复装原低压转子，排汽背压恢复至 4.9kPa，机组完全恢复至原纯凝正常背压运行工况。机组全年综合经济效益指标得到明显改善。

（2）工艺流程

双背压双转子互换循环水供热工艺流程如图 14-5 所示。在采暖供热期间，机组高背压工况运行，机组纯凝工况下所需的冷水塔及循环水泵退出运行，将凝汽器的循环水系统切换至热网循环泵建立起来的热水管网循环水回路，形成新的"热-水"交换系统。循环水回路切换完成后，进入凝汽器的水流量降至 6000～9000t/h，凝汽器背压由 5～7kPa 升至 30～45kPa，低

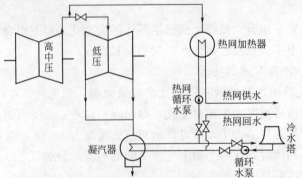

图 14-5　双背压双转子互换循环水供热工艺流程图

压缸排汽温度由 30～40℃升至 69～78℃（背压对应的饱和温度）。经过凝汽器的第一次加热，热网循环水回水温度由 60℃提升至 66～75℃（凝汽器端差 3℃），然后经热网循环泵升压后送入首站热网加热器，将热网供水温度进一步加热至 85～90℃后供向一次热网。

（3）关键技术

对低压缸通流部分进行优化设计改造，主要包括新低压转子采用先进设计技术，低压整锻转子，全部采用 2×4 级隔板设计，三维扭叶片设计的低压转子动叶片，新型低压转子轴封设计等；中低压缸联轴器、低压缸和发电机联轴器液压螺栓改造；中低压缸连通管供热抽汽改造；低压转子轴封优化设计；中低、低发联轴器液压螺栓改造；凝汽器部分优化改造，主要包括新型蜗壳形状水室，凝汽器热补偿设计等。

**2. 热泵技术**

（1）技术原理

热泵是一种充分利用低品位热能的高效节能装置。热量可以自发地从高温物体传递到低温物体中，但不能自发地沿相反方向进行。热泵的工作原理就是以逆循环方式迫使热量从低温物体流向高温物体的机械装置，它仅消耗少量的逆循环净功，就可以得到较大的供热量，可以有效地把难以应用的低品位热能利用起来达到节能目的。根据热量来源的不同，可以分为地源热泵、水源热泵和空气源热泵。地源热泵技术是利用地下浅层地热，可供热又可制冷的高效节能系统。水源热泵技术是利用地下浅层水源和地表水源中的低温热能，实现低位热能向高位热能转移的一种技术。空气源热泵是一种利用高位能使热量从低位热源空气流向高位热源的节能装置。

（2）工艺流程

逆卡诺循环，是卡诺循环的逆过程，低温时做功吸热，高温时做负功放热，将功转换为热。这是包括空气源热泵在内的所有热泵的工作原理，同时也是日常生活中常见的空调、冰箱等制冷系统的工作原理。逆卡诺循环也包括四个步骤，都为可逆过程：绝热膨胀，在这个过程中系统对环境做功，降温；等温膨胀，在这个过程中系统从低温环境中吸收热量，同时对环境做与该热量等量的功；绝热压缩，在这个过程中系统对环境做负功，升温；等温压缩，系统恢复原来状态，在这个过程中系统向高温环境中放出热量，同时环境向系统做与该热量等量的功，即负功。图 14-6 为热泵工作工艺原理示意。

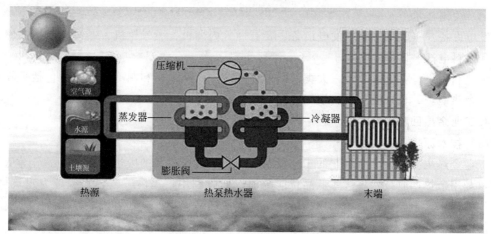

图 14-6　热泵工作工艺原理

（3）关键技术

制冷剂：最常见的制冷剂包括二氟一氯甲烷即 R22、R410A、R134a、R407C 等四种。

压缩机：压缩机是热泵机组的"心脏"，理想的热泵压缩机能在最低大约−25℃的寒冷环境中稳定运行，并确保在冬季能提供 55℃以上乃至 60℃的热水。在反映压缩机性能方面，喷气增焓技术是很重要的。

### 3. 分布式能源冷热电联供技术

（1）技术原理

分布式能源是利用小型设备向用户提供能源的新型能源利用方式。与传统的集中式能源相比，分布式能源接近负荷，不需要建设大电网进行远距离高压或超高压输送，可大大减少线损，节省输配电建设投资和运行费用；由于兼备发电、供热等多种能源服务功能，分布式能源可以有效地实现能源的梯级利用，达到更高的能源综合利用率。用能建筑就近建设能源站，采用一次能源天然气作为主要能源发电，发电机产生的尾气用来制冷与采暖，能源梯级利用，能源利用率可高达 85%。

（2）工艺流程

分布式能源冷热电联供工艺流程如图 14-7 所示。

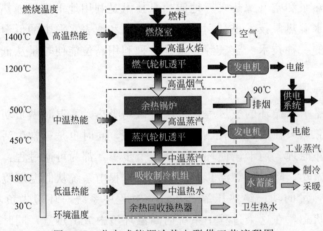

图 14-7　分布式能源冷热电联供工艺流程图

（3）关键技术

发电设备：三联供系统的发电设备主要有燃气内燃机、燃气轮机、燃气微燃机、燃气外燃机和燃料电池。

余热利用设备：主要分为三大类，即单纯制冷、单纯供热和制冷兼供热，包括吸收式制冷机、余热锅炉、板式换热器、烟气冷凝器等。

### 4. 工业余热回收供热

（1）技术原理

工业余热主要是指工业企业的工艺设备在生产过程中排放的废热、废水、废气等低品位能源，利用余热回收技术将这些低品位能源加以回收利用，提供工艺热水或者为建筑供热、提供生活热水。该技术的应用不仅能减少工业企业的污染排放，还可以大幅度降低工业企业原有的能源消耗。

（2）工艺流程

以钢铁厂冲渣水为例，介绍工业余热回收供热的工艺流程，如图 14-8 所示。

图 14-8　钢铁厂余热回收供热工艺流程

（3）关键技术

吸收式热泵：吸收式热泵是一种利用低品位热源，实现将热量从低温热源向高温热源泵送的循环系统。吸收式热泵常用的工质对包括：溴化锂-水（其中，以溴化锂稀溶液为工质，以溴化锂浓溶液为吸收剂）、氨-水（其中，以氨为工质，以水为吸收剂）、氯化钙-水（其中，以氯化钙稀溶液为工质，以氯化钙浓溶液为吸收剂）。

## 三、照明系统节能技术

### 1. 智能高压钠灯电子节电控制系统

（1）技术原理

宽电压输入，恒功率输出，高功率因数，低谐波含量，快速启动，全保护电路，低功耗、长寿命，智能化控制，电子节电控制系统设计。

（2）工艺流程

智能高压钠灯电子节电控制系统如图 14-9 所示。

（3）关键技术

系统由监控软件平台、无线通信网络、照明监控终端以及单灯设备组成。照明监控终端通过 GPRS 单元连接到通信服务器。单灯设备包含"集中器单元""单灯信息单元"和"单灯调光模块"三部分，其中集中器单元通过 RS485 总线与监控终端相连接，单灯控制指令通过微功率无线网络下达到各单灯信息单元，在微功率无线网络的空闲时间，集中器则收集各单灯信息单元下辖的调光模块状态数据，并定时向监控中心发送。

平台的核心软件是中心服务器的设备通信管理软件，该软件允许 5000 个监控终端同时接入，强大高效的处理能力可为其他协同软件提供大量的实时数据。平台的实时数据可以向各种应用提供查询服务，如手机终端用户以及其他各种应用平台，这种开放性的架构能够使系统很好地与第三方平台进行融合，充分体现用户的投资价值。

### 2. LED 道路照明

（1）技术原理

LED 路灯与常规路灯不同的是，LED 光源采用低压直流供电、由 GaN 基功率型蓝光LED 与黄色合成的高效白光，具有高效、安全、节能、环保、寿命长、响应速度快、显色指数高等独特优点，可广泛应用于道路照明。外罩可用 PC 管制作，耐高温达 135℃，耐低温达－45℃。

（2）工艺流程

LED 灯具的制造工艺流程如图 14-10 所示。

（3）关键技术

蓝宝石衬底 LED 为市场上的主流技术，碳化硅衬底 LED 的技术成本较高。

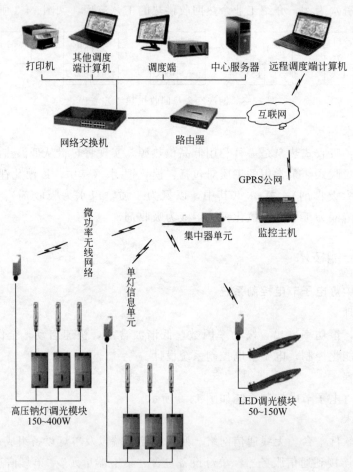

图 14-9　高压钠灯单灯电子节电控制系统

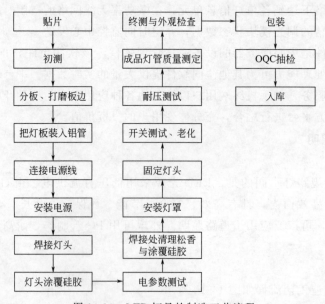

图 14-10　LED 灯具的制造工艺流程

## 四、工业节能技术

### 1. 通用设备

（1）新型高效煤粉锅炉系统技术

① 技术原理。高效煤粉工业锅炉系统是传统高污染、高能耗燃煤工业锅炉的升级换代产品，也是油、气锅炉的理想替代品。采用煤粉集中制备、精密供粉、分级燃烧、炉内脱硫、锅壳（或水管）式换热、布袋除尘、烟气脱硫和全过程自动控制等技术，实现燃煤锅炉的高效运行和洁净排放。

② 工艺流程。来自煤粉加工厂的密闭罐车将符合质量标准的煤粉注入煤粉仓。仓内的煤粉按需进入中间仓后由供料器及风粉混合管道送入煤粉燃烧器。锅炉中燃烧产生的高温烟气完成辐射和对流换热后进入布袋除尘器。除尘器收集的飞灰经密闭系统排出，并集中处理和利用。锅炉系统的运行由点火程序控制器和上位计算机系统共同完成。

高效煤粉工业锅炉系统主要包括 11 个集成设备单元（站），即煤粉储供单元、燃烧器单元、锅炉本体单元、除尘单元、脱硫单元、热力单元、点火油气站、惰性气体保护站、压缩空气站、飞灰收集及储存单元和测控单元。

③ 关键技术。全密闭精确供粉，狭小空间截面炉膛内煤粉低碳稳燃，锅炉积灰和灰粘污自清洁等技术。

（2）稀土永磁盘式无铁芯电机技术

① 技术原理。电机系统在各个领域都有广泛应用。稀土永磁无铁芯电机是代表电机行业未来发展方向的一种新型特种电机，采用无铁芯、无刷、无磁阻尼、稀土永磁发电技术，改变了传统电机运用的硅钢片与绕线定子结构，结合自主研发的电子智能变频技术，使电机系统效率提高到 95% 以上。

转子上安装永磁体，磁极形成磁场，没有励磁绕组，无需励磁电流，励磁损耗为零，节约铜材；电枢绕组用高分子材料精密压铸成型工艺固定在定子上，实现电机无铁芯化，铁损为零，提高效率，节约硅钢片；采用轴向磁场结构，磁场垂直分布度好，通电的电枢绕组切割永磁材料形成的磁力线产生力矩，使电机旋转，实现电能和机械能的转换。磁能利用率比传统电机的径向磁通结构好，单位功率密度高；采用智能变频技术，配备新型智能逆变器，可以实现从零到额定转速的高效、无级调速，调速范围宽、精度高。

② 工艺流程。稀土永磁盘式无铁芯电机技术工艺流程如图 14-11 所示。

③ 关键技术。采用轴向磁场结构设计，大幅度提高功率密度和转矩体积比；采用新型绕制工艺和高分子复合材料高压精密压铸成型工艺，有效降低绕组铜损；不使用硅钢片作为定子、转子铁芯材料，减少了磁阻尼，降低了驱动功率，减少了铁损发热源。结合自主研发的电子智能变频技术，使电机系统在宽负载范围效率大大提高。

### 2. 其他工业行业节能技术

（1）蓄热式转底炉处理冶金粉尘回收锌铁技术

① 技术原理。将蓄热式燃烧技术应用于转底炉直接还原工艺，并对该工艺进行优化改进，达到对冶金粉尘中锌、铁资源的回收利用，同时实现节能降耗的目的。

② 工艺流程。蓄热式转底炉处理冶金粉尘回收技术工艺流程如图 14-12 所示。

③ 关键技术。蓄热式燃烧技术提高了炉内燃烧温度，有效提高了球团金属化率，通过炉内气流和温度场的特殊设计，使得炉温均匀，无气流扰动，降低了球团粉化率和扬尘，提

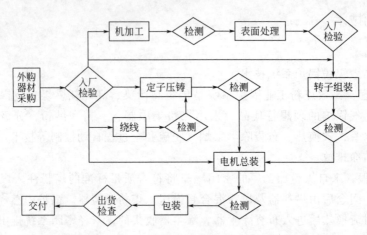

图 14-11　稀土永磁盘式无铁芯电机技术工艺流程

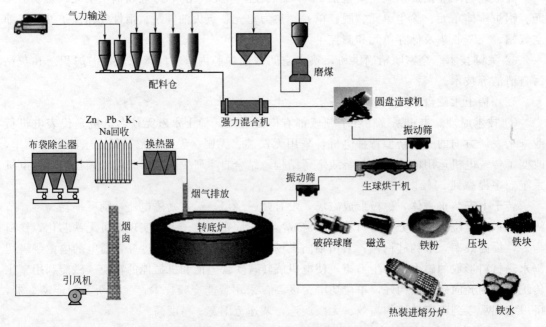

图 14-12　蓄热式转底炉处理冶金粉尘回收技术工艺流程

高了锌、铁的回收率和品位。

(2) 双侧吹竖炉熔池熔炼技术

① 技术原理。通过双侧、多风道将 50%～90% 浓度的富氧空气吹入熔炼炉内的熔渣和新入炉物料的混合层，在强烈而均匀的搅拌和高温作用下，氧化反应更迅速、更均匀，不但提高了熔炼效率，而且降低了熔渣含铜量，同时鼓风压力更低，更节能。

② 工艺流程。双侧吹竖炉熔池熔炼工艺流程如图 14-13 所示。

③ 关键技术。双侧、多风道送风：熔渣磁铁含量少，渣含铜低；吹混合层：氧化传质过程缩短，减少铁的过氧化，吹风压力低；炉墙关键部位采用铜水套挂渣保护技术、不锈钢和紫铜复合材料风嘴；与余热锅炉连接烟道采用特殊耐火材料浇注，安全生产、避免黏结；倒梯形炉体结构，进料口不黏结，快速捕集铜精矿；生产负荷调节范围较大；调节范围可达

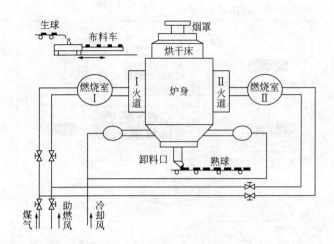

图 14-13　双侧吹竖炉熔池熔炼工艺流程

50%～100%，生产灵活；采用节能型贫化电炉，吨渣电耗低，弃渣含铜低。

（3）新型高效膜极距离子膜电解技术

① 技术原理。一般用的电解槽都是窄极距的，即阴阳电极间距约 2～3mm，从而避免电解单元槽挤坏离子膜，且电压也稍高一些；而膜极距是在窄极距的基础上在阴极上加一层弹性缓冲网和面网，即弹性阴极，将阴阳电极间距缩小到离子膜的厚度，从而使电解槽的欧姆电势降大大减小。不仅能提高电流密度和产量，且电耗明显降低。膜极距电解槽通过降低电解槽阴极侧溶液电压降，从而达到节能降耗的效果。

② 工艺流程。以烧碱制备为例，离子交换法制烧碱主要包括三个工序：二次盐水精制工序；电解工序（电解和电解液循环）；淡盐水脱氯工序。

③ 关键技术。弹性网是由金属线材（镍）编制，由机械压花折弯从而具备一定弹性的丝网产品。

极网由纯镍线材编制加工，有特殊涂层（各个公司有不同专利），是膜极距电解槽电极重要组成部分。

保护网是保护膜极距电解槽电极产品，也是由金属线材编制，防止电极弹性网、极网脱落。

（4）石化企业能源平衡与优化调度技术

① 技术原理。在企业具备能源计量检测仪表和 DCS 自动化系统的支持下，通过大型实时数据库，采集各种生产和能源数据，建设能源综合监控系统平台，并采用能源产耗预测、能源管网模拟、能源多周期动态优化调度等核心技术，建立能源产耗预测模型、能源管网模拟模型和能源系统优化调度模型，在能源平衡与优化调度平台上自动给出各种能源介质的优化调度和分配方案，实现工业企业主要能源系统（燃料气、$H_2$、蒸汽、电力、水系统等）的优化调度和运行，提高企业能源综合利用效率和能源管理水平。

② 工艺流程。石化企业能源平衡与优化调度系统结构如图 14-14 所示。

③ 关键技术。实时数据库与能源综合监控平台技术；综合软测量与时间序列思想的能源产耗预测技术；多能源介质管网智能模拟技术；基于能源产耗预测数据和管网模拟平台的能源系统多周期动态优化调度技术。

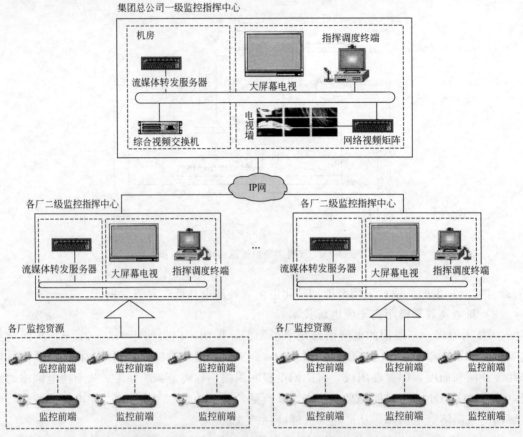

图 14-14　石化企业能源平衡与优化调度系统结构图

## 五、建筑节能技术

### 1. 水性高效隔热保温涂料节能技术

（1）技术原理

该技术采用具有低堆积密度和低热导率的聚氨酯中空微珠、高反射性颜料、高发射性助剂等，使涂膜断面为连续的蜂窝网状结构，涂膜内部不形成沟状热流，显著降低涂膜热导率，实现隔热保温。用于建筑、厂房屋顶、管道等表面时，可降低空调等设备的使用能耗，实现节能。

（2）工艺流程

隔热保温涂料应用于建筑墙体结构如图 14-15 所示。

（3）关键技术

聚氨酯中空微珠蜂窝排列技术：采用具有低堆积密度和低热导率的特殊微珠，使得涂层具有极低的热导率。在微珠表面包裹化合物，使微珠在涂层中稳定有序排列成中空蜂窝结构。微珠具有弹性抗压、抗外力击破、不易在制取加工中破损的优点，具有较好的耐冷热变化性。

涂膜的高反射性技术：将屏蔽红外线颜料技术应用于隔热保温涂料，使涂膜对可见光和红外线的反射率显著提高，具有良好的遮热作用。

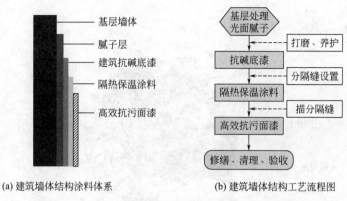

(a) 建筑墙体结构涂料体系　　　　(b) 建筑墙体结构工艺流程图

图 14-15　隔热保温涂料应用于建筑墙体结构示意图

涂膜的高发射性技术：利用红外高发射性助剂（特种金属氧化物），使吸收的太阳能辐射转化为热量，以红外长波的形式发射入大气红外窗口，使涂膜物体表面和内部降温，最大程度地提高降温效果。

**2. 动态冰蓄冷技术**

（1）技术原理

冰蓄冷中央空调是指在夜间电力低谷时段开启制冷主机，将建筑物所需的空调冷量部分或全部制备好，并以冰的形式储存于蓄冰装置中，在电力高峰时段将冰融化提供空调用冷的设备。由于充分利用了夜间低谷电力，不仅使中央空调的运行费用大幅度降低，而且对电网具有显著的削峰填谷功能，提高了电网运行的经济性。动态冰蓄冷技术采用制冷剂直接与水进行热交换，使水结成絮状冰晶；同时，生成和融化过程不需二次热交换，由此大大提高了空调的能效。冰浆的孔隙远大于固态冰，且与回水直接进行热交换，负荷响应性能很好。

（2）工艺流程

动态冰蓄冷技术可应用于新建系统以及既有系统的节能改造。新建系统需要根据冷量输送需求进行全新设计，其他过程相同，包括根据制冷机组的额定功率搭配制冰机组，根据负荷情况合理配置蓄冰槽，并根据应用场合配置不同的控制系统。

（3）关键技术

过冷却水稳定生成技术：过冷却水生成技术是冰浆冷却及蓄冷技术的核心。过冷却水是冰浆生成的基础，只有稳定生成过冷却水，才可以通过促晶技术等生成冰浆。

促晶技术：在生成过冷却水后，只有通过促晶才能使过冷却水快速生成冰浆，这就需要促晶技术。目前，国际上采用的促晶技术有超声波促晶、电动阀促晶以及其他一些促晶技术。

**3. 磁悬浮变频离心式中央空调机组技术**

（1）技术原理

磁悬浮轴承是一种利用磁场使转子悬浮起来，从而在旋转时不会产生机械接触，不会产生机械摩擦，不再需要机械轴承以及机械轴承所必需的润滑系统的新型轴承。在制冷压缩机中使用磁悬浮轴承，避免了润滑油带来的问题。磁悬浮变频离心式中央空调克服了传统机械轴承式离心机能效受限、噪声大、启动电流大、维护费用高等一系列弊端，是一种节能、高效的中央空调产品。

（2）工艺流程

磁悬浮压缩机内部构造如图 14-16 所示。

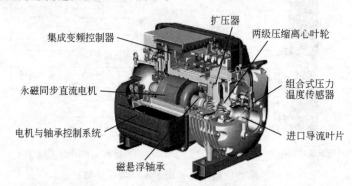

图 14-16　磁悬浮压缩机内部构造图

（3）关键技术

磁悬浮压缩机主要组成部分包括：由铝合金精密铸造的压缩机机体、两级压缩的离心叶轮、永磁体材料制成的一体化电动机转子和驱动轴、永磁同步电动机、电磁轴承、可调节的进口导流叶片、AC/DC 电源转换系统、电磁轴承控制系统和软启动控制系统等。

磁悬浮变频离心机的工作原理：高温高压氟利昂从空调压缩机排出，进入冷凝器，向铜管冷却水释放热量，冷凝为中温高压氟利昂液体，然后经过节流阀降压为低温低压液体进入蒸发器，在蒸发器壳体内从流经铜管的冷却水中吸收热量，气化为低温低压气体后吸入压缩机，在压缩机内经过两级压缩成为高温高压气体排出，通过这种循环最终达到降温的目的。

**4. 低辐射玻璃隔热膜及隔热夹胶玻璃节能技术**

（1）技术原理

低辐射镀膜玻璃也称 Low-E 玻璃，是利用真空沉积技术在优质浮法玻璃表面均匀沉积一层低辐射涂料制成的，一般由若干金属或金属氧化物薄层和衬底层组成。与普通玻璃相比，Low-E 玻璃表面辐射率降低且具有光谱选择性。Low-E 玻璃对远红外的辐射率极低，最低可达到 0.04，故对远红外热辐射的反射率极高，可以防止玻璃吸热后升温以辐射等形式向外散热，从而达到隔热的目的。

（2）工艺流程

Low-E 节能玻璃在线镀膜技术工艺流程如图 14-17 所示。

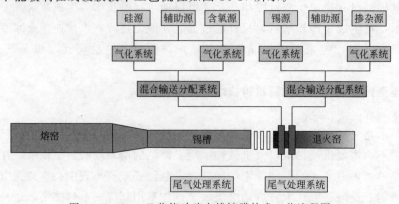

图 14-17　Low-E 节能玻璃在线镀膜技术工艺流程图

（3）关键技术

Low-E 镀膜技术。

## 六、交通节能技术

**1. 汽车混合动力技术**

（1）技术原理

汽车混合动力技术包括：再生制动能量回收技术；消除怠速工况技术；高效率混合动力专用发动机技术；整车集成和整车控制策略优化匹配技术等。

（2）工艺流程

车辆混联式混合动力系统的原理如图 14-18 所示。

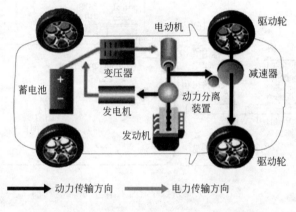

图 14-18　车辆混联式混合动力系统原理图

（3）关键技术

主要由发动机、发电机、驱动电机等三大动力总成通过串联方式、并联方式或混联方式组成车辆动力系统。

**2. 温拌沥青在道路建设与养护工程中的应用技术**

（1）技术原理

温拌沥青混合料技术是通过在沥青混合料的拌和过程中加入温拌添加剂等技术手段降低沥青结合料的黏度，从而实现沥青混合料在较低的温度（110～130℃）下进行拌和并压实成型，有效节能并减少有害气体排放。

（2）工艺流程

用温拌表面活性剂配制一定浓度的水溶液，然后在沥青和集料拌和过程中喷入该溶液，经充分搅拌后生产出温拌混合料。以出料温度为 120℃的温拌沥青混合料为例，其拌和工艺为：①在拌和锅中将约 135℃的热集料干拌；②在 130℃左右的沥青开始喷出后随即喷入 50℃左右的表面活性剂水溶液；③充分拌和生产出 120℃左右的温拌混合料（图 14-19）。

（3）关键技术

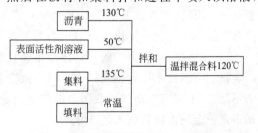

图 14-19　温拌沥青混合料工艺流程

表面活性剂的配制。

### 3. 高压变频数字化船用岸电系统技术

（1）技术原理

在船舶靠港期间，停止使用船上的发电机，改用陆地电源供应。港口提供的岸电功率应能保证满足船舶停泊后电力设施的所有电力需求，包括生产设备（如舱口盖机，压载泵等），生活设施，安全设备等。港口（提供岸电）和船舶（接受岸电）各自带有一套专门装置即岸电系统。

（2）工艺流程

高压变频数字化船用岸电系统如图 14-20 所示。

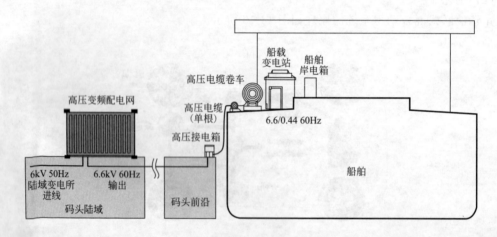

图 14-20　高压变频数字化船用岸电系统示意图

（3）关键技术

高压变频电源；高压板；不间断电源；自动控制。

# 第三节　能效与节能技术的发展前景

### 1. 能效与节能技术发展存在的问题

（1）节能产业集中度较低，市场竞争力有待提高

我国节能产业，包括环保产业在内，总体规模在国民经济结构中的比重偏低，仅占3%，与国民经济支柱产业的要求仍有一定差距，而且以小微企业为主，3 万余家环保节能企业中，规模 50 人以下企业占比 92%；产业集中度较低，规模效应不明显，企业市场竞争力有待提高，具有一体化综合解决能力的大型综合性环境服务企业较少。

（2）技术创新能力较弱，科技成果转化率有待进一步提高

我国节能技术原始创新较少，以小微企业为主的产业组织特征导致了产业内技术创新动力不足。"十三五"期间，我国节能产业企业中仅有 11% 左右的企业有研发活动，这些企业的研发资金约占销售收入的 3.33%，远低于欧美 15%～20% 的水平。技术交易、转移和扩散的市场化机制尚未形成，科技成果转化率有待进一步提高，阻碍了产品和设备的大规模产

业化。

（3）资金短缺仍是重要瓶颈

节能产业属于重资产行业，投资大、周期长，而我国众多中小节能企业融资能力有待提高，资金短缺严重。据研究显示，从 2015 年到 2020 年中国绿色发展的相应投资需求每年约为 2.9 万亿元人民币，其中政府的出资比例只占 10%～15%，超过 80% 的资金需要社会资本解决，绿色发展融资需求缺口巨大。

**2. 能效与节能技术未来发展方向和前景**

（1）节能技术对能源转型非常重要

在能源革命进程中，节能和提高能效被放在第一位。国际能源署也认为，节能和提高能效是"第一能源"。在全球变革的大背景下，各国出台的能源转型政策都将节能放在突出重要的位置，并制定了相应的能源消费量减量目标。全球应对气候变化的压力不断增大，要在 21 世纪末将全球温升控制在 2℃，并力争控制在 1.5℃ 以内，节能和提高能效发挥着重要作用。所以，未来要更加重视节能技术的创新、发展和应用，为我国能源转型、全球应对气候变化作出贡献。

（2）技术创新将成为节能工作新的引领方向

科技是第一生产力，技术变革引领人类文明发展。新时期节能工作要走在前列、有所作为，必须将技术创新放在首位，只有掌握足够的核心技术，节能工作才能走在前列，进而为我国的能源发展和能源安全提供保障。

（3）节能市场化机制将成为主导

中国特色的社会主义市场经济已经形成，伴随着政府治理能力提升、改革进一步深化、简政放权进一步落实，市场也将在节能工作中发挥主导作用，并最终同其他领域一样，形成市场主导、政府引导、社会参与的合理布局。

（4）由重点领域节能向全社会节能融合扩展

我国在工业、建筑、交通、公共机构等重点领域的节能工作已开展多年，取得了显著成效，但同时也进入瓶颈期，同时其他领域的节能工作日益受到重视。新时期节能工作在继续做好重点领域的同时，必然向其他领域拓展，逐渐覆盖"全过程和各领域"，实现融合发展、相互促进。

## 复习思考题

1. 阐述能效的概念。
2. 能效评估有什么重要意义？评估流程是什么？
3. 查阅相关文献资料，阐述目前采用的重点节能技术。
4. 能效和节能技术未来发展前景如何？

## 参考文献

[1] 郝宇，张宗勇，廖华.中国能源"新常态"："十三五"及 2030 年能源经济展望［J］.北京理工大学学报（社会科学版），2016，18（2）：1-7.
[2] 廖华，魏一鸣.能源经济与政策研究中的数据问题［J］.技术经济与管理研究，2011，4：68-73.
[3] 廖华，魏一鸣.中国中长期宏观节能潜力分析：国际比较与国际经验［J］.中国软科学，2011，3：23-32.

［4］ 孙颖.节能环保产业发展现状及政策建议［J］.中国能源，2018，40（12）：23-25.

［5］ 魏一鸣，廖华.能源效率的七类测度指标及其测度方法［J］.中国软科学，2010，1：128-137.

［6］ 杨振.我国能源经济效率变动与初始发展水平的关系研究［J］.中国能源，2010，32（10）：35-38.

［7］ 张刚，解佗，刘富潮.电力系统能效评估理论与方法［M］.北京：科学出版社，2017.

［8］ 周大地.迈向绿色低碳未来：中国能源战略的选择和实践［M］.北京：外文出版社，2018.